高等职业教育食品类专业教材

食品加工技术

主　编　张孔海
副主编　李建芳　吴　斌

中国轻工业出版社

图书在版编目(CIP)数据

食品加工技术/张孔海主编.—北京:中国轻工业出版社,2024.1
ISBN 978-7-5019-9527-1

Ⅰ.①食… Ⅱ.①张… Ⅲ.①食品加工—高等职业教育—教材
Ⅳ.①TS205

中国版本图书馆 CIP 数据核字(2013)第 266871 号

责任编辑:张 靓　　责任终审:唐是雯　　封面设计:锋尚设计
版式设计:王超男　　责任校对:吴大朋　　责任监印:张京华

出版发行:中国轻工业出版社(北京鲁谷东街 5 号,邮编:100040)
印　　刷:三河市万龙印装有限公司
经　　销:各地新华书店
版　　次:2024 年 1 月第 1 版第 9 次印刷
开　　本:720×1000　1/16　印张:22
字　　数:488 千字
书　　号:ISBN 978-7-5019-9527-1　定价:44.00 元
邮购电话:010-85119873
发行电话:010-85119832　010-85119912
网　　址:http://www.chlip.com.cn
Email:club@chlip.com.cn
如发现图书残缺请与我社邮购联系调换
232061J2C109ZBW

前言

“食品加工技术”是高等职业院校食品类专业的核心课程。由信阳农林学院张孔海教授主持的,校企合作开发的食品加工技术课程于2009年被2006—2010年教育部高等学校高职高专食品类专业教学指导委员会评定为全国高职高专食品类专业精品课程;于2010年被评为河南省高等学校精品课程;于2012年被评为河南省精品资源共享课程。

本书是在此基础上组织编写的,其编写的必要性和创新点主要有以下几点:

(1)重点突出,打造精品。本书的编写能更好地促进“食品加工技术资源共享课”建设,进而开发形式多样的高质量数字化配套教材。食品种类极其繁多,我们重点精选了果蔬食品模块、粮油食品模块、畜禽水产肉品模块、饮料食品模块、乳品模块和发酵食品模块共六大模块常见典型食品加工技术,各高校可结合自身优势重点主攻1~3个模块,强化办学特色。亦利于激发学生学习兴趣,因材施教,满足职业教育与食品行业发展需求。

(2)体现标准,产教结合。根据教育部最新修订的“食品专业教学标准”进行编写,教材内容组织上充分体现项目导向、任务驱动、教学改革和专业建设最新成果,便于教学做一体化的有效实施,亦有利于产教结合。

(3)简明扼要,开拓创新。由于篇幅所限,为体现信息量大、知识面广、实用性强这一大特色,故力求文字更精炼,通俗易懂。本书将加工原理与方法寓于六大模块之中介绍,易于理解与学习,避免单纯理论学习的枯燥,收到“润物细无声”之效,充分体现教材内容的职业性、实践性和开放性,实现课程内容和职业资格标准的融通。

本书可作为高职高专食品加工技术、食品营养与检测、食品安全与质量管理等专业教材,也可作为食品科技工作者的参考书。

本书由河南省信阳农林学院张孔海教授主编兼统稿,李建芳、吴斌两位副教授任副主编,河南职业技术学院李亚欣、中州大学李建新和漯河职业技术学院杨雯雯参编。编写分工为:模块一、模块四、模块八由张孔海编写;模块二由李建芳编写;模块三由吴斌编写;模块七由李亚欣编写;模块五由李建新编写;模块六由杨雯雯编写。

在编写中,参考了大量书籍和网络资源,在此谨向有关编著者表示诚挚的谢意。主要参考文献列于本书后。

由于编者水平所限,不妥之处,恳请广大读者批评指正。更多教学资源请登录http://211.67.160.206/jpkc/spjgjs/查看。

主编　张孔海

目 录

模块一 绪论

知识目标

1. 理解食品加工与食品科学的概念，明确食品加工技术课程的主要内容与学习要求。

2. 理解并掌握食品保藏的基本原理与方法，了解我国食品工业发展现状与对策。

技能目标

1. 能够利用所学知识，进行市场调查，了解食品工业企业发展动态。

2. 能够正确分析常见食品腐败变质的原因。

项目一 食品与食品科学

一、食物与食品

（一）食品的概念及分类

食物与食品是既有联系又相互区别的两个概念。食物（Foodstuff）是指人体生长发育、更新细胞、修复组织、调节机能必不可少的营养物质，是产生热量保持体温、进行体力活动的能量来源。食品（Food）是指具有一定营养价值的、可供食用的、对人体无害的、经过一定加工制作的食物。我国在《中华人民共和国食品安全法》第十章附则中指出食品的含义："食品，指各种供人食用或者饮用的成品和原料以及按照传统既是食品又是药品的物品,但是不包括以治疗为目的的物品。”这样一个食品的概念是包含了食物和食品。广义上食品的概念包括了可直接食用的制品以及食品原料、食品配料、食品添加剂等一切可食用的物质。

食品的品种有成千上万,目前尚无统一、规范的分类方法。按常规或习惯对食品的分类有下列几种方法:按照保藏方法可以分为罐藏食品、干制食品、冷冻食品、腌渍食品、烟熏食品、发酵食品、辐射食品等;按原料种类可以分为果蔬制品、谷物制品、乳制品、水产制品、肉制品等;按原料和加工方法可以分为焙烤制品、饮料、挤压制品、罐头制品、糖果、速冻制品、干制品等;按产品特性又可以分为方便食品、婴儿食品、休闲食品、快餐食品、疗效食品、工程食品、功能食品等。

近年来随着社会经济的发展和科技信息化的加快,利用食品的特点以及为迎合消费者需求又出现了一些新的食品名称,如绿色食品、有机食品、无公害食品、转基因食品、海洋食品、航天食品等,并且新名称将会不断出现。

(二)食品品质(质量)要求

食品品质(质量)包括感官品质、营养品质、安全卫生品质三个方面。感官品质主要由色、香、味、形、口感所构成;营养品质又称营养价值,主要包括营养成分含量、平衡状况等;安全卫生品质主要是指污染、危害等。食品在食用方面满足消费者需求的优劣程度是食品品质高低判别标准。食品的种类很多,但均应具有下列品质要求:

(1)外观　色泽和形态好,包装完整、整齐美观;

(2)风味　香气、滋味、质构等良好;

(3)营养　有一定含量。各营养素之间的比例及平衡性好;

(4)卫生安全　微生物及其有害代谢产物、有害化学物质不能存在;

(5)方便性　携带及食用方便;

(6)耐藏性　有一定货架寿命(shelf - life)。

此外,随着人们生活水平的提高和健康意识的增强,消费者要求食品卫生安全和营养丰富的同时,还希望具有一定的保健功能。

二、食品科学及其组成

人类加工食品的历史十分悠久。但许多世纪以来,食品加工长期停留在家庭烹调和手工作坊操作水平上,靠代代相传的加工经验和传统方法为其生产方式的基础,迟迟没有形成食品科学或食品工程学科。其主要原因有二:一是食品原料的特殊性,即食品原料具有热敏性和易腐性,并且大都是凝聚态;二是取决于社会的发展和科技的进步。直到第二次世界大战期间及战后,人们将化工原理中现成的单元操作研究成果应用于食品加工,于是就产生了食品工程的基础理论——食品工程原理,进而形成了食品科学。

食品科学是应用基础科学与工程知识来研究食品的物理、化学、生化性质及食品加工原理的一门科学,它有着广泛的研究领域。

1. 食品科学的基础研究领域

食品科学的基础研究领域又称之为狭义食品科学,包括食品生物化学、食品化学、食品营养学、食品物性学等,主要研究食品的组成、结构、物化、生化特点及加工、食用过程中的变化。

2. 食品分析领域

食品分析领域主要是运用物理学、化学及生物学的方法,对食品原料与产品中营养成分、污染物含量的检测,研究食品感官评价方法、原理及检测设备,研究食品中各组分的质量特点及化学变化的原理。

3. 食品微生物领域

食品微生物领域包括工业微生物学、食品卫生与安全等。主要研究环境对食品腐败的作用、微生物对食品本身及食品制造过程的影响、微生物的检验、公共健康等。

4. 食品工程领域

食品工程领域包括机械设备、工程设计与施工、食品生产等方面。主要研究食品加工过程中的工程原理及单元操作。工程原理包括物料与能量平衡、流体力学、流体流动、传热与传质等。

5. 食品加工领域

食品加工领域是运用化学、物理学、生物学及工程学理论和方法解决食品加工过程中的化学、生物学和工程学方面的问题,是研究食品原材料特点、食品保藏原理、影响食品质量加工因素以及良好生产操作规范的一门科学,即食品工艺学。

三、食品工艺学及其研究内容

(一)食品工艺学的概念

食品工艺学是应用化学、物理学、生物学、微生物学、营养学和食品工程原理等各方面的基础知识,研究食品的加工、保藏、包装、运输等因素对食品质量、营养价值、货架寿命、安全性等方面的影响;开发新型食品;探讨食品资源利用;实现食品工业生产合理化、科学化和现代化的一门应用科学,即采用先进的加工技术和设备并根据经济合理的原则,系统地研究食品的原材料、半成品和成品的加工过程及方法的一门应用学科。它是食品科学与工程学科的重要组成部分。

(二)食品工艺学的主要研究内容

1. 研究充分利用现有食品资源和开辟新食品资源的途径

(1)研究充分合理利用现有食品资源的途径　除了提高农产品的产量外,加强农产品的贮藏保鲜、加大食品加工的比例,充分发挥食品成分的有效价值,可以减少食品资源的损失和浪费,是合理利用资源的有效方法。同时对食品加工后产生的副产品、下脚料,应加强研究开发利用,如苹果、橘子等水果制汁后,果皮果渣可利用提取果胶;谷物、薯类加工所剩下的壳、芯、渣等可开发膳食纤维等。这些都可以有效地提高资源的利用率,并且还能极大地降低食品工厂的废弃物排放,减少对环境的污染。

(2)研究开辟新食品资源的途径

①利用现代生物技术生产蛋白质是未来获得食品资源的有效途径。通过生物工程技术构建"工程植物细胞",不仅可获得如同肉、蛋、奶的高蛋白营养物质,而且还能制成具有保健功能的产品。

②加大对现有食品资源的开发。限于人类活动、知识和地区的差异,有许多食品资源还未开发利用,如蕴藏丰富的海洋食品资源和水产养殖的用途还未完全开发,许多野生动植物品种未合理开发,昆虫、藻类蛋白资源易养殖且产量可以很大,许多可食性的动植物的功能食品因子的开发等。这就需要通过食品工艺研究解决食用性和安全性。

③食品资源与生态环境保护。生态环境不仅是食物资源的基础更是人类生存的根本。只有生态环境好的地方才能生产高质量的食品资源,绿色食品、有机食品、无公害食品的生产就是从生态环境要求开始的。这就要求在食品工艺设计研究中,应该选用不产生污染或少产生污染的工艺路线,选用对生态环境有利的食品加工技术,对可能造成的污染则应采取有效的措施加以治理。

2. 根据食品原料的特性,研究食品保藏原理,探索食品生产、贮运和分配过程中食品腐败变质的原因及其控制途径

(1)食品原料的特性　食品加工原料的来源广泛、品种众多,除动、植物性原料外,还有如菇类、菌类、藻类、单细胞蛋白等微生物来源,以及如食品配料或食品添加剂等矿物性原料和化学合成原料。

(2)食品变质　主要包括食品外观、质构、风味等感官特征,营养价值和安全性等。在食品加工中引起食品变质的原因主要有下列三个方面:①微生物的作用。

②酶的作用。③物理化学作用。

3. 研究食品质量要素和加工对食品质量的影响

(1)食品的质量要素　食品质量的好坏程度，是构成食品特征及可接受性的要素，主要包括食品感官指标、营养素含量、卫生指标和保藏期等方面。

由食品质量要素来评定食品质量主要是以相应的食品质量标准为依据。对应于食品质量评判和控制，相应有国际、国家和企业不同层次的质量标准。

(2)加工对质量的影响　①加工可改善食品的质量，增强其营养、感官、安全和保藏性。②若加工不当，则产生相应的质量问题。如加热会引起美拉德反应，对食品色泽产生不利影响，还使营养素和生理活性物质受到破坏。

4. 开发满足消费者需求的新型食品

新产品的开发应包括建立高质量的食品标准或符合国际食品标准，以保证质量，促进和方便世界贸易。目前食品标准常作为食品国际贸易的壁垒。开发新产品可有多种途径，对现有产品的改善和改变或对食品每一质量和特性方面的改变或几个方面的改变就会创造出一种新的食品，如改变包装、方便性、强化营养、增加功能、降低成本等。

5. 研究食品的安全性，建立良好生产操作(GMP)和卫生操作规范(HACCP)

近年来，在食品质量与安全控制方面正在逐步推广应用的食品质量管理体系包括：全面质量管理(TQM)、良好的生产操作规范体系(GMP)、危害分析与关键控制点体系(HACCP)和国际产品质量认证体系(ISO 9000)。

对加工食品的质量控制应贯穿于食品生产、包装、贮藏的整个工业链中，以确保产品满足消费者需求和法规要求。

6. 研究加工或制造过程，实现食品工业生产的合理化、科学化和现代化

(1)科学选用工艺技术　一种高质量和深受消费者喜爱的食品需要先进的工艺和技术来支撑。近几十年来，食品加工新技术不断涌现，越来越得到广泛的应用和重视。食品工业中主要有食品制造、食品保藏、食品监控三个方面的高新技术，这些技术成为食品加工工艺中的关键技术。

(2)合理选用加工设备　设备是工艺的保证，更是产品质量的保证，应当根据所选用的技术、物料的性质、加工的要求、产品的标准、生产成本等方面来选择设备，需要了解设备的加工性能和对食品质量的影响，以及设备的生产效率和产生的经济效益。

近年来，食品机械设备发展很快，许多新设备不断推出，如新型的杀菌设备、浓缩设备、干燥设备、烟熏设备、包装设备、快速冻结设备、高速灌装设备和封罐设备、高效分离设备、物料输送设备、在线检测设备等。先进设备的应用极大提高了食品加工的水平。反之,通过食品加工工艺的要求,可以不断改进和革新现有设备,甚至设计新的加工设备,从而出现更加完善和先进的设备,提高生产效率。历史上每种新的加工设备的出现,都将带来食品加工的革命性变化。

四、“食品加工技术”课程主要内容、学习方法与教学建议

1. 主要内容

“食品加工技术”是食品加工技术专业的核心课程,也是食品营养与检测及相关专业的必修课程。本书综合了食品保藏技术、果蔬食品加工技术、粮油食品加工技术、畜产食品加工技术、水产食品加工技术、饮料加工技术与发酵食品加工技术等课程内容。本着理论精简、重在实践操作的原则,重点构建果蔬食品加工技术、粮油食品加工技术、畜禽水产肉品及禽蛋加工技术、饮料加工技术、乳品加工技术与发酵食品加工技术共六大模块,将加工原理与方法寓于六大模块之中,易于理解与学习,避免单纯理论学习的枯燥,收到“润物细无声”之效。模块一绪论部分简要介绍了食品、食品加工与食品科学概念,食品加工与保藏的原理与方法,国内外食品工业发展历程及趋势,我国食品工业存在问题及取得的成就。模块八重点介绍了食品加工新技术。

信息量大、知识面广、实用性强是本书一大特点;谋篇布局新颖,简明扼要,通俗易懂,内容丰富而不重复,是本书的一大创新。与本科的“食品工艺学”不同的是:在理论上不作过深的探讨,而是以项目为载体,任务驱动,便于教学做一体化和产学结合。重点介绍常见典型食品加工技术,目的是让学生在掌握常见食品加工技术的基础上,能够触类旁通,有能力自学其他食品加工知识与技能。

2. 学习方法与教学建议

食品种类极其繁多,虽说是精选了果蔬食品模块、粮油食品模块、畜禽水产肉品模块、饮料食品模块、乳品模块和发酵食品模块共六大模块常见典型食品加工技术,在有限的时间内学生也不可能完全学习掌握。各高校可结合自身优势重点主攻2~3个模块,强化办学特色。亦利于激发学生学习兴趣,因材施教,满足职业教育与食品行业发展需求。为此提出以下建议:

(1)结合学习内容,查阅相关纸质资料及网络资源,这一习惯的养成,将受益终身;

(2)精选实训项目要尽可能结合当地食品资源及本地区食品企业生产实际;

(3)更好地培养学生学习兴趣及职业素养的养成,成立食品科技兴趣小组,利用好节假日、双休日和课外活动时间,实现课内课外一体化;

(4)尽可能满足学生根据自己兴趣自主选择学习2~3个加工技术模块;

(5)关于绪论与食品加工新技术两大模块,建议以专题讲座形式介绍;

(6)每个教师各有专长,本课程应由多个教师共同承担,实践教学部分项目由企业技术能手亲自指导为佳。

通过本课程学习,要求学生掌握一些典型食品加工技术及质量控制措施,熟悉食品原料的品种与加工特性,理解产品与加工之间的关系,了解现代食品加工高新技术以及食品工业发展历史、现状与趋势。

项目二

食品加工与保藏的基本原理与方法

人类几乎所有的食品都是动植物的加工制品(除水、盐等),动植物体及其制品既是人体营养需求成分的来源又是微生物生长繁殖的良好基质。如何控制和保证食品质量,是食品行业必然会遇到的一个重要问题。

一、食品腐败变质的原因

1. 食品腐败变质的外在因素

食品易受到外来的和内在的因素作用而发生腐败变质。外在因素主要指生物学因素,如空气和土壤中的微生物、害虫、啮齿动物等。

(1)微生物的作用　微生物包括细菌、霉菌、酵母等,细菌中如变形杆菌、阴沟杆菌、腐败杆菌、产气芽孢杆菌等,它们能使蛋白质分解成氨基酸,继之变成腐败氨以及硫化氢、硫醇等物质,使食品腐烂变质,发出臭气味。一般来说,食物腐败所产生的臭气味,大都是由于蛋白质分解所致。还有一些细菌和霉菌,如荧光杆菌、绿脓杆菌和一些霉菌,能分解食物中的脂肪成为甘油和脂肪酸,进而分解产生酮、醛等物质。另外,如酵母菌和一些霉菌,能分解和破坏食物中的碳水化合物,使食物长霉、发酵、变酸,霉烂变质。酱油及咸菜的发白长膜,就属于这种类型。

(2)害虫与啮齿动物的作用　如大米生虫,板栗贮运中的损耗与变质主要是栗实象鼻虫所致,啮齿动物主要是鼠害。

2. 食品腐败变质的内在因素

内在的因素主要包括食品自身酶的作用以及各种理化作用的影响。

(1)酶的作用　某些动植物的食物本身,都含有多种酶,在适宜的条件下,能促使蛋白质、脂肪、碳水化合物分解。所以鱼、肉、禽蛋等含有大量蛋白质的食物,如果保存不当,就会自溶腐败。各类蔬菜、瓜果、粮食等,蛋白质含量虽然少,但也会因为酶的催化作用,使呼吸加强,从而引起温度增高,发生腐败变质。

(2)理化作用。一些食品含有一些化学性质不稳定的物质,如某些维生素、不饱和脂肪酸、芳香族色素等物质,能在适宜的温度下,通过氧化或吸收水分等作用,失掉良好的味道及营养成分。

二、食品加工与保藏的基本原理

1. 食品加工与保藏的关系

随着科学技术的发展,食品保藏技术也不断取得新的进展。食品保藏从狭义上讲,是为了防止食品腐败变质而采取的技术手段,因而是与食品加工对应而存在的。但从广义上讲,保藏与加工是互相包容的。这是因为食品加工的重要目的之一是保藏食品,而为了达到保藏食品的目的,必须采用合理的、科学的加工工艺和加工方法。

2. 食品加工与保藏的基本原理

实践证明:酶和微生物是导致食品腐败变质的主要原因。同时,一些酶和微生物在食品生产中的作用也是不可忽视的。因此,食品加工与保藏的基本原理可概括为:最大限度地利用酶和微生物的有利作用(如酶制剂、发酵食品、调味品),控制其不利作用(如酶促褐变、腐败微生物)。根据影响酶和微生物活性的共同因素温度、pH、水分活度、氧、渗透压等对微生物活性的影响,可采取相应的措施来发挥、抑制或破坏酶和微生物的活性,达到食品加工和保藏的目的。

三、食品加工与保藏的方法

按照食品保藏的基本原理,可将食品加工与保藏技术划分为以下几类:

1. 维持食品最低生命活动的加工与保藏方法

此法主要用于保藏新鲜水果、蔬菜等食品原料。任何有生命的生物体都具有天然的免疫性,以抵御外界微生物的入侵。采收后的新鲜果蔬仍然进行着生命活动,但因脱离植株,故其组织内的各种化学反应只能向分解方向进行。因此,生命活动越旺盛,果蔬内贮存物质的分解速度就越快,组织结构也就随之迅速瓦解或解体,不易久藏。若在低温(0~10℃)下贮藏,就能抑制呼吸作用和酶的活力,并延缓贮存物质的分解;若保持恒湿条件,就能减少果蔬水分的蒸发,若使空气适当流通并及时排除果蔬的呼吸产物,就可降低果蔬的成熟速度。因此,通过控制果蔬贮存环境的温度、相对湿度及气体组成等,就可以使果蔬的新陈代谢活动维持在最低的水平上，能在较长时间内保持它的天然免疫性，延缓腐败变质。

另外，如果果蔬有损伤，也应及时剔除，以免相互感染，加速腐败变质。在实际生产中，这类保藏方法主要包括冷藏法（低温）、气调法（低氧）等。

2. 抑制食品变质因素的加工与保藏方法

在某些物理和化学因素（如低温、高渗透压、防腐剂等）的作用下，食品中的微生物和酶等主要变质因素会受到不同程度的抑制，从而使食品的品质在一段时间内得以保持。但是，这些因素的作用一旦消失，微生物和酶的活动迅即恢复，食品仍会迅速腐败变质。属于这类保藏方法的有：冷冻保藏、干制保藏、腌制、糖渍、熏制、化学保藏及采用改性气体包装保藏等。

冷冻保藏又分冷藏与冻藏。冷藏是将食品在略高于冻结点的低温下贮藏。一般冷藏温度在 -2 ~15℃，以 4 ~8℃ 最为常用。冷藏期较短，通常只有几天到数周，视食品的种类和成熟度而异。食品冷藏前必须首先进行冷却。冷却是将食品的品温降低到接近食品的冰点，但不冻结的一种冷加工的方法。冷却肉与冻结肉相比，无因冰晶物理变化所导致的肉质变化、蛋白质变性以及汁液流失。所谓“冷鲜肉”就是冷却肉。冻藏是在能保持食品冻结状态的温度下（一般在 -18℃）贮藏食品的方法。食品的中心温度从 -1℃ 下降至 -5℃ 所需的时间在 30min 以内，属于快速冻结，其产品称为速冻食品，保质期可达 10 ~12 个月，而且食品原有的风味和营养价值得到较好的保存。

干制保藏是通过减少食品中所含的大量游离水和部分胶体结合水，使制品可溶性固形物浓度提高到微生物难以利用的程度，食品中的酶活性在低水分状况下受到抑制，制品得以长期保存。干制品含水量一般为 5% ~10%，最低的水分含量可达 1% ~5%。干燥方法有空气对流干燥、冷冻升华干燥和辐射干燥等，其中空气对流干燥应用最为广泛，而冷冻升华干燥以其优质的产品品质发展最为迅速，是目前最有发展潜力的食品干燥方法之一。

糖渍和腌制都是利用一定浓度的食糖和食盐溶液处理食品原料，使其渗入食品组织内，提高制品的渗透压，从而降低水分活度，抑制微生物生长繁殖的加工保藏方法。一般糖浓度要达到 60% ~75%，食盐浓度要达到 10% ~15%，才可达到保藏食品的目的。若糖或盐浓度较低，则要配合其他措施如防腐剂、有机酸等，方可达到保藏食品的目的。

烟熏是加工鱼、肉类制品的重要手段之一。利用燃烧产生的熏烟处理食品，使其中的有机成分附着在食品表面，起到抑制微生物和抗氧化作用，达到延长食品保质期的目的。随着冷冻保藏技术的发展，烟熏防腐作用已降为次要的地位，烟熏味清淡的制品已成为膳食中增添的花色品种，烟熏技术也已成为生产具有特殊风味制品的加工方法。

食品的化学保藏是利用防腐剂和抗氧化剂保存食品，防止食品变质的方法。

防腐剂是一些杀死或防止食品中微生物生长发育的化学药剂，它们必须具备低毒、高效、对人体不产生伤害、不破坏食品营养和风味、方便、经济等特点。在使用中要严格按《GB 2760—2011　食品安全国家标准　食品添加剂使用标准》执行。常用的合成有机防腐剂包括苯甲酸（钠）、山梨酸（钾）、对羟基苯甲酸酯等；无机防腐剂如亚硫酸及其盐类、硝酸盐和亚硝酸盐等；还应注意天然防腐剂的应用，如芥子油、有机酸、酒精、大蒜素、乳酸链球菌素、甲壳素和壳聚糖等。食品抗氧化剂是添加于食品后阻止或延迟食品氧化，提高食品稳定性，延长食品保存期的一类食品添加剂。应用范围包括防止油脂及富脂食品的酸败、肉类食品的变色和果蔬制品的褐变等。常用的抗氧化剂包括抗食品酸败的丁基羟基茴香醚（BHA）、二丁基羟基甲苯（BHT）、没食子酸丙酯（PG）、叔丁基对苯二酚（TBHQ）、维生素 E 混合物和茶多酚等；抗食品褐变的抗氧化剂包括抗坏血酸、异抗坏血酸、SO_2 等。

采用改性气体包装，可以改变气体组成，降低氧分压，一方面可以限制需氧微生物的生长，另一方面可以减少食品营养成分的损失。可采用低强度的杀菌处理减菌，然后抽出氧气，充入氮气，置换率达 99%，食品的保藏效果好。

3. 运用发酵原理的食品加工与保藏方法

这是一类通过培养有益微生物进行发酵活动，建立起能抑制腐败菌生长活动的新条件，以延缓食品腐败变质的保藏措施。其原理是利用乳酸菌发酵、醋酸菌发酵和酒精发酵的主要产物——有机酸（有时还包括细菌素）和乙醇等来抑制腐败菌的生长繁殖，从而保持食品的品质。例如，腌制果蔬时常用 3% ~7% 浓度的盐液就是为了抑制腐败菌的生长而只让乳酸菌生长，进行乳酸发酵，当乳酸的浓度达到 0.6% ~0.8% 时，就足以抑制腐败菌和酶的活动。泡菜和酸黄瓜就是采用这类方法保藏的食品。而葡萄酒则是利用发酵产生酒精来保存食品。

随着科学技术的不断进步，发酵食品的花色品种也将不断增加以满足消费者需求。发酵食品常常是糖、蛋白质和脂肪等同时变化后形成的复杂混合物。故食品的发酵必须控制微生物的类型和环境条件，以形成所需的特定发酵食品。

4. 利用无菌原理的食品加工与保藏方法

无菌保藏是指利用热处理、微波、辐照、过滤等方法，将食品中的腐败微生物数量减少到无害的程度或全部杀灭，并通过抽气、密封等处理防止再感染，从而长期保藏食品的方法。罐藏、辐照保藏及无菌包装技术等均属于这类方法。

最广泛应用的杀菌方法是热杀菌法，包括常压杀菌和高压杀菌。冷杀菌法是不需热处理的杀菌方法，如紫外线杀菌法、超声波杀菌法、原子能杀菌法和放射线杀菌法等。现在，食品加工与保藏不再仅仅是从技术上防止食品腐败变质的问题，而是从理论上业已发展成为食品科学的重要研究内容，构成食品工艺和新产品开发的重要基础和依据。同时，因食品加工与保藏需要所形成的相互独立的各个食品行业也已成为目前食品工业的重要组成部分。

项目三

食品工业的发展及其前景

一、我国食品工业的发展现状与对策

(一)食品工业在国民经济中的地位和作用

1. 我国食品工业的组成

我国食品工业由食品加工业、食品制造业、饮料制造业、烟草加工业所组成。其中,食品加工业包括粮食及饲料加工业、植物油加工业、制糖业、屠宰及肉类蛋类加工业、水产品加工业、盐加工业和其他食品加工业;食品制造业包括糕点糖果制造业、乳品制造业、罐头食品制造业、发酵制品业、调味品制造业和其他食品制造业(如豆制品制造业、淀粉制造业、冷冻饮品制造业);饮料制造业包括酒精及饮料酒制造业、软饮料制造业、制茶业等。

2. 食品工业在国民经济中的地位

在经济发达国家,食品工业产值在国民经济中所占比例均居工业部门前列,食品工业是国民经济的重要支柱产业。美国、法国、荷兰、日本等国食品工业产值均居制造业之首。1996 年我国第三次工业普查结果表明,我国食品工业总产值 6000 亿元,在全国企业部门总产值中所占比重首次上升到第一位;2000 年食品工业总产值 8434 亿元,占全国工业总产值的 9.8%;2009 年、2011 年和 2012 年食品工业总产值分别为 49699 亿元、78078.32 亿元和 89551.84 亿元,居全国工业部门之首。可见,食品工业已经成为我国国民经济的重要支柱产业。

3. 食品工业在国民经济中的作用

①促进国民经济发展。20 年来平均增长率 13.1%,2004 年、2005 年和 2009 年分别实现年利税 1500 亿元、3365 亿元和 7336 亿元,为我国经济建设积累了大量资金。②关联农业、工业和流通。促进农业、农村经济发展,增加农民收入。促进农业产业结构和产品结构调整,带动其他相关制造业的发展。③关联第二产业和第三产业。食品工业属劳动密集型产业,吸纳劳动力,有利于农村劳动力的转移,促进第三产业发展。④食品工业关系到人民生活质量和健康水平。民以食为天,健康合理的饮食结构不仅可提高国民健康水平,而且降低老年人医疗支出,减轻社

会负担。

(二)食品工业的发展与成就

1. 国际食品工业的发展

世界经济发达国家都非常重视农产品加工业和食品工业的发展,均投入大量资金和人力,将现代新的科学技术引入到食品工业领域,建立了现代化的食品工业体系。例如,18 世纪末,英国有以蒸汽机为动力的面粉厂;1810 年法国阿培尔发表“食品贮藏法”,提出排气、密封和杀菌的基本方法;1829 年世界上建成第一个罐头厂;1872 年美国发明喷雾式奶粉生产工艺;1885 年乳品生产已跨进到工业性生产的行列。目前国际上各国有代表性、有影响的食品产业是:巴西橙汁加工业、新西兰乳业、法国葡萄酒产业和日本的功能食品产业。巴西是南美最大的甜橙种植园,其加工业已超过美国,成为全球最大的橙汁加工国。巴西橙汁出口量占全球橙汁出口量 50%,其冷冻浓缩橙汁出口占国际冷冻浓缩橙汁市场的 80%。特点之一是善于将资源优势转化为国家经济优势。特点之二是种植加工高度集约化,主要集中在巴西圣保罗州及邻近地区,每年产值超过 120 亿美元,通过甜橙专业协会将种植、加工联系起来,统一面向国内市场和出口。新西兰是位于南太平洋最南端的一个岛国,以农牧为主,具有世界领先的乳品业。虽然该国乳品总产量只占世界总产量的 2%,但 90% 以上产品均出口国外,现在在全世界 115 个国家销售黄油、奶酪、奶粉、乳蛋白等 800 多种产品。最成功之处源于其优质乳源的建设和管理,以及乳品贸易的全球化定位和有序管理。在法国,葡萄酒产业已有 2000 多年历史。法国年产各类葡萄酒 600 多万吨,占世界葡萄酒产量 1/6,每年出口值为 10 亿多美元,2000 年法国葡萄酒业销售额达到 65 亿美元,居世界第一位。1984 年,日本在全世界率先开始了功能食品研究。日本厚生省要求功能食品必须具备有传统食品的形态,有明确的天然功效成分,可作为每日膳食的一部分,已被科学证实具有调节人体生理功能的作用;管理非常严格,建成一套科学的管理机制,1991—2001 年 10 年间,只批准了 122 种功能食品,颁布了 12 种功能性成分的功效审查规范;功能成分包括寡糖、糖醇,多不饱和脂肪酸、肽与蛋白质、醇类、卵磷脂、乳酸菌、矿物质、膳食纤维等,研究开发将引导新食品向着预防医学和食物疗效两个相关领域发展。

2. 我国食品工业的发展

我国食品加工和保藏的历史悠久,劳动人民在长期的生产实践中积累大量的食品加工经验,开发了许多国际知名产品及其生产技术。例如,白酒固体发酵、固态蒸馏技术;豆豉、酱油等生产技术,饴糖生产技术,蔬菜的腌(泡)制加工技术,肉类的烟熏保藏技术等。许多名特产品选料严格、制作精细,色、香、味俱佳,深受消费者欢迎,食品加工技艺已有相当水平。但一直是手工作坊,直到 19 世纪末,才开始建立食品加工厂。榨油工业开始于1895年，是英商太古洋行在辽宁营口设厂；1906年成立上海泰丰食品公司，开创了我国的罐头工业；1942年建立浙江瑞安宁康炼乳厂，生产炼乳和奶油。中华人民共和国成立后，党和政府非常重视食品工业的发展与规划，加大投入，我国食品工业发展较快。1949—1952年经济恢复时期，食品工业产量超过新中国成立前历史最高水平；"一五"（1953—1957）时期，以13.2%的年均速度增长；"二五"（1958—1962）期间，食品工业遭到严重挫折，以1.7%的年均速度下降；1963—1965年以11.4%的年均速度递增；但是"文革"十年，食品工业遭到严重破坏；1979—1982年以10.4%的年均速度递增；1996年，我国食品工业总产值达到6000亿元（现值），居国民经济第一位；2002年我国食品工业总产值达到10169.68亿元，首次突破万亿元大关。目前已经建成了包括食品加工业、食品制造业、饮料制造业和烟草加工业等四大类、62个小类的现代食品工业体系。

3. 我国食品工业的成就

我国食品工业所取得的成就归纳起来大致有以下几点：

（1）我国食品工业持续快速增长　近年来，我国食品工业一直保持着持续、快速、稳定、健康的发展势头。2005年全国规模以上食品企业，累计完成工业总产值20344.83亿元，占全国工业份额8.15%，比上年同期增长26.85%；食品企业完成工业增加值达6299.95亿元，比上年同期增长18.08%，增速高出全国工业平均水平1.64个百分点。2011年，全国规模以上食品企业31735家，食品工业总产值78078.32亿元，同比增长31.6%，比全国工业总产值增速高3.7个百分点，占全国工业总产值比重9.1%。目前，食品工业继续发挥国民经济支柱产业的重要作用并保持着第一大产业的地位。

（2）食品工业总体满足城乡居民基本生活需求的同时，产品结构调整取得较大进展。

（3）食品工业组织结构变化　名牌企业、名牌产品不断涌现，成为各食品行业的龙头和标志。例如，双汇集团以猪肉加工为主，年销售额超过60亿元，成为国内肉类生产规模最大的企业；贵州茅台、五粮液、青岛啤酒、泸州老窖、大白兔、张裕、健力宝、汇源、剑南春、古井贡、古越龙山等22件被国家工商总局认定为国家驰名商标。

（4）食品工业特别是大中型企业技术装备水平有了较大提高。

（5）高新技术得到广泛应用，促进了行业的技术进步。

（6）食品工业的发展，促进了农业产业化经营和农村经济的发展。

（三）我国食品工业面临的问题

我国食品工业在取得巨大成就的同时也面临着许多问题，大致有以下几个方面：

(1)食品工业结构不合理，对国民经济的贡献率有待进一步提高　2000年，食品加工业的产值占食品工业总产值的43.5%，食品制造业和饮料制造业只占38%，而烟草加工业就占18.5%。2005年我国食品企业工业总产值达20344亿人民币，在GDP总额中仅占11.2%。而在美国、法国、日本等国家，食品工业产值要占到GDP的20%左右，是高于建筑、汽车制造等产业的第一大产业。

(2)食品资源精深加工少，产业链条短，对相关产业带动力不强　目前，我国加工食品占消费食品的比重仅为30%，远低于发达国家60%~80%的水平。2010年，我国食品工业总产值与农业总产值的比值仅为0.88:1，而发达国家为(2.0~3.7):1。由于转化程度低，未形成有效的产业链条，直接影响食品工业对农业等相关产业的带动。

(3)食品科研水平落后、科研投入少、科技进步贡献率低　目前，食品工业仍属比较落后的传统产业，先进科技应用不足，严重依赖引进技术，自主研发投入少，科技创新相对滞后。我国企业研究开发经费人均支出仅为美国的1.2%、日本的1.1%；科技进步贡献率仅为35%(且包含占较大比例的外资企业)，明显低于发达国家60%~70%的平均水平。

(4)企业平均规模小，中小企业多　全球食品生产销售企业50强排名前三位的是瑞士雀巢公司、美国菲利浦－莫里斯公司和英国荷兰联合利华公司，其年销售收入在300~500亿美元。排名第50位的年销售收入也达38亿美元，相当于300亿元人民币。

(5)食品工业与农业缺乏有机联系　农业生产什么，食品工业就加工什么，而不是根据市场的需求决定种植和加工，形成科学合理的产业链。相应的农产品品种改良和品质的提高没有与市场消费和食品加工有机地结合起来。目前我国啤酒所需的300万t大麦的60%依靠进口解决，葡萄基地提供的原料不足酿酒原料的10%。

(6)与食品工业配套的食品装备发展相对滞后　目前，国内食品机械行业整体开发投入不足，技术含量较低，存在设备性能稳定性和成套性差、精度和自动化程度不高等缺陷，而且设计与制造、使用严重脱节，不能满足生产工艺的要求。而在引进国外技术时，消化吸收和自主创新能力不强，明显存在重硬件、轻软件，重引进、轻消化，重模仿、轻创新的问题，缺乏整体竞争力。

(7)我国食品工业标准体系和质量控制体系不完善，管理机构庞杂，食品质量不容乐观。普遍存在标准滞后，制定周期长且水平偏低，执行力度弱等问题。还存在食品加工过程质量控制体系不完善，产业化程度不高。

(四)加快发展食品工业的措施

推进食品工业的持续发展，改变食品工业的现状，必须加大科技创新力度，强化前沿学科技术在食品工业各生产环节的应用。

(1)食品工业科技创新的着力点就是传统主食　改革开放以来,我国已有200多所高校设置了食品专业或食品学院,这些专业的课程设置均是以面包、罐头、饮料等副食品或西方食品为主体,而关乎我国传统食品的内容却难得一见。在食品科研和产业发展中,必须正视我国的传统饮食文化和饮食习惯,确立传统主食在食品工业中的重要地位。

(2)食品工业科技创新的突破口在于食品机械　机械设备技术水平是一个行业发展的标志。改革开放前,我国的食品机械除罐头、饼干沿袭了国外20世纪三四十年代的技术外,包括主食在内的大部分食品机械基本上是围绕"糖油面"进行的简单加工。近年来,我国食品机械的研制、生产水平虽有进步,但其内在性能、外观等方面仍有诸多缺点,整体水平较发达国家落后近20年。

手工食品的大行其道,正说明相关食品机械的研发滞后。目前,我国主要饼干、乳制品的成套生产设备还依赖进口。更值得注意的是,食品机械行业的发展,缺乏食品本身科研成果的基础性支撑。食品机械的研制,除涉及机械原理等基础学科外,还涉及谷物化学、食品工艺等多门应用学科和技术,要求设计人员对食品原辅料的性质、生产工艺、食品品质评价等都有所了解。

我国食品机械行业的进步,必须以提高自主创新能力为基点。废弃低水平重复和过度依赖进口的做法,充分利用和整合行业长期积累的自有技术资源,结合大量的食品科学成果,以实现跨越式发展。与国外企业相比,我国企业对传统的饮食习惯、食品特性有更深刻的感悟,所以,大力开发传统食品加工机械,是我国食品机械行业未来的希望。

(3)深化食品工业企业改革,建立现代食品企业研发中心,加强自主创新能力。

(4)加大新产品开发力度,做好小产品大市场这篇文章。

(5)切实调整食品工业结构,加大对食品工业的投入,多渠道筹集资金,建设一批有市场需求、资源丰富、科技含量高、有效益的较大规模的农产品深加工项目。

(6)充分利用地域经济优势特别是农产品优势,大力发展农产品深加工和精加工,增加产品品种多样化,生产符合现代生活需求的食品,使工业化食品更多进入人民的一日三餐。

(7)增加食品制造业在食品工业中的比重,建设以企业为主体、市场为导向、产学研相结合的技术创新体系。

二、食品工业的发展趋势

食品工业是人类的生命工业,被称为永不衰落的朝阳工业。食品数量的多寡和质量的优劣,直接影响到人民身体和智力的发育,也关系到国家经济的发展和子孙后代的健康。

(一)世界食品工业发展趋势

近年来,世界食品工业呈现出如下趋势:

(1)国际化、大型化(美、欧、日跨国公司约占世界食品工业产值的50%);

(2)产业化、系列化(集农、科、工、贸为一体);

(3)科技化、知识化(高新技术的广泛应用,提高了食品工业的科技含量和知识含量);

(4)营养化、保健化(注意“合理搭配,营养均衡”,提倡保健食品);

(5)绿色化、有机化(重视食品安全,发展绿色食品、有机食品)的发展新动向。

在21世纪,人们对食品消费的要求显现出“讲究营养、保证卫生、重视保健、力求方便、崇尚美味、回归自然”的趋势。

(二)我国食品工业发展趋势

随着我国经济的增长、国民收入的增加和消费观念、健康观念的变化,食品更多地在风味化、时尚化和方便快捷的基础上,迈向“优质化、营养化、功能化”,低糖、低盐、低脂、低热量、高纤维是一个发展趋势,功能食品、功能饮料层出不穷,并逐渐摆上国民一日三餐的餐桌。大众食品功能化,功能食品产业化、大众化正在成为我国食品工业发展的趋势。

1. 实现食品优质化,切实保障食品安全

食品优质化,就是要求食品企业生产品质优良的安全食品。食品安全不只包括卫生安全,还应包括营养安全,要符合应当有的营养要求。我们必须清醒地认识到,我国食品安全面临的形势依然严峻,主要表现在:①重大食品安全事件时有发生;②食源性疾病和群体食物中毒事件也有发生;③食品质量不合格、不达标问题比较突出,食品安全隐患仍大量存在;④食品、保健食品虚假广告误导消费者的现象比较普遍;⑤环境污染造成的食品安全问题不容忽视。食品安全依然是我国消费者的最大关注点。

2. 实现食品营养化,要大力发展营养产业

我国营养产业的基本特点是:起步晚,基数小,成长快。2001年以前我国还没有“营养产业”的概念,今后,我国营养产业的发展方向应该是:①“全”营养食品。根据中国居民的营养标准和膳食平衡的原则,开发满足一日三餐营养需要的制成食品,实现餐桌食品工厂化和营养方便化。②营养专用食品。根据不同年龄、不同职业、不同性别人群的营养需要,研制具有不同营养特性的系列专用化的营养食品。如孕妇食品、婴幼儿食品、军用食品、临床专用食品等。③营养强化食品。为了达到合理膳食、均衡营养的目的,在提倡食物多样合理搭配的同时,通过对食品

进行微量营养素强化,人们无须改变现有的饮食方式,就可以提高食品的整体营养价值,使得广大群众以较低的成本,方便、安全地摄取每日身体所需的微量元素。如营养素强化面粉、大米、食用油、碘盐等。我国碘盐推广是一个成功的范例。④富营养素食品。加大对食物营养素资源的深度开发利用,生产富含某些营养素的特色食品,如富纤维食品、高蛋白食品、富硒食品等。⑤营养补充剂。开发生产蛋白质、维生素、多糖、脂肪酸、矿物质等营养素类的单体和复配体的补充剂食品。⑥牛奶和大豆制品。牛奶和大豆都是营养丰富的食品。2009 年世界奶产量约 6.95亿吨,而我国人均占有量只有世界人均水平的四分之一。

3. 实现食品功能化,要积极研究开发保健功能性食品

根据国际生命科学学院对功能性食品的最新解释,将其定义为:已被证实具有令人满意的一种或多种对人体有益的功能的食品。"功能性食品"除了要具有适当的营养作用,还要在某种程度上具有改善人体健康状况及降低患病风险的作用。功能性食品包括特膳食品、保健食品、功能性食品配料和天然营养保健食品。

(1)特膳食品　特膳食品是特殊膳食食品的简称,不同于普通食品、保健食品,更不是药品。我国 2005 年 10 月 1 日起执行的《预包装特殊膳食食品标签通则》(GB 13432—2004)将特膳食品定义为:"为满足某些特殊人群的生理需要,或者某些疾病患者的营养需要,按特殊配方专门加工的食品"。

(2)保健食品　保健食品是指声称具有特定保健功能或者以补充维生素、矿物质为目的的食品,即适宜于特定人群食用,具有调节机体功能,不以治疗疾病为目的,并且对人体不产生任何急性、亚急性或慢性危害的食品。

(3)功能性食品配料　功能性食品中真正起生理作用的成分,称为生理活性成分。富含这些成分的物质则称为功能性食品配料或生理活性物质,即功能因子。现已确定的活性物质主要包括 9 大类,具体品种有上百种。①活性多糖,包括膳食纤维、抗肿瘤多糖和降血糖多糖等。②功能性甜味料(剂),包括功能性单糖、功能性低聚糖、多聚糖醇和强力甜味剂。③功能性油脂,包括多不饱和脂肪酸、油脂替代品、磷脂和胆碱等。④自由基清除剂,包括非酶类清除剂和酶类清除剂等。⑤维生素,包括维生素 A、维生素 E 和维生素 C 等。⑥微量活性元素,包括硒、锗、铬、铁、铜和锌等。⑦肽与蛋白质,包括谷胱甘肽、降血压肽、促进钙吸收肽、易消化吸收肽和免疫球蛋白等。⑧乳酸菌,特别是双歧杆菌等。⑨其他活性物质,如二十八烷醇、黄酮类化合物,多酚类化合物和皂苷等。

(4)天然营养保健食品　天然营养保健食品包括人参、枸杞、鹿茸、阿胶、蜂产品、纳豆等。消费者对天然功能性营养保健食品的需求是未来 10 年一个重要发展趋势。

总之,为了使我国居民的食物结构全面改善和营养水平不断提高,我们必须坚持科学的发展观,借鉴发达国家的成功经验,利用现有的知识资源和物质资源,大力采用高新技术,推动我国食品工业的自主技术创新,实现我国食品工业全面、协调、快速、高效、可持续的发展。

思考题

1. 食品的概念及品质要求有哪些?
2. 简述食品科学的概念与内涵。
3. 食品工艺学的概念及其主要任务有哪些?
4. 简述食品保藏的基本原理与方法。
5. 简述发展食品工业的重要意义。
6. 简述我国食品工业发展现状、存在问题与对策。
7. 查阅资料,简述食品标签的内容与要求。
8. 写一篇市场调研报告,对当地食品种类、生产厂家及畅销品牌等情况进行分析。
9. 何为绿色食品、有机食品、健康食品和功能食品?

模块二
果蔬食品加工技术

知识目标

1. 了解影响果蔬采收和贮藏的因素，掌握气调贮藏的原理及控制。
2. 掌握果蔬加工的原理及技术要点，熟悉几种典型果蔬食品加工技术。

技能目标

1. 能够运用所学知识，分析解决常见果蔬食品生产中的质量问题。
2. 能够从事果蔬食品生产及管理工作。

项目一
果蔬的采收和贮藏

一、果蔬采后的生理变化

果蔬贮藏的实质，就是创造一定的外部环境条件，使果蔬最低限度地消耗自身能量，以维持正常生命活动的过程。

（一）呼吸作用

果蔬呼吸作用是在一系列酶和空气中氧的参与下，将果蔬内有机物质逐步降解为 CO_2、水等，同时释放出能量的过程。果蔬通过呼吸作用产生能量，维持自身生命活动，抵御不良环境和病菌的侵染；然而，如果呼吸过于旺盛，代谢活动增强，果蔬衰老加快，贮藏寿命缩短。在维持正常生命活动同时，应尽量降低果蔬呼吸强度。影响呼吸作用主要因素如下：

(1)种类和品种　不同种类和品种的果蔬,呼吸强度差异很大。仁果类(如苹果、梨)、柑橘类等呼吸强度较低;浆果类、核果类(如桃、李、杏)的呼吸强度较高。一般来说,同一种类,早熟品种比晚熟品种呼吸强度高,夏季成熟的比秋冬季成熟的呼吸强度高。

(2)发育阶段及成熟度　果实不同发育阶段呼吸强度不同。一般来说,果实在发育初期生理活动旺盛,呼吸强度很高。随着果实的生长发育,呼吸强度逐渐下降。呼吸跃变型果蔬随着果实从成熟、完熟到衰老,呼吸强度呈下降到上升到再下降的变化。非呼吸跃变型果蔬随着果实从成熟、完熟到衰老,呼吸强度一直呈逐渐下降的趋势。

(3)温度　在一定范围内,温度越低,果实的呼吸越弱,呼吸高峰峰值越低;且呼吸高峰出现时间越晚,贮藏期越长。但温度过低会影响其正常生理代谢,容易造成冻伤。

(4)湿度　总体上讲,低湿度可抑制呼吸作用。但也有例外,如柑橘类果实,环境湿度过大会促进呼吸;而香蕉,相对湿度低于80%时,果实无呼吸跃变,不能正常后熟。

(5)环境气体成分　主要影响果实呼吸的气体有氧气、CO_2、乙烯等。由于果实的呼吸需要消耗环境中的氧气,同时产生CO_2。因此,环境中氧气和CO_2的浓度大小直接影响果实的呼吸作用。一般地,适当提高CO_2浓度,降低氧气浓度可抑制果实的呼吸。乙烯是一种促进果实成熟衰老的植物激素。它可以促进水果,尤其是如香蕉、猕猴桃、苹果等跃变型水果的呼吸作用,加速果实成熟衰老。调控乙烯浓度可促进或延迟果实的成熟衰老。

(6)机械伤和病虫害　果实在采收及采后处理中受到挤压、磕碰、振动等机械伤或病虫害,都会不同程度地促进呼吸强度增高。其原因在于组织损伤后加大了组织与空气的接触面积,并且,增加了酶与反应底物接触的机会,促进了呼吸作用。从生理角度讲,这是果蔬对外界不良环境和刺激的一种自我保护反应。因此,在采收时要尽量避免机械伤。

(7)化学物质　一些化学物质,如赤霉素、青鲜素、一氧化碳、1-MCP(1-甲基环丙烯)等,对果实呼吸强度均有不同程度影响,其中有些常作为果蔬产品的保鲜剂。比如,1-MCP,一种乙烯抑制剂可应用于苹果和花卉等园艺产品的贮运与保鲜。

(8)钙素对呼吸的影响　一些果实如苹果、梨、鲜枣等采前喷施钙肥(氯化钙或硝酸钙),或采后浸钙处理,可在一定程度上降低果实的呼吸强度,延缓果实硬度下降,减少贮藏期间生理病害。

总之,要采取各种措施抑制果品呼吸强度,推迟衰老,提高其耐贮性和抗病性。

(二)蒸腾作用

果蔬在采收后失去供给水分的来源,但水分的蒸发仍在继续。随着贮藏期的延长,失水达到一定程度就会造成果实萎蔫、失重、鲜度下降,大大降低商品价值,此现象称为果蔬的蒸腾作用。失重程度通常是衡量果蔬保鲜效果的一个重要指标。蒸腾作用除了影响果蔬的鲜度和口感外,严重时还会使其生理代谢活动增强,贮藏期缩短。但是,如宽皮柑橘类和哈密瓜等采后适度失水对其贮藏和运输是有好处的。影响果蔬蒸腾作用的主要因素如下:

(1)果蔬种类与成熟度　一般来说,表面积与重量比值大的果实,水分蒸腾量大。水分蒸腾量也与果实表面的表皮结构有关,果皮厚、表皮结构致密且具有蜡质层的果实水分不易蒸腾。未成熟或成熟度低的果实,因表皮角质层尚未发育完全,所以水分容易从组织中向外蒸腾出来。由于果实与外界的水分和气体交换都是通过气孔、皮孔和表皮层进行的,所以通常呼吸强度大的果蔬,水分蒸腾也大。

(2)温度　贮藏环境温度越高,水分蒸腾量越大。主要原因是:①环境温度上升后,单位体积空气可容纳的水分量增加,果实与空气之间的饱和湿度差增大;②水蒸气分子运动加剧,增大了向外扩散的动力;③果实细胞液黏度下降,组织中的水分易移动。反之,如果环境温度快速下降或温度波动较大,空气湿度达到过饱和,水蒸气就会在果实表面凝结成水珠,即结露。果实表面结露后,病菌易于繁殖,造成果实腐烂。因此,果蔬在贮运过程中,应尽可能控制贮藏环境保持稳定的低温,减少蒸腾和结露。

(3)湿度　空气湿度是影响果实水分蒸腾的最主要因素。一般用相对湿度(RH)表示其大小。贮藏环境的相对湿度越大,果实中水分越不容易蒸散。对于多数果蔬来说,贮藏合适的相对湿度要求达到85%~95%。

(4)空气流速　贮藏环境中,风速越大,果实蒸腾越严重。但如果空气不流通势必会影响降温效果,库内还会积累大量有害气体,也不利于贮藏。因此,要在保持库内适宜湿度的同时,合理控制库内空气流速。

为防止和减少水分蒸腾,可采取如下措施:①增加空气的相对湿度;②通风要适当;③采用塑料薄膜、瓦楞纸箱等内外包装以及给果实表面涂蜡等措施。

二、影响果蔬贮藏保鲜的因素

要延长果实的采后贮藏寿命,除了要有恰当的采后处理方式和贮运条件外,还必须充分考虑采前因素和采收过程对果实的影响,应遵循三大原则:①采前要确保生产健康优质的,耐贮运的果实品种。②采收过程中,务必完好无损地收获果实产品。③采后贮运期间,提供最佳的处理方式和贮运条件。

1. 采前因素

(1)种类与品种　一般来说,产于热带地区,生长发育期短并且在高温季节收获的果蔬,收获后呼吸旺盛,蒸腾失水快,不耐贮藏;产于温带地区,生长发育期长并且在低温季节收获的果蔬有较好的贮藏性。晚熟品种耐贮藏,中熟品种次之,早熟品种不耐贮藏。

(2)栽培措施　如施肥、灌溉、病虫害防治、整形修剪、疏花疏果等对果蔬的生长发育、质量状况及贮藏性均有显著影响。采取适当的管理措施,可达到高产、优质、耐贮藏的目的。管理措施:①合理施肥;②合理灌溉;③修剪和疏花疏果;④病虫害防治。

2. 贮藏环境因素

(1)温度　温度对果蔬贮藏的影响主要表现在果蔬的呼吸、蒸腾、成熟衰老等多种生理作用及病原微生物的生长繁殖等方面。①在一定温度范围内,随着温度的下降,果蔬生理代谢强度降低,微生物生长繁殖减缓,果蔬腐烂减轻,寿命延长。②贮藏温度的稳定也很重要。波动过大:ⓐ会刺激果实的呼吸强度加大;ⓑ会加速果实的蒸腾作用;ⓒ果实表面容易形成"结露",有利于病原微生物的生长与繁殖。

(2)湿度　湿度过小果实失水皱缩;湿度过大,温度过高,果实极易腐烂。对于大多数果蔬而言,在低温贮藏时,较适合的空气相对湿度为90% ~95%。生产中应根据果蔬的生理特性、贮藏温度、是否用薄膜袋包装等来确定贮藏的湿度条件。

(3)气体成分　影响果实呼吸的气体成分有氧气、二氧化碳、乙烯等。一般来说,适当提高二氧化碳浓度,降低氧气浓度可抑制果实的呼吸作用,延缓衰老。乙烯的产生可加速果实的成熟衰老。调控乙烯的浓度可促进或延迟果实成熟或衰老的过程。

三、果蔬的贮藏保鲜方法

(一)气调贮藏保鲜法

气调贮藏是在传统的冷藏保鲜基础上发展起来的现代化保鲜技术,被认为是当今贮存果蔬效果最好的贮藏方法。

1. 气调贮藏的基本原理

正常的空气中,含氧气21%,二氧化碳0.03%,其余为氮气和一些微量气体。适当降低贮藏环境中氧气的浓度和提高二氧化碳浓度,可抑制呼吸作用。在较低温度下,低氧、高二氧化碳,能够抑制乙烯的合成,减轻或避免某些生理病害的发生,同时还可以抑制微生物病害的发生。

2. 气调贮藏的特点

(1)贮藏期长　气调贮藏采用低温和调节贮藏环境气体成分相结合的技术,

极大程度地抑制了果蔬的呼吸作用，延缓了果实新陈代谢速度，贮藏期得以较大程度地延长。

（2）保鲜效果好　多数中晚熟苹果和鸭梨经贮藏6～8个月后，仍然色泽艳丽，风味纯正，外观丰满，与刚采收的相差无几。

（3）贮藏损耗低　气调贮藏尤其是气调库贮藏，可有效地抑制果实的呼吸作用、蒸腾作用及微生物的危害，贮藏损耗大大降低。如猕猴桃普通冷藏的损耗15%～20%，而气调贮藏损耗不足4%。

（4）货架期长　经气调贮藏后的果实，在解除气调状态后，仍有一段时间的"滞后效应"。试验表明，一般在保持相同品质下，气调贮藏果实的货架期是冷藏果实的2～3倍。

（5）"绿色"贮藏　气调贮藏能很好地抑制侵染性病害发生，不用化学药物处理。

最后要指出的是，气调贮藏是一种高投入、高产出的贮藏方法，贮藏成本较高。另外，气调贮藏对于果蔬采前管理和果实质量要求相对较高。

3. 气调贮藏的类型

（1）人工气调贮藏　简称CA贮藏。指在相对密闭的环境中（如气调库等）和冷藏的基础上，人工降低氧浓度、增大二氧化碳浓度至适宜组分比例，并精确控制库内氧和二氧化碳浓度以及温度、湿度的贮藏方法。该法贮藏时间长、效果好，但成本相对较高。

（2）自发气调贮藏　自发气调贮藏也称简易气调或限气贮藏，简称MA贮藏。指在相对密闭的环境中（如塑料袋等密封方式），依靠果实自身呼吸作用和塑料薄膜具有的一定程度的透气性，自发调节薄膜袋内氧和二氧化碳浓度的气调贮藏方式。MA贮藏方法简单，成本低，除具有调节气体浓度的作用，还可以保持环境较高湿度，减少果实失重；但由于密封环境中氧和二氧化碳的浓度较难控制在理想的比例。因而，贮藏效果不如CA贮藏。

（3）气调库贮藏　它是在冷藏的基础上，根据果实品种的特性，在相对密闭的库房中人工调整氧和二氧化碳浓度比例，并使之稳定在一定浓度范围内的一种贮藏方法。气调库既具有"冷藏"功能，还具有"气调"功能，保鲜效果和保鲜期比冷藏库更好、更长。

4. 气调库贮藏管理

气调库不仅在贮藏条件、库房结构和设计配置等多方面不同于普通冷库，而且对于运行管理也要严格得多。

（1）适时采收　气调贮藏对果蔬的采收期要求很严格。采收过早，果实成熟度低，品质差，易失水，贮藏期间易发生生理病害。采收晚，品质虽好，但不适合长期贮藏。

(2)及时入库　果蔬采收后要及时入库。入库前先进行空库降温。在入库后降温时，一定要等果实温度和库温基本稳定在贮藏温度时才能封库。如果在降温时就急于封库，会在围护结构两侧产生压差，对库体结构安全造成威胁。当库内温度基本稳定后，应迅速封库降氧，降氧速度越快越好。二氧化碳浓度的增加要靠果实自身的呼吸，所以氧不必迅速降到最佳值，一般应高出最佳值的2%～3%，再利用果实的呼吸消耗掉这部分氧气。

(3)从降氧结束到出库前的整个时期，称为气调状态的稳定期　这个阶段的主要任务是维持库内温、湿度和气体成分基本稳定，使果蔬长期保存在最佳状态。为此，操作人员应及时检查和了解设备的运行状况和库内贮藏参数的变化情况，做好设备的运转记录和温、湿度、气体成分的记录，及时发现和纠正设备的各种异常状态。

(4)贮后管理　气调果蔬在出库前1d应解除气密状态，停止气调设备的运行。采用自然换气法，使气调库的气体接近空气成分，温度和湿度不变，此时方可入库作业。

(5)气调库及设备的年检大修　气调库及设备经一个贮季后，必须进行年检大修。气密破损的部位在修复后应重新进行气密性试验。各种设备、管道阀门、仪表、电气部件等均应按说明书要求进行年检大修。经调试后，应恢复到原有性能，为下一贮季做好准备。

(二)其他贮藏保鲜法

(1)地下贮藏　地窖和地洞由于处在地面以下，在炎热的天气里比地面凉爽一些；而在冬季，果蔬被冻坏的危险也少得多。有些地区至今还在实行窖藏或堆藏。在窖中先垫干草或麦秆，放入果蔬再用麦秆覆盖，然后再盖上一层10～20cm厚的草皮或泥土，以防止冷冻和漏雨。为减轻呼吸引起的自然热，应用管道向外通气。堆藏只适合在寒冷的冬季贮藏硬菜类，现在仍然是简单田间贮藏的一种有效方法。

地窖是地下贮藏的一种较为复杂的形式，常建在山坡且易出入的地方。同时要有良好的排水条件和防雨措施。设置可控的通风口以便在需要冷却时引入冷空气，排除热空气。

(2)空气冷却贮藏　这是利用库外空气的循环进行冷却，多为地下或半地下绝热结构。当产品温度过高时，如果库外空气温度较低，就可以用自然对流或强制送风的方法，让冷空气通过底部进气孔和顶部出气孔，透过贮藏果蔬，进行空气对流。

冷却空气贮藏库的建造成本和操作费用都很低廉，目前仍然广泛地利用于贮藏马铃薯和甘薯，这两种产品都需要比较高的贮藏温度，以免糖分积累和冷却损伤。

（3）机械制冷　机械制冷装置由四个基本部分组成：①压缩，制冷剂在压缩机中被压缩，从而不可避免地使温度升高；②冷凝器，过热的蒸汽进入冷凝器被空气或水冷却并且凝结成为液体；③节流阀，液体制冷剂通过节流阀降压降温；④蒸发器，液体制冷剂在蒸发器中沸腾蒸发，从而带走其周围的热量。

项目二 果蔬罐头加工技术

罐头加工技术是法国阿贝尔在19世纪发明的，20世纪才传入我国。果蔬罐头是果蔬原料经过前处理后，装入容器，经过排气、密封、杀菌、冷却后，制成别具风味、能长期保存的食品。罐头食品具有安全卫生，且运输、携带、食用方便等特点，可不受季节和地区的限制，无需冷藏就可长期贮存，是航海、勘探、军需、井下作业及长途旅行者的方便食品。

一、果蔬罐藏加工原理

采取热力杀菌抑制或破坏了导致果蔬腐败变质的酶和微生物活性，利用排气密封有效地预防了微生物的侵染，从而达到长期保存的目的，这就是果蔬罐藏原理。热杀菌使原料由生变熟的同时，导致组织结构破坏及营养流失。所以热处理时既要杀死微生物，钝化酶活性，也要尽可能保持果蔬的风味、营养和质构。

（一）高温对微生物的影响

凡是能在45℃的温度环境中进行代谢活动的微生物称为嗜热微生物，与食品有关的主要是芽孢杆菌和梭状芽孢杆菌属，其次是链球菌属和乳杆菌属。

1. 微生物的耐热性

超过微生物生长温度范围的高温，将对微生物产生抑制或杀灭作用。但是不同的微生物对热的抵抗力是有差异的。通常产芽孢细菌比非芽孢细菌更为耐热，而芽孢也比其营养细胞更耐热。微生物热力致死的原因主要是由于菌体细胞内的蛋白质凝固的结果。

2. 影响微生物耐热性的因素

（1）水分活度　一般情况下，水分活度越低，微生物细胞的耐热性越强。因此，在相同温度下湿热杀菌的效果要好于干热杀菌。

(2)脂肪　脂肪的存在可以增强细菌的耐热性。

(3)盐类　盐类对细菌的耐热性的影响是可变的。当食盐浓度低于3%～4%时,能增强细菌的耐热性。食盐浓度超过4%时,随浓度的增加,细菌的耐热性明显下降。

(4)糖类　糖对微生物耐热性的影响与糖的种类及浓度有关。以蔗糖为例,当浓度较低时,其影响很小。但浓度较高时,则会增强微生物的耐热性。

(5)pH　微生物的耐热性在中性或接近中性的环境中最强,而偏酸性或偏碱性的条件都会降低微生物的耐热性。在 $pH<5$ 时,细菌芽孢的耐热性就很弱了。因此,在加工蔬菜及汤类食品时,常添加柠檬酸等提高食品的酸度,以降低杀菌温度和缩短杀菌时间。

(6)蛋白质　加热时蛋白质(包括明胶、血清等在内)存在,将对微生物起保护作用。

(7)初始活菌数　初始活菌数越多,则微生物的耐热性越强。

(8)微生物的生理状态　一般处于稳定生长期的微生物营养细胞比处于对数期者耐热性更强。另外,成熟的芽孢比未成熟者更为耐热。

(9)培养温度　微生物的耐热性随培养温度的升高而增强。

(10)热处理温度和时间　热处理温度越高则杀菌效果越好,但是加热时间的延长,有时并不能使杀菌效果提高。

(二)高温对酶活性的钝化作用及酶的热变性

酶活性和酶失活速度与温度之间的关系均可用温度系数 Q_{10} 来表示。前者的 Q_{10} 一般为2～3,而后者的 Q_{10} 在临界温度范围内可达100。因此,随着温度的提高,酶催化反应速度和失活速度同时增大,但是由于它们在临界温度范围内的 Q_{10} 不同,后者较大,因此,在某个关键性的温度下,失活的速度将超过催化的速度。此时的温度即酶活性的最适温度,也就是酶活性的转折点。不过要指出的是,任何酶的最适温度都不是固定的,随反应时间的长短、杂质因素而异。过此点后,温度上升,酶催化反应速度急剧降低。一般来说,温度提高到80℃后,热处理时间只要几秒钟,几乎所有的酶都会遭到不可逆性破坏。

虽然大多数与食品加工有关的酶在45℃以上即失活,但乳碱性磷酸酶和植物过氧化物酶在pH中性条件下相当耐热。

经验表明,酶也会导致热杀菌的酸性或高酸性食品变质,甚至某些酶经热力杀菌后还能再度活化。如过氧化物酶、催化酶、碱性磷酸酶和脂酶等,在热钝化后的一段时间内,其活性可部分地再生。为防止活性的再生,可采用更高的加热温度或延长热处理时间。

(三)热处理对果蔬食品品质的影响

(1)质构　在植物原料的热处理过程中有两种类型的质构破坏,即半透膜的破坏和细胞间结构的破坏并导致细胞分离。其他变化如蛋白质变性、淀粉糊化、蔬菜和水果软化。

(2)颜色　产品的颜色取决于天然色素或外加色素的状态和稳定性以及加工和贮藏过程中的变色反应。

水果和蔬菜受热时,叶绿素脱镁、胡萝卜素将异构化,颜色变浅,花青素将降解成灰色。花青素是对热相当稳定的色素,但它可以参加很多反应,使水果变色;黄酮类色素如芸香苷(芦笋中)可与铁形成黑色;类胡萝卜素大多是脂溶性的,通常容易氧化而导致变色。除了色素的氧化、降解,美拉德反应也会导致加工和贮藏过程中产品的变色。

(3)风味　风味变化的一个重要来源是脂肪氧化——特别是豆类、谷物,美拉德反应也会改变一些风味,加热过程也会使一些风味物质挥发或改变。

(4)营养素　主要是维生素 C 和维生素 B_1 的破坏。在罐头加工中,除去氧气即可防止损失。

(四)罐藏食品热加工时间的推算

(1)影响罐头食品杀菌时间的因素　①食品中可能存在的微生物或酶的耐热性;②食品的污染情况;③加热或杀菌的条件;④食品的 pH;⑤罐头容器的大小;⑥食品的物理状态;⑦食品预期贮存条件。因此,要确定热加工时间必须知道微生物或酶的耐热性以及热传递速率。

(2)热传递速率　传热介质一般为蒸汽或热水,传热时热穿过容器然后进入食品。影响热穿透食品的一些主要因素如下:①产品类型。流体食品——对流传热;固体(肉、鱼等)——导热。②容器大小。比如马口铁罐和蒸煮袋,后者因体积小所需杀菌时间更短。③容器是否被搅动。比如旋转杀菌比常规杀菌传热效率高。④杀菌锅和物料的初温。初温高者更快达到杀菌温度。⑤容器类型。金属罐比玻璃罐、塑料罐传热快。

(3)传热速率的测定　利用热电偶测定食品冷点的温度。

(4)加热时间的推算　目前已找到了更先进的计算杀菌时间的方法,主要是为了估计杀菌工艺的安全性而不是为了精确地确定杀菌时间和提高致死效果。拥有先进仪器的罐头加工厂已利用计算机来计算杀菌时间,以更好地控制杀菌工艺流程。无论哪种情况,在进行最佳工艺计算时,必须知道细菌致死曲线和罐头食品的传热曲线。对于常见标准大小的食品罐头的热处理工艺可在一般罐头工业参考书中查到。可是当开发一个新产品,使用新型材料或新型包装时必须测定罐头的有效热处理情况。

二、果蔬罐头加工技术

(一)工艺流程

果蔬罐头生产工艺流程见图2－1。

选料分级→预处理→热烫与漂洗→装罐→排气→密封→杀菌→冷却→保温检验→包装→成品

图2－1 果蔬罐头生产工艺流程

(二)操作要点

1. 原料的分选与分级

分选的目的在于剔除不合适的和腐烂霉变的原料,并按原料的大小和质量(色泽、成熟度等)进行分级。果蔬原料的分级除手工操作外,目前大多采用振动筛及滚筒式分级机。

2. 预处理

原料的洗涤、去皮与切分。洗涤目的是除去果蔬表面尘土、泥沙、部分微生物以及可能残留的化学药品等。方法有漂洗法、喷洗法及转筒滚洗法等。凡是表皮粗厚、坚硬、具有不良风味的果蔬外皮都要除去。方法如下:①机械去皮:如苹果、梨等用旋皮机去皮;如马铃薯、胡萝卜等用擦皮机去皮。②热力去皮:用高压蒸汽或沸水烫,如番茄。③化学去皮:桃、杏、李子等适用此法。碱液去皮后,应立即在流动水中彻底漂洗,再用0.3%～0.5%的柠檬酸或0.1%盐酸中和余碱。

3. 热烫与漂洗

热烫目的主要是:破坏酶的活性,稳定色泽,改善风味与组织;①软化组织,便于装罐,脱出水分,保持开罐时固形物稳定;②杀死部分附着于原料中的微生物,并对原料起一定的洗涤作用;③排除原料组织中的空气。

果蔬热烫的方法,有热水处理和蒸汽处理两种。热烫的温度和时间应根据果蔬的种类、块形大小、工艺要求等条件而定,一般在不低于90℃的温度下热烫2～5min。

4. 装罐

(1)容器的准备和处理　根据果蔬产品规格和要求选用合适的容器。首先要检查容器的完好性。对马口铁罐要求罐型标准,焊缝完整均匀,无缺口或变形,铁壁无锈斑和脱锡现象。对玻璃罐要求罐口平整光滑,无缺口、裂缝,玻璃壁中无气泡等。其次要进行清洗和消毒。因此,为了保证罐头食品的质量,在装罐前就必须对空罐进行清洗,保证容器的清洁卫生,提高杀菌效果。

①玻璃罐的清洗与消毒。玻璃罐容器上的油脂和污物常采用有毛刷的洗瓶机刷洗,或用高压水喷洗。洗净的玻璃瓶在使用前需用95~100℃蒸汽或沸水消毒10~15min。胶圈需经水浸泡脱硫后使用。罐盖使用前用沸水消毒3~5min,沥干水分,或用75%的酒精消毒也可。

②马口铁罐的洗涤与消毒。大型罐头厂大多采用机械进行清洗和消毒。空罐洗涤机的种类很多,常用的有旋转圆盘式洗罐机和直线型喷淋洗罐机等。在小型企业中多采用人工操作,即将空罐放在沸水中浸泡30~60s,取出倒置盘中沥干水分。

(2)糖液的配制　果品罐头的灌注液一般是糖液;蔬菜罐头的灌注液多为盐水。盐水大多数采用直接配制法,配制时将食盐加水煮沸,除去泡沫,经过滤、静置,达到所需浓度即可。多数蔬菜罐头的盐水浓度为1%~3%,有的加入0.01%~0.05%柠檬酸。糖液配制有直接法和间接法两种。我国目前生产的各类水果罐头,除了个别产品如杨梅、杏外,一般要求开罐时的糖液浓度为14%~18%,装罐时所需的糖液浓度按下式计算:

$$Y = (m_3Z - m_1X)/m_2$$

式中　m_1——每罐装入果肉的质量,g;

m_2——每罐装入糖液的质量,g;

m_3——每罐净重,g;

X——装罐前果肉可溶性固形物含量,%;

Y——配制的糖液(即注入罐的)浓度,%;

Z——要求开罐时的糖液浓度,%。

配制糖液注意事项:糖液配制时,必须煮沸过;糖液有时要求加酸,应做到随用随加,防止加酸过早或糖液积压,否则会促进果肉色泽变红变褐;糖液浓度一般用折光计测定。

(3)装罐的工艺要求及方法　空罐及原料准备好后,应迅速装罐,以减少微生物污染。每罐力求块形大小、色泽、形态、成熟度一致,净重和固形物含量必须达到要求,每罐净重允许公差±3%,每罐固形物含量为45%~65%。装罐时要保持罐口清洁,且留有适当顶隙,一般要求顶隙度为6~8mm。装罐的方法有机械装罐法和人工装罐法。对于颗粒状、半固态和液态食品常采用机械装罐。

5. 排气

罐头密封前将罐内空气排除,可防止玻璃罐"跳盖"、金属罐变形或爆裂,防止残存好气性细菌在罐内生长发育,提高杀菌效果,保持色香味及减轻罐壁的腐蚀。

排气方法主要有加热排气法、真空封罐排气法和喷蒸汽封罐排气法三种。罐内食品密封时的温度越高，罐内残留空气越少，真空度越大。罐内形成适度的真空状态是罐头得以常温下保存的必备条件。

6. 密封

密封食品经杀菌后可长期保藏。

7. 杀菌

其目的是杀死果蔬中所污染的致病菌、产毒菌以及能引起罐头食品变质的腐败菌，破坏果蔬自身的酶活性，使密封在罐内的果蔬食品在一般贮藏条件下长期保存，同时起到一定的蒸煮调味作用，改善果蔬原料组织质地、风味，使其更符合食用要求。

（1）杀菌方法　果蔬罐头常用的杀菌方法有常压杀菌和高压杀菌。

常压杀菌指将果蔬罐头放入常压的热水或沸水中进行杀菌，杀菌操作和杀菌设备简便，适用于酸性食品（$pH < 4.5$），如水果类、果汁类、果酱类、酸渍类等。

加压杀菌包括两种类型，即高压蒸汽杀菌和高压水杀菌。此法杀菌温度可达100℃以上，可根据果蔬罐头杀菌温度的要求，通过杀菌锅内压力的增高来提高杀菌温度。适用于低酸性（$pH > 4.5$）食品罐头的杀菌，如大部分蔬菜罐头。高压杀菌设备复杂，操作要求精细。高压杀菌又分为间歇式杀菌和连续式杀菌，而以间歇式杀菌最为常用。

（2）杀菌公式　果蔬罐头食品杀菌规程包括杀菌温度、杀菌时间和反压，工厂中常用杀菌公式来表达杀菌工艺条件和要求：

$$\frac{t_1 - t_2 - t_3}{T}(p)$$

式中　t_1——从初温到杀菌温度所需的时间，即升温时间，min；

t_2——保持恒定的杀菌温度所需的时间，min；

t_3——从杀菌温度冷却到所需温度的时间，即降温时间，min；

T——规定的杀菌温度，℃；

p——反压冷却时杀菌锅内采用的反压力，Pa。

8. 冷却

杀菌结束应迅速冷却，以防高温继续影响内容物品质，且果蔬中的有机酸在较高温度下会加速金属罐内壁的腐蚀。一般冷却至38～40℃为宜，利用罐内部分余热将罐外水分蒸发，防止罐身罐盖生锈。

目前，罐头生产普遍使用冷水冷却。常压杀菌罐头可采用喷淋冷却和浸水冷却。高压杀菌罐头内压较大，需采用反压冷却。反压冷却可分为加压空气冷却与加压水冷却等。冷却速度在保证容器不破损的情况下越快越好。但玻璃罐因温度急剧变化容易产生破裂，一般采用分三段冷却，即按水温80℃→60℃→40℃。另外，冷却用水应符合饮用水标准。

9. 果蔬罐头的质量要求、检验和贮存

(1)果蔬罐头食品的质量要求　①罐体要完好无损，即罐头容器不变形、不漏水、不透气、罐壁无腐蚀现象及罐盖不膨胀。②要求罐头内容物应具有正常的色香味形和质量，无异常、无杂质。③要求罐头食品卫生指标应符合国家有关标准，罐内食品中不得检出致病菌。重金属含量、农药残留量和食品添加剂均应符合规定标准。

(2)罐头成品的检验　通常包括感官检验、理化检验和微生物检验。

①感官检验：敲击罐盖以声音判定罐内食品质量状况；密封是否紧密牢固，胶圈有无起皱，罐盖的凹凸变化情况，罐体是否清洁及锈蚀等；开罐检查：对内容物的色泽、风味、组织形态、汁液透明度、有无杂质等进行检验。

②理化检验：罐头的净重、固形物含量、糖水浓度、罐内真空度及有害物质等。

③微生物检验：通常每批产品至少取 12 罐。将抽样罐头放在适温下，维持一周左右。

每日进行检查，若发现有败坏现象的罐头，应立即取出，开罐接种培养。经过镜检，确定细菌种类和数量，查找带菌原因及防止措施。

(3)果蔬罐头食品的贮存　罐头食品的贮存场所要求清洁、通风良好。库温一般为 10～15℃，湿度 70%～75% 为宜，最高不要超过 80%。此外，罐瓶要码成通风垛；库内不要堆放具有酸性、碱性及易腐蚀的其他物品；不要受强日光暴晒等。

三、果蔬罐头常见质量问题及控制措施

(一)胀罐

1. 物理性胀罐

(1)主要原因　①罐头内容物装得过满，顶隙过小；②高压杀菌后，消压过快，冷却过速；③排气不足或贮存温度过高等引起的胀罐称为物理性胀罐。

(2)防止措施　①严格控制装罐量，切勿过多。②罐头的顶隙距离适宜，控制在 4～8mm。③提高排气时罐内的中心温度，排气要充分。④高压杀菌后罐头反压冷却时，确保罐内外的压力平衡。⑤控制罐头制品适宜的贮存温度(0～15℃)。

2. 化学性胀罐

(1)主要原因　罐头食品中的有机酸与金属容器内壁作用引起金属罐内壁腐蚀而产生氢气，内压增高引起的胀罐称为化学性胀罐。严重时能使制品产生金属

味，且重金属含量超标。高酸性果蔬罐头常易出现此类败坏。

(2)防止措施 ①防止空罐内壁受机械损伤，以防出现露铁现象。②宜采用涂层完好的抗酸涂料罐，以提高对酸的抗腐蚀性能。

3. 细菌性胀罐

(1)主要原因 ①杀菌不彻底。②密封不严，二次污染而导致微生物生长繁殖所致。尤其是产气微生物的生长，产生大量的气体而使罐头内部压力超过外界气压而出现胀罐。此类胀罐除产生气体外，一般还常伴有恶臭味和产生毒素。

(2)防止措施 ①对原料充分清洗或消毒，严格加工过程中的卫生管理。②在保证罐头食品质量的前提下，对原料的热处理(预煮、杀菌等)必须充分。③在预煮水或糖液中加入适量的柠檬酸，降低内容物的 pH，提高杀菌效果。④严格封罐质量，防止密封不严而泄漏，冷却水应符合食品卫生要求。⑤防止反压冷却操作不当导致密封出现裂缝。

(二)罐壁的腐蚀

(1)均匀腐蚀 马口铁罐内壁在酸性食品的腐蚀下，常会全面地、均匀地出现溶锡现象，致使罐壁内锡层晶粒体全面外露，出现鱼鳞斑纹或羽毛状斑纹，这就是均匀腐蚀现象。腐蚀继续发展，造成罐内壁锡层大片剥落，溶锡量增加，食品出现明显的金属味。

(2)集中腐蚀 在罐头内壁上出现有限面积内金属(锡或铁)的溶解现象，称为集中腐蚀，表现出麻点、蚀孔、蚀斑，严重时能导致罐壁穿孔。

(3)其他腐蚀现象 顶隙中残存的氧气会与罐壁发生氧化，从而在液面处形成暗灰色的氧化圈。另外，硫及含硫化合物混入罐头引起罐壁的腐蚀，罐头中的硝酸盐对罐壁也有腐蚀作用，如在罐头中添加盐水、酱油、醋和各种香辛料等会加剧罐内壁的腐蚀。

防止罐壁腐蚀的措施：①对果实加强清洗及消毒，可用 0.1% 盐酸浸泡 5 ~ 6min，再冲洗，以脱去农药。②对含空气较多的果实，采取抽空处理，减少原料组织中空气的含量，进而降低罐内氧的浓度。③加热排气要充分，提高罐内真空度。④对于含酸或含硫高的内容物，容器内壁一定要采用抗酸或抗硫涂料。⑤控制罐头制品贮藏环境相对湿度，以防罐外壁锈蚀，贮藏环境相对湿度应保持在 70% ~ 75%。此外，要在罐外壁涂防锈漆。

(三)变色及变味

1. 变色

(1)主要原因 金属离子作用的影响以及果蔬中某些化学物质在酶或罐内残

留氧的作用下或长期贮温偏高而产生的酶褐变和非酶褐变所致。

(2)防止措施　①选用含花青素及单宁物质低的原料;②原料去皮、切分后应浸泡在0.1% ~0.2%的柠檬酸溶液或稀盐水(1% ~2%)中护色;③装罐前进行热烫处理,破坏酶的活性,排除原料组织中的空气;④糖水中加入适量的维生素 C;⑤配制的糖水应煮沸,随配随用。如需加酸则不宜过早加入,避免蔗糖的过度转化;⑥全部用不锈钢器具;⑦控制罐头的贮存温度,高温环境加速褐变。

2. 变味

(1)变味的主要原因　①微生物生长繁殖。②热处理过度产生蒸煮味。③罐壁的腐蚀会产生铁腥味。

(2)防止措施　应按要求达到商业无菌,果蔬预处理适度、排气充分,保证罐内壁涂层完好等,这样果蔬罐头变味可以得到有效地控制。

(四)罐内汁液的浑浊和沉淀

引起罐内汁液发生混浊与沉淀现象的原因有多种,如①加工用水中钙、镁等金属离子含量过高(水的硬度大);②原料成熟度过高,热处理过度,罐头内容物软烂;③贮运中震荡过剧,而使果肉碎屑散落。应针对上述原因采取相应的措施。

项目三
果蔬糖制品加工技术

果蔬糖制就是采用各种方法使食糖渗入组织内部,从而降低水分活度,提高渗透压,可有效地抑制微生物的生长繁殖,达到长期保藏不变质的目的。

一、果蔬糖制品的概念和分类

(一)果蔬糖制品的概念

果蔬糖制品是将果蔬原料或半成品经预处理后,利用食糖的保藏作用,通过加糖浓缩,将固形物浓度提高到65%左右,而得到的加工品。果蔬糖制品对原料的要求一般不高,可充分利用果蔬的皮、肉、汁、渣或残次果、落果,甚至不宜生食的橄榄和梅子也可制成美味的果脯、蜜饯、凉果和果酱。所以,果蔬糖制品加工也是果蔬原料综合利用的重要途径之一。

（二）果蔬糖制品的分类

1. 果脯蜜饯类

该类制品的特点是保持了果实或果块一定的形状，一般为高糖食品。将成品含水量在20%以上的称蜜饯，成品含水量在20%以下的称果脯。

（1）干态蜜饯　又称返砂类，糖制后晾干或烘干，不粘手，有些产品表面裹一层半透明糖衣或结晶糖粉。如橘饼、冬瓜条、蜜菠萝、糖藕片、蜜李子等。

（2）湿态蜜饯　果蔬原料糖制后，按罐藏原理保存于高浓度糖液中，果形完整，饱满，质地细软，味美，呈半透明。如蜜饯海棠、蜜饯樱桃、糖青梅、蜜金橘等。

（3）果脯　糖制后晾干或烘干，外干内湿，半透明，不粘手的制品。如杏脯、桃脯、苹果脯、枣脯等。

（4）凉果及甘草制品类　即制品不经过蒸煮等加热过程，直接以干鲜果品或果坯拌以辅料后晾晒而成。如话梅、加应子等。

2. 果酱类

（1）果酱　果品原料经处理后，打碎或切成块状，是加糖浓缩而成的凝胶制品。制品成黏糊状，带有细小果块，含糖量55%以上，含酸1%左右。倾倒在平面上要求"站得住，不流汁，展得开"，如苹果酱、桃酱、山楂酱、草莓酱等。

（2）果菜泥　原料经软化、打浆、筛滤后得到细腻的果肉浆液，加入适量砂糖（或不加糖），经加热浓缩而成。制品成酱糊状，糖酸含量稍低于果酱，口感细腻。如枣泥、什锦果泥、南瓜糊、胡萝卜泥等。如制成有一定稠度、质地均匀的酱体时，常称之为"沙司"。

（3）果丹皮　在果泥中加糖搅拌、刮片、烘干、成卷或切片，用玻璃纸包装的制品。如苹果果丹皮、山楂果丹皮等。

（4）果冻　将果实软化、榨汁、过滤后，加糖、酸及适量果胶（酸或果胶含量高时可以不加），经加热浓缩而成。含糖60%～65%，酸1%以上，果胶15%以上。倾倒在平面上能呈保持原来形态，呈透明的冻胶状，不流汁，下刀切面光滑能成形。如山楂冻、苹果冻、柑橘冻、猕猴桃冻等。如果在制果冻的原料中再加入少量的橙皮条（或橘皮片）浓缩，冷却后这些条片较均匀地分散在果浆中，该制品通常称之为"马茉兰"。

（5）果糕　在果泥中加入预先搅拌成泡沫状的蛋白，注入容器成型，烘干，呈多孔性而柔软的果糕。或将果泥摊成薄层成型，再于50～60℃下烘干至不粘手，切成小块，用玻璃纸包装。或在果肉浆液中加入糖、酸、果胶浓缩后浇盘、烘制、包装而成，如南酸枣糕、猕猴桃糕、胡萝卜糕、山楂糕、水晶山楂糕等。

二、果蔬糖制加工原理

(一)糖制保藏食品的机理

用于糖制品的食糖有砂糖、饴糖、淀粉糖浆、蜂蜜、果葡糖和葡萄糖等。砂糖纯度高,风味好,取材方便,在糖制品生产中用量最大。国外已广泛用果葡糖浆代替蔗糖,因其纯度高、风味好、甜度浓、色泽淡、产量大、原料广泛,适用于各种食品加工。

只有高浓度糖液才会对微生物有不同程度的抑制作用,其保藏机理表现在以下三个方面:

(1)高渗透压作用　1%蔗糖约产生70.9kPa的渗透压。糖制品的糖浓度常在50%以上,能使微生物细胞原生质脱水收缩,发生生理干燥而失去活力,从而能使制品得以较长时间的保藏。但是某些霉菌和酵母菌较耐高渗透压。为了有效地抑制所有微生物,糖制品的糖分含量要求达到60%~65%,或可溶性固形物含量达到68%~75%,并含有一定量的有机酸,才能获得较好的保藏效果。对于需要长期保藏的果酱和湿态蜜饯制品,还要结合杀菌工序及真空密封等措施。

(2)抗氧化作用　氧在糖液中的溶解度小于在水中的溶解度。糖浓度越高,氧的溶解度就越低。如60%蔗糖溶液在20℃时含氧量仅为纯水中的1/6。由于糖液中含氧量低,有利于抑制好气性微生物的活动,也有利于糖制品色泽、风味和维生素C的保存。

(3)降低水分活度(A_w)　制品中含糖量越高,则其A_w越低,微生物就越难以生存。通常糖制品的A_w在0.75以下,而一般微生物生长的最低A_w值在0.8以上。

(二)果胶的作用

果胶物质以原果胶、果胶和果胶酸三种形态存在于果蔬中。原果胶在酸和酶的作用下分解为果胶。果胶具有胶凝特性。果品在糖制时,常利用果胶的胶凝作用和保脆作用来保证糖制品的质量。

1. 胶凝作用

果胶分子是由D－吡喃半乳糖醛酸以2－1,4葡萄糖苷键结合的长链组成,其中部分羧基为甲醇所酯化,形成甲氧基。当果胶分子中含甲氧基量高于7%时,称这种果胶为高甲氧基果胶;当果胶分子中含甲氧基量低于7%时,称这种果胶为低甲氧基果胶。这两种果胶形成凝胶的条件及机理各不相同。

(1)高甲氧基果胶形成凝胶的条件　一定比例的糖、有机酸、果胶在适宜的温度下，能形成凝胶。因为果胶是一种亲水胶体，糖作为脱水剂；而有机酸则起到消除果胶分子负电荷作用，使果酸分子接近电中性，其溶解度降至最小。实践表明：在糖度65% ~70%，pH2.8 ~3.3 果酸、果胶1%以上、温度30℃以下时能形成很好的凝胶。此外，在制作此类果冻时，还应注意加温时间不宜过长，否则会使果胶水解，降低其胶凝能力。

果胶的胶凝能力是衡量粉状果胶质量的重要指标。所谓果胶的胶凝能力，系指一份果胶与若干份糖制成具有一定强度和质量的果冻的能力。例如，1g 果胶具有能与150g 糖制成果冻的能力，则这果胶的胶凝能力为150 度，亦称150 度果胶。所以，其胶凝能力实际上就是果胶的加糖率。

(2)低甲氧基果胶形成凝胶的条件　低甲氧基果胶凝胶条件是：低甲氧基果胶1%、pH 2.5 ~6.5 时，每1g 低甲氧基果胶加入钙离子25mg（钙量占整个凝胶的0.01% ~0.10%），在0 ~30℃下即可形成正常的凝胶。食糖用量多少对凝胶的形成影响不大，利用这一特性，制作低糖制品。通常从海藻类中提取的果胶属较低甲氧基果胶，从苹果、枇杷、柑橘等果品的皮中提取的果胶为高甲氧基果胶。

2. 保脆作用

果胶能与钙、铝等金属离子结合，生成不溶性的果胶酸盐，使果蔬细胞相互黏结、增硬，可防止糖煮过程中组织软烂，制品保持一定形状和脆度，并有利糖制品的“返砂”，提高糖制品的质量。果蔬糖制品中常用的保脆剂有石灰、氯化钙、明矾等，使用时应注意用量及作用的时间。

三、果蔬糖制品加工技术

（一）果脯蜜饯类糖制品加工技术

1. 工艺流程

果脯蜜饯类糖制品生产工艺流程见图2 -2。

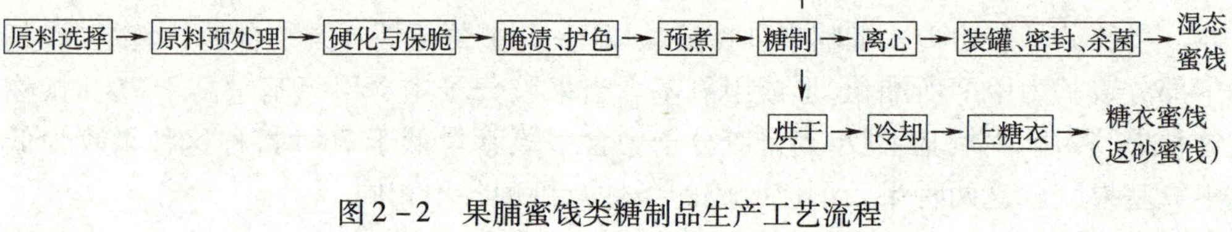

图2 -2　果脯蜜饯类糖制品生产工艺流程

2. 操作要点

(1)原料选择　原料质量的优劣主要在于品种和成熟度两个方面。蜜饯类因需要保持果实或果块形态,则要求原料肉质紧密,耐煮性强。原料的成熟度,一般以七八成熟的硬熟果为宜,但不同产品对成熟度要求不同。

(2)原料预处理　①选别分级。根据制品对原料的要求,及时剔除病果、烂果、成熟度过低或过高的不合格果。同时,按大小、成熟度对原料进行分级。②皮层处理。根据果蔬种类及制品质量要求,皮层处理有针刺、擦皮、去皮等方法。去皮时,要求去净果皮,以不损及果肉为度。③切分、去心、去核。对于体积较大果蔬原料,在糖制时需要适当切分,常切成片状、块状、条状、丝状或划缝等形态。切分要大小均匀,充分利用原料。

(3)硬化与保脆　为使原料在糖煮过程保持一定块形,对质地较疏松、含水量较高的果蔬原料如冬瓜、柑橘等,在糖煮前将原料浸入溶有如石灰、明矾、亚硫酸氢钙、氯化钙等硬化剂的溶液中。一般含果酸物质较多的原料用0.1%～0.5%石灰溶液浸渍,含纤维素较多的原料用0.5%左右亚硫酸氢钙溶液浸渍为宜。浸泡时间应视原料种类、切分程度而定。通常为10～16h,以原料的中心部位浸透为止,浸泡后立即用清水漂净。

(4)腌渍　目的是把原料中部分水分脱除,改变果肉组织的渗透性,以利糖分渗入。盐渍包括盐腌、曝晒、回软、复晒四个过程。干盐适用于果汁较多或成熟度较高的原料。盐水法适于果汁稀少或未熟果或酸涩苦味浓的原料。用盐量为10%～24%,腌渍时间7～20d,腌好后,可经水坯保存,或经晒制成干坯长期保藏。

(5)护色　主要进行硫处理,有熏硫法和浸硫法。熏硫处理是在熏硫室或熏硫箱中进行。按1t原料需硫黄2.0～2.5kg的用量熏蒸8～24h。浸硫处理应先配制好0.1%～0.2%的亚硫酸或亚硫酸氢钠溶液,然后将原料置于该溶液中浸泡10～30min。硫处理后的果实,在糖煮前应充分漂洗,去除残硫,使SO_2含量降到20mg/kg以下。

(6)预煮　预煮可杀死部分微生物;钝化酶的活性,防止氧化变色;排除原料组织中部分空气;软化组织,有利于糖分渗透;除去原料的苦涩味,改善风味。

预煮方法:水温不低于90℃,不断搅拌,时间8～15min。然后立即放在冷水中冷却。

(7)糖制　制蜜饯时主要采用糖煮和糖渍两种方法。

①糖渍。是将经预处理后的果蔬原料分次加入干燥白糖,不进行加热,在室温下进行一定时间的浸糖,除糖渍青梅外,糖渍还可结合日晒。也可采用浓糖趁热加在原料上,造成较大的温差,促进糖分的渗透。当原料体积缩减至原来一半左右时,渗糖速度降低。这时沥干表面糖液,即为成品。糖渍时间约为1周左右。冷浸法能较好地保持原有的色、香、味、形态和质地,维生素C的损失也较少。适用于果

肉组织比较疏松而不耐煮的原料,如青梅、杨梅、樱桃、桂花等均采用此法。

②糖煮。糖煮法适用于果肉组织较致密,比较耐煮的原料。糖煮可分一次煮成法、多次煮成法和减压渗糖法等。

a. 一次煮成法:适合于含水量较低、细胞间隙较大,组织结构疏松易渗糖的原料,如柚皮、划缝榨汁等处理后的橘饼坯和枣等。方法是先将糖和水在锅中加热煮沸,使糖度达到40%左右。然后将预处理过的原料放入糖液中不断搅动,并注意随时将黏在锅壁的糖浆刮入糖液中,以避免焦化。分次加入白糖,一直煮到糖度为75%。此法加热时间较长,容易煮烂和失水,产品干缩。为缩短加热时间,可先浸渍,再煮制到应有的糖度为止。

b. 多次煮成法:此法适用于含水量较高、组织结构较致密不易渗糖的原料。糖煮可分3~5次进行。先将处理后的原料置于40%浓度的糖液中,煮沸2~3min,使果肉转软,然后连同糖液一起倒入缸内浸泡8~24h;以后每次煮制时均增加10%糖度,煮沸2~3min,再连同糖浸渍8~12h,如此反复4~5次,最后一次是把糖液浓度提高到70%,待含糖量达到成品要求时,便可沥干糖液,整形后即为成品。

c. 减压渗透法:此法为糖制新工艺。其操作方法是将原料置于加热煮沸的糖液中浸渍,利用果实内外压力之差,促进糖液渗入果肉。如此反复进行数次,最后烘干,即为成品。此法基本上保持了新鲜颗粒原有的色、香、味,维生素C的保存率也很高。

(8)各类果脯蜜饯生产中的特有工序

①干燥(干态蜜饯)。煮制后,沥干,送入烘房或日晒。烘烤温度50~60℃。成品要求糖含量72%,水含量18%~20%,外表不皱缩、不结晶,质地紧密不粗糙。

②上糖衣(糖衣蜜饯)。所谓糖衣,就是用过饱和糖液处理干态蜜饯,使其表面形成一层透明状的糖质薄膜。糖衣蜜饯外观美,保藏性强,可减少贮存期间的吸湿、黏结和返砂等不良现象。过饱和糖液:常以3份蔗糖+1份淀粉浆+2份水混合,煮沸到113~114℃,冷却至93℃。然后将干燥的蜜饯浸入上述糖液中约1min立即取出,于50℃下晾干即成。另外,也可将干燥蜜饯浸于1.5%的食用明胶和5%蔗糖溶液中,温度保持90℃,并在35℃下干燥,也能形成一层透明的胶质薄膜。此外,还可将80kg蔗糖和20kg水煮沸至118~120℃,趁热浇淋到干态蜜饯中,迅速翻拌,冷却即可。有的蜜饯也可直接撒拌糖粉而成。

③加辅料。凉果类制品在糖渍过程中,还需加甜、酸、咸、香等各种风味的调味料。除糖和少量食盐外,还用甘草、桂花、陈皮、厚朴、玫瑰、丁香、豆蔻、肉桂、茴香等进行适当调配,形成各种特殊风味的凉果,最后干燥,除去部分水分即为成品。

(9)整理与包装　干态蜜饯由于在煮制和干燥过程中的收缩、破碎等,失去应有的形状。同时往往制品表面糖衣厚薄不一,糖衣太厚时会使制品不透明,口感太甜。所以在成品包装前要加以整理。整理包括分级、整形和搓去过多糖分等操作。

分级时按大小、完整度、色泽深浅等分成若干级别。

果脯蜜饯的包装应根据制品种类采用不同方法。如糖渍蜜饯，装罐后于90℃下杀菌20～40min，如糖度超过65%，则不用杀菌，成品用纸箱包装。干态蜜饯通常用塑料盒装，每盒0.25～0.50kg，然后包上塑料薄膜袋，再行装箱。凉果包装与水果糖粒包装相仿，分三层包装：内层为白纸，外层为蜡纸，然后装入复合薄膜袋中，每袋0.25～0.50kg。

(二)果酱类糖制品加工技术

1. 工艺流程

果酱类糖制品生产工艺流程见图2－3。

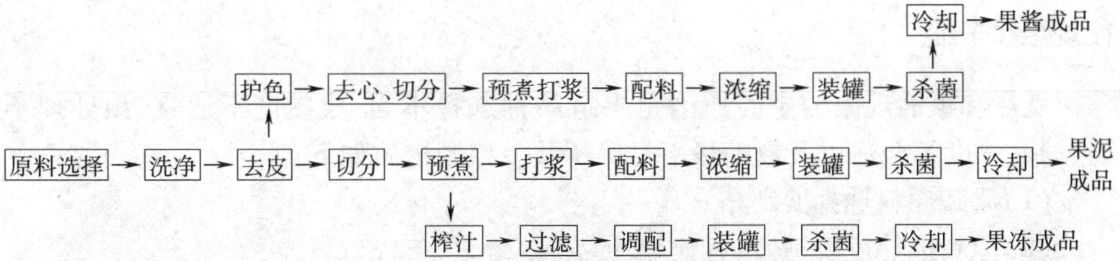

图2－3　果酱类糖制品生产工艺流程

2. 操作要点

(1)果酱　制作果酱的原料要求成熟度高，含果胶1%左右，含有机酸1%以上。洗净后适当切分即可。原料与加糖量之比为1:(0.5～0.9)，煮制时要经常搅拌，使果块与食糖充分混合，火力要大，煮制浓缩时间短则产品质量好。煮制的终点温度为105～107℃，可溶性固形物≥68%，于85℃装罐，90℃下杀菌30min。

(2)果泥　和果酱加工方法基本相同。所不同的是原料预煮后进行两次打浆、过筛、除去果皮、种子等，使质地均匀细腻。而后加糖浓缩，原料与加糖量之比为1:(0.5～0.8)。浓缩的终点温度为105～106℃，可溶性固形物为65%～68%。有的为了增进果泥的风味，还加有不超过0.1%的香料，如肉桂、丁香等。成品出锅装罐，杀菌方法与果酱同。

(3)果冻　要求原料含有足量的果胶和有机酸，不足时应在果汁中加以调整。为了提高果实的出汁率，预煮工序尤为重要，一般加水1～3倍，煮沸20～60min，然后压榨取汁；对于汁液丰富的果品类如草莓等，可以直接打浆取汁。果汁与加糖量之比为1:(0.8～1.0)。果汁总酸度以加糖浓缩后达到0.75%～1.0%为宜，果汁pH应调整为2.9～3.0。调整后立即煮制，不断搅拌，防止焦化，避免加热时间过长而影响胶凝。浓缩的终点温度为104～105℃，可溶性固形物在65%以上，即可装罐(瓶)密封,杀菌与果酱同。

(4)果丹皮　选用含糖、酸、果胶物质丰富的鲜果为原料,也可用下脚料,其工艺基本同果泥,所不同的是果丹皮的加糖量只有果酱的10%左右,适当浓缩后,摊于浅盘或玻璃板上(预先在浅盘或玻璃板上涂上植物油,便于撕皮),放60℃左右的烘房或烘箱中,烘烤至不粘手为度。撕下后将果皮切成条状或片状,包上玻璃纸,即为成品。

四、果蔬糖制品常见质量问题及控制

果蔬糖制品常见如煮烂、干缩、"返砂"、"流汤"、褐变和霉变等质量问题。其原因很多,如原料的种类品质、成熟度、工艺设备、操作技术等。

1. 煮烂和干缩

煮烂和干缩现象的主要原因是果蔬品种选择不当、成熟度不适宜、预处理不当、糖液浓度不合适以及浸糖量不足等所致。控制措施如下:

(1)果蔬原料选择要严格。

(2)原料成熟度要适宜,且比较均匀。

(3)按要求进行原料的预处理。比如枣划纹不可太深,亦不可太浅,同时,不要划纹交错等。划纹太深和纹理交错易煮烂;太浅则不易渗糖,造成干缩。

(4)糖液浓度要按要求准确配制,过稀和过浓都不能保证制品的质量。

(5)延长糖液的浸渍时间,以增加制品吸糖量。

2."返砂"和"流汤"

在糖煮过程中,如糖液中还原糖量的比例不当,会引起"返砂"、"流汤"等现象。

解决的办法是掌握糖液中适当的还原糖量。以还原糖含量占总糖含量的60%左右为宜,过低时就会出现返砂现象;过高时,遇高温潮湿季节易发生返糖和"流汤"现象。所以,在煮制原料的糖液,特别是含有机酸较少果品的糖液中,应加入一定量的柠檬酸调整pH,以控制糖中还原糖比例。

3. 褐变

褐变是影响糖制品质量的一个关键问题。在果蔬原料预处理之后引起褐变的主要原因是非酶性褐变(羰氨反应褐变作用;焦糖化褐变作用;抗坏血酸褐变作用)。控制非酶褐变的主要方法是:搞好预处理中的二氧化硫处理和热烫;控制适当的还原糖含量;缩短高温下的煮制时间;选择良好的烘烤方式和加强烘烤管理。

4. 霉变

霉变现象在糖制品生产中也经常碰到。易于在食品上生长的微生物一般有真菌(包括霉菌、酵母菌等)和细菌两种。其中霉菌一般适宜在固体或半固体状食品上生长,而酵母菌和细菌一般宜于在液体状食品中生长。防止霉变最简单的方法是保证糖制品中糖浓度在70%以上。在成品入库前,如发现水分含量高于指标,要重新送入烘房进行干燥。

此外,对糖制品要有良好的包装,防止制品吸湿受潮。

项目四 果蔬干制品加工技术

果蔬干制历史悠久,如葡萄干、红枣、柿饼、龙眼干、黄花菜、干辣椒等,都是我国传统产品,在国际上享有盛誉。随着科技的发展,果蔬干制和包装技术也取得了较大的进步,如冷冻真空升华干燥、远红外干燥、微波干燥、太阳能干燥等,突破了传统干制方法,既节约了能源、提高了效率,又改善了制品品质。

一、果蔬干制原理

干制品之所以能够较长期地保存,是由于脱掉了大部分水,提高了干制品中可溶性固形物的浓度,增大了渗透压,使微生物不能再繁殖。果蔬本身以及微生物体内酶的活性同时亦受到抑制,微生物生命活动停止或处在假死的状态,产品得以安全保存。

(一)果蔬干制保藏机理

1. 果蔬中水分含量及存在状态

果蔬含水量一般在70%~85%,高者达95%。

果蔬中的水分以自由水、结合水和化合水三种形式存在。自由水是以游离状态存在于果蔬毛细管中,占总含水量的70%~80%,易于蒸发,容易被微生物和酶利用,是果蔬干制必须排除的水分。结合水在果蔬细胞中,与蛋白质、淀粉、果胶等亲水性胶体物质相结合,占总含水量的15%~20%,它不易被微生物和酶利用,干制中在自由水蒸发完后,结合水才能被排除一部分。化合水与果蔬中化学物质相结合,占总含水量的10%~15%,这部分水最稳定,不能被微生物和酶利用,也不能因干燥而被排除。

2. 果蔬中的水分活度和保藏性

(1)果蔬中的水分活度(A_w)　水分活度是指果蔬组织中能够自由运动的水分子与纯水中的自由水分子之比。它可以近似地用果蔬组织中水分的蒸汽压与同温度下纯水的蒸汽压之比来表示：

$$A_w = \frac{p_V}{p_S}$$

式中　A_w——水分活度；

p_V——果蔬组织中水分的蒸汽压；

p_S——同温度下纯水的饱和蒸汽压。

(2)A_w 与微生物　任何微生物的生长和繁殖,都与它周围的水分活度有关。水分活度越高,微生物就越容易生长和繁殖,反之亦然。

大多数果蔬的 A_w 都在 0.99 以上,所以各种微生物都能导致果蔬的腐败。一般认为,在室温下贮藏干制品,其 A_w 应降至 0.60 以下方为安全。果蔬干制过程是随着 A_w 的下降,使微生物慢慢进入休眠状态的过程。干制品并非无菌,在一定环境中吸湿后,微生物仍能恢复生长,引起制品变质。因此,干制品要长期保存,还要进行必要的包装。

(3)A_w 与酶活性　酶的活性与 A_w 有关,A_w 降低,酶的活性也降低。干制品水分降到 1% 以下时,酶的活性才消失。但实际干制品的水分不可能降到 1% 以下。因此,果蔬脱水干制前需进行热烫处理以钝化酶的活性。

(二) 干制过程及其影响因素

1. 果蔬的干制过程

果蔬水分的蒸发是依靠水分外扩散作用和内扩散作用交替完成的。果蔬干制时除去的水分是游离水和部分结合水。当果蔬原料暴露在干燥介质中时,由于与热空气接触,果蔬表面的水分受热变成水蒸气而大量蒸发,称为水分外扩散。一部分水分由表面蒸发后,表层组织内容物浓度提高,水分的含量比内层组织低,水分即由内层向外层迁移,这一现象称为内扩散。一般来说,在干制过程中水分的外、内扩散是同时进行的,两者相互促进。由于水分不断蒸发,而使原料内含物的浓度逐渐升高,水分向外转移的速度也逐渐缓慢,蒸发速度渐渐减弱,直至原料温度与干燥介质温度相等,水分即停止蒸发,这时干制过程结束。

在干制过程中,如果外扩散速度远大于内扩散,即造成内部水分来不及转移到表面,原料表面会因过度干燥而形成硬壳,阻碍水分继续蒸发,甚至出现表面焦化和干裂,降低产品质量。因此,在干制过程中,要合理控制干燥介质的条件,使内外扩散相对平衡,促使水分均匀快速蒸发,避免一些不良现象的发生,这是干制技术的重要环节。

2. 影响干制的因素

一般来说，干制越快，制品质量越好。干制速度常受许多因素影响，归纳起来有两方面因素：一是干制的环境条件，二是原料本身的性质和状态。

（1）干制的环境条件　①干燥介质的温度。在相对湿度不变的条件下，温度越高，干制速度也就越快。②干燥介质的湿度。相对湿度越小，达到饱和时所需的水蒸气越多，原料水分蒸发就快；反之，水分蒸发就慢。当达到饱和时，原料就失去了排除水分的能力。③干燥介质的流速。干燥介质（常为空气）的流动速度越大，越容易带走原料附近的湿空气，促进原料水分的蒸发，干制速度越快。

（2）原料性质和状态　①果蔬种类和品种。在同一干制条件下，可溶性固形物含量低、表面积大、组织结构疏松和表皮蜡粉层薄的果蔬，干制速度快；反之，则干制速度慢。②果蔬形状、大小和组织状态。果蔬切分成薄片或小颗粒后，缩短了热量传递距离，增加了果蔬和加热介质接触的表面积，从而加速了水分蒸发和果蔬的脱水干制。另外，原料的烫漂、硫处理、浸碱脱蜡等都会加速水分的蒸发，提高干制速度。

（3）原料装载量　单位烘盘或晒盘面积上原料装载量多，则厚度大，不利于空气流通，干燥速度就慢。装载太少，干燥速度虽然加快，但不够经济。一般装载量的多少与厚度以不妨碍空气流通为原则。干燥过程中可以根据原料体积的变化，改变其厚度，干燥初期宜薄些，干燥后期稍厚些；自然气流干燥的要放薄一些，用鼓风干燥的可厚些。

二、果蔬干制技术

（一）工艺流程

果蔬干制品生产工艺流程如图 2－4 所示。

原料选择→原料处理→干燥→回软→分级→压块→包装→成品

图 2－4　果蔬干制品生产工艺流程

（二）操作要点

1. 原料选择

果蔬干制一般要求原料干物质含量高、水分少、组织致密、风味色泽良好、核小、皮薄、纤维素含量低、褐变不严重。果品成熟度要求充分成熟，蔬菜成熟度以干制后不致纤维粗糙为原则。果蔬干制原料的要求和适宜干制的品种见表 2－1。

表 2-1　　几种果蔬干制的原料要求和适宜干制的品种

种类	原料要求	适宜干制品种
苹果	果型中等，肉质致密，皮薄，单宁含量少，干物质含量高，充分成熟	金帅、小国光、大国光等
梨	肉质柔软细致，石细胞少，含糖量高，香气浓，果心小	巴梨、茌梨、茄梨等
荔枝	果型大而圆整，肉厚，核小，干物质含量高，香味浓，涩味淡，壳不宜太薄，以免干燥时裂壳或破碎凹陷	糯米糍、槐枝
桂圆	果型大而圆整，肉厚，核小，干物质含量高，果皮厚薄中等，过薄则易凹陷或破碎	大乌圆、乌龙岭、油潭本、普明庵等
柿	果型大，呈圆形，无沟纹，肉质致密，含糖量高，种子小或无核品种，充分成熟，色变红但肉坚实而不软时采收	河南荥阳水柿、山东菏泽镜面柿、陕西牛心柿、尖柿
枣	果型大(优质小枣品种也可)，皮薄，肉质肥厚致密，含糖量高，核小	山东乐陵金丝小枣、山西稷山板枣、河南新郑灰枣、浙江义乌大枣、新疆和田枣等
杏	果型大，颜色深浓，含糖量高，水分少，纤维少，充分成熟，有香气	河南荥阳大梅、河北老爷脸、铁叭哒、新疆克孜尔苦曼提等
桃	果型大的离核种，含糖量高，纤维素少，肉质细密而少汁液，果肉金黄色具香气的为最好，以果实皮部稍变软时采收为宜	甘肃宁县黄甘桃、砂子早生等
葡萄	皮薄，肉质柔软，含糖量在20%以上，无核，充分成熟	无核白、秋马奶子
甘蓝	结球大、紧密、皱叶、心部小，干物质含量不低于9%，糖分不少于4.5%。干制后复水率5~8倍	黄绿色大、小平头种为好，白色种次之，尖头种不适宜。国外品种有丹麦圆球、光荣、皱叶甘蓝等
萝卜	个大，可刨成长丝，干物质含量不低于5%，糖分高，皮色、肉色洁白，组织致密，粗纤维少，辣味淡	北京露八分，浙江干曝萝卜，湖南白萝卜
马铃薯	块茎大，圆形或椭圆形，无疮痂病和其他疣状物，表皮薄，芽眼浅而少，修整损耗不超过30%，肉色白或淡黄色，干物质不低于21%，其中淀粉含量不超过18%，干制后复水率不低于3倍	白玫瑰，青山，爱尔兰，卵圆
洋葱	中等或大型鳞茎，结构紧密，颈部细小，肉色为一致的白色或淡黄色，青皮少或无，无心腐病及机械伤，辛辣味强，干物质不低于14%	南京黄皮，天津黄皮，国外有南港白球、斯柯平、罗州白种等

2. 原料处理

果蔬在进行干燥之前，必须进行适当处理，才能保证产品质量。

(1)分级、清洗　为使成品质量一致,便于加工操作,将原料按成熟度、大小、品质及新鲜度等进行分级,然后对原料进行清洗。清洗的目的是除去果蔬原料表面的泥土、灰尘、农药及微生物。对于表面污染严重的果蔬原料要用温水浸泡,用0.5% ~1%的盐酸溶液或0.1%的高锰酸钾溶液或600mg/L的漂白粉溶液等浸泡果蔬,可除去果蔬表皮上的残留农药和微生物。浸泡后用清水冲洗干净。

(2)去皮、去核和切分　①去皮。有些果蔬的外皮粗糙坚硬,有的含一些化学物质而具有不良风味,因此,在干制前需要去皮,以有利于水分蒸发,提高制品的品质,加速干燥。②去核和切分。部分果蔬如桃、杏、李等,在去皮后还需去核,苹果、梨、菠萝等需除去果心。

(3)热烫　热烫的作用:①破坏酶的活性。②可增加细胞透性,加快干燥速度。③可使制品呈半透明状态,改善制品外观。热烫可采用热水、沸水或蒸汽,处理时间一般为2 ~5min,也有几秒钟的,总之使原料烫透而不软烂为原则。

(4)硫处理　一般熏硫处理每1000kg原料需2 ~4kg硫黄,时间1 ~2h;浸硫处理每1000kg原料加入亚硫酸400kg。

(5)浸碱脱蜡　李、葡萄等果实,干燥前需进行浸碱脱蜡,利于水分蒸发。处理时间和浓度因附着蜡粉的厚度而异,葡萄一般用15 ~40g/L的氢氧化钠溶液处理1 ~5s,李子用2.5 ~15g/L氢氧化钠溶液处理5 ~30s,以果实表面蜡粉溶去并出现微细裂纹为宜。操作时,碱液应保持沸腾状态,每次浸渍的果实不宜过多,浸碱后立即用清水冲洗,以除去残留碱液,必要时再用稀酸溶液中和。

3. 干燥

下面以烘房为例,介绍干燥过程中对温、湿度的控制。

(1)温度控制　果蔬干制温度不宜过高,以免导致产品色泽变黄。一般干制温度在55 ~60℃,干制时间依原料情况而定。

(2)湿度控制　为了提高干制速度,当烘房内相对湿度达到70%以上时,应打开通气孔或开启排风扇,促进空气流动,及时通风排湿。

(3)倒换烘盘　在烘烤一段时间后,要进行适当的倒盘,包括上下、左右、内外层倒盘等。倒盘的同时可翻动盘内原料,这样使烘房内所有原料均匀受热,干燥程度一致。

4. 回软、分级

原料干燥阶段完成后,其含水量已基本达到干制品的要求,在产品包装前,为了使产品质量稳定,还需要进行分级及均湿回软处理。

(1)回软　回软又称均湿,其目的是使干制品变软,使内外水分均匀一致,以防整理、包装过程中酥脆碎裂。回软的方法是在产品干燥后,剔除过湿、过大、过小、结块及细屑,待冷却后,立即堆集起来或放入密闭容器中,密封,使水分达到平衡。回软的时间依果蔬制品种类而异，多则 3 ~ 5d，少则 1d 即可。

（2）分级　分级的目的是使干制品符合有关规定的标准，便于包装和运输。分级要及时，以免引起变质。一般分为标准品、未干品和废品三部分。未干品再进行第二次干燥，废品应及时处理。标准品通常根据产品色泽、形态、气味、杂质、斑点和水分等指标，分为优级品、一级品和二级品等。分级的方法有手工法和过筛法。

5. 压块

压块是将干燥后的产品压成砖块状。蔬菜干燥后，呈蓬松状，体积大，不利于包装和贮运，且间隙内空气多，产品易被氧化变质。因此，脱水蔬菜大多要进行压块处理。一般干制的蔬菜，压块后，体积可缩小至 1/7 ~ 1/3，大大减少包装容器和仓库的容积。同时压块后的蔬菜，减少了与空气的接触，降低氧化作用，还能减少虫害，提高了保藏性。压块一般应在干燥脱水后尚未冷却前进行。若已冷却变脆，则于压块前用蒸汽处理 20 ~ 30h，促使软化，趁热压块。经过蒸汽处理的菜干，于压块后还需再行干燥。生产中，脱水蔬菜从干制机取出以后不经回软便立刻趁热压块。压块时可用螺旋压榨机进行（机内有模具）。使用水压机或油压机加压在 7MPa 的压力下经 1 ~ 3min。

6. 包装

干制品包装是为了方便贮运，保证干制品的卫生。

（1）果蔬干制品包装的基本要求　①能防止脱水果蔬的吸湿回潮，避免结块和长霉；②包装材料应能使干制品在常温、90% 的相对湿度环境中，6 个月内水分增加量不超过 1%；③包装材料能避光和隔氧，以防营养物质和色素的破坏；④包装形态、大小及外观有利于商品的销售；⑤包装材料应符合食品卫生要求。目前常用的包装容器有木箱、纸箱、纸盒、无毒塑料袋等。

（2）包装方法　①普通包装。多选用木箱、纸箱或纸盒，先在内层衬垫 1 ~ 2 层防潮纸，或给其内壁涂抹防潮材料，再按规定要求装入，用衬纸覆盖、扎封。②充气包装。用无毒聚乙烯薄膜袋，将制品按要求定量装入后，充入氮气或 CO_2 气体，然后密封，用充气包装机进行。充气包装有利于防止氧化和生虫。③脱气包装。其方法是将脱氧剂包成小包，与制品同时封在一个不透气的袋内，脱氧剂吸收容器内的氧。④真空包装。

三、果蔬干制品质量变化及控制

1. 果蔬干制品物理性质的变化

（1）干缩　干缩是物料失去弹性时出现的一种变化。理想的干缩是物料几何尺寸随着水分的消失而均衡地呈线性收缩。但实际上由于物料内水分分布的不均匀性、物质结构的不均匀性以及物料各部位受热的不均衡性的影响,物料很难均匀干缩。物料不同,其干缩程度和干缩后的形状也各有差异。随着干制的进行,水分的排除向深层发展,最后至中心,干缩也不断向物料中心进展,最后会形成凹面状的产品。①缓慢干燥的食品,有深度内凹的表面层和较高的密度。这类产品由于密度大、内部孔洞少,不易氧化,贮存期长,包装材料和贮运费用较为节省,但其复水性差。②快速干燥的食品具有轻度内凹的干硬表面、为数较多的内裂纹和气孔,密度小,复水性好,但包装和贮运费用大,易氧化,储存期短。

(2)表面硬化　主要原因:①食品干燥过程中,物料内部的溶质随水分向物料表面不断迁移和积累并在表面产生结晶,这些物料会将干制时正在收缩的微孔和裂缝加以封闭,在微孔收缩和溶质堵塞的双重作用下出现了表面硬化;②由于干制初期,食品物料与干燥介质间温度梯度和湿度梯度过大,致使物料表面温度急骤升高,水分蒸发过于强烈,内部水分向食品表面迁移的速率滞后于表面水分汽化速率,从而使物料表面迅速干燥,形成干硬化膜,造成物料表面硬化。物料表面出现的干硬膜渗透性差,阻碍了物料内部水分的蒸发。避免物料表面硬化的方法是调节干燥初期水分外逸速率,一般是在干燥初期采用高温、含湿较大的介质进行脱水,使物料表层附近的湿度不致变化太快。

(3)物料内多孔性的形成　物料内部多孔性的产生是由于物料中的水分在干燥过程中被去除,原料被水分所占据的空间由空气填充而成为空穴,干制品组织内部就形成一定的孔隙而具有多孔性。为了加速传质,不少干制技术力求促使物料形成多孔性结构。实际上多孔结构物料是很好的绝热体,而任何一个干制过程都是传热和传质相结合的过程。因此,通过使物料形成多孔性结构来加速干燥是否有效,要视其对传热和传质过程的综合影响而论。

(4)溶质迁移现象　食品在干制过程中,由于食品表层的收缩使其内部受压,促使其内部水溶液穿过孔隙、裂缝和毛细管向外流动。表面水分蒸发后,其水溶液的浓度逐渐升高,导致食品表面溶液与食品内部溶液之间出现浓度差,在这个浓度差的推动下,溶质由物料表面向内部扩散。上述两种方向相反的溶质迁移,导致了溶质在食品内的重新分布。干制品内溶质分布是否均匀,最终取决于干制工艺条件是否控制得当。

2. 果蔬干制品化学性质的变化

(1)营养成分　在干制过程中,食品中的营养成分或多或少的会有一些损耗,若将复水干制品与新鲜食品相比较,其品质总是低于新鲜食品。①果蔬中果糖和葡萄糖不很稳定,易分解。高温长时间的脱水干制会导致糖分损耗,碳水化合物含量较高的果蔬极易焦化;新鲜果蔬在自然干制过程初期的呼吸作用也会导致糖分分解;还原糖和有机酸反应而出现褐变,要用二氧化硫处理才能有效地加以控制。

②果蔬在脱水干制过程中，抗坏血酸、胡萝卜素极易氧化，核黄素对光十分敏感，硫胺素对热十分敏感。脱水干制对维生素的损耗一般小于晒干。未经酶钝化处理的果蔬在干制过程中维生素的损耗一般大于经过酶钝化处理的果蔬。③果蔬中的脂肪和蛋白质也会发生变化。一般干燥温度越高、时间越长，脂肪氧化和蛋白质变性越严重，可以在干制前添加抗氧化剂加以控制。

(2)色泽　干制会引起果蔬中的类胡萝卜素、花青素等发生变化，湿热处理可使叶绿素失去一部分镁离子变成脱镁叶绿素而呈橄榄色。为防止果蔬干制过程中色泽的变化可在干制前对果蔬进行护色处理或酶钝化处理。

(3)风味　要完全阻止果蔬干制时风味物质的损耗几乎是不可能的。为此，可以将干制过程中挥发的风味物质冷凝回收，并在干制后回添到干制品中去，或在干制后向干制品中添加香精或风味制剂以补充、增强风味。另外，可以在干制前向待干食品中添加树胶和其他物质以减少风味成分的损耗，这些物质中的某些成分有固定风味的能力，而另一些物质能包住干粒，形成物理性障碍，以阻止风味物质外逸。

项目五
蔬菜腌制品加工技术

一、蔬菜腌制品的概念和分类

1. 蔬菜腌制品的概念

新鲜蔬菜经预处理(选别、分级、洗涤、去皮、切分等)后，再经过部分脱水或不经过脱水，用盐、香料、酱、酱油等进行腌制或酱制，使其发生一系列的生物化学变化，而制成鲜香嫩脆、咸淡(或甜酸)适口且耐保存的加工品，统称为蔬菜腌制品。如四川泡菜、北京冬菜、扬州酱菜、萧山萝卜干、云南大头菜等著名特产，深受消费者欢迎。

大部分蔬菜都适宜腌制，而根用芥菜、雪里蕻、菊芋、草食蚕、大蒜、萝卜、莴笋等原料更适合加工腌制品。各类腌制品均要求蔬菜原料新鲜，嫩脆，肉质肥厚，纤维少，含糖和含氮物质多，色泽正常，加工利用率高，成菜率高，无病虫害，较耐贮藏。

2. 蔬菜腌制品的分类

(1)发酵性腌制品　腌渍时食盐用量较低，在腌制过程中有显著的乳酸发酵现象，利用发酵产物乳酸、食盐和香辛料等的综合防腐作用，来保藏蔬菜并增进其风味。根据腌渍方法和产品状态,可分为湿态发酵腌制品和干态发酵腌制品两类。用低浓度的食盐溶液浸泡菜体或用清水发酵而成的一种带酸味的蔬菜腌制品称为湿态发酵腌制品,如泡菜、酸黄瓜等。腌制过程不加水,先将新鲜菜体经风干或人工脱去全部(或部分)水分,然后进行盐腌,自然发酵而成的腌制品称为干态发酵腌制品,如榨菜、酸白菜等。

(2)非发酵性腌制品　腌渍时食盐用量较高,使乳酸发酵完全受到抑制或轻微发酵,主要利用高浓度的食盐和香辛料等的渗透和扩散作用来保藏蔬菜并增进其风味。非发酵性腌制品依其所含配料、水分多少和风味不同可分为以下四种:①盐渍品。只进行盐腌,利用较高浓度的盐溶液来保藏蔬菜,并通过腌制过程来改进风味,在腌制过程中有时也伴随着轻微发酵,同时配以调味品和香辛料,其制品风味鲜美可口,但咸味较重,如咸大头菜、腌雪里蕻、榨菜等。②酱渍品。把经过盐腌的蔬菜浸入酱内酱渍而成。经盐腌后的半成品咸坯,在酱渍过程中吸附酱料浓厚的鲜美滋味、特有色泽和大量营养物质,其制品具有鲜香甜脆的特点。如酱乳黄瓜、酱萝卜干、什锦酱菜等。③糖醋渍品。蔬菜经过盐腌后,再放入糖醋液中浸渍而成。其制品酸甜可口,并利用糖、醋的防腐作用来增强保藏效果。如糖醋大蒜等。④酒糟渍品。将蔬菜浸渍在黄酒酒糟内制成,如糟菜。

二、蔬菜腌制加工原理

蔬菜的腌制主要是利用食盐的保藏作用、有益微生物的发酵作用、蛋白质的分解作用以及其他一系列的生物化学作用,抑制有害微生物活动,并增加产品的色香味。

(一)食盐在蔬菜腌制加工中的作用

(1)食盐的高渗透压作用　①食盐溶液的高渗透压作用能起到良好的防腐效果。一般细菌细胞液的渗透压仅有(0.35 ~1.67)MPa。通常蔬菜用的盐水浓度为4% ~15%,可以产生(2.47 ~9.27)MPa 渗透压。当食盐溶液渗透压大于微生物细胞渗透压时,微生物细胞内水分外渗而使其脱水,最后导致原生质和细胞壁发生质壁分离,从而使微生物活动受到抑制,甚至会由于生理干燥而死亡。另外,食盐溶液中的一些 Na^+、K^+、Ca^{2+}、Mg^{2+} 等离子在浓度较高时也会对微生物发生生理毒害作用。②不同种类的微生物具有不同的耐盐能力。霉菌和酵母菌对食盐的耐受力比细菌大得多,而酵母菌的抗盐性最强。溶液的 pH 越低,则微生物对食盐的耐受性越低。③高浓度的食盐虽然对抑制各种菌类的活动有利,但若过高会使蛋白质的分解作用减慢,使制品的后熟期相应地延长,同时味道太咸影响口感和风味。一般腌制品中食盐浓度在 10% 左右,12% 以上就会显著延缓蛋白质的分解速度。

(2)食盐的脱水作用　食盐溶液浓度越高,脱水作用越强,腌制后蔬菜的水分活度越小。其原理是食盐溶于水中,其中的 Na^+ 与水发生水合作用,减少了溶液中自由水的含量。一般当蔬菜中盐浓度达到 15% ~20% 以上时,可使产品的水分活度降至 0.85 ~0.80 以下,从而抑制大多数细菌、酵母菌及霉菌的活动,增加产品的保藏性。

(3)食盐的抗氧化作用　在食盐溶液中,由于氧的溶解度大大降低,缺氧环境对需氧微生物产生一定的抑制作用。同时在食盐的作用下蔬菜腌制品中的水分渗出,可溶性固形物含量增加,使蔬菜组织中的含氧量降低,有效抑制了蔬菜组织中化学成分的氧化。

(二)腌制过程中微生物的发酵作用

在腌制过程中,微生物的发酵种类有多种。常见的发酵形式有乳酸发酵、酒精发酵和醋酸发酵。其中,乳酸发酵是主体,其次为酒精发酵,醋酸发酵极微弱。

(1)乳酸发酵　乳酸发酵是蔬菜腌制过程中最重要的生化反应。它是在乳酸菌的作用下,将糖(单糖、双糖)分解生成乳酸、酒精、CO_2 等产物的过程。乳酸发酵是蔬菜发酵性腌制品中的主要变化过程,其发酵过程进行得好坏,与制品的品质优劣有密切的关系。影响乳酸发酵的因素有食盐浓度、发酵温度、发酵酸度、空气、含糖量等。

(2)酒精发酵　蔬菜腌制过程中的酒精发酵很微弱,是由于蔬菜表面附着的酵母菌,如鲁氏酵母、圆酵母等将糖分解成乙醇而引起的。同时蔬菜原料在腌制初期被盐水淹没时所引起的无氧呼吸也可生成微量的乙醇。少量乙醇的产生,对腌菜并无不良影响,反而有助于提高腌制品的品质风味,在酸性条件下,乙醇与有机酸发生酯化反应,产生酯香味,这些酯香味对产品的风味影响很大。

(3)醋酸发酵　在蔬菜腌制过程中还有微量醋酸形成。蔬菜腌制中极少量的醋酸不但无损于产品的品质,反而对产品的保藏有利。但含量过多时,会使产品具有醋酸的刺激味,使腌制品质量下降。

(三)蛋白质的分解作用及其他物质的变化

1. 色素的变化与色泽的形成

(1)蔬菜中的天然色素及其特性　蔬菜中常见的天然色素有叶绿素、花青素类和类胡萝卜素等。叶绿素在酸性环境中,易失去绿色变成褐色或绿褐色,而在碱性环境中比较稳定。蔬菜腌制时酸性汁水会使叶绿素破坏,失去原有鲜绿色。花青素颜色受酸碱性的影响,呈现酸红、碱蓝、中性为紫的特征。此外,腌制过程中,分解、氧化均能使花青素破坏而失去原有颜色。类胡萝卜素包括胡萝卜素、茄红素等,其性质比较稳定,腌制过程中不易变色。

(2)褐变引起的色泽变化　蔬菜在腌制过程中颜色渐渐成为黄褐色或黑褐

色。主要的褐变类型有两个方面:①酶促褐变。当原料组织破坏并有氧存在时,蛋白质水解后生成的氨基酸如酪氨酸在过氧化物酶的作用下,经过一系列复杂的氧化作用,生成一种深黄褐色或黑褐色的黑色素;②非酶促褐变。蛋白质分解所产生的氨基酸中氨基与含有羰基的化合物如醛、还原糖等产生羰氨反应,生成黑色素。如盐渍大蒜、冬菜的变色等。

(3)外来色素的影响　由于各种辅料如酱油、酱、食醋、红糖的深颜色产生的物理吸附作用,使菜体细胞壁着色,制品颜色加深。如云南大头菜、芽菜、糖醋蒜的黄褐色。

2. 香气与滋味的变化

(1)鲜味的形成　蛋白质分解生成各种氨基酸。一般的氨基酸都具有一定的鲜味,各种蔬菜的氨基酸经腌制后其含量都有不同程度的提高,如榨菜成熟时氨基酸含量按干物质计算为1.8～1.9g/100g,而在腌制前只有1.2g/100g左右,提高了60%以上。腌制品中鲜味的主要来源是谷氨酸与食盐作用生成谷氨酸钠,榨菜在后熟前后所含谷氨酸的量是不同的,按干物质计算谷氨酸占氨基酸总量在成熟前为18%,而经后熟可上升到31%。因而榨菜鲜味极浓。据分析,榨菜中所含氨基酸达17种之多,这些氨基酸又可生成相应的钠盐,因此腌制品鲜味超过单纯谷氨酸钠的鲜味。

(2)香味的形成　氨基酸以及酒精发酵所产生的醇本身就具有一定香气,如果在反应中能形成酯、醛等物质,其芳香味更浓。腌制品的香气主要来源:①原料中的有机酸或氨基酸与发酵产生的酒精进行酯化反应,产生乳酸乙酯、醋酸乙酯、氨基丙酸乙酯等芳香性物质。②氨基酸与戊糖或甲基戊糖的还原产物4-羟基戊烯醛作用,生成含有氨基醛类香味物质。③双乙酰和乙偶姻的形成,使腌菜产生特殊的香气。在腌制过程中,乳酸菌类将糖发酵生成乳酸,同时还生成具有芳香的双乙酰。④芥菜是腌制品的主要原料,芥菜中含有芥菜子苷,具有一定的香气。当原料在腌制时搓揉或挤压使细胞破裂,则黑芥子苷在黑芥子苷酶的作用下分解,产生一种气味芳香而又带有刺激性气味的芥子油。

此外,在腌制品中加入各种不同的香料及调味品,也可增加香味。

3. 脆度的变化与保脆措施

脆度是腌制品的重要质量指标之一。蔬菜的脆度主要与细胞的膨压和细胞壁中的原果胶成分的变化有关。只有当果胶以原果胶或与金属离子结合成不溶性的果胶酸盐的形式存在时,蔬菜才能保持较好的脆性。腌制过程中防止原果胶分解是保持蔬菜脆度的主要手段,具体方法如下:①选择适宜成熟度、脆嫩而无病虫害的蔬菜原料;②进行硬化处理,使蔬菜原料中的可溶性果胶与金属离子结合形成不溶性的果胶酸盐,以保持腌菜的脆度;③正确控制腌制条件,如腌制温度、食盐浓度、pH 等，抑制有害微生物的活动，防止其对腌菜脆度的破坏。

三、蔬菜腌制品加工技术

(一)泡菜的加工技术

1. 工艺流程

泡菜生产工艺流程如图 2－5 所示。

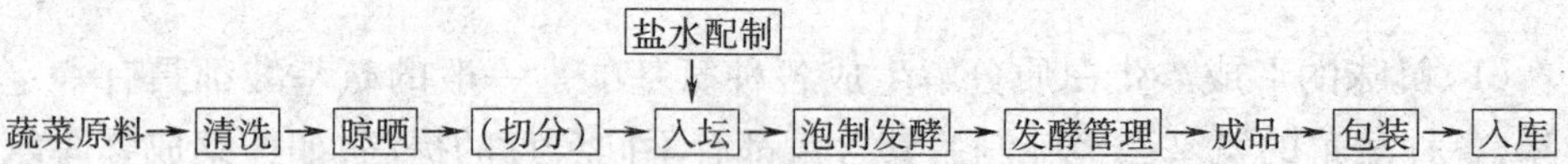

图 2－5　泡菜生产工艺流程

2. 操作要点

(1)原料的选择　凡是组织致密，质地脆嫩，肉质肥厚，可食部分大，不易发软碎烂，富含一定糖分的新鲜蔬菜，都可以作为泡菜的原料。如嫩姜、大蒜、苦瓜、大头菜、四季豆、萝卜、胡萝卜、茄子、黄瓜、辣椒、芸豆、豇豆、芹菜等，均适宜腌制泡菜。根据泡菜腌制原料种类和质地的不同，制成的泡菜贮藏性各异。

(2)泡菜容器——泡菜坛　泡菜坛子是制作泡菜必不可少的容器。泡菜坛子抗酸、抗碱、抗盐又能密封且能自动排气，隔离空气使坛内造成一种嫌氧状态，有利于乳酸菌活动又可防止外界杂菌的侵染，使泡菜得以长期保存。

泡菜坛本身质地好坏对泡菜与泡菜盐水有直接影响，故应经严格检验。还应进行彻底消毒处理，用清水冲洗干净晾干后备用。

(3)原料的预处理　将粗皮、粗筋、须根、老叶以及表皮上的黑斑烂点剔除干净，然后充分洗涤原料，注意不可损伤菜体。泡菜所用原料一般不切分，但体形过大者可适当切分成小块。沥干水分后立即入坛泡制。如能将原料适当晾干后再入坛泡制，其品质更好。

(4)泡菜盐水的配制　泡菜盐水的质量直接影响泡菜的品质，也是泡菜成功与否的关键。井水和泉水是含矿物质较多的硬水，效果最好。若自来水硬度较大，也可使用。有时为增加泡菜的脆性，在配制盐水时，加入 0.05% 钙盐如 $CaCl_2$、$CaCO_3$ 等或加入 0.2% ～0.3% 生石灰配成溶液浸泡原料。①泡菜盐水的含盐量以 6% ～8% 为宜，为增进泡菜色香味，可在盐水中按比例加入白酒 2.5%、黄酒2.5%、甜醪糟 1%、红糖或白糖 3% 及红辣椒 3%，并加入各种香料，即每 100kg 盐水中加入草果 0.05kg、八角茴香 0.1kg，花椒 0.05kg、胡椒 0.08kg 及少量陈皮。此外，各种香类蔬菜如芹菜、芫荽等的种籽可酌量加入。②配制盐水时首先将水煮沸，然后加入盐及其他物料，冷却后再加菜泡制。为了使所腌制的蔬菜原料迅速发酵，缩短成熟时间，可在新配制的盐水中接种乳酸菌或加入品质良好的陈泡菜水及酒曲。含糖量较少的原料，为加快乳酸发酵可加入少量的葡萄糖。

(5)泡制发酵　坛子使用前充分洗涤干净，也可用沸水烫洗，以减少杂菌污染。而后将准备好的原料装入坛内，装至半坛时将香料包放入，再装原料至距坛口6～8cm为止，用竹片将原料卡压住，随即注入所配制的泡菜盐水，使盐水将蔬菜淹没。将坛口小碟盖上后即将坛盖覆盖，并在水槽中加注冷开水或盐水，形成水槽封口。将坛置于阴凉处任其自然发酵。1～2d后由于食盐的渗透作用，坛内原料的体积缩小，盐水下落，此时宜适当添加原料和盐水，装至坛口下3cm为止。泡菜的成熟期随所用蔬菜种类及当时的气温而异。一般新配盐水在夏天泡制时约需发酵5～7d，冬天需发酵12～16d。叶菜类如甘蓝需时较短，根菜类及茎菜类需时较长。直接用陈泡菜水泡制时，其成熟期可缩短。陈泡菜水使用的次数越多，所泡制的泡菜品质越好。民间使用的陈泡菜水有的长达数十年之久。

(6)泡菜的发酵管理　首先注意水槽，在发酵初期会有大量气体由坛内经水槽逸出，使坛内逐渐形成无氧条件，利于乳酸菌的活动。有时因大气压的改变，水槽内的水就会被吸入坛内影响产品质量，要特别注意的是水槽中注入的水应是盐水或冷开水。①在取食后须添加新鲜原料，再泡时应适当补充食盐水，占原料的5%～6%；另外，也应适当添加如白酒、红糖等辅料，以保证泡菜的质量。②为保持制品质量长期不变质，要经常进行检查，最好在成熟后及时取食。如泡菜量大，一时取食不完，则宜增加食盐量并装满，填充水槽，若不再取食，即可长期保存。但如贮存时间太久，泡菜酸度不断增加，组织变软，会影响泡菜的品质。因此，只有质地紧密者才适宜长期保存，大量生产时每坛内最好只泡一种原料，在泡菜成熟过程中会在盐水表面形成一层白膜状的微生物，即酒花酵母，该微生物耐盐性、耐酸性较强，属于好气性菌类，能分解乳酸，降低泡菜的酸度，使泡菜组织软化，甚至导致其他腐败性微生物的滋生，使泡菜的品质变劣。补救方法最好是加入新鲜蔬菜并装满，使坛内及早形成无氧状态即可制止酒花酵母菌的生长。如果加入大蒜、洋葱之类的蔬菜密封后，大蒜素的杀菌作用可杀死酒花酵母菌。据报道，将红皮萝卜加入到坛内，花青素有显著的杀菌作用。如果坛内菌膜太多时可先用箩筛将菌膜捞出，加入酒花或高浓度的白酒并加盖密封可抑制其继续危害。但如果生膜严重又有霉烂味，应把菜及时倒掉，并将坛清洗干净后杀菌处理。

在泡制和取食过程中切忌带入油脂类物质，因油脂比重小，浮于盐水表面，易被腐败性微生物分解而使泡菜变臭。

(7)成品管理　泡菜成熟后要求及时取食，对于耐贮的原料成熟后若能加强管理，可以较长期保存。对要保存的泡菜不要混装，泡制盐水的浓度要适当提高，并向坛内加入适量白酒，糟水要保持清洁，并保持坛内良好的密封条件。也可对泡菜进行真空包装后出厂销售。

(二)酱菜的加工技术

1. 制酱

制作酱菜大都用甜面酱、黄酱及豆瓣酱,也有使用酱油或酱汁制作的。

(1)黄酱酿制　①种曲培养。用纯种黄曲菌。首先将米糠或麦麸中加入20%～30%的水,装入罐头瓶或其他容器内,纱布封口,消毒,高压锅在0.6675MPa压力下热处理15～20min。然后接入黄曲菌,在28～30℃下培养2～3d后基本上长满菌丝和孢子,即成种曲。②酱原料准备。将黄豆清洗干净,用水浸泡,使豆粒充分吸水膨胀,表面无皱皮,内无夹心,手指容易压成两瓣为宜。然后加热蒸熟,常压蒸煮在开锅后继续蒸1～1.5h,焖1h;加压蒸煮,压力在0.1～0.15MPa条件下保持30min。蒸熟后迅速拌上小麦面粉,黄豆与面粉的比例为2∶1或3∶2或1∶1,堆积起来慢慢冷却。③制曲。当混合后的酱原料温度降至40℃时趁热拌入0.2%～0.3%的黄曲菌种曲,充分搅拌均匀。接种后装入曲盘,厚度不超过3cm。然后送入曲室培养,曲室温度28～30℃,曲温在30℃左右。如果温度不均匀或曲温过高,可以进行上下翻倒。经3～4d后即成淡黄色或黄色的酱曲。④发酵成酱。将酱曲揉碎,100kg酱曲加入浓度为20%的温食盐水150～200kg,充分搅拌成糊状,称酱醪。酱醪在阳光照射时晒3～5d,每天搅拌一次,温度保持45～50℃,以排除酱醪内部微生物活动放出的CO_2,还可使产品发酵均匀。晾晒后移入室内保温缸中,温度45～50℃,发酵12d左右时,酱醪颜色发黄产生香味。此时进行倒缸一次,然后移入室外晒3～5d,再移入室内,充分后熟15～20d,酱即成熟。发酵时间越长,颜色越深,其风味越好。

(2)甜面酱酿制　方法基本同黄豆酱,但原料主要为小麦面粉,有时可适当加入玉米面。首先按面粉量加入25%左右的水,充分和好,揉成馒头或饼子状,上笼蒸熟,切成小块,晾凉到40℃时接种。接种后保温30℃,制成酱曲。然后每100kg酱曲加入16%～18%的食盐水,充分拌匀后成酱醪,酱醪晒制后成为甜面酱。

2. 蔬菜原料的准备

(1)盐腌处理　大多数酱菜在酱渍以前原料要经盐腌处理,只有少数蔬菜如草食蚕、嫩姜、嫩辣椒可以不用盐腌而直接进行酱渍。利用食盐的高渗透作用,使细胞致死,改变细胞膜的通透性,以便酱液更好更快地渗透到蔬菜细胞内部。①由于食盐的渗透作用,蔬菜所含的部分苦涩物质、黏性物质可以排除,从而改善原料风味,增进原料透明度;②大量脱水,使原料体积缩小、组织变得紧密且具有韧性和脆性,便于以后工序的操作而不破损或折断;③由于食盐反渗入细胞内,细胞内水分大量外逸,因而细胞的含水量相应减少,将来脱盐时,细胞的水分也不可能恢复到原来的含量,酱渍时不致因原料水分过多而过分冲淡酱的浓度；④食盐浓度较大，可以在一定时期内保存蔬菜原料不致败坏，如需长期保存，则需加大食盐用量，使菜坯和菜水的最后含盐量达15%以上；⑤盐腌前原料首先充分洗涤，然后去掉粗筋、须根、黑斑、烂点等，再根据原料的种类和大小形态进行适当切分，使其成条状、片状或颗粒状。个体较小者不用切分；⑥盐腌包括干腌和湿腌两种方法：a. 干腌法是用占原料鲜重14% ~ 16%的干盐直接与原料拌匀，或一层原料一层食盐腌制，此法适合于含水量较多的蔬菜如萝卜、莴苣、菜瓜等；b. 湿腌法是用与原料重量相等的25%的食盐溶液浸泡，适用于含水量较少的蔬菜如大头菜、苤蓝及大蒜头等。盐腌处理的时间一般15 ~ 30d不等，盐腌后称为盐坯或菜坯。

(2)脱盐处理　一般将菜坯用流动水浸泡，脱盐的效果较好，夏季浸泡2 ~ 4h，冬季浸泡6 ~ 7h即可。脱盐处理并不要求把菜坯中的食盐全部脱除干净，而是脱去绝大部分的食盐而保留小部分的食盐，用口尝能感觉到少许咸味而又不显著时即为适合的标准，含盐量在2% ~ 2.5%即为合适。脱盐处理后取出菜坯，沥干水分，准备酱渍。

3. 酱渍

酱渍即将盐腌的菜坯脱盐后浸渍于甜酱或黄豆酱或酱油中，使酱料中的色香味物质扩散到菜坯内，即菜坯、酱料各物质达到渗透平衡的过程。

(1)酱渍方法有三种　①将脱盐处理后的菜坯直接浸没在豆酱或甜面酱的酱缸内；②在缸内先放一层菜坯再加一层酱，层层相间进行酱渍；③将原料如草食蚕、嫩姜、大蒜头等先装入布袋内然后入酱缸酱渍。酱的用量一般与菜坯等重，最少不低于3:7。

(2)三次酱渍　由于菜坯中仍含有较多的水分，入酱后菜坯中的水分会逐渐渗出使酱的浓度不断降低。为了获得品质优良的酱菜，最好连续进行三次酱渍，即第一次酱渍一周后倒缸，用新酱再酱渍一周，随后取出进行第二次倒缸，继续酱渍一周，至此酱菜才算成熟。已成熟的酱菜在第三个酱缸内继续存放可以长期保存不坏。

(3)搅动　酱渍过程中除了倒缸之外，还要进行搅动，使原料能均匀地吸附酱色和酱味，使酱的汁液顺利地渗透到原料组织中去，内外均具有与酱同样的色香味。由于酱的渗入，菜坯中的水分也会渗到酱中，当菜坯组织细胞内外汁液的渗透压力达到平衡时，表明酱菜已成熟。成熟的酱菜不但色香味与酱完全一样而且质地嫩脆，色泽酱红呈半透明状。酱渍时间一般15 ~ 20d，提高温度并经常翻搅可使成熟期大为缩短。

四、蔬菜腌制品常见质量问题及控制

1. 腌菜常见的质量问题及其原因

(1)腌菜变黑　蔬菜腌制品一般为翠绿色或黄褐色,如果不要求产品色泽太深的腌菜变成了黑褐色,势必影响产品的感官质量及商品价值。蔬菜腌制品变黑原因主要有:①腌制时食盐的分布不均匀,含盐多的部位正常发酵菌的活动受到抑制,而含盐少的部位有害菌又迅速繁殖;②腌菜暴露于腌制液面之上,致使产品严重氧化和受到有害菌的侵染;③腌制时使用了铁质器具,由于铁和原料中的单宁物质作用而使产品变黑;④有些原料中的氧化酶活性较高且原料中含有较多的易氧化物质,长期腌制中使产品色泽变深。

(2)腌菜质地变软　主要是蔬菜中不溶性的果胶被分解为可溶性果胶造成的,其形成原因主要是:①腌制时用盐量太少,乳酸形成快而多,过高的酸性环境使腌菜易于软化;②腌制初期温度过高,使蔬菜组织破坏而变软;③腌制器具不洁,兼以高温,有害微生物的活动使腌菜变软;④腌菜表面有酵母菌和其他有害菌的繁殖,导致腌菜变软。

(3)其他劣变现象　当腌菜未被盐水淹没并与空气接触时,红酵母菌的繁殖,就会使腌菜的表面生成桃红色,或深红色。由于植物乳杆菌、某些霉菌、酵母菌等产生一些黏性物质,会使腌菜变黏。另外,在腌制时出现长膜、生霉、腐烂、变味等现象也都与微生物的活动有关,导致这些败坏的原因与腌制前原料的新鲜度、清洁度差以及腌制器具不洁,腌制时用盐量不当以及腌制期间的管理不当等因素有关。

2. 控制蔬菜腌制品劣变的措施

(1)防止腌制前原辅料的微生物污染　腌制品的劣变很多都与微生物的污染有关,具体措施有:①原料应新鲜脆嫩,成熟度适宜,无损伤且无病害虫;②腌制前要将原料进行认真的清洗,以减少原料的带菌量;③使用的容器、器具必须清洁卫生,同时要搞好环境卫生;④腌制用水必须符合国家生活饮用水的卫生标准。

(2)注意腌制用盐的质量　不纯的食盐不仅会影响腌制品的品质,使制品发苦,组织硬化或产生斑点,而且还可能因含有对人体健康有害的化学物质。因此,腌制用盐必须是符合国家卫生标准的食用盐,最好用精制食盐。

(3)腌制用容器应符合要求　即便于封闭以隔离空气,便于洗涤,杀菌消毒,对制品无不良影响并无毒无害。

(4)加强工艺管理　在腌制过程中会有各种微生物的存在,要严格控制腌制小环境,促进有益的乳酸菌的活动,抑制有害菌的活动。

(5)正确使用防腐剂　目前,我国允许在酱腌菜中使用的食品防腐剂主要有山梨酸及其钾盐、苯甲酸及其钠盐、脱氢醋酸钠等，使用剂量一般在0.05% ~0.3%的范围。

项目六 果蔬速冻制品加工技术

果蔬速冻是指新鲜果蔬经一定的工艺处理后，在低温下快速均匀冻结，并在-18℃条件下贮存的一种方法。这时原料已不再是活体，其化学成分变化很小。速冻加工是当前果蔬加工保藏技术中保存风味和营养较为理想、安全的方法。

一、果蔬速冻制品加工原理

果蔬速冻是迅速冷冻将果蔬原料中的绝大部分水分变成极小冰晶，不严重损伤细胞组织，有效抑制微生物和酶的活性，从而保存了食品的原汁香味，且能保存较长时间。

(一)果蔬冻结机理

1. 果蔬的冰点

依据拉乌尔定律，溶液的冰点降低与物质的浓度成正比。一般果蔬组织细胞内含有其质量2/3以上的水分，其中溶有各种无机和有机物质，如盐类、糖类和酸类以及悬浮的蛋白质等物质，是一种复杂的溶液。因此，果蔬要降到0℃以下才产生冰晶，液相与固相达到平衡状态，此时温度为产品的冰点。果蔬组织的冰点随其种类、细胞内可溶性固形物的含量及生长环境温度而存在差异，果蔬的冰点一般在-4 ~ -1℃。通常可溶性物质含量高、生长环境温度低的果蔬冰点较低，几种果蔬的冰点见表2-2。

表2-2　几种果蔬的冰点　单位：℃

种类	冰点	种类	冰点
苹果	-2.78 ~ -1.4	马铃薯	-1.29 ~ -1.04
梨	-3.16 ~ -1.5	甘蓝	-1.15 ~ -0.77
杏	-3.25 ~ -2.12	洋葱	-1.90 ~ -1.59
葡萄	-4.64 ~ -3.29	菠菜	-0.51 ~ -0.41
草莓	-1.08 ~ -0.85	番茄	-0.75 ~ -0.62
甜橙	-1.56 ~ -1.17	黄瓜	-0.62 ~ -0.44

2. 冻结过程

果蔬的冻结过程包括降温和结晶两个过程。在冷冻情况下，果蔬中的水在由液态变为固态的降温过程中常出现过冷现象，即温度降到冰点以下而未结冰，由于某种刺激作用形成结晶体，开始结冰。果蔬的结晶包括两个过程，即晶核的形成和晶体的增长。①晶核的形成是细胞间隙的游离水和含盐量低的水分以一定的规律结合成颗粒型的微粒，是结晶的核心，这种晶核是在过冷条件达到后才出现的。②晶核形成以后，其余的水分有次序地结合在晶核上面，使冰晶不断扩大。随着温度的不断下降，晶粒体积便不断增加，形成了冰晶体。冻结先开始于果蔬的表层，并随着温度的降低逐渐向果蔬组织的内层推移，果蔬内层溶液浓度不断提高，果蔬内层的冰点通常比外层更低，果蔬中心的冻结在最后完成。

3. 冻结速度及其对果蔬品质的影响

（1）冻结速度　冻结的快慢常用冻结时间和单位时间内冰层延伸的距离来表示。①以冻结时间表示：食品中心温度从 -1℃降到 -5℃所需时间，在 30min 之内属于“快速冻结”，超过此时间则属于“慢速冻结”。②以单位时间内冰层推移的距离表示：通常是把单位时间内 -5℃的冻结层从食品表面伸向内部的距离称为冻结速度。并以此将冻结速度分成：快速冻结（$v>5$cm/h）、中速冻结（$v=1\sim5$cm/h）、缓慢冻结（$v<0.1\sim1$cm/h）。

（2）冻结速度对果蔬品质的影响。当食品进行缓慢冻结时，由于细胞内和细胞间隙的溶液浓度不同，细胞间隙内的水分首先结成冰晶，造成细胞内水分向细胞外已形成的冰晶迁移聚集，使细胞间隙的冰晶体不断增大，直到冻结温度下降到足以使细胞内所有水分形成冰晶为止。而当食品进行快速冻结（即速冻）时，细胞内外的水分几乎同时在原地形成冰晶。冻结速度与冰晶大小的关系见表 2-3。

表 2-3　龙须菜冻结速度与冰晶大小的关系（冯志哲等，1984）

冻结方法	冻结温度/℃	冻结速度次序	冰晶大小/μm		
			厚	宽	长
液氨	-196	1	0.5~5	0.5~5	5~15
干冰+乙醇	-80	2	6.1	18.2	29.2
盐水（浸）	-18	3	9.1	12.8	29.7
平板（接近）	-40	4	87.6	163.0	320.0
空气	-18	5	324.4	544	920

因此，进行缓慢冻结时，食品组织内形成的冰晶体积大，数目少，且分布不均匀，易使组织细胞被膨大的冰晶体挤压而遭受机械损伤，同时由于水分的迁移造成

细胞浓度增加。这些都直接危害冻结食品的品质，使其解冻后出现流汁、风味变劣等现象。而进行快速冻结时，形成的冰晶体体积细小，且分布均匀，冰晶分布接近新鲜物料中原来水分的分布状态，可最大限度地保持冻结食品的可逆性和质量。解冻后容易恢复原来的状况，能较好地保持果蔬原有的品质，使色、香、味和质地接近于新鲜原料。

决定冷冻食品品质的关键在于急速通过“最大冰晶生成带”，并在细胞内同时形成小而多的冰晶，以减轻它们对细胞组织的损伤和汁液流失的程度。所谓“最大冰晶生成带”就是指产品从冰点 -1℃降到中心温度 -5℃，产品内 80% 以上的水分冻结的温度范围。快速冻结除能更好地保持产品质量外，还可将温度迅速降至微生物生长活动及酶活力的温度以下，有利于抑制微生物的活动和酶促生化反应，使冻结食品更利于保藏。因此，从提高冻结食品质量的角度上看，应尽量实现食品的快速冻结。解冻后再冷冻，会增大冰晶体的体积，影响产品质量。因此，果蔬在冻藏时要避免温度波动，否则即使是速冻产品也会导致质量下降。

（二）冻结对微生物的影响

超过或低于微生物最适温度，其生命活动就逐渐减弱甚至停止。许多微生物在低于 0℃的温度下生长活动可被抑制。用低温保藏，使果蔬内部水分结成冰晶，降低了微生物生命活动和进行各种生化反应所必需的液态水的含量，使其失去了生长的第一个基本条件。所以冷冻保藏果蔬是十分有效的保藏方法。例如：采用 10℃低温冷藏菜豆，仅可保鲜 20 ~ 30d，而采用 -18℃低温下冻藏，可保藏 1 年以上。

冷冻保藏果蔬除可抑制微生物的生长活动，还会促使微生物死亡。果蔬冻结后，仅是大部分对低温忍耐力较差的微生物生长被抑制，而一些引起食物中毒的微生物，如肉毒杆菌和葡萄球菌等产生毒素的微生物仍能生存。据报道，在 -16℃下肉毒杆菌能存活 12 个月之久，其毒素可保持 14 个月，在 -79℃下其毒素仍可保持 2 个月。在速冻蔬菜中经常能检出产生肠毒素的葡萄球菌，它们对速冻低温的抵抗力比一般细菌要强。因而，低温冻藏只是抑制腐败微生物的生长繁殖，阻碍或延缓果蔬腐败变质，其主要作用并不是杀死微生物。一旦解冻，温度升高，条件适宜，微生物的生长繁殖又会逐渐恢复，仍然会使果蔬产品腐败。

（三）冻结对酶活力的影响

降低温度能够降低酶促反应的速度，延缓食品的腐败。但是低温只能抑制而不能破坏酶的活性，只要有反应介质存在，就会发生酶促反应。在长期冷藏中，酶的作用仍可使食品变质。当冻制食品解冻时，保持活性的酶将重新活跃起来，加速食品变质。因此果蔬食品在冻制前常经短时间预煮（热烫），预先将酶的活性完全破坏掉，再行冻制。

(四)冻结对果蔬品质的影响

由于细胞间隙结冰引起细胞脱水死亡,失去新鲜特性的控制能力,或冻藏时温度波动较大等,冻结果蔬还是会发生变化,使果蔬品质有所下降。其主要变化如下:

(1)龟裂　植物组织的细胞内有大的液泡,水分含量高,易冻结成大的冰晶体,产生较大的“冻结膨胀压”,内压过大使外层难以承受时则会造成产品龟裂。而其细胞壁比动物细胞膜厚而又缺乏弹性,因而易被大冰晶体刺破或胀破,解冻后组织就会软化流水。

(2)干耗　果蔬在冻结过程中,其表面的水分蒸发会使果蔬重量减轻,称为干耗。冻结不仅会造成重量损失,也影响产品外观质量。

(3)变色　果蔬的色泽发生不同程度的变化,如绿色变为灰绿色、产品颜色变暗等。在常温下能发生的变色,在长期冻藏过程中同样会发生,只是进行的速度缓慢而已。因为冻结并不能完全抑制酶的活性,一旦温度回升,酶活性提高,就会使各种生化反应加速。

(4)汁液流失　大冰晶体使细胞组织受机械性损伤,解冻后内部冰晶融化成水,有一部分不能被细胞组织重新吸收回复到原来状态而造成汁液流失。流失的汁液中包含有溶于水的各种营养、风味成分,会使果蔬质量和重量都受损失。所以流失液的产生率是评定速冻果蔬质量的重要指标。

二、果蔬速冻制品加工技术

不同果蔬原料的速冻工艺略有差别。如浆果类一般采用整果速冻;叶菜类有的采用整株冻结,有的进行切段后冻结;块茎类和根菜类一般切条、切丝或切片后再速冻。

(一)工艺流程

果蔬速冻制品生产工艺流程如图2-6所示。

原料选择→预冷→预处理→护色→沥干→布料→速冻→包装→成品

图2-6　果蔬速冻制品生产工艺流程

(二)操作要点

1.原料选择

应选择适宜的种类和品种。适宜速冻的蔬菜主要有青豆、青刀豆、芦笋、胡萝卜、蘑菇、菠菜、甜玉米、洋葱、红辣椒、番茄等;果品有草莓、桃、樱桃、杨梅、荔枝、龙眼、板栗等。速冻的绝大多数蔬菜要在未成熟时采收,其成熟度稍嫩于供应市场的鲜食蔬菜。另外,速冻原料要求新鲜,放置或贮藏时间越短越好。总之,只有选择适宜的种类、品种、成熟度、新鲜度及无病虫害的原料进行速冻,才能达到理想的速冻效果。

2. 预冷

一般果蔬采收后,其体内的代谢过程仍在继续进行。因此有必要在果蔬暂存期间预冷降温。果蔬预冷的方法有冷水冷却、冰冷却、冷空气冷却、真空冷却等。

(1)冷水冷却　用较低温度的水作冷媒而将果蔬冷却的方法。常用的有浸泡、喷淋等方式。此法预冷速度快,冷却用水要注意清洁,及时更换,防止污染。

(2)冰预冷　用天然或人造冰作冷媒,将碎冰装填在产品包装容器内,直接接触产品。装冰量约占产品质量的1/3。此法适用于胡萝卜、甜玉米、花椰菜等。

(3)空气冷却　吹入冷空气,使冷空气穿流于果蔬之间进行冷却。降温速度比冷水慢,但不存在污染问题。

(4)真空冷却　是使产品表面部分水分在减压条件下汽化,产品则由于汽化吸热而降温。该法适用于表面积比较大的叶菜类蔬菜。真空预冷蔬菜失水较多,冷却前在产品上喷水,以增加湿度。此法预冷效果好,但需减压设备和装置,成本较高。

选择预冷方法应根据果蔬的种类和当地的条件选用。预冷的终温一般以不使原料结冰为限,对易感染冷害的果蔬要注意不要长时间处于不适宜的低温条件下。

3. 预处理

(1)剔选　去掉有病虫害、机械伤害或品种不纯的原料。剔除畸形、老叶、黄叶、失水过重的原料,并且切去须根,修整外观,使果蔬品质一致。

(2)分级　同品种的果蔬在大小、颜色、成熟度、营养含量等方面都有一定的差别。为了保证速冻产品的质量和标准,减少损耗,适于包装,原料须进行分级,按不同的等级标准分别归类,达到等级质量一致,优质优价。

(3)洗涤　果蔬在生长成熟期间以及采后的贮运中,经常会受到自然环境的污染、病虫害的侵染,还有农药的残留、杂物的混入等。所以速冻加工前原料要充分清洗,因为速冻果蔬食用时不需洗涤,解冻后直接食用或下锅烹饪,因此清洗环节必须严格。

(4)去皮、切分、整理　按产品质量规格要求进行。

4. 护色

果蔬速冻前的护色常采用烫漂和添加剂处理等方法。

(1)烫漂　目的是全部或部分破坏原料中的氧化酶、过氧化物酶及其他酶,并杀死微生物,保持蔬菜原有的色泽,同时排除细胞组织中的各种气体(尤其是氧气)，利于维生素类营养素的保存。目前，大多数蔬菜都要进行烫漂工序，只有如洋葱、青柿子椒、韭菜、番茄等少数蔬菜在冻结前不进行加热处理。一般烫漂温度和时间应根据蔬菜的种类、成熟度、大小、含酶种类和工艺要求等条件而定。常见的几种蔬菜的烫漂温度和时间见表2－4。一般采用热水烫漂时，投料量与热水质量之比为1∶20，以保证烫漂的有效温度。

表2－4　　几种蔬菜在100℃热水中的烫漂时间

蔬菜种类	烫漂时间/min	蔬菜种类	烫漂时间/min
菠菜	2.0	甜玉米(粒)	2～3
小白菜	0.5～1	胡萝卜丁	2.0
花椰菜	2～3	蒜	1.0
油菜	0.5～1	豌豆	1.5～2
黄瓜片	2.5	马铃薯块	2～3
荷兰豆	1～1.5	南瓜	3

烫漂后要立即冷却到10℃以下，以免余热对原料营养成分的破坏及酶类再度活化。

(2)添加剂处理　水果去皮切分后与空气接触，很容易变成褐色。为了抑制褐变，一般采用加添加剂的方法进行处理。①加糖处理。速冻易变色的新鲜水果(如苹果、桃、梨、樱桃等)应在速冻前采用糖水浸渍以防褐变。水果浸糖处理除可以削弱氧化酶的活性，避免氧化褐变外，还可减轻冻结时形成的冰晶体对水果内部组织的破坏，有助于保持水果的原有色、香、味及维生素C的含量。糖水浓度为10%～50%。用量配比是：2份水果＋1份糖水。水果中加入糖水后，应先在0℃库房中存放8～10h，使糖水渗入水果，然后再送去速冻。冷冻草莓可加砂糖处理，草莓与砂糖的质量比为7∶3。草莓加糖后也需存放一段时间，使砂糖吸收果汁而溶解，形成糖浆，起到糖水的作用。②添加维生素C。如将桃的薄片浸渍于糖液中，经速冻后在冻藏期间颜色会变褐，致使产品质量下降。但如果将桃的薄片浸渍在含有0.2%维生素C的糖液中，取出速冻，于－18℃以下冷藏两年也不变色。③柠檬酸和苹果酸处理。柠檬酸和苹果酸这两种天然的有机酸具有抑制酶活性作用。水果中氧化酶的活性，可用提高水果酸度的方法使其受到抑制，来防止褐变。特别是柠檬酸在果蔬加工中经常使用。一般在速冻果品的填充糖液中加入0.5%的柠檬酸就能起到保护色泽的作用。

5. 沥干

经过一系列处理后的果蔬表面粘附了一定量的水分，这部分水分如果不去掉，带入包装内影响产品的外观质量。另外，在冻结时很容易结成冰块，既不利于快速冻结,也不利于冻后包装。沥干方法很多,可用震动筛进行沥水,时间 10 ~ 15min 为宜;或用离心甩干机甩水,时间 5 ~ 10s;也可简单地把原料放入箩筐内,将其自然晾干。

6. 布料

沥水后的果蔬由提升机输送到振动布料机中。布料机的布料质量对实现均匀冻结和提高果蔬的冻结质量具有很重要的作用。如果布料不均匀造成物料成堆或空床,就会影响冻结效果和冻结质量。

7. 速冻

冻结速度越快越好。具体要求是:原料在冻结前必须冷透,尽量降低速冻果蔬的中心温度,可在冻结前加预冷装置,加快原料迅速冻结。在冻结过程中,最大冰晶生成温度带为 -5 ~ -1℃。在这个温度带内,原料的组织损伤最为严重。冻结时,要求以最短的时间使原料的中心温度低于最大冰晶生成带,保证产品质量。为此,应采用 -30 ~ -35℃以下的低温进行冻结,使果蔬的中心温度在 30min 内迅速降至 -18℃。

8. 包装

(1)包装作用　①有效地控制速冻果蔬制品内部冰晶的升华;②防止产品在贮藏中接触空气而氧化,引起变色、变味、变质;③阻止外界微生物污染,保持产品卫生质量;④便于产品运输、销售和食用。

(2)包装要求　①必须保证在 -5℃以下低温环境中进行,温度在 -4 ~ -1℃以上时速冻果蔬会发生重结晶现象,极大地降低品质。②包装间在包装前 1h 必须开紫外线灯灭菌,所有包装用器具、工作人员的工作服、帽、鞋、手均需定时消毒,确保卫生。③包装容器通常有纸板盒、纸箱和塑料薄膜袋。

三、果蔬速冻制品的贮运与解冻

(一)果蔬速冻制品的贮运

1. 果蔬速冻制品的冻藏

完成速冻的果蔬制品要及时进行冻藏,尽最大限度减轻其贮藏环境温度的波动,保证果蔬速冻制品的品质。

(1)冻藏温度的选择　冻藏温度越低,越有利于保持冻藏产品品质。目前认为最经济而有效的冻藏温度是 -18℃以下。在此温度下微生物的生长发育几乎完全停止。另外,在此温度下,酶的活性大大减弱,水分蒸发少,也利于运输中的制冷。一般在此温度下贮藏1年左右的冻结食品其品质和营养价值都能得到良好的保持。

冻藏温度的波动对冻藏品的品质有很大的影响,会出现重结晶现象,从而破坏产品的组织结构,造成机械伤。因此在冻藏期间保持稳定的贮藏低温非常重要。

(2)冻藏库的管理　①库房及用具消毒。速冻包装好的产品在入库前,必须对库房的墙体、地面及贮架、包装容器、工具器材等进行全面消毒,以确保其清洁卫生。②入库食品的要求。凡是进入冻藏库的产品必须清洁、无污染。入库时,对有强烈挥发性气味和腥味的食品以及要求不同贮温的食品,应入专库贮藏,不得混放。要根据食品的自然属性和所需要的温度、湿度选择库房,并力求保持库房内的温度、湿度稳定。库内在正常情况下,温度波动不得超过1℃。在大批冻藏食品入库出库时,一昼夜升温不得超过4℃。冻藏库的门要密封,一般不得随意开启。对入库冻藏食品要执行先入先出的制度,并定期或不定期地检查食品的质量。③入库堆码要求。速冻食品入库后,按要求进行堆码,产品应堆码在清洁的垫木上,禁止直接放在地面上。货堆之间应保留0.2m的间隙,以便于空气流通。如系不同种类的货堆,其间隙应不小于0.7m。食品堆码时,不能直接靠在墙壁或排管上。货堆与墙壁和排管应保持以下的距离:距设有顶排管的平顶0.2m;距设有墙排管的墙壁0.3m;距顶排管和墙排管0.4m;距风道口0.3m。④消除库房异味。各种食品都具有各自独特的气味,若将食品贮藏在具有某种特殊气味的库房里,这种特殊气味就会传入食品内,从而改变了食品原有的气味。因此,必须对库房中的异味进行消除。

库房内还要及时灭除老鼠和昆虫,它们除了会造成食品污染外,还会对库内设施造成破坏,因此应设法使库房周围成为无鼠害区。

2. 速冻果蔬的冷链流通

速冻果蔬在流通上,要应用能制冷及保温的运输设施,在 -18 ~ -15℃条件下运输冻品。运输时,要应用有制冷及保温装置的汽车、火车、船、集装箱专用设施,运输时间长的要控制在 -18℃以下,一般可用 -15℃;销售时也应有低温货架与货柜。整个商品供应程序也是采用冷链流通系统。能使产品维持在冻藏的温度下贮藏。由冷冻厂或配送中心运来的冷冻产品在卸货时,应立即直接转移到冷藏库中,不应在室内或室外的自然条件下停留。零售市场的货柜应保持低温,一般仍要求在 -18 ~ -15℃。

(二)果蔬速冻制品的解冻

速冻果蔬在食用前或进一步加工前需经解冻,使冰晶融化,果蔬恢复到冻结前的新鲜状态。解冻是冻结果蔬中的冰晶还原融化成水的过程,可视为冻结的逆过程。其进行的好坏对冻结果蔬的品质影响很大。

1. 果蔬速冻制品的解冻要求

由于水的导热性远比冰差,所以解冻速度比冻结速度要缓慢很多。解冻时的温度变化有利于微生物的活动和理化变化的增强。如前所述,果蔬的速冻并不能作为杀死微生物的措施,只是起抑制微生物的作用。食品解冻之后,组织结构已有破坏,温度的升高,有利于微生物的活动和理化性质的变化。因此冷冻食品应在食用之前解冻,而不宜过早解冻。解冻之后应当立即食用,不宜在室温下长时间搁置待用。解冻的食品败坏得更快,解冻的过程越短越好。

2. 果蔬速冻制品的解冻方法

(1)外部解冻法　外部解冻法是指以热空气或热水作为解冻介质,对速冻产品进行外部加热解冻。①空气解冻。一般采用静止或流动空气解冻。温度以15℃以下缓慢解冻效果好。②水解冻。由于水比空气传热性好,故对冻结果蔬的解冻速度快、时间短,但可溶性固形物在解冻中部分损失,易受微生物污染。③真空解冻。利用水在真空状态下低温沸腾产生大量水蒸气与冻结产品进行热交换,水蒸气在冻结产品表面凝结时放出热量,这部分热量被冻结产品吸收,使其温度升高达到解冻目的。

(2)内部加热法　是在冻结产品内部加热迅速解冻的方法。主要有低频电流加热解冻、高频电流加热解冻和微波解冻。①低频电流加热解冻。交流电频率是50~60Hz/s,该方法比空气和水解冻的速冻快2~3倍,耗电少、费用低。缺点是只能解冻表面食品,内部解冻不匀。②高频电流加热解冻。交流电频率为1~50mHz/s。冻结食品表面和内部同时加热,解冻时间短。③微波解冻。解冻速度快,食品质量变化小,不受污染,营养成分不流失,较好地保持食品的色、香、味。但成本较高。

冷冻蔬菜的解冻,可根据品种形状的不同和食用习惯,不必先洗、再切而直接进行炖、炒、炸等烹调加工,烹调时间以短为好。冷冻水果一般解冻后不需要热处理就供食用。解冻终温以解冻用途而异,鲜吃的果实以半解冻较安全可靠。有些冷冻的浆果类,可作为糖制品的原料,经过一定的加热处理,仍能保证其产品的质量。

实验实训

实训一　糖水橘子罐头的加工

一、实训目的与要求

(1)理解罐头加工的原理;熟悉相关原辅料特性及设备操作要领;

(2)掌握果蔬罐头工艺操作要点及成品质量要求。

二、材料及设备

(1)原辅材料　橘子、白砂糖、柠檬酸、氢氧化钠、盐酸等。

(2)仪器设备　真空封罐机、杀菌锅、炉灶、糖度计、温度计、玻璃罐或马口铁罐等。

三、工艺流程

糖水橘子罐头生产工艺流程如图2－7所示。

空罐的准备↓

原料→选果分级→热烫→去皮去络分瓣→去瓤衣→漂洗→整理→分选→漂洗检查→装罐

↑糖液的配制

→排气密封(或真空密封)→杀菌→冷却→成品

图2－7　糖水橘子罐头生产工艺流程

四、操作要点

(1)选果分级　选择无核或少核、容易剥皮的品种。要求成熟度高,剔除病虫害、腐烂、损伤及未熟果,按照果实大小、色泽分级。选果分级后的果实用清水冲洗表皮尘污。

(2)热烫　一般采用热水浸烫法,热水温度95～100℃,浸泡时间30～90s。要求皮烫肉不烫,以附着于橘瓣上的橘络能除净为度。注意:果实要随烫随剥皮,不得积压,不得重烫,不可伤及果肉。

(3)去皮、去橘络、分瓣　去皮/分瓣要趁热进行,从果蒂处一分为二,翻转去皮,然后分瓣,并剔除僵硬、畸形、破碎的橘瓣,同时轻轻去掉橘络。

(4)去瓤衣　目前在我国去瓤衣方法有两种:化学药品处理法;酶法。

①化学药品处理法。即将橘瓣投入浓度为0.2%,温度为30～35℃的稀盐酸溶液中浸泡15min。浸泡后用清水漂洗1～2次。然后将橘瓣进行碱处理,浓度为0.2%,温度35～40℃,浸泡时间5～10min。浸碱后立即用清水冲洗干净,并用1%柠檬酸溶液浸泡5min,以中和碱液,改进风味。

②酶处理法。是利用果胶酶液,在酶活动最适pH和温度条件下,将橘瓣浸入其中,使内外表皮之间的原果胶在果胶酶的作用下降解成可溶性果胶,从而减弱内外瓤衣间细胞黏着力,达到去瓤衣的目的。

(5)装罐　注入糖液的浓度须根据原料的糖分含量和成品要求糖度标准进行计算,要求开罐时糖液浓度为14%～18%。(注:糖液配制方法参见项目二)一般果肉装罐量为55%左右,并留顶隙6～8mm。装罐前,糖液温度不低于90℃,装罐量受柑橘品种、成熟度、果肉内糖含量、糖液浓度及罐号等因素的影响,为达到固形物和净重的要求,具体装罐量见表2－5。

表 2 – 5　　不同罐号糖水橘子罐头装果肉量的变化

罐号规格	装罐量/g			备注
	净重/g	全去瓤衣	半去瓤衣	
9121	850	600 ~ 650		要求:橘瓣达 30 片以上
8113	567	370 ~ 400	380 ~ 400	
781	312	190 ~ 220	195 ~ 210	

(6)排气、密封　全去瓤衣橘子罐头在排气、密封时,罐内中心温度不低于65 ~ 70℃,半去瓤衣的不低于 70 ~ 80℃。全去瓤衣真空度一般为 300 ~ 400mmHg,半去瓤衣真空度一般为 380 ~ 400mmHg。最后采用真空密封。密封与杀菌之间的间隔时间不应超过 20min。

(7)杀菌、冷却　研究结果发现柑橘罐头败坏的微生物主要是类似于酪酸杆菌及巴氏固氮梭状芽孢杆菌的“342”耐热菌,该菌能在 pH3.8 以上的酸性厌氧环境中生长并产气,pH3.7 以下即受到抑制。在制定杀菌公式时,需以巴氏固氮梭状芽孢杆菌耐热性,即 pH3.7 ~ 4.5 时,D_{100} = 0.10 ~ 15min 为主要依据,注意调整罐内酸度至 pH3.7 以下,并加强生产卫生管理。525g 玻罐 5′ – 15′/100℃、450g 玻罐 5′ – 12′/100℃、312g 铁罐 5′ – 11′/98℃。

杀菌后要求迅速冷却至 38 ~ 42℃,减少橘瓣受热作用的时间,保证产品质量。若使用玻璃瓶,则应注意采用分三段冷却,即 80℃ – 60℃ – 40℃。

五、产品质量要求

具有橘子罐头特有的色香味,果肉大小、形态均匀一致,无杂质,无异味,破碎率不超过 5% ~ 10%,果肉重不少于 55%,糖水开罐浓度要达到 14% ~ 18%。

实训二　果蔬干制品的加工

一、实训目的与要求

(1)理解果蔬干制品加工原理,熟悉常见干制果蔬原料特性及干燥设备操作;

(2)掌握几种常见果蔬干制品的加工技术。

二、材料与设备

苹果、黄花菜、盐酸、亚硫酸氢钠、PE 包装袋、蒸煮锅、真空干燥箱、真空包装机等。

三、工艺流程

(1)苹果干加工的工艺流程　如图 2 – 8 所示。

苹果→ 清洗 → 去皮、核、切片 → 护色 → 干制 → 整理回软 → 包装 → 成品

图 2 – 8　苹果干加工工艺流程

(2)黄花菜干加工的工艺流程　如图2－9所示。

黄花菜→清洗→蒸制→干燥→回软→包装→成品

图2－9　黄花菜干加工工艺流程

四、操作要点

1.苹果干的加工

(1)选料、清洗　选择肉质致密、含糖量高、单宁含量少的成熟苹果，如小国光、红玉等。用0.5%～1%的稀盐酸溶液浸泡3～5min，以除去表面农药，再用清水冲洗。

(2)去皮、切片　用不锈钢水果刀去皮，去心，将果实横切成5～7mm的环状果片。投入1%的食盐水中，以防变色。

(3)护色　配制0.5%的亚硫酸氢钠溶液，将切好的苹果片投入浸泡约10min，另取一部分苹果不经硫处理做对照。

(4)干制　采用人工干制，干制初期温度为80～85℃，以后逐渐降至50～60，干制5～6h，以用手紧握再松手互不黏着而富有弹性为宜。干燥率(6～8)：1(原料：成品)。

(5)整理回软、包装　干制后将成品堆积密闭，回软1～2d使水分平衡，最后挑选分级，用PE袋包装。

2.黄花菜干的加工

(1)原料选择　选择花蕾为黄色或橙黄色，含糖量高的品种。选择花蕾充分发育，外形饱满，颜色由青绿色转黄或橙色的未开花蕾。

(2)蒸制　采摘后的花蕾要及时进行蒸制。蒸制时把花蕾放入蒸笼中，用大火蒸5min，后用小火微蒸3～4min。当花蕾变软，向内凹陷，颜色变得淡黄时即可出笼，放于阴凉处散热后再行干燥。

(3)干燥　先将烘箱或干燥箱的温度升高到85～90℃，再将处理过的花蕾摆放在烘盘上，送入烘箱或干燥箱，保持60～65℃的高温4～5h，然后逐渐降温到50℃，直至烘干。在此期间注意通风排湿，保持烘箱相对湿度在65%以下，并需倒换烘盘和翻动黄花菜两三次。

(4)回软　将烘干的黄花菜，放于容器中回软2～7d，使其含水量趋于一致，稍显微软时再行包装。

(5)包装　剔除变色、破碎和过湿不合格者，将回软后的黄花菜装入塑料薄膜袋内，入箱密封，贮于冷凉、通风干燥的贮藏室内。

五、产品质量要求

1.苹果干质量标准

片型完整，片厚及大小基本均匀，无杂质；呈淡黄色，色泽一致；具有苹果特有的风味，无异味；含水量18%～22%；致病菌不得检出，产品保质期半年以上。

2. 黄花菜干质量标准

产品呈金黄色；粗细均匀，有香气，无虫蛀，无霉烂，无蒂柄杂质，无青条；开花菜不超过2%；含水量6%左右；致病菌不得检出，产品保质期半年以上。

实训三 果蔬糖制品的加工

一、实训目的与要求

(1)明确果脯、果酱等糖制品质量要求；理解糖制要领。

(2)掌握几种常见果蔬糖制品的加工技术。

二、材料与设备

苹果、砂糖、柠檬酸、氯化钙、亚硫酸氢钠、琼脂或明胶、蒸煮锅、干燥箱等。

三、工艺流程

(1)苹果脯加工的工艺流程　如图2-10所示。

苹果→去皮、核→切分→硬化、护色→糖煮→糖渍→烘干→整形、包装→成品

图2-10　苹果脯加工工艺流程

(2)苹果酱加工的工艺流程　如图2-11所示。

苹果→清洗→去皮、核切分→预煮→打浆→配料→浓缩→装罐、封口→杀菌、冷却→成品

图2-11　苹果酱加工工艺流程

四、操作要点

1. 苹果脯的加工

(1)原料选择　选用果形圆整、果心小、肉质疏松和成熟度适宜的原料。

(2)去皮、切分　用手工或机械去皮后，挖去损伤部分，将苹果对半纵切，再用挖核器或小果刀挖掉果心。

(3)硬化、护色　将切好的果块立即放入0.1%的氯化钙和0.2%~0.3%的亚硫酸氢钠混合液中浸泡6~12h，进行硬化和护色。肉质较硬的品种只需进行护色。浸泡时上压重物，防止上浮。浸后取出，用清水漂洗2~3次备用。

(4)糖煮　40%的糖液25kg，加热煮沸，倒入果块30kg，以旺火煮沸后，加入同浓度的冷糖液5kg，重新煮沸。如此反复煮沸与补加糖液3~5次，糖煮时间需1~1.5h，待果块呈现透明状态，温度达到105~106℃，糖液浓度达到60%左右即可起锅。

(5)糖渍　趁热起锅后，将果块连同糖液倒入缸中浸渍24~48h。

(6)烘干　将果块捞出，沥干糖液，摆放在烘盘上，送入烘房，在60~66℃下干燥至不粘手为度，大约需24h。

(7)整形、包装　将干燥后的果脯整形，剔除碎块，冷却后用玻璃纸或塑料袋

密封包装,再装入垫有防潮纸的纸箱中。

2. 苹果酱的加工

(1)原料选择　宜选择成熟度适宜,含果胶及果酸成分多的、芳香味浓的苹果。

(2)原料处理　用清水将果面洗净后去皮、去心,将苹果切成小块,并及时地利用1% ~2%的食盐水或0.2%的抗坏血酸溶液进行护色。

(3)预煮　将小果块倒入锅内,加果重10% ~20%的水,煮沸15 ~20min,要求果肉煮透,使之软化兼防变色。

(4)打浆　用打浆机打浆或用破碎机来破碎。

(5)配料　按果肉100kg加糖70 ~80kg和适量的柠檬酸。

(6)浓缩　先将果浆放入锅中,分2 ~3次加入糖液,在可溶性固形物达到60%时加入柠檬酸调节果酱的pH为2.5 ~3.0,待加热浓缩至105 ~106℃,可溶性固形物达65%以上时出锅。

(7)装罐、封口　出锅后立即趁热装罐,封罐时酱体的温度不低于85℃。

(8)杀菌、冷却　封罐后立即投入沸水中5 ~15min,杀菌后分段冷却到38 ~42℃。

五、产品质量要求

(1)苹果脯　呈浅黄色至金黄色,有透明感和弹性;不返砂,不流汁,甜酸适度,并具有原果风味。总糖含量为60% ~65%;水分含量为18% ~20%。

(2)苹果酱　酱体颜色为酱红色或琥珀色;黏胶状,不流散,不流汁,无糖结晶,无果皮、种籽及果梗;具有果酱应有的风味,无焦煳和其他异味;可溶性固形物≥65%。

实训四　速冻果蔬制品的加工

一、实训目的与要求

(1)理解速冻果蔬制品工艺原理;熟悉制冷设备操作。

(2)掌握几种速冻果蔬制品加工技术并能对产品质量控制。

二、材料与设备

菠菜、蘑菇、豇豆、食盐、柠檬酸、超低温冰箱、密封袋、封口机、刀等。

三、工艺流程

(1)速冻菠菜加工工艺流程　如图2 -12所示。

原料→选择→预处理→烫漂→冷却→沥水→速冻→包冰衣→包装

图2 -12　速冻菠菜加工工艺流程

(2)速冻草莓加工工艺流程　如图2 -13所示。

原料→选择→清洗→消毒→沥水→速冻→包装→冻藏

图2 -13　速冻草莓加工工艺流程

(3)速冻豇豆加工工艺流程　如图2 -14所示。

原料→选择→切段→复选→浸盐水→漂洗→烫漂→冷却→沥水→速冻→包装

图2-14　速冻豇豆加工工艺流程

四、操作要点

1. 速冻菠菜

(1)原料选择　选用鲜嫩、无黄叶、无白斑、无病虫害的圆叶品种。

(2)预处理　剔除黄枯叶，剪去0.5cm左右的根头，修去根须，然后清洗，捆把。

(3)烫漂　根部先烫1min，然后叶子再烫1min。

(4)冷却　烫漂后迅速冷却至10℃以下。

(5)速冻　放置于冻藏室内，在-40～-35℃迅速冻结8～10min，使菠菜中心温度达-18℃以下。

(6)包冰衣　将冻好的菠菜置于3～5℃的冷水中浸渍3～5s，迅速捞出。

(7)包装　用塑料袋定量密封包装。

2. 速冻草莓

(1)原料选择　新鲜、果面红色或浅红色，大小成熟度一致的草莓。剔除过生、过熟及软烂果。

(2)清洗　用流动水冲洗草莓，除去泥沙、悬浮物及微生物、农药。

(3)消毒　用150mg/kg的次氯酸钠进行草莓的消毒，时间为5min。之后，用大量清水冲洗。

(4)沥水　自然方法沥干水分。

(5)速冻　将沥水草莓放入速冻箱内在-35～-40℃下迅速冻结8～10min，至草莓中心温度达到-18℃以下。

(6)包装　草莓经整理，迅速装入盒或袋内，包装间温度要求为5℃。

(7)冻藏　包装后的草莓迅速放入低温冷库中，冻藏温度为-18℃以下。

3. 速冻豇豆

(1)原料选择挑选　宜采用色泽较深、大小均匀的豇豆品种。豆粒无明显突起，组织鲜嫩，色呈青绿色或淡绿色；青绿和淡绿不得混杂。条形圆直，豆条横断面直径在0.5cm左右，无病虫害，无斑疤，无杂豆。

(2)切段复选　切去豇豆两尖端后复选，将花斑豆、异色豆、杂质剔除。注意虫孔，然后切成5cm左右段长。

(3)浸盐水　用2%盐水浸泡15min左右，除去漂浮的虫体及杂质。捞出豇豆后用清水清洗。

(4)烫漂　在沸水中烫1.5min左右，至色泽转为鲜绿色，口尝无豆腥味。烫漂后马上用冷水冷却。冷却后用干布擦去水，以免产品冻结时黏结成堆。

(5)速冻　经前处理的豇豆应尽快冻结，可先预冷至0～5℃，然后放置于冻藏室内，用-40～-35℃冷风迅速冻结。

(6)包装　用塑料袋定量密封包装。包装后的豇豆迅速放入低温冷库中，冻藏温度为-18℃以下。

五、产品质量要求

(1)速冻菠菜　具有本品种本身应有的绿色;干净、完好、不含外来物质;无外来的风味和气味,基本不含纤维物质,不含由于机械损伤的菠菜叶、菠菜叶段;不含沙子和粗砂;基本不含散叶或分离的叶子。

(2)速冻草莓　呈鲜红色或浅红色,果面色泽一致,具有本品种固有成熟果色泽;具有本品种应有的芳香风味,无异味;果肉组织不软烂,果型端正,果面清洁,无蛀、无冰霜、无风干。

(3)速冻豇豆　呈淡绿色或深绿色,色泽较一致;具有本品种应有的滋味及气味,无异味;豆荚鲜嫩,条形圆直,粗细较均匀,豆粒无明显突起,食之无粗纤维感。

思考题

1. 影响呼吸作用和蒸腾作用的因素有哪些?
2. 气调贮藏的原理是什么?
3. 果蔬干制过程中有哪些物理和化学方面的变化?
4. 果蔬干制品的结壳现象是怎样发生的?如何防止?
5. 果蔬干制品的包装和贮藏有什么要求?
6. 果蔬干制后品质有哪些变化?
7. 果蔬罐头的制作原理是什么?
8. 果蔬罐头加工工艺要点有哪些?
9. 果蔬糖制品的加工基本原理是什么?
10. 果蔬制品加工过程中热烫的主要目的是什么?
11. 果胶凝胶的机理是什么?
12. 食糖的保藏作用和性质有哪些?它们是怎样影响果蔬糖制品的加工和保藏的?
13. 果蔬糖制品常见的质量问题有哪些?引起的原因是什么?如何控制?
14. 食盐在腌制中有哪些作用?腌制中如何合理添加食盐?
15. 在腌制中由微生物引起的发酵作用及其对蔬菜腌制品品质有什么影响?
16. 蔬菜腌制品常见的败坏有哪些?引起的原因是什么?怎样控制?
17. 蔬菜腌制品特有的色香味如何形成的?怎样防止腌制品脆度的下降?
18. 果蔬冻结的相关理论包括什么?
19. 简要说明冷冻对果蔬组织结构、化学变化、酶活性及微生物的影响。
20. 果蔬速冻加工工艺流程是什么?操作要点是什么?

模块三
粮油食品加工技术

知识目标

1. 了解面粉、油料的种类及其工艺性能；熟悉各种辅料对粮食制品加工工艺的影响。

2. 熟悉各种饼干的生产工艺（面团的调制、成型方法和烘烤）及其管理。

3. 掌握面包、糕点的烘烤工艺及其理论；掌握方便面的生产工艺及其管理。

技能目标

1. 能够运用所学知识，从事粮油食品的生产管理及质量控制。

2. 独立熟练完成几种典型粮油制品的实践操作。

项目一 面包加工技术

一、面包加工的原料与辅料

1. 面粉

理想的面包面粉，其理化要求主要是：蛋白质（12 ± 1）%、灰分 0.5% ~ 0.75%、湿面筋 30% ~40%、水分 14%、降落值 200 ~ 300。面粉在使用前，最好先经过一道筛理，这样可以消除结团面粉，调整面粉温度并使其充分松散，有利于做好面包。

2. 水

生产面包所用水须符合国家卫生标准。在生产面包时,除了要注意检查、调整水的硬度和 pH 外,还必须时刻掌握水温,因为发酵面团的温度一般是用水来调节的。

3. 酵母

目前常用的酵母有压榨酵母(即干酵母)、鲜酵母和液体酵母。有的地方采用野生酵母或酒花发酵液。酵母的主要作用是:①酵母使面团发酵,产生 CO_2 气体,从而使制品形成组织蓬松的海绵状结构。②发酵过程中产生的醇和酸等物质,在高温烘烤时部分形成酯类,使面包制品具有特殊的香味。③丰富营养。酵母本身有较多的蛋白质和 B 族维生素。

酵母的使用量视发酵能力、面粉质量、面包产品种类和工艺条件等而定。一般用量为面粉的0.5% ~3.5%。

4. 油脂

对于主食面包的生产,油脂只作润滑剂涂抹案板和烤盘,而在花色面包生产中,不同的油脂则是决定产品类型、口味的主要辅料。油脂在面包中的作用:①降低面团的黏性,改善面团的加工性能。②增加面包的柔软度、食用风味,使面包成品表面光滑,内部组织细密。③增加面包的营养价值。④增加面包的持水性能,延长面包的货架期。

生产面包用的油脂有植物油(如豆油、花生油、菜籽油等)、动物油(猪油、奶油等)、动植物混合油以及起酥油等多种。普通液态植物油、色拉油等可直接使用,而猪油、人造奶油等在低温时呈固态,可用微火加热或搅拌,使之软化成液态后使用。但应注意火候,不宜完全熔化,以免影响其乳状结构,降低成品量。

5. 乳、蛋品

常用的乳品有鲜乳、乳粉、炼乳等。常用的蛋品有鸡蛋、鸭蛋或鹅蛋及其制品,如冰蛋、全蛋粉和蛋黄粉等。乳、蛋品的主要作用:①提高面包的营养价值。②改善面团的加工性能。乳、蛋品中都含有天然乳化剂,能促进面团中油和水的乳化作用,改善面团的胶体性能。蛋品还有强化面团的功用。③改善面包的食用性能。乳、蛋品能增加面包香味,使面包表皮产生鲜艳光滑的色泽,还可以防止面包中的水分蒸发散失,使内部保持柔软。

6. 糖、食盐

常用的食糖有蔗糖、饴糖、淀粉糖浆等,也有转化糖和果葡糖浆。各种糖品的相对甜度(%):蔗糖100、果糖175、葡萄糖68~74、麦芽糖32~46、转化糖120~130。

糖在面包中的主要作用:①作面包酵母的营养素,提高酵母的发酵能力。但是糖的渗透压大,加量不宜过多,否则会影响酵母的产气能力。②部分糖品在烘烤过程中会产生焦糖化反应,使面包具有诱人的色、香、味。③增加面包制品的甜味和营养价值。④糖品的吸湿、持水性能较强。可增加面包的柔软性,延长面包的保存时间。

一般高、中档花色面包加糖较多(20%~30%),普通主食面包加糖较少(2%~6%)。糖在使用前应先溶化,然后加入面粉调制面团。粗制糖品必须先经溶化、过滤才能使用。

食盐的主要作用:使面包具有特殊的风味,强化面团,稳定面筋组织,抑制有害菌种,调节发酵速度,改善面包色泽及烘焙品质。在面粉筋力不强,配方中油脂较多,水质硬度偏小或在夏季生产面包时,都可增加食盐的用量。一般食盐用量约为2%。

7. 面团品质改良剂

面团品质改良剂主要是用来改善面团的工艺性能。面包生产中常用的改良剂及其性能介绍如下:

(1)酶制剂　主要是各种淀粉酶。淀粉酶可以提高面团的糖化能力,增加面团中还原糖的含量,促进酵母发酵,改善面包皮色和香气,因而特别适用于不加或少加糖的主食面包以及糖化力较弱的面粉。酶制剂一般在第一次调粉时加入,用量为面粉质量的0.001%~0.002%。也可用含酶制剂的麦芽粉代替。

(2)氧化剂和面团强化剂　其作用为增强面包的强度,提高其发酵后的持气能力。常用的有碘酸钾、过硫酸铵、过硼酸钠、过氧化钙、过氧化镁、二氧化氯、偶氮甲酰胺和抗坏血酸等。使用前应先溶于28~30℃温水中,在第二次调粉时加入。

(3)乳化剂　加到面团中的乳化剂与面筋作用,可增加面团的强度,改善面粉烘焙性能;与淀粉作用可改善面包心的柔软度,延长面包的保鲜期,防止面包老化。在面包中常用的乳化剂有硬脂酸单甘酯(EOM)、山梨酸单甘酯、硬脂酸乳酸钠(SSL)、硬脂酸乳酸钙(CSL)等,乳化剂的用量一般为面粉重量的0.25%~0.5%。

(4)还原剂(面团软化剂)　其作用与氧化剂相反,多用于筋力过强的面粉中。它可使面团润滑松软,缩短和面时间。常用的面团软化剂有胱氨酸、山梨酸、亚硫酸盐等。

(5)营养强化剂　常用的营养强化剂有维生素、氨基酸和钙质等。

二、面包加工技术

(一)面筋工艺特性

面团在水中搓洗时,淀粉、麸皮渐渐离开面团而悬浮于水中,最后只剩下一块具有黏性、延伸性和橡胶似的物质,称为“粗面筋”,粗面筋含水 65% ~70%,又称湿面筋。湿面筋烘去一部分的水即为干面筋。面团中因有面筋的形成,才能通过发酵制作面包、馒头等食品。因此,研究面筋成分、形成过程以及面团特性的控制等对面包生产工艺有重要意义。

(1)面筋的成分与工艺性能　湿面筋除含 2/3 水分以外,还有 1/3 的干物质,其中 75% ~80% 为蛋白质,5% ~15% 的残余淀粉,5% ~10% 为脂类及少量无机盐。衡量面筋工艺性能指标有以下几项:①延伸性。是指面筋被拉长而不断裂的能力。②弹性。是指面筋被拉长或压缩后能恢复原状的能力。③韧性。是指面筋被拉长时所表现的抵抗力。弹性好的面筋,其韧性一般性也好。④可塑性。是以面筋 1min 自动延伸的长度(cm)来表示。

(2)面粉的糖化力和产气能力　①面粉的糖化力:面粉中的淀粉在分解过程中,转化成糖的能力。淀粉转化成糖是在淀粉酶和糖化酶的作用下进行的。这些酶的活性越强,其糖化力就越大,反之,则小。②面粉的产气能力:面粉在发酵过程中产生气体的能力。

(二)面包的发酵原理

在面包发酵的全过程中,一般有酒精发酵、醋酸发酵和乳酸发酵三种形式。①酒精发酵:即由酵母菌将糖类变化为 CO_2 和酒精的过程。CO_2 是膨胀面团的动力,酒精是影响面包风味十分重要的因素。②醋酸发酵:即由醋酸菌将稀薄的酒精变为醋酸的过程。面团发酵温度超过 32℃ 或者发酵时间过长,就会发生醋酸发酵,导致面包带有刺激性酸味。③乳酸发酵:即乳酸菌将糖类变为乳酸的过程。其特点是温度越高,糖分越多的时候,发酵也就越活跃,乳酸的积聚会使面包产生酸败味。

(三)工艺流程

(1)一次发酵工艺流程　如图 3－1 所示。

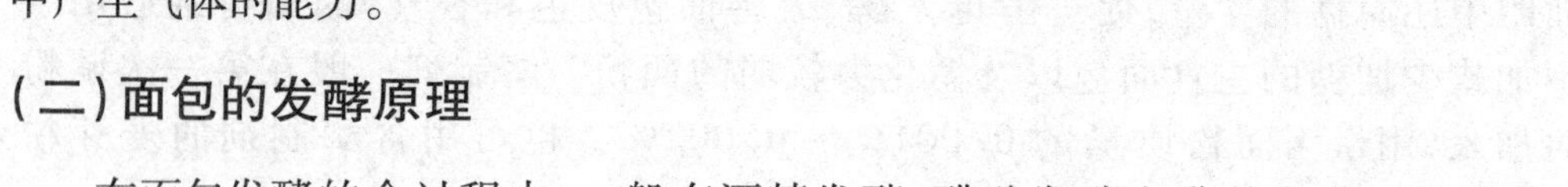

图 3－1　面包一次发酵工艺流程

(2)二次发酵工艺流程　如图3－2所示。

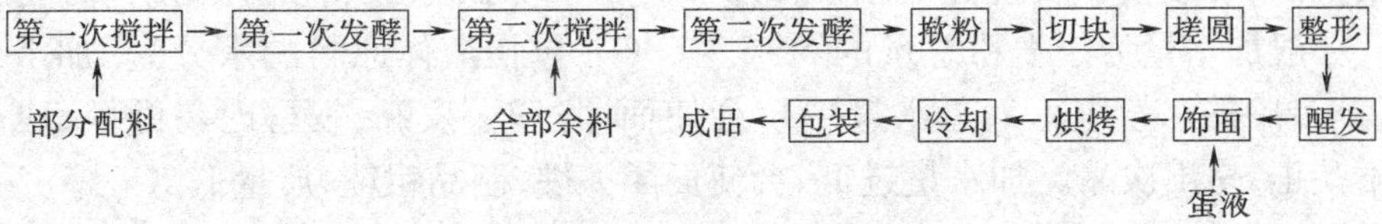

图3－2　面包二次发酵工艺流程

(3)三次发酵工艺流程　如图3－3所示。

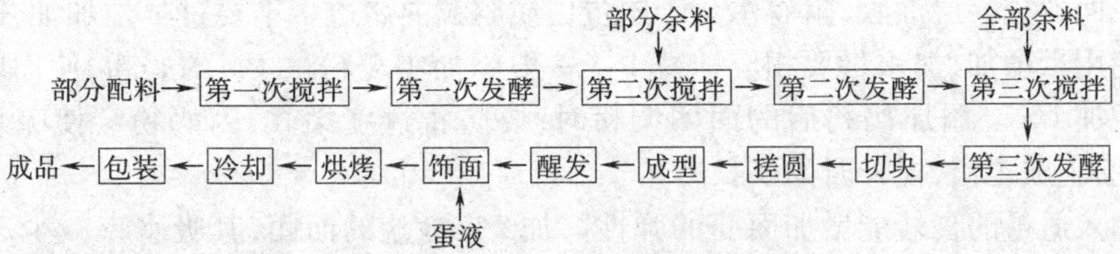

图3－3　面包三次发酵工艺流程

(4)快速发酵工艺流程　如图3－4所示。

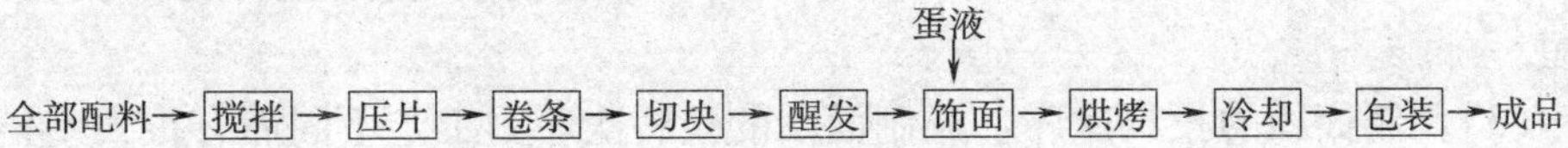

图3－4　面包快速发酵工艺流程

(5)以上几种工艺的比较

一次发酵法:优点是周期短,风味好,食感优;缺点是瓤膜厚,易硬化。

二次发酵法:优点是瓤膜薄,制品软,老化慢;缺点是周期长,易发酵。

三次发酵法:优点是省酵母,软而大,口感好,老化慢;缺点是周期长,耗工多。

快速发酵法:优点是周期短,出品率高;缺点是口感和香气差,易老化,成本高。

(6)冷冻面团　随着面包工业的迅猛发展,目前又出现了冷冻面团,其生产工艺如图3－5所示。

图3－5　冷冻面团生产工艺流程

(四)操作要点

1. 面团的形成与调制方法

(1)面团的概念　所谓面团,就是按配方规定量将面粉、酵母、食盐、和水等原料和其他辅料,按照一定的顺序和操作工艺制成的,具有弹性和可塑性的含水固形物。

(2)影响面团的因素　主要有小麦蛋白质含量,面团温度,糖、油脂添加量,添加蛋、乳品的数量和质量,食盐添加量,水质、水量、水温,投料次序和搅拌时间。

一般加水量为小麦粉总量的50% ~60%(包括液体原料的水分)。加水量过高(鸡蛋中的水量应算入总水量中),会使面团过软、发黏,发酵时易酸败,成品形态不端正,易出次品。加水量过低,会使面团太硬,制品粗糙,质量低劣。

调制好的面团温度一般应控制在冬季25 ~27℃,夏季28 ~30℃,主要利用调节水温来控制面团温度。水温最高不得超过50℃,否则会造成酵母死亡。

油脂也能影响面团搅拌,当油脂和小麦粉一起混合时,油脂就被吸附在小麦粉颗粒表面形成一层油膜,阻碍水分子向蛋白质胶粒内渗透。不要过早地加油,面团中油脂用量增加,加水量要相应地减少。一般添加小麦粉量1%的奶粉,使面团吸水率增加1%。添加奶粉后的面团调粉时,要防止过度柔软,因奶粉会使吸水缓慢,面筋生成也慢,搅拌时间要长些。

加入适量的食盐能增加面筋的弹性。加2%食盐的面团,其吸水率减少3%,又因食盐会使面筋硬化,因此吸水显著减少,面团生成迟延,食盐越多的面团,搅拌时间越长。调制面团的搅拌时间,常规在15 ~20min,它取决于面粉及辅料配入的量与质,也与搅拌方式和温度、水温关系密切。小麦粉筋力强,搅拌时间长,反之,则短。

(3)调制面团的投料次序　调制面团的投料次序因工艺不同而有很大差异。

①一次发酵法的投料次序如图3 -6所示。

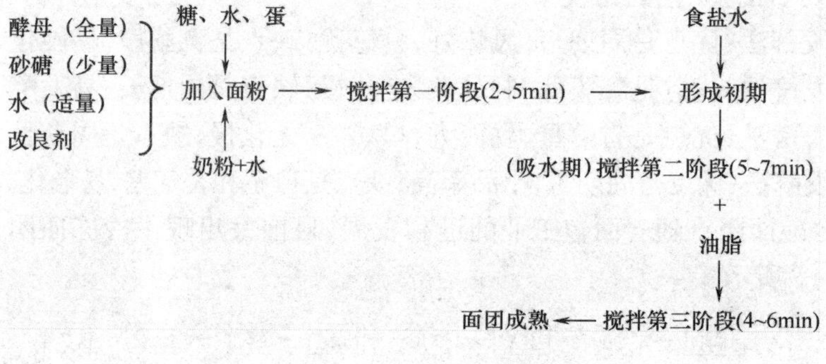

图3 -6　一次发酵法的投料次序

②二次发酵法的投料次序:将部分小麦粉(例如30%)和全部酵母、改良剂及适量水和少量糖先搅成面团,进行第一次发酵后,再将其余辅料一起搅拌成面团,进行第二次发酵。其余操作与一次发酵法相同。不论何种发酵法调制面团时,其中食盐与油脂都应在面团搅拌一段时间后再加。因为在没有食盐的条件下搅拌,可使面团吸水迅速,加快面筋形成。二次发酵法的食盐和油脂均应在第二次搅拌面团时加入。

(4)面团的形成过程　面团搅拌时,各种物料逐渐混合均匀,分布在小麦粉中的麦谷蛋白和麦胶蛋白吸水胀润，面团从胀润开始，可以明显地感到逐渐变软，黏性逐渐减弱，体积随之膨大，弹性不断增强，面筋形成，这一过程称之为水化。为克服面团形成的各种阻力，需要用搅拌器使配料充分混合，经过分散、吸水和结合三个阶段，最终形成面团。

2. 调制面团各阶段变化与原理

(1)拌和阶段　就是将各种原、辅料通过搅拌器的动作，使面粉和各种辅料与水混合。部分小麦粉已吸水，但是还没有形成面筋。

(2)吸水阶段　随着搅拌的进行，蛋白质大量地吸水膨胀，淀粉粒的吸附水增加，面团的黏度也随着增大，形成淀粉、蛋白质完全被水湿透的状态。此时小麦粉已完成了水的全部吸收任务，使原、辅料形成一块整体，并有部分面筋形成，但尚未达到成熟。

(3)结合阶段　加油脂后再搅拌，面团吸水充分，面筋形成最佳状态，面团的弹性达到最大，具有一定的延伸性。将一小块面团用手压成饼状平拉，呈均匀的薄膜状而不断裂，面团表面具有光泽，这是搅拌的最佳状态，称为搅拌适中期，俗称结合阶段。

(4)过渡阶段　最佳状态的面团倘若再继续搅拌，表面就会出现游离水浸湿现象，又恢复面团黏性状态，这个阶段称为搅拌过渡阶段。此时可采用延长发酵时间的办法补救，否则会导致面包品质变劣。

(5)破坏阶段　当搅拌到某种程度时，还会引起巨大分子的解体。会出现淀粉的液化、蛋白质部分分解现象，面筋完全被破坏，称之为破坏阶段。这种面团就不能制作面包。

3. 面团的发酵技术

调制成熟后的面团通过发酵，变成一个多孔性的海绵体。

(1)面团发酵引起的变化　面团发酵的变化分酵母呼吸与酒精发酵两个阶段。在面团发酵的初期，面团中的氧气和营养成分供应充足，酵母的生命活动旺盛，呼吸作用强烈，将单糖分解为二氧化碳和水，释放能量，所有这些都积存在面团内部。面团开始起发。

随着发酵作用的继续进行，二氧化碳气体逐渐地增加，面团内的氧气相应地减少，酵母在缺氧的条件下进行发酵，使面团内单糖产生酒精和二氧化碳气体。在面团发酵过程中，需要有氧呼吸，使面团内产生大量气体，烤成的面包才有疏松的蜂窝状态。如果缺氧占了主要地位，面团起发速度慢，易受杂菌污染，面包易发生酸度过高或体积过小。

(2)面团发酵成熟度的判断　①目测。面团的表面若出现略向下塌陷的现象，则表示面团已发酵成熟。②手触。将手指轻轻插入面团表面顶部，待手指拨出后，看其面团的变化情况。a. 面团成熟：面团经手指接触后，不再向凹处塌陷、被压凹的面团也不立即恢复原状。仅在面团的凹处四周略微向下落，则表示面团发酵已经成熟。b. 成熟不足：用手指插入面团顶部，被触成凹穴处很快恢复原状。则表示面团发酵不足。c. 发酵过度：如果面团的凹处随手指离开而很快就向下陷落，即表示面团发酵过度。③手拉鼻嗅。取一小块面团，嗅闻辨别，用手拉面团检查弹性，以便作出正确判断。a. 成熟面团：拉开面团有适度的弹性和柔软的伸展性，薄膜包着无数的微小气泡，表面的干燥度适当。有酒醇味和略有酸味，则面团已成熟。b. 成熟不足：面团的伸展性不充分，膜厚，拉裂时可见气泡分布粗糙，而且纤维也粗糙，面团的表面湿润而有黏着性。酒精味不足，只有酵母味而无微酸味。c. 发酵过度：表面比成熟面团干燥，拉伸时易断裂，内部发脆，黏结性差，有强烈的酸臭味。

(3) 面团发酵成熟度的控制　①控制好调制面团的加水量。第一次调制面团时要使其吸水充分。一般第一次调制面团时加水量掌握在40% ~45%（包括流态原料中的水分）。②一般发酵室湿度为75% ~80%。第一次调制面团发酵温度则控制在27 ~28℃为宜，最高不超过30℃。面团发酵最佳pH应是5.0 ~6.0，正常情况下是比较稳定的，只有酸败菌入侵产酸会使pH降低。

4. 面包的整形与醒发

(1) 面包的整形　是指把完成发酵的面团按不同品种所规定的要求进行分割、称量、搓圆、静置、成型和装盘（入模）等过程。①分割与称量的要求：分割最好是15 ~25min以内完成，以免发酵过度而影响面包品质。面包坯在烘烤后将有10% ~12%的质量损耗，称量时要把这一损耗计算在内。②搓圆的要求：搓圆是将分割后的不规则小块面团搓成圆球状。经过搓圆之后，使面团内部组织结实、表面光滑，再经过15 ~20min静置，面坯轻微发酵，使分块切割时损失的二氧化碳得到补充。搓圆分为手工操作与机械操作。

(2) 面包的醒发　对经过整形的面坯，用稍高温度和湿度，使面坯发酵膨胀到适当体积，得到符合要求的面包形状，这次发酵称为醒发。醒发条件以38℃、相对湿度85% ~90%、50min ~1h为宜。醒发方法分为人工醒发和机械控制醒发两种。所谓人工醒发，一般是在一间特备的醒发室进行，以蒸汽为热源，由锅炉供汽，通过管道控制温度与湿度。大型面包工厂使用机械连续醒发的方法。醒发成熟度判断：一般以面包在搓圆时的体积和醒发成熟后的体积相比较，以增加体积2 ~3倍为宜，少数品种发酵程度可达到3倍；用手轻轻接触，面团破裂塌陷，则表示醒发已过度了，反之，用手轻轻触面包坯如果有硬的感觉，则是不成熟的面包坯；还可按照形态和透明度来判断，面包坯未成熟时，不透明且有硬感，成熟的面包坯，则接近于半透明。

5. 面包坯的烘烤、面包的冷却与包装

(1)面包坯的烘烤与面包的冷却　当面包坯入炉烘烤后,面团中蒸发出大量水分,炉温就要下降,故而烘烤工应随时注意调节和维持炉内的温度。①涂油要均匀、量要适当。过少易粘连面团,过多则使面包底部焦化,使面包变形。面坯入盘要摆放均匀,应留有间隙。②烘烤对面包质量的影响。一般成品重 80~100g 的圆面包 230~250℃ 的炉温中烘烤 5~6min;150~200g 的长方形的装模面包,炉温 150~200℃时烘烤 14~18min。如果炉温不足,面包的体积就会变得过大。炉温过高,面包的体积会过小。此外,还应重视烘烤均匀度。如果烤炉面火过大底火不足,或面块发酵不当,就会使面包的顶部产生深褐色,灰白的四边或者灰白的底面,反之,如果面火不足,底火过旺,也会造成面包底部发生焦化或边部的色泽不够理想。同时,炉内过于干燥,面包的表皮则很快硬化,容易发生外焦里生现象。③面包冷却是为防止面包变形与霉变。刚出炉的热面包,如果冷却不透就包装,面包的含水量就会过高。一般要将面包瓤心冷却到 35℃,而面包表层温度达到室温时为宜。

(2)面包包装　一般以小包装为主,不用外包装,使用周转箱装产品运输和销售。

项目二

饼干加工技术

饼干是主要烘焙食品之一。其种类很多,如按配料、生产工艺和特点可分为粗饼干、韧性饼干、酥性饼干、甜酥性饼干和发酵饼干等五大类,见表 3-1。

表 3-1　饼干的分类

种类	油糖比	油糖与面粉比	品　种
粗饼干类	0:10	1:5	硬饼干、发酵硬饼干等
韧性饼干类	1:2.5	1:2.5	低档甜饼干,如动物、什锦、玩具饼干等
酥性饼干类	1:2	1:2	一般甜饼干,如椰子、橘子、乳脂饼干等
甜酥性饼干类	1:1.35	1:1.35	高档酥饼干,如桃酥、椰蓉酥、奶油酥等
发酵饼干类	10:0	1:5	中、高档苏打饼干

一、饼干生产的基本工艺

不同品种饼干的配方及生产工艺中操作的方法各异,但是都具有如图 3-7 所示基本工艺。

原辅材料的选择与处理 → 面团调制 → 面团辊轧 → 成型 → 烘烤 → 冷却 → 包装 → 成品

图3－7　饼干生产基本工艺流程

(一)原辅材料的选择与处理

生产饼干的原料主要有面粉、糖、油脂、淀粉、疏松剂、食盐等。原辅材料的质量和预处理的方法、效果直接影响着产品的质量。

(1)面粉　饼干用粉一般选用灰分含量低,粗细度要求能够通过150μm网筛,筋力小的低筋面粉。根据不同类型饼干的特点,在湿面筋的含量上略有区别。①韧性饼干。一般以湿面筋含量21%～28%为宜。对面筋含量过高的面粉,宜加入适量淀粉进行稀释、调整;如果面筋含量过低、筋力弱,则饼干会出现裂纹,易破碎。②甜酥性饼干。要用软质小麦加工的弱筋粉,要求湿面筋含量在19%～22%。③发酵饼干。在第一次面团发酵时,应选用湿面筋含量在30%左右的面粉;第二次面团发酵时间较短,宜选用湿面筋含量为24%～26%的面粉。面筋不宜过高或过低。④威化饼干。威化饼干选用面粉一般以湿面筋含量在23%～24%为宜。如果面筋筋力过强,在调浆过程中易起筋,生产出来的饼干干硬且不松脆;反之,面粉的筋力不足,生产出来的饼干容易破碎,且生产中易粘模。

(2)淀粉　可降低面团的筋力。常添加的淀粉有小麦淀粉、玉米淀粉和马铃薯淀粉。

(3)油脂　饼干生产要求选择具有优良的起酥性和较高的稳定性的油脂。

①韧性饼干生产时用油量较少,常用奶油、人造奶油、精炼猪板油等。由于调粉操作时添加亚硫酸盐类改良剂能促使油脂酸败,故不宜选用不饱和脂肪酸较高的植物油。

②酥性饼干与甜酥性饼干生产时油脂用量较大,既要考虑油脂稳定性优良、起酥性较好,又要求选用熔点较高的油脂,否则极易造成因面团温度太高或油脂熔点太低导致油脂流散度增加,发生“走油”现象。对于高油脂产品最适宜的油脂有人造奶油及植物性起酥油。

③发酵饼干生产使用的油脂要求酥性与稳定性兼顾,尤其是起酥性方面比韧性饼干要求更高。精炼猪油起酥性对制成细腻、松脆的发酵饼干最有利。

(4)酵母　发酵饼干生产前应对酵母进行品质鉴定和选择。

(5)其他　常用的辅料还有砂糖、食盐、乳品、可可料、咖啡、食品添加剂等。

(二)面团的调制

面团的调制就是将预处理过的原辅材料按照要求配制好,然后在调粉机中制成所需的面团或浆料的过程。生产不同类型的饼干在面团调制工艺上区别也很大。

（1）韧性面团的调制　韧性饼干的生产常采用冲印成型，需要经多次辊轧操作，要求头子分离顺利，这就决定了韧性面团的面筋质既要充分形成，又要求面团有较好的延伸性、可塑性、适度的结合力及柔软光滑的性能，同时面筋质的强度和弹性不能太大。

韧性面团在调粉时一般是一次将面粉、水和辅料投入调粉机中进行搅拌。如果需要面团塑性较大时，可按酥性面团的方法，即将油、糖、乳、蛋等辅料与热水或热糖浆在调粉机中搅匀，再加入面粉。若使用改良剂，则应在面团初步形成时加入。由于面团温度高，为了防止疏松剂的分解和香料的挥发损失，一般在调制过程中加入。具体工艺参数为：面团温度 38 ~ 40℃、水分添加量 18% ~ 24%（以面粉为基准）、卧式双桨调粉时间 20 ~ 25min、静置时间 15 ~ 20min、淀粉添加量 5% ~ 10%（以面粉为基准）。

面团调制结束的判断：①观察调粉机的搅拌桨叶上粘着的面团，当可以在转动中很干净地被面团粘掉时，即接近结束。②用手抓拉面团时不粘手，感觉面团伸展性良好和弹性适度，其结构如牛肉丝状，用手拉伸则出现较强的结合力，拉而不断，伸而不缩。

（2）酥性或甜酥性面团的调制　为了制成酥性或甜酥性面团，调粉操作首先应将油、糖、水（或糖浆）、乳、蛋、疏松剂等辅料投入调粉机中充分混合、乳化成均匀的乳浊液。在乳浊液形成后加入香精、香料，以防止香味大量挥发。最后加入面粉调制 6 ~ 12min。这样面粉在一定浓度的糖浆及油脂存在的状况下吸水胀润受到限制，不仅限制了面筋性蛋白质的吸水，控制面团的起筋，而且可以缩短面团的调制时间。具体工艺参数见表 3 – 2。

表 3 – 2　酥性面团调粉工艺参数表

项　　目	普通酥性饼干	高糖油酥性饼干
面团温度/℃	26 ~ 28	19 ~ 25
面团最终含水量/%	16 ~ 18	13 ~ 15
调粉时间/min	卧式单桨 5 ~ 10 立式双桨 10 ~ 15	卧式单桨 8 ~ 15 立式双桨 12 ~ 18
面筋含量/%	25 ~ 30	
淀粉添加量（以面粉为基准）/%	5 ~ 8	
头子添加量（以鲜面团为基准）	1/10 ~ 1/8	

除了投料顺序外，酥性或甜酥性面团在调制时，还应严格控制糖和油脂用量、加水量、面团温度、调粉时间、头子和淀粉的添加量等。

（3）发酵面团的调制　面团的调制和发酵一般采用二次发酵法。具体工艺参数见表3-3。

表3-3　发酵面团调粉工艺参数表

项　目		第一次调粉	第二次调粉
面粉用量/%		40~50	50~60(余量)
调粉时间/min		4~6	5~7
酵母用量/%		鲜酵母 0.5~0.7	—
		干酵母 1.0~1.5	—
面团温度/℃	冬季	28~32	30~33
	夏季	25~28	28~30
加水量(以面粉为基准)/%		40~45	根据第一次发酵程度确定

第一次调粉和发酵：首先用温水溶化鲜酵母或用温水活化干酵母，然后加到过筛后的面粉中，最后加入温水，在卧式调粉机中调制4~6min。面团的温度冬天28~32℃，夏天25~28℃。调粉完毕的面团送入发酵室进行第一次发酵。第一次调粉使用的面粉，应尽量选择高筋粉。

第二次调粉和发酵：是在第一次发酵好的面团中加入其余的面粉和油脂、精盐、糖、鸡蛋、乳粉等除疏松剂以外的原辅料，在调粉机中调制5~7min，搅拌开始后，慢慢撒入小苏打使面团的pH达中性或略呈碱性。小苏打也可在搅拌一段时间后加入，这样有助于面团光滑。第二次调粉使用的面粉，应尽量选择低筋粉，这样有利于产品口味酥松，形态完美。第二次发酵又称为延续发酵，发酵温度29℃、相对湿度75%、发酵时间3~4h。

(4)浆料面团的调制　浆料在调制时，应先将鸡蛋、砂糖、疏松剂等辅料在搅拌机中混合均匀，边搅打边缓缓加水。在蛋浆打擦高度和泡沫稳定性良好时，再加入面粉，轻轻地混合成浆料。浆料在搅打过程中应注意：①选用低筋的小麦粉。②加入适量的淀粉，降低筋力，改善制品的结构，增加制品表面的光泽。③调制结束时浆料温度以20~25℃为宜。④浆料浓度一般控制在16~18°Bé。⑤加入适量油脂，可提高制品的表面光泽和风味，防止在烘烤时粘模。但由于油脂具有消泡性，它的加入不利于产品的膨松。⑥调浆时间过长会使浆料起筋、制品不酥脆；过短原辅料不能混合均匀。因此应搅拌至含有大量空气的均匀浆料为止。⑦为了防止因使用多量的小苏打和碳酸氢铵带来碱味并使产品色泽发黄，常加适量明矾来避免。⑧开始搅打以125~130r/min为好，为防止打过头，5min后以70r/min为好。

(三)辊轧及成型

(1)辊轧　辊轧工序用于生产苏打饼干和粗饼干。辊轧的作用：①经过辊轧使疏松的面团成为具有一定黏结力的面片。②排出面团中部分气泡，防止饼干坯在烘烤后产生较大的孔洞。③经过多道辊轧的面团可使制品的横切面有明晰的层次结构。④可提高成品表面的光洁度，冲印后花纹的保持能力强，色泽均匀。韧性饼干的辊轧示意见图 3－8。

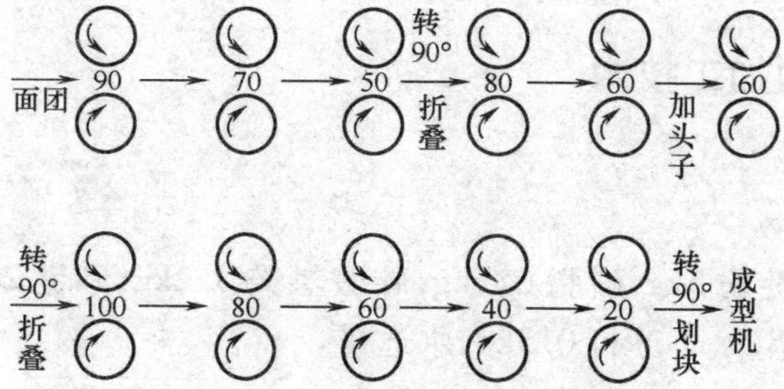

图 3－8　韧性饼干的辊轧示意图

苏打饼干多采用立式层压机，面团分别通过两对辊筒压成面片后，在层间加入油酥，再重叠、转向，压薄后进入成型机。在未加油酥前的压延比不宜超过 1∶3。当压入油酥后，压延比应控制在(1∶2) ~ (1∶5)。以免导致表面轧破，油酥外露，色泽较深等。

(2)成型　饼干的成型方式随着配料和品种的不同，可分为冲印成型、辊轧成型、钢丝切割成型、挤浆成型(注射成型)、标花成型等。

(四)饼干的烘烤及成品整理

(1)烘烤　一般成型后的饼干坯在入烤炉前，温度不超过 40℃，烘烤后其表面温度可达 180℃左右，而中心温度则在 100 ~ 110℃。饼干烘烤参数见表 3－4。

表 3－4　饼干烘烤参数

品　种	炉温/℃	烘烤时间/min	成品含水率/%
韧性饼干	240 ~ 260	3.5 ~ 5	2 ~ 4
酥性饼干	240 ~ 260	3.5 ~ 5	2 ~ 4
苏打饼干	260 ~ 270	4 ~ 5	2.5 ~ 5.5
粗饼干	200 ~ 210	7 ~ 10	2 ~ 5

(2)成品整理　饼干成品整理包括冷却、包装和贮藏。饼干刚出炉时，表面层温度差较大，为了防止饼干破裂、收缩和便于贮存，必须待其冷却到 30 ~ 40℃后，才能包装。

二、典型饼干加工技术

饼干花色品种众多，虽然基本生产工艺类似，但针对不同的品种，其具体制作方法各有差异。现将几种典型饼干的制作方法作简要介绍。

（一）酥性饼干的加工技术

1. 基本原料配方

标准粉 45kg，淀粉 5kg，磷脂 0.5kg，碳酸氢铵 0.2kg，砂糖 20kg，精盐 0.15kg，香兰素 8g，起酥油 8kg，小苏打 0.3kg，水适量。

2. 工艺流程

酥性饼干生产工艺流程如图 3－9 所示。

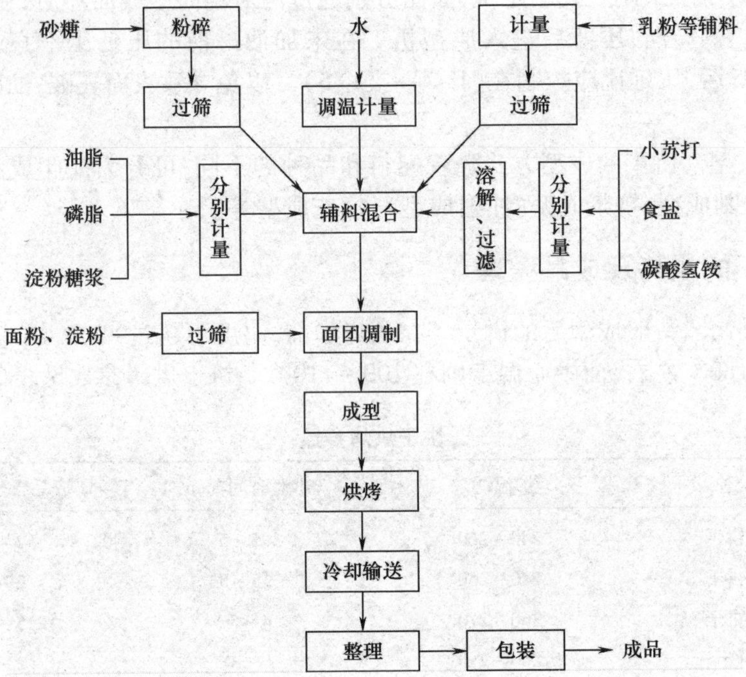

图 3－9　酥性饼干生产工艺流程图

3. 操作要点

（1）面团的调制　先将糖、油、乳品、蛋品、膨松剂等辅料与适量的水倒入调粉机内均匀搅拌形成乳浊液，然后倒入过筛后的面粉、淀粉，调制 6～12min。最后加入香精香料。

（2）辊轧　面团调制后不需要静置即可轧片。一般以3～7次单向往复辊轧即可，也可采用单向一次辊轧，轧好的面片厚度为2～4mm，较韧性面团的面片厚。

（3）成型　可采用辊切成型方式进行。

（4）烘烤　酥性饼坯炉温控制在240～260℃，烘烤3.5～5min，成品含水率为2%～4%。

（5）冷却　饼干出炉后应及时冷却，使温度降到25～35℃。

4. 注意事项

①香精要在调制成乳浊液的后期或投入面粉时加入，防止香味过量挥发。②面团调制时，夏季气温较高，搅拌时间应缩短2～3min，面团温度控制在22～28℃。油脂含量高的面团，温度控制在22～25℃。③面粉中湿面筋含量高于40%时，可将油脂与面粉调成油酥式面团，然后再加入其他辅料，或者在配方中抽掉部分面粉，换入同量的淀粉。④酥性面团中油、糖含量多，轧成的面片质地较软，易于断裂，不应多次辊轧。⑤面团调制不可过度搅拌，防止面团起筋。⑥面团调制好后应立即轧片，以免起筋。

（二）韧性饼干的加工技术

1. 基本原料配方

标准粉45kg，淀粉5kg，精制油6kg，小苏打0.3kg，砂糖15kg，磷脂0.5kg，碳酸氢铵0.2kg，饴糖2kg，精盐0.2kg，香蕉香精油88mL，植物油3.8kg，水适量。

2. 工艺流程

韧性饼干生产工艺流程如图3－10所示。

3. 操作要点

（1）面团的调制　先将油、糖、乳、蛋等辅料与热水或热糖浆在调粉机中搅拌均匀，再加面粉进行面团的调制。改良剂应在面团调制10min后加入。然后在调制过程中先后加入膨松剂与香精，继续调制。前后约25min以上，即可调制成韧性面团。

（2）静置　韧性面团调制成熟后，必须静置10min以上，以保持面团性能稳定。

（3）辊轧　韧性面团一般需要辊轧9～13次，辊轧时多次折叠并旋转90°角，通过辊轧工序，面团被压制成厚薄均匀、形态平整、表面光滑、质地细腻的面带。

（4）成型　经辊轧工序轧成的面带，经冲印或辊切成型机制成各种形状的饼坯。

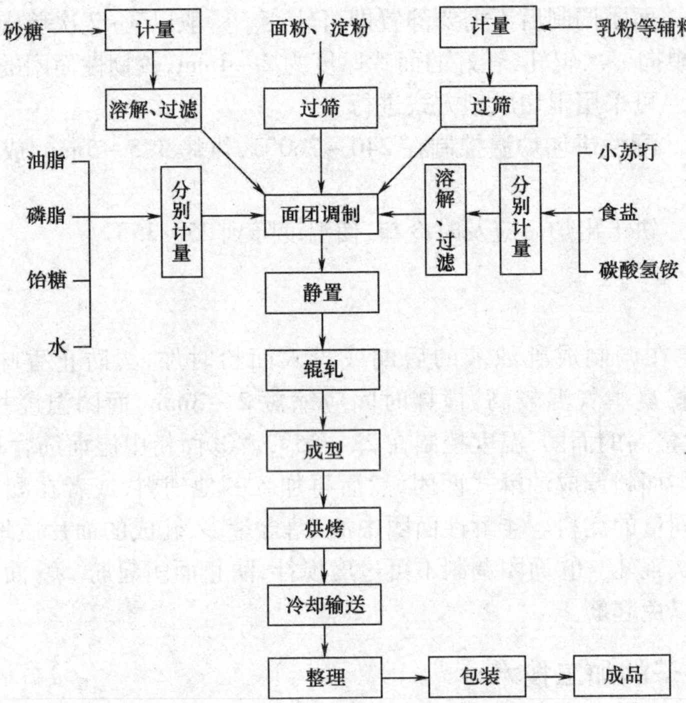

图3-10　韧性饼干生产工艺流程图

(5)烘烤　韧性饼坯在炉温240~260℃,烘烤3.5~5min,达到成品含水率为2%~4%。

(6)冷却　烘烤完毕的饼干,其表面层与中心部位的温度差很大,外表温度高,内部温度低,热量散发迟缓。为了防止饼干出现裂缝与外形收缩,必须冷却后再包装。

4. 注意事项

①韧性面团温度控制:冬季室温25℃左右,可控制在32~35℃,夏季室温30~35℃,可控制在35~38℃。②韧性面团在辊轧前,需要静置一段时间,降低面团的黏度与弹性。面团温度高静置时间短,低时静置时间长。一般静置10~20min。③当面带经数次辊轧,可将面片转90°角,进行横向辊轧,使纵横两方向的张力尽可能地趋于一致,以便使成型后的饼坯能维持不收缩、不变形的状态。④在烘烤时,如果炉温稍高,可适当缩短烘烤时间。炉温过低过高都能影响成品质量,如过高容易烤焦,过低使成品不熟,色泽发白等。

项目三 蛋糕加工技术

蛋糕是以蛋、糖、面粉或油脂等为主要原料，通过搅拌机械或膨松剂作用而制得的松软可口的烘焙制品。按其搅拌方法、面糊性质和膨发途径，蛋糕可分为以下三类：

（1）油底蛋糕（面糊类蛋糕）　主要原料为蛋、糖、油、面粉。其主要膨发途径是通过油脂在搅拌过程中结合拌入的空气，而使蛋糕在炉内膨胀。例如；常见的牛油戟、提子戟等。

（2）乳沫类清蛋糕　主要原料为蛋、糖、面粉，另有少量液体油。其膨发途径主要是靠蛋在拌打过程中与空气融合，进而在炉内产生蒸汽压力而使蛋糕体积起发膨胀。根据蛋用量不同，又可分为海绵类与蛋白类。使用全蛋称为海绵蛋糕，仅使用蛋白称为天使蛋糕。

（3）戚风类蛋糕　混合上述两类蛋糕的制作方法而成：蛋白与糖及酸性材料按乳沫类打发，其余干性原料、流质原料与蛋黄则按面糊类方法搅拌，最后把二者混合起来即可。例如戚风蛋卷、草莓戚风蛋糕等。

一、蛋糕的一般加工工艺

（一）工艺流程

蛋糕加工工艺流程如图 3 – 11 所示。

面糊调制 → 装盘（装模） → 烘烤 → 冷却 → 成品

图 3 – 11　蛋糕加工工艺流程

（二）操作要点

1. 面糊调制

蛋糕面糊调制方法应视其配方中成分以及内部组织结构要求而定。

（1）糖油拌合法　其搅拌程序为：① 将配方中所有的糖、盐和油脂倒入搅拌缸内用中速搅拌 8 ~ 10min。直到糖和油蓬松呈绒毛状。② 蛋分次慢慢加入已拌发的糖油中，并把缸底未拌匀的原料拌匀。③奶粉溶于水，面粉与发粉拌合用筛子筛过，分三次与奶水交替加入以上混合物内。每次加入时应呈线状慢慢的加入。用低速继续将加入的干性原料拌至均匀光泽，然后停止搅拌，将搅拌缸四周及底部未搅到的面糊用刮刀刮匀。继续再添加剩余的干性原料和奶水，直到全部原料加入并拌至光滑均匀即可。

(2)面粉油脂拌合法　与糖油拌合法相比,此法所做成的蛋糕较松软,组织更细密,但体积较小。其拌和的程序如下:①将配方内发粉与面粉筛匀,与全部油一起放入搅拌缸内,慢速拌打1min,使面粉表面全部被油粘附后改用中速将面粉和油拌匀。中途需停机,把缸底未能拌到的原料用刮刀刮匀,然后拌至膨松,约10min。②将配方中糖和盐加入已打松的面粉和油内,继续用中速搅拌均匀,约3min。③改用慢速将配方内3/4的牛奶慢慢加入,使全部面糊拌匀后再改用中速将蛋分两次加入,每次加蛋时需将机器停止,刮缸底再把面糊拌匀。④余水最后加入,用中速搅拌至糖颗粒全部溶解为止。

(3)两步拌合法　其搅拌方法如下:①将所有干性原料包括面粉、糖、盐、发粉、奶粉、油等以及所需用的水,一起倒入搅拌缸内,先用慢速搅拌使干性原料沾湿而不飞扬,再改用中速搅拌3min,停机,将缸内原料刮匀。②全部蛋及香草水一起混合,慢慢加入第一步原料中,待全部加完后停机,将缸底刮匀,再改用中速继续拌4min。

(4)糖蛋拌合法　该法用于乳沫类及戚风类蛋糕中,是靠蛋液起泡。其搅拌步骤为:①先将全部糖、蛋放入搅拌缸内,先慢速打匀,然后用高速将蛋液搅拌到呈乳黄色(必要时冬天可在缸下面盛放热水以加快蛋液起泡),用手勾起蛋液时,蛋液尖峰向下弯,呈公鸡尾状时,转用中速搅拌1~2min,加入过筛的面粉(或发粉),慢速拌匀;②最后把液态油或熔化的奶油加入拌匀即可。

(5)使用蛋糕油的搅拌方法　可分为一步拌合法、两步拌合法和分步拌合法。

①一步拌合法。该法要求使用低筋面粉、细砂糖、且蛋糕油的用量必须大于4%。具体做法是:把除油之外的所有原料一齐投入搅拌缸内,使用网状拌打器,先慢速打1~2min,待面粉全部拌和均匀后再用高速搅拌5min。然后慢速拌和1~2min,同时慢慢加入油,拌匀即可。

②两步拌合法。将原料(油除外)分两次加入。具体方法是:先把蛋、糖、水、蛋糕油加入搅拌缸内,慢速拌匀1~2min,高速搅拌5~6min;慢速加入面粉,充分拌匀后,高速搅拌0.5~1min,最后加入油,慢速拌匀即可。

③分步拌合法。该法所得蛋糕成品组织比传统的要细腻,但比一步法稍差,而体积较大。一般方法是:先把蛋、糖两种原料按传统方法搅拌,至蛋液起发到一半体积时,加入蛋糕油,并高速搅拌,同时慢慢地加入水,至打到呈公鸡尾状时,慢速拌匀即可。然后加入已过筛的面粉,手或搅拌机的慢档搅匀,最后加入液体油,拌匀即可。

2. 装盘

(1)烤盘的种类及预处理　用于盛装面糊的烤盘(或烤模)有多种,如土司烤盘、空心烤盘、生日蛋糕圈、梅花盏、西洋蛋糕杯、布林盏等。预处理方法如下:

①扫油。烤盘内壁涂上一层薄薄的油层,但戚风蛋糕不能涂油。

②垫纸或撒粉。在涂过油的烤盘上垫上白纸,或撒上面粉(也可用生粉),便于脱膜。

(2)面糊的装载　蛋糕面糊装载量,应与蛋糕烤盘大小相一致。

3. 蛋糕烘烤

蛋糕烘烤是一项技术性较强的工作,是制作蛋糕的关键因素之一。

(1)烘烤前的准备　熟悉将要烘烤蛋糕的烘焙温度和时间,正确掌握烤箱的使用方法,把烤箱预热到相应的烘烤温度,准备好蛋糕的出炉、取出和存放的空间。

(2)蛋糕烤盘在烤箱中的排列　盛装蛋糕面糊的烤盘应尽可能地放在烤箱中心部位,烤盘各边不应与烤箱壁接触。若烤箱中同时放进 2 个或 2 个以上的烤盘,应摆放得使热气流能自由地沿每一烤盘循环流动。

(3)蛋糕成熟检验　测试蛋糕是否烘熟,可用手指在蛋糕中央顶部轻轻触试,如果感觉硬实、呈固体状,且用手指压下去的部分马上弹回,则表示蛋糕已经熟透。也可以用牙签在蛋糕中央插入,拔出时若不粘附湿黏的面糊,则表明已经烤熟,反之则未烤熟。

(4)烘焙与蛋糕的质量关系　①炉温。温度太低,烤出的蛋糕顶部会下陷,低温烤出的蛋糕较松散、内部较粗糙。温度太高,则蛋糕顶部隆起,并在中央部分裂开,四边向内收缩,用高温烤出的蛋糕质地较为坚硬。②烘烤时间。烘烤时间不够,则在蛋糕顶部及周围呈现深色条纹,内部组织发黏;烘烤时间过长,则组织干燥,蛋糕四周表层硬脆。

(5)蛋糕出炉处理　油蛋糕自烤炉中取出后,一般继续留置烤盘内约 10min;烤盘不烫手时取出蛋糕。多数重油蛋糕不作任何装饰,保持本色出售。若需用奶油或巧克力等装饰的蛋糕,需继续冷却 1 ~ 2h,到完全冷却后再作装饰。

天使蛋糕和海绵蛋糕蛋白含量高,蛋糕在炉内受热膨胀率很高,出炉后如温度剧变时会很快地收缩;所以,乳沫类蛋糕出炉后应立即翻转过来,使正面向下,这样可防止蛋糕过度收缩。为了使蛋糕保持新鲜,经过装饰后的蛋糕必须保持在 2 ~ 10℃的冰箱内冷藏。不作任何装饰处理的重油蛋糕,可放在室温的橱窗里。

二、面糊类蛋糕加工技术

蛋糕制作所用材料可分为干性材料如面粉,奶粉等;湿性材料如奶水,鸡蛋、水等;柔性材料如油脂,糖,发粉,蛋黄等和韧性材料,如面粉,蛋白,盐等。

衡量一个蛋糕的好坏主要是看其是否水分充足,质地细嫩。而最能使蛋糕柔软并提高水分含量的便是糖,因此在配方平衡中我们通常以糖分为平衡基础。下面以重奶油蛋糕为例。

重奶油蛋糕简称重油蛋糕，也有人称为牛油蛋糕，广东话称为牛油戟。早期蛋糕的配方为面粉100%、糖100%、蛋100%，是属于成分很低的海绵蛋糕，因为使用的原料中面粉和鸡蛋都属于韧性原料，所以做出来的蛋糕韧性很大。为了解决此缺点想出了配方内加上奶油。因为奶油是属于柔性原料。这样配方中的面粉和鸡蛋是韧性原料。而糖和油是柔性原料，以二对二的比例所做出来的蛋糕松软可口。解决了蛋糕韧性过大的缺点，因为此类蛋糕使用的原料为面粉100%、糖100%，鸡蛋100%、奶油100%。重奶油蛋糕所使用的原料成分很高，成本较其他类蛋糕昂贵，所以是属于较高级的蛋糕，最影响其品质好坏的是油脂的品质及搅拌程度。重奶油蛋糕和轻奶油蛋糕同属面糊类蛋糕，此两种蛋糕之不同点见表3-5。

表3-5　轻奶油蛋糕和重奶油蛋糕配料的不同点

轻奶油蛋糕	重奶油蛋糕
油脂用量：最低用30%，最高用60%	油脂用量：最低用40%，最高用100%
发粉用量：最低用4%最高用6%	发粉用量：0～2%
蛋糕组织：松软	蛋糕组织：紧密
颗粒：粗糙	颗粒：细腻
烤焙温度：(190～232℃)	烤焙温度：(162～190℃)

1. 配方制定

重奶油蛋糕配方平衡规则可以参照面糊类蛋糕。重奶油蛋糕组织紧密、颗粒细腻；而轻奶油蛋糕组织松软、颗粒粗大。重奶油蛋糕依靠配方中油脂在搅拌时拌入的空气而膨胀，轻奶油蛋糕是依靠发粉来膨胀。重奶油蛋糕较轻奶油蛋糕坚硬细腻的原因是配方中使用较多的韧性材料，尤其是增加蛋和不用发粉的关系最大，所以根据同样道理我们在指定重奶油蛋糕配方时先决定糖的用量，在不使用乳化油的配方中，糖的用量应不超过面粉，可先决定基准量——糖用量100%。重奶油蛋糕中的总水量应大于糖10%。总水量是蛋加奶水的总和。配方中蛋的用量决定后油的用量应等于蛋或小于蛋10%，所以由蛋的用量多少即可决定油的用量。表3-6所列为一般重奶油蛋糕的配方。

表3-6　一般重奶油蛋糕的配方

配方种类	盐/%	发粉/%	牛奶/%	油脂/%	蛋/%	面粉/%	糖/%
A	2	2～1.75	60	40	40	100	100
B	2.25	1～1.5	45	47.5	55	100	100

续表

配方种类	盐/%	发粉/%	牛奶/%	油脂/%	蛋/%	面粉/%	糖/%
C	2.5	0~1	30	70	75	100	100
D	2.75	0~0.5	16	85	92.5	100	100
E	3	0~0.5	0	100	110	100	100

计算说明:①A、B类配方为低成分重奶油蛋糕配方,其与轻奶油蛋糕不同之处为总水量(由蛋液和牛乳提供)=糖+0,而发粉的用量只有1%~2%,而轻奶油蛋糕的总水量约为糖量的115%左右,发粉用量为4%~5%。②C、D类配方为中成分重奶油蛋糕配方,其总水量=糖量×(1+5%),因油脂用量已超过60%,所以配方中不必使用发粉,但为调节蛋糕的松软性可酌量添加0.5%~1.0%的发粉,但此额外增的发粉须同时以增加量照1:5的比例增加牛奶的用量。③E类配方为标准重奶油蛋糕配方,总水量=糖量×(1+10%)(水分全部由蛋液提供),如配方中减低蛋的用量,则所减少的用量应用牛乳来代替,如蛋的用量减少太多,则变成了中成分或低成分的配方了。④盐的用量视蛋的用量而增减,高成分中可使用3%,低成分中可使用2%。⑤配方中的油量如低于60%则应考虑添加发粉。

根据表3-6所拟订各种成分调配所依据的标准,可结合配方平衡公式,制作不同成分的重奶油蛋糕,配方:面粉100%、蛋40%~110%、糖85%~125%、油40%~100%、发粉0~2%、盐2%~3%、牛奶用量视配方总水量而定。【重奶油蛋糕总水量计算公式:总水量=实际糖量+系数+(基准糖量-实际糖量)/2。】

2. 重奶油蛋糕配方实例

(1)使用80%糖、60%白油的低成分重奶油蛋糕配方　见表3-7。

表3-7　使用80%糖、60%白油式调制低成分重奶油配方

原料名称	百分比/%	原料名称	百分比/%
低筋面粉	100	蛋	66
白砂糖	80	牛乳	24
盐	2	发粉	2
白油	60	合计	334

计算说明:①低成分重奶油蛋糕配方内的糖用量为100%时,总水量为100%,总水量为配方内蛋量+牛乳量。如果糖量低于或高于100%时,其配方内总水量的调整依照重奶油蛋糕总水量计算公式,由公式中求得应为90%;②面粉因吸水系数不同,配方原料用糖油拌合法搅拌后,面糊浓度当无问题,但烤好后,应切开蛋糕内部组织观察是否粗糙,颗粒粗糙,发粉用量应稍减为0.5%;③其他原料用量可按轻奶油蛋糕配方公式。

(2)使用120%糖、80%乳化油的中成分重奶油蛋糕配方　见表3-8。

表3-8　使用120%糖、80%乳化油的中成分重奶油蛋糕配方

原料名称	百分比/%	原料名称	百分比/%
蛋糕粉	100	蛋	88
细砂糖	120	牛乳	27

续表

原料名称	百分比/%	原料名称	百分比/%
盐	3	发粉	0.5
乳化油	80	合计	418.5

计算说明:①总用水量依照重奶油蛋糕计算公式为[120+5+(100-120)/2]=115;②总水量减蛋量等于牛乳量;③发粉使用0.5%是为了调节蛋糕的松软,可减少或不用。

3. 面糊的调制

传统的重奶油蛋糕系采用面粉油脂拌合法搅拌。该法是将配方中所有面粉和油脂放入搅拌缸,中速搅拌,使面粉的每一细小颗粒均先吸取了油脂,在下一步骤中遇到液体原料时不会产生面筋,这样做出来的蛋糕组织较为松软、颗粒细小、韧性较低。

中成分重奶油蛋糕可酌量采用面粉油脂拌合法,因为其配方内所用的使蛋糕体积膨大的原料较少,为了增加面糊内膨大的气体,采用糖油拌和法则效果更佳。但糖油拌合法因最后添加面粉时遇到面糊中的水分容易产生面筋,而且因糖油在每一步搅打时拌入空气较多,使蛋糕组织的气孔较多。

低成分重奶油蛋糕油脂的用量太少,采用奶粉油脂拌合法时,因搅拌时所用的油量无法与全部面粉拌和均匀,难以拌入足够的膨大空气,且面粉无法融合足够的油脂。在添加蛋和牛乳时,容易产生面筋,使烤好后的蛋糕不但体积小,而且韧性很大,故低成分重奶油蛋糕不宜采用面粉油脂拌合法,应使用糖油拌合法。

4. 装盘和烘烤

多数重奶油蛋糕出炉后不作任何的奶油装饰直接以本色出售。因为蛋糕出炉后不作进一步的装饰,所以其四边底部应保持光滑和平整,不可使面糊粘烤盘。防止表皮破损的方法有二:①在烤盘的四周和底部垫上一层干净的白纸,蛋糕烤熟后很容易从烤盘取出;②在烤盘四周和底部涂上一层防粘油脂。防粘油脂调配的方法是使用100%的油脂,加入20%的高筋面粉,拌匀后使用。蛋糕出炉冷却后,须用干净的布擦拭烤盘且整齐地堆放一处,备用。重奶油蛋糕因为所含各种原料成分较高,而配方内总水量又较其他蛋糕为少,因此面糊也较为干硬和坚韧,在烘烤时需要较长时间,为防止蛋糕内水分在烘烤过程中损耗过多,避免烤焦,应使用中温177~180℃,烘烤的时间应视蛋糕大小。一般45~60min。

三、乳沫类蛋糕加工技术

乳沫类蛋糕所使用的原料主要有面粉、糖、盐和蛋,在低成分蛋糕中可添加少量牛乳,甚至发粉。依据其不同的性质分为蛋白类的天使蛋糕和全蛋类的海绵蛋糕。

(一)天使蛋糕

1. 配方平衡

(1)使用实际百分比来制定天使蛋糕配方的标准　实际百分比为:蛋白40% ~ 50%、细砂糖30% ~42%、塔塔粉0.5% ~0.625%、盐0.5% ~1.375%、低筋面粉15% ~18%。

(2)配方的制定　天使蛋糕内水分含量为35% ~44%。而且全部水分是由蛋白提供的,并非另外添加水或牛乳。所以应先考虑到蛋糕所需水量的多少,再决定蛋白的用量,然后决定面粉用量。当配方中蛋白用量决定后,要确定塔塔粉用量。塔塔粉是一种酸性盐,它在蛋糕中的作用是使蛋白增加韧性以及使蛋糕颜色洁白。一般用量为0.5% ~0.625%。接下来要确定盐的用量,因为按天使蛋糕基本配方规定,盐与塔塔粉的总和是实际百分比的1%,所以用1减去塔塔粉用量就是配方中盐用量。最后是糖,其用量是实际百分比100%,减去其他配方内所有原料百分比的总和,其差数即为糖之用量。

(3)根据以上天使蛋糕的配方原则蛋白用量为45%,面粉为18%,塔塔粉为0.5%,盐0.5%,糖36%,这样蛋糕中水分将减少至39%,较适合于做好的天使蛋糕。

(4)由以上标准天使蛋糕配方为基准,可以任意添加其他原料,制作不同的天使蛋糕。在添加额外原料时,应注意其干性和水分以及它所含酸度均须从配方中的蛋白、面粉和塔塔粉中减去。比如用10%的新鲜橙来做香橙天使蛋糕。因为橙中含有85% ~90%的水分,所以配方内蛋白应同样减去10%(蛋白内含水分87.5%)。又因橙本身内含有足够的酸度,故配方中使用5%的新鲜柠檬,那么配方内除减去相同的蛋白外,塔塔粉同样可不用。

2. 面糊的调制

天使蛋糕品质的好坏,受面糊搅拌的影响很大。天使蛋糕搅拌步骤如下:

(1)配方中所有蛋白倒入不含油的搅拌缸中,中速打至湿性发泡。

(2)将蛋白量2/3的糖、盐和塔塔粉等一起倒入第一步已打至湿性发泡的蛋白中,继续用中速打至湿性发泡。

(3)面粉与配方中剩余的糖一齐筛匀,用慢速倒入第二步打好的蛋白中,慢速拌至均匀即可。不可搅拌过久,以免产生面筋,影响蛋糕的品质。蛋糕中如果使用醋或新鲜果汁代替塔塔粉的,此流质原料在搅拌第三步骤糖加入打发时再加入拌匀。以上搅拌的步骤和搅拌速度均极为重要,不可稍有差错。

3. 烘烤

如果蛋白在搅拌时始终保持在湿性发泡状态,拌好后面糊的相对密度保持在

0.38 左右,装盘的数量为烤盘的 2/3,这样进炉后面糊本身受热膨胀,使烤好后的蛋糕内部组织均匀、弹性佳、水分充足而可口。天使蛋糕应使用空心烤盘来烤,面糊的容量应为烤盘的 2/3。但烤盘四周与底不可擦油,以免蛋遇油而收缩。蛋糕烤熟冷却后可用手指轻轻从烤盘边缘向内部拨开,随后用力向下摔落。烤炉温度对蛋糕的品质极为重要。标准烤焙天使蛋糕的温度是 205 ~218℃,该温度所烤出来的蛋糕体积大、组织细密而具有弹性、水分适宜,尤其切片后具有洁白的光泽。其唯一缺点为顶部会有龟裂现象。但天使蛋糕往往在出售时顶部都是翻转在下的,不致影响外观。

4. 装饰

天使蛋糕应以较为松软的奶油装饰,最好用鲜奶油。切碎的蜜饯和葡萄干、菠萝、樱桃以及胡桃仁、腰果等,均可加在拌好的面糊中,作为蛋糕的装饰。

(二)海绵蛋糕

海绵蛋糕又称清蛋糕。基本海绵蛋糕仅含面粉、蛋、糖、盐四种原料,其中除糖是属于柔性原料,其他都是韧性原料,所制出来的蛋糕虽松软却韧性甚大,无法达到好蛋糕的标准,因此必须添加油和发粉等柔性原料,以调节蛋糕过大的韧性。

1. 配方制定

传统的海绵蛋糕配方:面粉 100%、糖 166%、蛋 166%(如掺加 30% 蛋黄则成品组织较好)、盐 3%。

根据上述基本配方如欲做更松软的蛋糕可将蛋的用量提高至 200%,配方中面粉、糖、盐等用量不变。若蛋用量少于标准用量,则每减少 1% 的蛋应减少0.03% 的盐。此外蛋减少后,需要增加发粉与水的用量。发粉的用量可根据蛋的减少量来添加。每减少 1% 的蛋需增加 0.8% 的水和 0.08% 的发粉,配方内的糖也必须随着蛋量减少。

海绵蛋糕基本配方所用原料偏重于韧性,所以在面糊搅拌的最后步骤添加 40% 的色拉油或溶解奶油制作奶油海绵蛋糕,以降低蛋糕的韧性。有时也可使用 20% 的色拉油及 20% 的牛乳,可达到同样柔软的效果。蛋的用量低于 140% ~110% 时,油脂最多只能用 20%。否则无法乳化,破坏蛋的气泡,使蛋糕制作失败。除了基本海绵蛋糕配方外,我们可另外在配方中添加可可粉做巧克力蛋糕,或各种水果做不同海绵蛋糕。

2. 面糊的调制

面糊的调制方法有三种

(1)将配方中全部蛋和糖先加热至 43℃。开始时用钢丝拌打器中速拌打

2min，拌打均匀后改用快速将蛋糖搅至呈乳白色，用手指勾起时不会很快从手指流下。此时再改用中速拌打数分钟。把上一步快速拌打带入的不匀气泡搅碎，使所打入的空气分布均匀。继而把面粉筛匀（如本配方内使用可可粉或发粉时，必须拌入面粉中与面粉一起筛匀），慢慢地倒入已打发的蛋糖中，慢速搅拌均匀，最后再把流质的色拉油和牛乳加入拌匀即可。

（2）把蛋黄和蛋白分开。①先将蛋白放在干净的搅拌缸中，用中速打至湿性发泡后，加上蛋白数量的2/3 的糖继续打至干性发泡。②把剩余的糖和蛋黄一齐拌匀（最好预先稍微加热），继而快速拌打至乳黄色。把色拉油或熔化的奶油分数次倒入，每次加入时必须与蛋黄完全乳化，再继续添加。搅拌速度太快或添加太快都会破坏蛋黄的乳化作用。③将 1/3 的已打发的蛋白倒入打好的蛋黄混合物内，轻轻地用手拌匀，继而把剩余的蛋白混合物加入拌匀，然后把面粉筛匀倒入，牛乳或干果最后加入拌匀即可。

（3）使用蛋糕油的海绵蛋糕搅拌方法。

3. 烘烤

一般根据烤盘的形式来分，可制定下列准则，仅供参考：①椭圆形或橄榄形的小海绵蛋糕烘烤温度 205℃，上火大，下火小，烘烤时间 12 ~ 15min。②实心直径30cm 以内，高 6.4cm 的圆形或方形蛋糕烘烤温度 205℃，下火大，上火小，烘烤时间25 ~ 35min；如直径或高度增加，则仍使用下火大，上火小，而炉温则降为 177℃，烘烤时间 35 ~ 45min 左右。③使用空心烤盘的面糊需下火大、上火小的火力，炉温在177℃左右，烤焙时间约为 30min。④使用平烤盘做果酱卷与奶油花式小蛋糕时，烤炉应采用上火大，下火小，炉温在 177℃，烘烤时间 20 ~ 25min。⑤蜂蜜海绵蛋糕因较厚需烤焙时间较长。为避免蛋糕四周受热太快而焦煳，所以必须在平烤盘中围一木制框架。此类蛋糕应用上火烤，下火尽量减弱，面糊胀满表面产生颜色后，即需将炉火调整最小段，直到完全熟透为止。烤炉温度在开始前 25min 上火大，下火小，炉温 177℃，烤焙时间 45min。

4. 注意事项

①如想使产品组织细腻可使用 10% ~ 20% 的玉米淀粉代替低筋面粉。②配方中使用蛋黄时，蛋黄的比例不要超过总量的 50%。③色拉油必须在面粉拌入后加入轻轻拌匀。如果使用奶油必须先熔化，并保持 40 ~ 50℃。④搅拌时所有盛器、搅拌缸等必须清洁，不含任何油迹，以免影响蛋的起泡。⑤搅拌速度同样影响打入蛋内空气的多少，建议在搅拌前阶段使用快速，在后阶段将完成之时改用中速。⑥配方内如添加 5% 的柠檬汁有助蛋的起泡作用。柠檬汁可在蛋搅拌同时加入，如柠檬汁超过 5% 时，则超出部分应在搅拌蛋的后阶段加入。⑦蛋的搅拌要适度。可以手指把已打发的蛋液勾起，如蛋液凝在手指上形同尖峰状而不向下流则表示搅

拌太过;如蛋液在手指上能停留2s左右,再缓缓的从手指上流落下来即恰到好处。⑧面糊装盘的数量最好不要超过烤盘边缘的2/3。⑨烤盘底部及四周均须擦油,以使蛋糕出炉后易于取出。⑩烘烤中的蛋糕不可从炉中取出或使受振动。蛋糕出炉后马上翻转使表面向下,以免遇冷而收缩。

四、戚风类蛋糕加工技术

所谓戚风,是英文的译音,港澳地区译作雪芳,意思是像打发蛋白那样柔软,而戚风蛋糕的搅拌方法是把蛋黄和蛋白分开,把蛋白搅拌得很膨松、柔软,所以将这类蛋糕称之为戚风蛋糕。从性质与口感来说,面糊类蛋糕使用固体油脂类过多,口感较重。而传统的乳沫类蛋糕组织较软而不够细密。戚风蛋糕则综合了两者的优点,把蛋白与糖一起按乳沫类蛋糕搅拌方法打发,将蛋黄与其他原料按面糊蛋糕搅拌方法来搅拌,最后再混合起来。

(一)配方制定

较早时期的戚风蛋糕配方如表3-9所示。

表3-9　较早时期的戚风蛋糕配方

原料	百分比/%	原料	百分比/%
蛋白	230	蛋黄	77
盐	2.5	液体油	77
砂糖	114	蛋糕粉	100
酒石酸氢钾	0.9	细砂糖	114

后来经过不断的实践、改变,得出其大概的配方范围,如表3-10所示。

表3-10　改进后的戚风蛋糕配方

原料	百分比/%	原料	百分比/%
蛋白	100~200	蛋黄	45~55
白砂糖	65~75	液体油	35~70
酒石酸氢钾	0.5~1	牛乳或果汁	65~75
低筋面粉	100	盐	0.5~1
发粉	2.5~5	糖	70~100

戚风类蛋糕面糊配方的制定不但考虑到这两种面糊本身的平衡,还要照顾到混合后的平衡。首先确定面糊类和乳沫类两者之间的平衡。面糊类以面粉100%

为基准，油脂的用量等于蛋或少于蛋的10%，发粉2.5% ~5%，总水量包括牛乳、果汁等（不包括蛋黄）。果汁量须视蛋糕的种类来确定。一般较大、较厚的蛋糕总水量在65%左右，而体积较小和用空心模具所做的蛋糕，总水量在75%左右。因为采用的是新鲜鸡蛋，为避免在同一配方中有蛋白或蛋黄剩余，造成浪费，原则上乳沫类中蛋白如果是100%，则在称量蛋白时按需要的蛋白数量称出，剩下的蛋黄就作为面糊部分的用量，不必再斤斤计较于蛋黄的多少（一般鸡蛋中蛋白和蛋黄的比例为2∶1）。不像面糊类蛋糕般地每样材料都要精确。

在戚风蛋糕配方中，乳沫类部分只有蛋白、糖和塔塔粉三种原料，一般蛋白如定为100%，糖则为66%，蛋白在搅拌时配以其量2/3的糖，这样则打出来的蛋白韧性和膨胀性最佳，另外再配以0.5%的塔塔粉，则就完成了戚风蛋糕乳沫类部分的配方平衡。

配方中，总蛋量为150%，面糊部分的糖应为70%左右，乳沫类部分的糖用量小于或等于蛋量的30%，应视实际需要而定。根据经验，除了巧克力戚风蛋糕总糖量应用到170%左右外（即乳沫类部分66%，面糊类部分104%），其他戚风都可用到135%（即乳沫类部分66%，面糊类部分69%），面粉和油脂则列在面糊类部分。这样就完成了戚风蛋糕初步的配方平衡。

戚风蛋糕的种类很多，除了巧克力戚风在配方平衡上应注意可可粉的使用，必须调整配方中的糖量和水分外，其余如各种水果味戚风只需依照标准配方视所采用水果的酸度，在水部分来增减其果汁的用量，这样就可做出不同的水果戚风蛋糕。

（二）面糊调制

（1）蛋黄糊部分的搅拌　首先把面粉与发粉过筛，再把糖盐混合均匀。然后，把液体油、蛋黄、牛乳或果汁等依照顺序加入，用桨状拌打器中速搅拌几分钟至均匀即可。

（2）蛋白糊部分的搅拌　蛋白糊部分的搅拌是戚风类蛋糕制作的关键步骤。首先把搅拌缸、搅拌器清洗干净，无油迹。然后加入蛋白、塔塔粉，以中速打至湿性发泡，再加入细砂糖，打至干性发泡（即用手指勾起蛋白糊，蛋白糊可在指尖上形成一向上的尖锋）即可。

（3）蛋白糊与蛋黄糊的混合　先取1/3打好的蛋白糊加入到蛋黄糊中，用手轻轻搅匀。拌时手掌向上，动作要轻，由上向下拌和，拌匀即可。切忌左右旋转，或用力过猛，更不可拌和时间过长，避免蛋白部分受油脂影响而消泡，导致制作失败。拌好后，再将这部分蛋黄糊加到剩余的2/3蛋白糊里面，也是用手轻轻搅匀，要求手掌向上。

两部分面糊混合好后，其面糊性质应与高成分海绵蛋糕相似，呈浓稠状。如果混合后的面糊显得很稀薄，且表面有很多小气泡，则表明是蛋白打发不够，或是蛋白糊与蛋黄糊两部分混合时拌得过久,此时蛋糕的机体组织均受到影响。

如果蛋白糊部分打得太发,则混合时蛋白呈一团团棉花状。此时蛋白已失去了原有的强韧伸展性,既无法保存打入的空气,也失去了膨胀的功能,混合时不易拌散,会有一团团的蛋白夹在面糊中间,使烤好后的蛋糕存在块状的蛋白,而周围则形成空间,影响蛋糕品质。同时,因棉花状蛋白难以拌匀,需要拌和时间较长,面糊越拌越稀,导致制作失败。

(三)装盘与烘烤

戚风类蛋糕最好是使用空心烤盘,容易烘烤和脱模。不论是何种烤盘,都不能涂油。使用其他烤盘时,必须垫纸,使纸挡住烤盘的边缘部分,支撑住整个蛋糕的质量,避免收缩。面糊装载量为烤盘容量的一半或六分满即可。因为戚风蛋糕膨胀性较大。

烘烤戚风蛋糕时,要求面火高,底火低或很小。一般烘烤平烤盘装的用来做蛋糕卷的蛋糕坯,其面火为170~180℃,底火为130~150℃。

项目四

方便面加工技术

早期的方便面都采用纸和复合薄膜袋包装,20世纪70年代中期,日本又开发出杯装或碗装面并附餐具,食用更趋方便;在调味配餐方面日臻完美,冲调时不仅有固体汤料,另有花色脱水蔬菜、调味肉酱等,使得传统的方便面朝营养化、功能化和更方便化方面发展。

我国大批量方便面生产始于20世纪80年代中期,主要引进日本的油炸方便面生产线。进入90年代,我国的方便面生产线逐步实现了国产化。

一、原辅料及其特性

(一)面粉

厂家多以富强粉为原料,至少要用上白粉。其质量指标为:水分14.0%~14.5%,灰分0.33%~0.52%,蛋白质10.5%~12.0%。使用高筋粉可制得弹力强的面条,制品复水时,膨胀良好而不易折断或软化,有如刚煮出的面条,但α化所需时间长且成本较高。在实际生产中,通常可以在高筋力粉中掺以一定量的中筋粉(约占3/1),这样制品复水、形态良好,油炸时吸油率小而且均匀,α化时,面粉表里一致,油炸时间短;唯一缺点是复水时,面质较软。

(二)油脂

选择油脂时,最重要的是油脂稳定性,其次是风味与色泽。油炸过程中,油脂始终处于高温状态,而且长期与物料中的水分以及金属模具接触,极易水解酸败;另外制品外表的油脂表面积大,长时间与空气接触,更易酸败。油脂的质量要求为:亚油酸不超过 8.2%,油酸量 39.6%,水分不超过 0.3%,熔点 30~40℃,酸价不超过 0.1,碘价 45~65,皂化价 190~200,含维生素 E 100mg/kg。目前日本和美国均采用40%的动物油(牛油或猪油)和60%的植物油(豆油、米糠油、棕榈油等)组成的混合油脂作炸油。为防止油脂氧化酸败,通常都加抗氧化剂,用量为0.2g/kg以下。金属离子可促进油脂氧化,尤以铜、铁离子为甚,故必须注意所用油炸器具。在油炸中搭配5%~10%的麻油可改善面条的风味,麻油本身含有天然抗氧化剂麻油酚,故贮藏稳定性良好。

(三)鸡蛋

添加鸡蛋对提高和改善面条质量的作用有:①增加营养价值、增进风味、改善色泽;②使面条具有多孔性,结构膨松;③延缓面条中淀粉的老化。

(四)水质

水质好坏将直接影响到面团物理性质、淀粉的 α 化、老化稳定性、贮藏期的变暗。

(五)添加剂

(1)抗氧化剂　仅用于油炸油,有些厂用 BHA 或 BHT,用量均为 0.2g/kg。同时添加增效剂柠檬酸或酒石酸,用量为 0.77g/kg。近年已用更安全的天然抗氧化剂维生素 E 取代,其纯度为25%~28%,以猪油作炸油时,用量为 0.01%~0.05%效果最佳。

(2)复合磷酸盐　方便面用的复合磷酸盐组成如表 3-11 所示,其作用如下:①增加淀粉 α 化程度;②增加面条黏弹性;③提高面条的光洁度。

表 3-11　方便面复合磷酸盐的组成

成分	Ⅰ号复合盐	Ⅱ号复合盐
磷酸二氢钠		1.3%
偏磷酸钠	27%	55%
聚磷酸钠	25%	29%
焦磷酸钠	48%	3%

(3)单甘酯或糖酯　单甘酯作为乳化剂广泛应用于方便面,其作用为:①降低

面条和面条之间的粘连性；②提高面团的持水和分散性；③改善成品外观及口味；④防止面条老化。

(4)瓜尔豆胶　在生产中，胶体与蛋白质相互作用，形成网络组织，增加面条筋力，使面条耐泡、耐煮、口感滑润。在油炸过程中，胶体与油接触的表面张力系数增加，面条水分在挥发过程中所形成的小孔迅速被胶体封闭，从而防止了油的渗入，使含油量下降，提高了炸油利用率。瓜尔豆胶加入量为面粉的0.3%~0.5%。

(5)食盐　在和面时加入面粉质量2%~3%的食盐，可促使面粉吸水，加速和面进程，增强面粉的黏弹性，同时可提高面团的持水能力，增强抗机械作用，还有防止发酵、抑制酶活性、防止霉菌生长等性能。

(6)食碱　能使淀粉胀润，并使淀粉液的凝胶点下降，易于 α 化；可增强面团的延伸性和可塑性，有利于压延及成形；改善面团的色泽，使面团色泽嫩黄；使面条蒸煮速度加快，复水性能好，口感滑爽不粘口，不会出现浑汤现象。用量以0.1%~0.2%为宜。

(7)羧甲基纤维素钠(CMC)　作为增稠剂 CMC 常与瓜尔豆胶一起使用。其作用是改善面团的吸水性，加速调粉进程；增强面团的吸湿性和持水性，有利于提高淀粉 α 化程度，使面条的黏弹性增强；降低油炸时的吸油率。

(8)其他添加剂　有营养强化剂，如为提高方便面的蛋白质含量，有些工厂添加大豆蛋白、干酪素、鱼粉、活性面筋等；为了补充人体必需氨基酸、矿物质和维生素，常可添加赖氨酸、蛋氨酸和色氨酸以及磷、钙等矿物质及维生素 B_1、维生素 B_2 等。

二、方便面加工技术

方便面按工艺不同可分为油炸方便面和热风干燥方便面两大类。油炸方便面干燥速度快，淀粉 α 化程度高，面条膨松、有微孔，复水性能好，口感好。但由于含油量较高，生产成本相应增加，且容易酸败。热风干燥速度较慢，一般需 35~45min，淀粉 α 化程度低，复水性能较差；但加工成本较低，不易酸败，因此也颇受欢迎。

(一)工艺流程

方便面加工工艺流程见图 3-12、图 3-13、图 3-14。

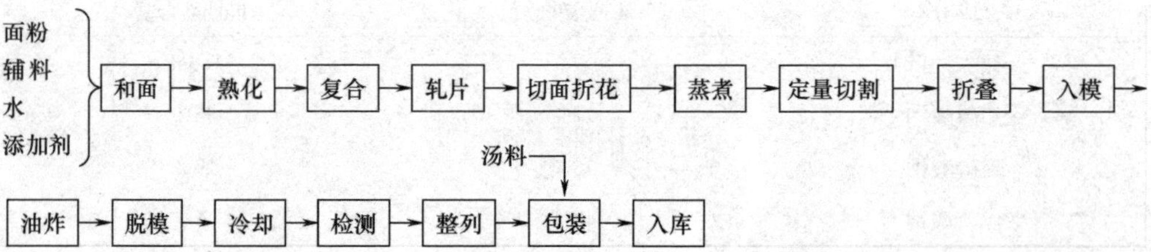

图 3-12　带汤料的油炸方便面生产工艺流程

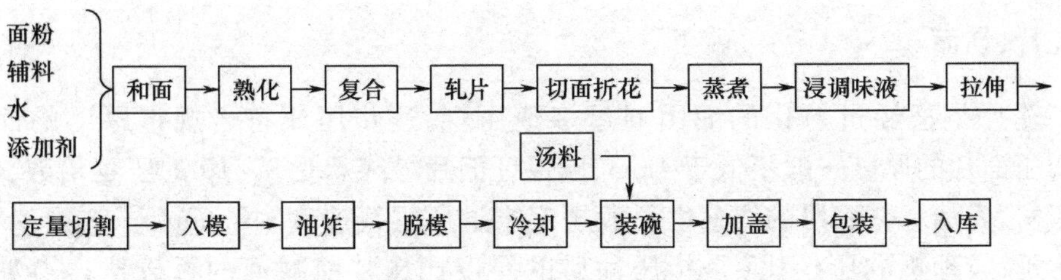

图 3－13　调味碗装油炸方便面生产工艺流程

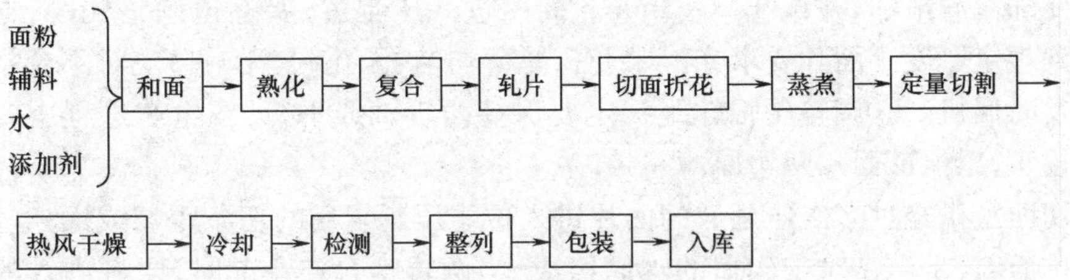

图 3－14　热风干燥方便面生产工艺流程

(二)操作要点

1. 和面

和面就是将小麦粉、辅料及各种添加剂等加水经机械拌和形成散碎的面团。面团要求水分均匀、色泽一致、不含生粉,具有良好的可塑性和延伸性。和面质量好坏直接影响其他工序的操作和产品质量。①和面用的小麦粉、回机面头等要定量。要求面团的含水量不得低于 30%,干面头回机量不得超过 15%。②湿面头要及时回机。干面头粉必须通过 CQ20 筛绢,其他方法处理干、湿面头必须保证卫生。无论干、湿面头都必须按比例加入。③添加盐、碱等可溶性辅料时,需溶水后按比例加入,不得直接加入小麦粉混合。④和面用水应保持适宜温度,一般在20～30℃。⑤开机之前先行检查机内有无杂物,然后启动和面机试转 1～2min。在运行中发现异常时,应立即停机检查,排出机内湿粉,再行启动。

2. 静止熟化

目的是使面团进一步成熟,水分得到均匀分布,面筋充分形成。①面团熟化应在相对静止的条件下进行。熟化机转速一般不得超过 10r/min,机体内储料要控制在 2/3 以上。②熟化时间要求在 10min 以上,要与上下工序配套衔接,灵活掌握。③面团如有成团结块现象,应手工揉碎,以防堵塞下料口,影响压辊进料,但要注意操作安全。④物料未放尽,不得停机。⑤熟化机下面的喂料器,要经常查看进料情况,防止流量不一而影响头道面片的密实程度。

3. 轧片、切面

轧片是把经过熟化的面团通过多道压辊，逐步压成符合规定厚度的面片。①初压面片的厚度一般不低于4mm，以保证面片最终承受8～10的压延倍数，使面片密实、光洁。②面机的线速度一般规定末道压辊线速度≤0.6m/s。③面片要逐道压延，较理想的压延比(是指压片后的厚度比压片前减薄的百分比，%)如下：50，40，30，25，15，10。④开机前要全面检查压辊中有无杂物，彻底清扫干净。传动机构要加注润滑油，并试车2～3min。面团进入压辊后，要逐道调整轧距，直至面片达到规定厚度。面片要求光滑、紧密、厚薄均匀，无孔洞，无毛边。对不合格的面片要及时回机。⑤调整压辊轧距一定要保持两辊轴线平行，在生产过程中要经常检查校正，以保证面片两边厚薄一致。

切面是指经过多次压延后的面片进入位于压延辊后的切条辊切成面条。切条辊俗称面刀，是由一对带沟槽的辊筒组成，当两辊啮合在一起时，便将进入的面片切成面条。

4. 波纹成形

经波纹成形的面条，在蒸煮时容易 α 化，油炸时有利于提高油炸速率，而且造型美观。

波纹成形装置见图3-15。在面梳下部安装一组橡皮或尼龙的挡板，当面条连续不断制出后就在该两个挡板上堆积成波纹。当堆积到一定质量时，由于面条的质量将挡板挤开，波纹面就从挡板的狭缝之间挤出。但这种装置的缺点在于波纹成形的间歇性，使成形不均匀，蒸煮时不易蒸透，而且不可能进行定量切割。

大规模生产中，波纹面的成形装置如图3-16所示，该装置是用两块相对的挡板制成的“V”形(或漏斗状)的波纹成形导轨，将其与切面辊筒正下面的面梳适当地联系起来。

波纹面成形过程是面片通过切面辊筒切成面条，分别向左右分开，通过面梳上的挡板形成均匀的波纹面，然后从挡板之间的间隙依次落入输送带上输出。

形成波纹面的另一个重要条件是面条下落的线速度应是输送带速度的7～10倍。这样从波纹成形装置出口卸到缓慢运转的输送带上面便十分紧密地堆积在上面，当此紧密的波纹面输送至蒸煮的网带上时，其运转速度比前一个输送带快4～5倍，这样可以使堆积十分紧密的波纹面拉成花纹比较稀疏而又较平坦的波纹面带，易于蒸熟。

5. 蒸煮

蒸煮是利用蒸汽的作用使得淀粉受热糊化和蛋白质变性，面条由生变熟。

(1)蒸煮的作用　淀粉 α 化、蛋白质变性、煮熟一定程度、质构发生变化。

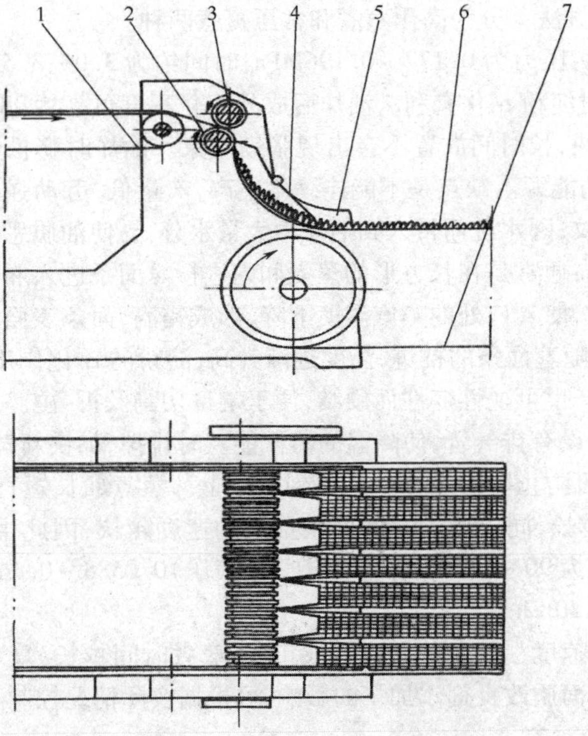

图 3－15　波纹面成形装置

1—输送带　2—下面刀　3—上面刀　4—压板　5—滑道　6—波纹面　7—输送带

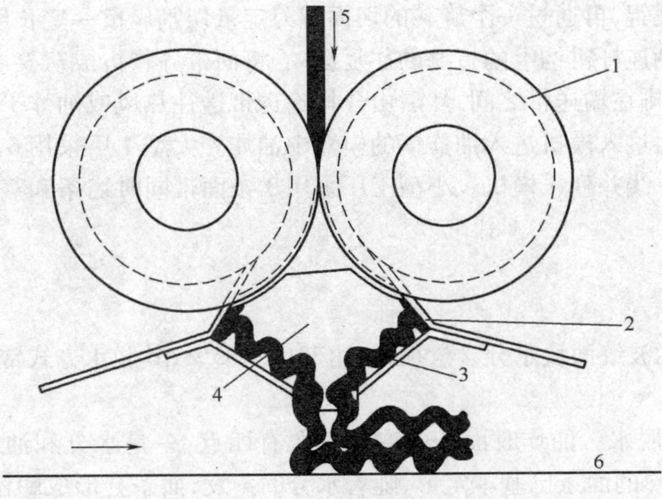

图 3－16　V 字形波纹面成形装置

1—切面辊筒　2—面梳　3—波纹成形挡板　4—分排隔板　5—面片　6—输送带

(2)蒸煮的方法　分为高压蒸煮和常压蒸煮两种。

①高压蒸煮:压力为0.177~0.196MPa,时间约为3.0~3.5min。其优点是温度可达134℃,对淀粉α化有利。油炸后成品α化程度可高达98%,面条的黏弹性极强,复水速度快,长时间放置不会出现胀糊现象。油炸时膨松性好,可达生面条的150%,并节约能源。缺点是不能连续化生产,产量低,劳动强度高,面条黏结性强,不能形成波纹;因水洗而带入到油炸中大量水分,易使油质恶化,又浪费能源。

②常压蒸煮:通常是在长方形的蒸煮厢内进行。面条进入厢内,由于面条与厢内蒸汽温差较大,使入口处的蒸汽温度下降,形成霜滴,面条表面增湿,使表面淀粉α化程度提高。随着面条的推进,温度逐渐升高,淀粉的α化作用由表面向中心转移,并使蛋白质产生可逆性变性而硬结,便于定量切割及折叠。

蒸煮厢两端设有排气管,使降温的蒸汽能及时排掉,加快新蒸汽的交换速度以提高蒸煮效果,可防止厢顶冷凝水滴落到面条上。蒸煮厢长短直接关系到面条的α化程度,厢体越长,同样蒸煮时间面条推进的速度越快,因此生产能力就大。通常常压蒸煮时间为90~110s,厢内蒸汽压力(表压)0.0588~0.0686MPa,蒸汽耗量控制在0.35~0.40t/h。

面条的复水速度一般与蒸煮时间成正比,蒸煮时间越长,复水速度越快,此处还受工艺条件及面质改良剂添加量的影响,可根据实际情况控制。

6. 定量切割与折叠

蒸煮后的波纹面应立即置于鼓风机下冷却,使面条表面迅速硬结,以利于切割时不粘连切割刀,同时使面带容易从输送带上剥落下来,为使面带有效地剥落,面条首先通过托辊,再通过一个旋转的切面辊刀定量切割。按一定长度切割的面带,通过装在曲柄连杆机构上的折叠的往复运动,将面带齐腰折成双叠层,并进入折叠导辊压平,分排在输送带之间,然后由分排输送带送往热风或油炸干燥工序。折叠后的面块可通过入模机进入油炸锅的模盒中油炸。大型工厂采用6条面带同时切条和蒸煮的6线并列入模机。小型工厂采用3条面带同时切条和蒸煮的3线分列导向入模机。

7. 脱水

蒸煮后的波纹面块水分含量很高,达33%~35%,其脱水方式常用油炸和热风干燥两种。

(1)油炸脱水。油炸时面条的变化主要有四点:一是水分和油脂的易位。油炸时,由于蒸熟的面条已基本定形,随着水分的蒸发,面条会形成膨松的结构,同时油脂迅速渗入面条内部取代水分蒸发的位置。水分和油脂在油炸时的变化见图3-17。二是蛋白质产生可逆或不可逆变性。由于油炸温度比蒸煮温度高,故产生的变性程度要高,但时间较短,不可逆变性仅在面条表面不同程度产生,而中心部位的变性现象应是可逆的。但若在高温下油炸或正常油温下油炸时间过长，不可逆变性程度会增加，面条膨胀度差，复水时间过长，会变成失去弹性的烂糊面。三是淀粉继续 α 化。通常油炸时，面条的 α 化程度会增加 9% ~11%。从提高 α 化程度观点看，低温油炸比高温短时间工艺为好。四是面条外观的变化。油炸后面条脱水变形，便于包装、运输和保藏。

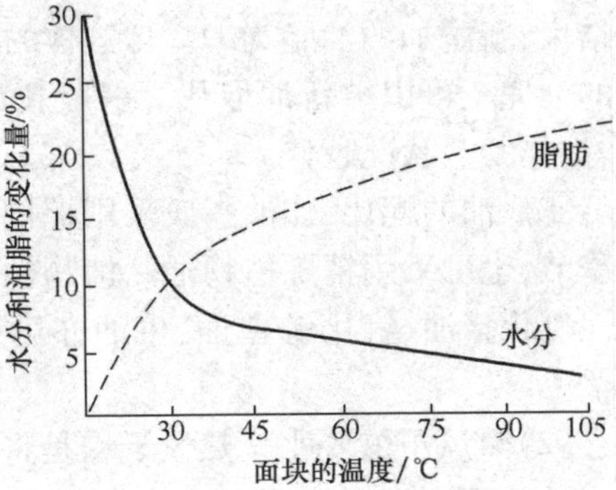

图 3－17　油炸时水和油脂的变化

①油炸的工艺条件：可分为高温短时和低温长时两种，油炸时温度与时间的关系见图 3－18。低温长时间油炸使制品水分较低，面条易折断，而且使面条蛋白质不可逆变性程度增加。该工艺适用于粗面条的油炸。高温短时工艺由于油炸时间偏短，面块水分含量往往偏高，尤其是面条中心部位有软心存在，容易发霉；150℃高温是美拉德反应的最佳条件，也易发生焦糖化反应，使面条呈棕红色，影响面条外观。

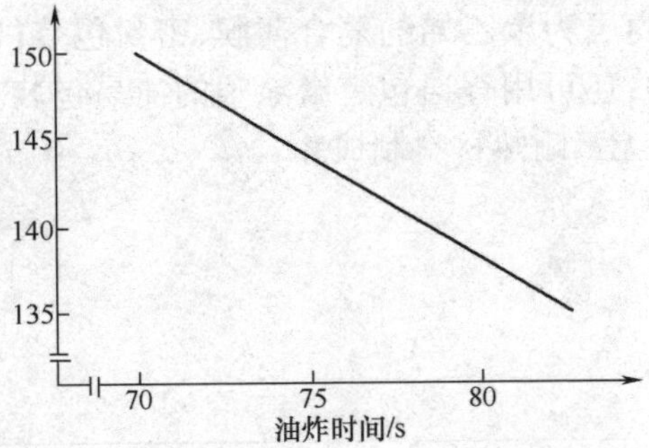

图 3－18　油炸温度与油炸时间的关系

②高温对油脂的影响。油脂长期处在高温下容易引起酸价升高，过氧化值增加，若不加注意，就会使油脂的黏度增加，颜色变深，产生苦味，油炸时容易发烟及产生连续性的气泡，这些变化对人体健康是有害的。应严格控制油炸锅内油脂的液位，一般高出模盒 15 ~20mm 即可。

③油脂的补充和更替。单位时间内所添加的新油称为新油添加率（以 N 表示），N 值越大，油脂的新鲜程度越高，这意味着单位时间内面块吸收的油脂量多，新老交替速度快，面条保存期长。新老油替换的时间称为油脂的回转率（以 P 表示），P 值越低，炸油越新鲜，通常以不超过 16h 为佳。如果超过 24h，则油脂质量恶化极为迅速，需全部调换新油。油脂的新油添加率及油脂的回转率可按下式计算：

$$N = \frac{R}{m} < 100\% \qquad t_{\mathrm{p}} = \frac{m}{R}$$

式中　N——每小时新油添加率，%/h；

R——每小时所加新油质量，t/h；

m——油炸锅中总油量，t；

t_{p}——油脂的回转率，h。

根据上式,假如油锅中的总油量为20t,每小时补充新鲜油0.125t,经过8h油炸结束,新添加的油脂为1t。像这样的新油添加率,只需2个班次生产(16h),则锅里的油完全可以被新油取代。一般新油添加率应控制在不低于7.5%,补充率越高,油炸工艺状况越佳。

④炸油的配比:炸油一般采用棕榈油或棕榈油与猪油的混合油。在气温不高的季节,也可采用精炼植物油。植物性氢化油如棉籽油、米糠油也常用作炸油,动物性氢化猪油、氢化鲸鱼油、牛油亦可用作搭配油。搭配时应根据不同季节进行调整。

(2)热风干燥脱水　热风干燥是将定量切割的面块放进干燥机链条上的模盒中,在热风隧道中自上而下往复循环进行干燥。其干燥时间随面块的大小、厚薄而异。一般当温度为70～90℃时,以35～45min为宜。干燥时间不足,面块含水量高,容易发生霉变,不利于保存;干燥时间过长,面块脱水过多,易使面块发黄、脆断和龟裂,增加断头量,加大成本,且能耗量大。热风循环干燥机主要由干燥室、面块输送装置、加热器和通风机等组成。

(3)冷却和包装　从热风或油炸脱水中出来的面块落到不锈钢网带上,进入装有8台风扇的8m长的冷却隧道,冷却时间一般3～4min,使产品温度降到稍高于室温为宜。冷却出来的面块落在检查输送带上,加上调味汤料进入自动包装机一起包装。包装一般是外层为玻璃纸,内层为聚乙烯的复合薄膜,密封包装;也有使用聚酯和聚丙烯的复合薄膜作包装的;还可用普通包装纸涂塑的简易包装。杯装或碗装是用聚苯乙烯泡沫塑料或其他无毒耐热材料制成。

项目五

植物油脂提取与精炼技术

植物油脂提取及精炼技术,是研究从植物油料中提取油脂的工程原理、过程及其精制的一门科学。油脂有液态和固态两种形态,在常温下呈固态的称为脂,呈液态的称为油。植物油脂多为液态。油和脂均为不同脂肪酸组成的甘油三酯的混合物。油脂发热量为37.62kJ/g,高出糖类、蛋白质1倍。油脂缺少或摄入不足,会引起各种疾病和生理代谢失调。

一、植物油料的分类及工艺品质

各种植物(草本和木本)种子均含有油脂。含油量达10%以上,具有制油价值的种子和果肉称为油料。其中草本的有大豆、花生、芝麻、菜籽、棉籽、亚麻籽、蓖麻籽等;木本的有棕榈、椰子、油橄榄、茶籽、桐籽等。此外,还有粮食加工的副产品

(如米糠、玉米胚等)以及许多待开发的野生油料。

(一)植物油料的分类和主要油料的形态结构

1. 植物油料的分类

根据各种植物油料类型,可把植物油料分为四种类型。

(1)草本油料　如大豆、花生、芝麻、油菜籽、棉籽、葵花籽、蓖麻籽、亚麻籽等。

(2)木本油料　如棕榈、椰子、油茶籽、油橄榄、桐籽等。

(3)加工副产物油料　如米糠、玉米胚等。

(4)野生油料　如野茶籽、松籽、乌桕籽等。

2. 主要油料的形态结构

油料籽粒的形态是鉴别油料种类、评价油料品质、选择油脂提取工艺与设备的重要依据之一。油料籽粒的结构包括种皮、胚、胚乳等部分。

(1)种皮　种皮在油料籽粒的外层,其颜色和斑纹随品种而异,据此可鉴别油料及其质量。如大豆以黄色为佳,葵花籽以小颗粒黑色为佳。

(2)胚　胚生长在胚乳或子叶之间,是种子的最重要组成部分。

(3)胚乳(或子叶)　胚乳是胚发育时的营养源,有些种子的胚乳在发育过程中被耗尽。据此又分为有胚乳种子和无胚乳种子。无胚乳种子营养物质贮存在胚内,以子叶内最多。

(二)植物油料的工艺品质

1. 油料的物理性质

油料的物理性质,如体积质量、散落性、自动分级性、热导率与比热容、吸附性和吸湿性等,对油料安全贮藏、运输、加工生产均发生直接或间接影响。

(1)体积质量　几种主要油料的体积质量见表3-12。

表3-12　几种主要油料体积质量

油料	体积质量/(kg/m^3)	油料	体积质量/(kg/m^3)
大豆	720~800	芝麻	550~600
大豆胚	380~450	葵花籽	275~440
菜籽	560~620	大麻籽	490~560
米糠	380~420	亚麻籽	600~700
花生果	210~240	桐籽	375~380
花生仁	600~680		

(2)散落性　几种油料的静止角见表3－13。

表3－13　几种油料的静止角

油料	静止角/°		变动范围/°
	起	止	
大豆	25.0	36.0	11.0
大豆胚	31.0	45.0	14.0
菜籽	27.0	34.0	7.0
米糠	34.0	46.0	12.0
花生果	24.0	30.5	6.5
花生仁	20.5	27.6	7.1

(3)比热容和热导率　使1kg油料温度升高1℃所需要的热量,称为油料的比热容,以kJ/(kg·℃)表示。单位时间通过单位油料表面积的热量称为油料热导率。油料是热的不良导体,其热导率一般为0.4184～0.8368kJ/(m·h·℃)。

(4)吸湿性和吸附性　油料吸附和解吸水分的性能称为油料的吸湿性。油料籽粒的主要组成部分是亲水胶体(特殊的油料籽粒除外),对水具有较强的吸附能力。油料籽粒呼吸结果使品质下降。冷藏能将油料籽粒呼吸控制在极微弱的休眠状态,保持油料籽粒品质。

2. 植物油料的主要化学成分

同一油料的化学成分及其含量也因品种不同而不同。几种植物油料的主要化学成分见表3－14。大部分植物油料都属于双子叶无胚乳种子,纤维素、矿物质主要分布于皮层;脂肪、蛋白质、碳水化合物主要分布于子叶内。

表3－14　几种植物油料主要化学成分　单位:%

油料	水分	脂肪	蛋白质	磷脂	碳水化合物	粗纤维	灰分
大豆	9～14	16～20	30～45	1.5～3.0	25～35	6	4～6
葵花籽	5～7	45～54	30.4	0.5～1.0	12.6	3	4～6
花生仁	7～11	40～50	25～35	/	5～15	1.5	2
油菜籽	7～11	35～45	24～30	0.5	8～15	6	4～5
棉籽	6～12	14～25	16～26	0.5～0.6	25～30	15～20	3～4
芝麻	5～8	50～58	15～25	1.2～1.8	15～30	6～9	4～5
米糠	8～10	15～20	6～9	/	20～60	7～10	/
玉米胚	5～7	40～50	10～20	/	10～15	10～15	/

二、植物油脂的化学成分和理化性质

(一)植物油脂的主要化学成分

植物油脂的主要化学成分是三甘酯类,其余为单甘油酯类、双甘油酯类、游离脂肪酸类、磷脂、固醇类、脂溶性维生素以及其他物质。

1. 甘油酯类

(1)三甘酯类　三甘酯类是由甘油和三个脂肪酸形成的酯类。在三甘酯中脂肪酸约占总量的90%。根据脂肪酸和甘油结合的形式以及脂肪酸类别的不同,可分为简单三甘酯和复杂三甘酯两类。简单三甘酯是由三个完全相同的脂肪酸与甘油所形成的酯类,复杂三甘酯则是由两种或三种完全不相同的脂肪酸所形成的酯类。从三甘酯的组成可说明油脂的物理状态、性质和类别,例如在液体油脂中油酸甘油酯居多数,亚油酸甘油酯及次亚油酸甘油酯也是液体。在固体油脂中软脂酸甘油酯或硬脂酸甘油酯居多。在干性油脂中亚麻酸甘油酯居多数。在非干性油脂中油酸甘油酯或蓖麻酸甘油酯居多数。在菜籽油中有芥子酸,在花生油中有花生酸。

(2)单甘油酯、双甘油酯类　它们在油料中含量很少,仅为1% ~2%,主要是油料的代谢产物或是三甘酯类水解产生的。

2. 脂肪酸类

构成油脂的脂肪酸种类很多,但可把它们概括为两类:饱和脂肪酸和不饱和脂肪酸。最常见的饱和脂肪酸有软脂酸、硬脂酸、花生酸等。最常见的不饱和脂肪酸有油酸、亚麻油酸、亚油酸、芥子酸等。

纯净的油脂不含游离脂肪酸,但油料不够成熟或加工、贮存不良时,均能引起油脂的分解而形成游离的脂肪酸,游离脂肪酸增加油脂的酸度,会降低油脂的品质。

3. 类脂

在植物油料中的类脂主要有:

(1)磷脂　磷脂是类似三甘酯但比其成分更复杂的一种有机化合物,一般由多元醇(通常为甘油)类与脂肪酸类、磷酸以及含氮化合物所结合而成。卵磷脂和脑磷脂是植物油脂中常见的磷脂类,以大豆毛油含量最多。磷脂在贮藏时能分离出磷酸使油脂品质降低,烹调时磷脂能使油色变黑,产生泡沫,并在锅底结成黑褐色沉淀,故食用油脂必须除去磷脂。

(2)甾醇　游离甾醇是植物油脂不皂化物的主要成分之一。它的组成主要是β-谷甾醇、豆甾醇、菜油甾醇以及少量游离三萜醇和微量胆固醇。甾醇对食用及保管均无害处。

(3)蜡　高分子一元醇类与脂肪酸所形成的产物称为蜡。蜡在植物油脂中除米糠油内含量较高外,一般油中含量不多,微量蜡质对人体无害,但能引起油脂的混浊而降低透明度,故须在精炼过程中将其除去。

4. 酚类化合物

油脂中所存在的酚类化合物可以延长油脂的贮藏期限,但某些酚类化合物是对人体有害的,如棉籽油中的棉酚会引起中毒,故在油脂精炼时必须除去。

5. 黏蛋白

黏蛋白的存在对油脂品质有较大的影响,它可以引起油脂混浊,颜色变暗以及微生物繁殖。这些物质虽对食用无害,但会降低油脂贮藏时的品质。

6. 色素

植物油脂中含有微量的脂溶性色素,如类胡萝卜素和叶绿素。类胡萝卜素是油脂的天然着色剂,是一种从黄到橙红色的无氮色素群。它含有许多个连续的共轭双键,往往与油共生。

7. 维生素

植物油脂原料含有多种维生素,但大多为水溶性维生素。在制油中混入油中的只有脂溶性维生素 E 和少量的维生素 K,成为植物油脂中极为重要的少量成分之一。

(二)植物油脂的理化性质

油脂的理化性质是指相对密度、熔点、折射率、色度、黏度、烟点等物理常数,以及酸价、皂化价、碘价、过氧化物价等化学常数。

三甘酯是中性脂质。一般来说,中性脂质的特性就能代表植物油脂的特性,但是由于植物油脂中还含有高级醇的脂肪酸酯(蜡)、环状醇阿魏酸酯(谷维素)、单脂肪酸甘油酯、磷脂等具有极性的脂质,对三甘酯的性质必然会产生一定的影响。

虽然各种植物油脂的理化性质有很大的差异,但它们都有共同的特点:在15℃时其相对密度均在0.900~0.970,都不溶于水及冷酒精(蓖麻油除外)而能溶于热酒精和有机溶剂中,如汽油、苯、氯仿(三氯甲烷)、乙醚、二氯乙烯等。这为油脂的抽提和精炼提供了条件。油脂的黏度随外界温度的高低而改变,温度低黏度大,温度高黏度小,在液体状态时能对光线发生折射现象,能与碱结合成肥皂并分离出甘油，当有接触剂存在时不饱和脂肪酸能同氢作用而生成白色固体的硬化油。在氧的影响下，会产生干燥和酸败作用。植物油脂中除干性油及数种药用油以外，均可供食用。其品质优良者还可制成牛脂、豚脂及人造奶油。

油脂常用的化学常数有酸价：中和1g油脂中的游离脂肪酸所需的氢氧化钾的质量（mg）；皂化价：皂化1g油脂所需的氢氧化钾的质量（mg）；碘价：每100g油脂所能吸收碘的质量（g）。

三、植物油脂的提取技术

植物油脂的提取一般常用三种方法：压榨法、浸出法、水代法。

压榨法是使用压力将油料的细胞壁压破而挤出油脂的方法。这种方法历史悠久，目前仍然广泛使用。根据操作方法的不同，又可分为冷压法和热压法两种。前者出油率较低，成品含水和蛋白质多，贮藏比较困难，易变质，但油色淡、味纯；后者出油率比较高，成品含水量少，杂质少，贮存时间较长，但易产生异味，色泽较深。

溶剂浸出法是利用酒精、轻汽油、已烷等作为溶剂，溶解抽出油脂的方法。该法出油率较高，成品色泽浅，杂质较少，在制油后的残渣中，含有丰富的蛋白质，可加以利用。但设备要求较高，如精制不好，不能食用。对含油量较高的油料，采用先压榨后浸出的方法，能有效提高出油率。

水代法在我国也有很久的历史，是用热水将油料细胞内的油脂提取出来的一种方法。

（一）油料的预处理

根据三种取油的方法不同，预处理也可分为三种相应的工艺流程，即一次压榨流程、预榨－浸出流程、直接浸出流程等。

1. 油料的清理

清理的目的就是将油料中不含油分的杂质除掉，可防止油分被杂质吸收，减少损失。要求清除各种体积大、质地硬、数量多的杂质。

根据杂质与油料间不同的物理性质，可选择稻麦加工中常用的筛选、风选、磁选、水洗等方法，除去各种杂质。

2. 剥壳、去皮与仁壳分离

大多数油料都带有壳皮，但通常只把含壳率高于20%的称为带壳油籽，例如棉籽、花生、葵花籽、油桐籽、油茶籽、蓖麻籽等。这些油料在制油过程中多数要进行脱壳。而含壳率低于20%的大豆（7%～10%）、菜籽（15%～18%）、芝麻（15%～20%）等，除了利用其蛋白质时才考虑脱皮外，在制油过程中一般不进行脱皮处理。

(1)剥壳的目的　①剥壳后能提高出油率,减少油分损失。②剥壳后提取的油分质量好,含蜡率低,油脂精炼率高。③剥壳有利于提高制油设备的处理能力,降低设备的磨损,提高工效。

(2)剥壳的要求　衡量剥壳好坏的主要指标有:剥壳率、仁中含壳率、壳中含仁率等三个方面,实际生产中要求剥壳率越高越好。

(3)剥壳的主要方法和设备　①摩擦搓碾法:借用粗糙表面的摩擦将油料的壳搓碎。例如剥棉籽壳时选用的圆盘剥壳机。②剪切法:即借用锐利的打刀将油料剪切打击而使皮壳破碎。例如刀板剥壳机。③撞击法:第一种是借高速离心力或高速气流将油料撞击到机壳硬壁而破碎,例如离心式茶籽剥壳机。第二种是借助刮板或刀板的回转打击力,使油籽破壳分离,例如刀笼式花生剥壳机。④挤压法:即用轧辊式剥壳机处理蓖麻籽或大麻籽等。

3. 油料烘干、破碎、软化和轧坯

(1)油料的烘干　油料烘干对水分及温度的一般要求。第一,必须达到油料加工时最优的水分,例如大豆最优含水量10% ~13%,葵花籽70% ~75%。第二,为了防止油料的变质最好采取短时高温烘干技术,加热后介质温度不超过80 ~85℃,油料本身温度60 ~70℃,不得焦煳。

除采用日晒及室内自然通风方法以外,大型制油厂以热力干燥为主,即利用干燥介质下热空气、烟道气、蒸汽、热油等来除去油料中的水分。中、小型制油厂采用间接式加热烘干法,如烘干房等。

(2)油料的破碎。破碎的目的是改变油料的粒度,使其适宜轧坯工艺要求。而预榨饼的破碎则是使其粒度适应浸出和复榨工艺要求。破碎一般常用于大豆、花生仁等颗粒较大的油料或预榨饼。破碎总的要求是:①不出油、不成团、粉末度小。油料水分控制很重要:过低,粉末过多,易成团;过高,油料不易破碎,易出油成团。②粒度均匀。对于大豆、花生仁的破碎,要求破碎成6 ~8 瓣为宜。破碎的设备很多,常用的有辊式破碎机和齿辊破碎机。

(3)软化　即对经过破碎的油料调节适当的水分和温度,使油料变软,并具有良好的可塑性,便于轧成薄片的工序。油料颗粒软化的目的主要是通过调节油料的水分和温度,以改变油料颗粒的硬度和脆性,增加可塑性,使其具备轧胚的最佳条件。软化设备有回转干燥机、软化锅等。其中软化锅的效果最佳。

(4)轧坯。借助机械挤压力,将油料颗粒轧成片状料坯的过程称轧坯。经轧坯后的油料薄片称为生坯。轧坯目的是使油料细胞得到尽可能的破坏,为蒸炒提供最适宜的料坯。轧坯过程中,油料细胞受到破坏,油料颗粒表面增大,颗粒脂肪得到聚集。轧坯中要掌握油料粒度、含油率、水分、温度、轧辊平面度和压力以及操作等影响因素,使生坯薄而均匀,大小适度不漏油,粉末度低,并具备一定机械强度。

4. 蒸炒

蒸炒就是将轧坯后所得的料坯，经过润湿、加热、蒸坯、炒坯等处理，使生坯或预榨后的料坯成为适宜于压榨或浸出的熟坯。蒸炒是油料预处理的最后一道关键性工序，其效果的好坏，对生产过程、出油率以及油脂、饼粕的质量，都有直接的影响。

(1)蒸炒目的　在水分、热处理作用下，蒸炒使油料细胞得到彻底的破坏，使蛋白质变性，并使凝胶系统产生必要的物理化学变化，使颗粒脂肪聚集成大的油滴，并使料胚的弹性和塑性等物理性状得到调整。蒸炒的作用有如下三点：

①凝聚油脂。一般加热温度控制在 130 ℃以下。

②调整料坯组织结构适应入榨要求。料坯的结构即可塑性与弹性。它对压榨取油效果的影响有两方面：一是要有足够的弹性，即硬一点；二是要有一定的可塑性，即软一点，能保证结合成油饼，使压力不会过大。

③改善油脂的品质。蒸炒的过程会促使料坯中各种成分产生一系列的物理、化学以及生物化学的变化，对提高油脂质量有利，但是蒸炒加热使油脂色素增加。

(2)蒸炒的要求　要求蒸炒后的熟坯，生熟均匀，且有熟香味，坯表面见油不出油，不得焦煳；熟坯水分与温度要均匀且具备一定的弹性和可塑性。

(3)蒸炒方法　按照取油方法和设备不同，可将蒸炒分成两种。①润湿蒸炒。该法适用于螺旋榨油机取油和浸出取油。蒸炒开始时，利用添加水分或喷入蒸汽的方法，使生坯达到最适宜加工的水分。润湿后的坯料，含水不超过 13% ~14%。②高水分蒸炒。此法仅适用于螺旋榨油机取油。润湿后料坯含水达 16% ~20%，然后再进行蒸炒。

(4)蒸炒设备　主要是蒸炒锅，分立式和卧式两种以立式蒸炒锅应用广泛。

(二)压榨法取油

压榨法取油，分间歇式和连续式两种。

1. 压榨法取油机理

(1)排油动力　压榨过程中，压力和黏度是决定榨料排油的主要动力和条件。榨料受压后，料间空隙被压缩，空气被排出，料坯密度迅速增加，发生料坯互相挤压变形和位移的运动状态。这样，料坯的外表面被封闭，内表面的孔道迅速缩小。孔道小到一定程度，常压液态油变为高压油。高压油产生了流动能量，在流动中，小油滴聚成大油滴，甚至成独立液相存在胚的间隙内。当压力大到一定程度，高压油打开流动油路，摆脱榨料蛋白分子与油分子、油分子与油分子的摩擦阻力，冲出榨料高压场之外，与塑性饼分离。

(2)排油深度　压榨取油时，榨料中残留的油量可反映排油深度，残留量越低，排油深度越深。排出深度与下列因素有关：①压力大小。料坯被挤压变形，密度增加，空气排出，间隙缩小，内外表面积缩小，都需要外界提供一定的机械能量。这个能量，与压力大小有关。②压力递增量。压榨过程中，合理递增压力，才能获得好的排油深度。在压榨中，压力递增量要小，增压时间不能过短。这样，料间隙逐渐变小，给油聚集流动以充分时间，聚集之油又可打开油路排出料外，排油深度方可提高。土法榨油总结的“轻压勤压”的道理适用于一切榨机的增压设计。③黏度影响。榨料温度高，油脂黏度降低，有利于出油。

（3）排油三要素　饼成形，压力可以顺利建立起来，适当控制温度，减少排油阻力，排油深度就会提高。因此，压力、黏度和饼的成形称为排油三要素。

2. 压榨制油设备

螺旋榨油机是近代普遍采用的较为先进的连续压榨取油设备。其特点是单机处理量大，出油效率高，饼薄易粉碎，劳动强度低，应用广泛。其工作原理是由于旋转着的螺旋轴在榨膛内的推进作用，使榨料连续地向前推进，榨膛空间体积不断缩小而产生压榨作用。

3. 压榨法制油工艺流程

螺旋榨油机取油工艺，一般分为一次压榨法（适用于多数油料）和预榨浸出法（适用于高油分油料）。

（1）一次压榨取油　系采用 YZX10 或 YZX18 型螺旋榨油机进行压榨。其基本工艺流程如下：

油料→预处理→蒸炒→压榨→毛油过滤→毛清油

（2）预榨浸出取油　该工艺系采用 YZX24 型榨油机进行预榨，其工艺流程如图 3－19 所示。

油料→预处理→蒸炒→预榨→过滤→毛清油

预榨↓预榨饼→冷却破碎→浸出→浸出毛油

浸出↑饼粕

图 3－19　预榨浸出取油工艺流程

4. 大豆、油菜籽压榨制油的工艺流程

（1）大豆　提取大豆油的方法主要有热榨和冷榨两种。冷榨豆饼可作为豆制食品的原料。热榨法取油已逐渐被冷榨或一次浸出法所代替。冷榨法取油的基本工艺流程如图 3－20 所示。

大豆→清理→破碎（4～6 瓣）→软化（水分 10%～12%、温度 45～50℃）→轧坯（0.4～0.5mm）→调温（水分 7%～9%、温度≤70℃）→压榨→毛油→过滤或沉淀→毛清油

压榨↓豆饼（残油 8%～10%）

过滤或沉淀↓渣（回榨）

图 3－20　冷榨法取油的基本工艺流程

(2)油菜籽　油菜籽含油36%～48%,蛋白质25%～44%。由于油菜籽内含有4%左右的芥子苷等有毒物质,且油中芥酸含量较高,因而影响到菜籽油及其饼粕的使用价值。目前,菜籽压榨饼(或浸出粕)一般只能作肥料。油菜籽压榨法取油的基本工艺流程如图3－21所示。

油菜籽→清理(含杂<0.5%)→软化(水分9%、温度70～80℃)→轧坯(厚0.3mm)→蒸炒(水分1.0%～1.5%、温度130℃左右)→压榨→毛油→过滤→毛清油

压榨→菜籽饼(残油8%～10%)

过滤→渣(回榨)

图3－21　油菜籽压榨法取油的基本工艺流程

(三)浸出法油脂提取技术

其方法系选用与油脂能以任何比例互溶的有机溶剂,对含油料胚进行浸泡、冲洗,油脂溶解在有机溶剂中,得到溶剂与油脂的混合物。然后进行加热蒸发,使溶剂挥发,留下的便是制取的油脂。

1.浸出法油脂提取原理、分类及特点

(1)浸出法制油原理　浸出法制油是应用萃取的原理,选择某种能够溶解油脂的有机溶剂,通过对油料的接触浸泡或喷淋,使油料中油脂被提取出来的一种制油方法。

①油脂在料坯中的存在状态:a.处于料坯内外表面的油,b.处在料坯细胞内部的油脂。②浸出过程:a.溶剂首先溶解料坯内外表面的油,非常迅速;b.溶剂浸出料坯内部的油脂,进行缓慢。③油脂浸出过程可分为三个阶段:a.油脂从料坯内部到外表面的分子扩散;b.通过界面层的分子扩散;c.油脂从界面层移到流动混合油的扩散。

(2)浸出法油脂提取的分类

①按取油次数可分为:一次浸出法与预榨浸出法两种。预榨浸出即对一些含油量在30%～50%的高油料,若采用一次浸出制油,粕中残留油脂偏高。应当先采用压榨制油,提取油料内80%～85%的油脂,将产生的饼粉碎成一定粒度后,再进行浸出法制油。棉籽、菜籽、花生、葵花籽等高油料均采用此法加工。

②按溶剂与油料的混合方式可分为:浸泡式、喷淋式、混合式三种。目前国内使用的罐组式浸出器、U型拖链式和Y型浸出器,均属于浸泡式;履带式浸出器是典型的喷淋式浸出器;平转、环形浸出器,均属于混合浸出器。

(3)浸出法油脂提取的特点　①出油率高、残油率低。实践证明:浸出法制油的出油率比压榨法制油的出油率可以提高3%左右。②粕的质量好。压榨法制油,为使饼中残油降低到一个理想极限,采取高压处理排油。导致饼中的蛋白质几乎全部变性,失去了利用价值。③加工成本低。浸出法制油可以实现大型化、连续

化和自动化。可降低消耗,减少加工成本,提高劳动生产率。④劳动强度低。但设备投资大,技术要求高。

2. 浸出溶剂

根据油脂浸出工艺及安全生产的需要,浸出溶剂应符合以下要求:

(1)对油脂有较强的溶解能力　在室温或稍高于室温的条件下,能以任何比例很好地溶解油脂,对油料中的其他成分,溶解能力要尽可能地小,甚至不溶。

(2)容易气化,又容易冷凝回收　为了脱除混合油和湿粕中的溶剂,要求溶剂容易汽化。但又要求沸点不能太低。溶剂的沸点在65~70℃比较合适。

(3)具有较强的化学稳定性。

(4)在水中的溶解度小　要求溶剂与水互不相溶,便于溶剂与水分离。

(5)在溶剂使用过程中,要求安全,不易燃、易爆,对人畜无毒。

上述要求主要是作为选择浸出溶剂时参考的依据。工业乙烷是各国广泛应用于油脂浸出的溶剂。我国目前普遍采用的“6 号溶剂”,即属于这种类型。它是一多组分的混合物,没有固定的沸点。

3. 影响浸出工艺效果的因素

(1)料坯和预榨饼的性质　①油料细胞的破坏程度。细胞组织破坏得越彻底,油脂就越容易扩散到溶剂中。②料坯的厚度。料坯厚则与溶剂接触的表面积减少,浸出时间势必延长。反之,则浸出时间就短。料坯太薄,粉末度增加,会阻塞油路,使溶剂渗透效果差。我国目前直接浸出所要求的料坯厚度为:大豆、油菜籽0.3mm 以下,棉籽仁 0.4mm 以下,花生仁 0.5mm 以下,预榨饼 15mm 左右。③料坯与预榨饼的水分。如果水分过高,会影响溶剂对油脂的溶解与溶剂对料坯的渗透,还易使料坯结团。④温度。要求入浸料温不能超过所用溶剂的沸点,否则,会引起溶剂汽化。入浸料温不能超过 50~55℃。

(2)浸出的温度、时间和料层高度　①浸出温度过高则溶剂会气化。我国现用的溶剂浸出温度以 50~55℃为宜。②浸出时间。通常粕中残油率在1%以内情况下,浸出时间在90min 左右。③料层的高度。料层过高则易被压成块或团状,并增大了溶剂的渗透阻力,浸出效果差。我国浸出的料层高度一般在1.2~2.5m。

(3)混合油浓度　混合油浓度越高,浸出速率就越低。降低混合油浓度,有利于提高浸出速率。但是,混合油浓度太低,混合油的体积就大,就给后道工序增加了负荷。在实际生产中,采取溶剂和混合油与料坯逆流浸出的方式,即开始加入浸出器的料坯由较浓的混合油来浸出,当料中的油分较少时,再由稀混合油浸出,最后用新鲜溶剂冲洗。混合油的浓度在 15%~25%。

(4)滴干时间和湿粕含溶剂量　为了减轻蒸烘设备的负荷,往往在浸出器内要有一定的时间让溶剂(或稀混合油)尽可能地与粕分离。这种使溶剂与粕分离所需的时间，称为滴干（或沥干）时间。

（5）溶剂的温度和溶剂比　浸出器内的温度决定于料坯的温度和溶剂的温度。溶剂的温度一般在进入浸出器之前予以调节，采用6号溶剂油，其温度可预热到50～55℃。

浸出用溶剂的质量和浸出原料的质量应有一定的比例，称为溶剂比。在保证足够的浓度差和一定的粕中残油量时，溶剂比可以适当减小。一般在保证粕中残油量在0.8%～1.0%时，浸泡式浸出所用溶剂比是1∶（0.7～1.2）。

（6）溶剂和混合油的流动情况　由于浸出设备的不同，溶剂和混合油与料坯的流动方向可以是逆流的，也可以是顺流的。另外，溶剂和混合油在料坯之间的流动速度对浸出也有一定的影响。循环混合油喷淋量的大小，要根据实际生产情况加以调节，既要加快其在料坯中的流动速度，又要使其不积聚在料层上面。

4. 浸出法油脂提取工艺

一般包括油料的预处理和预榨、油脂浸出、湿粕蒸烘、混合油蒸发和气提、溶剂冷凝、冷却以及回收等工序。其工艺流程如图3－22所示。

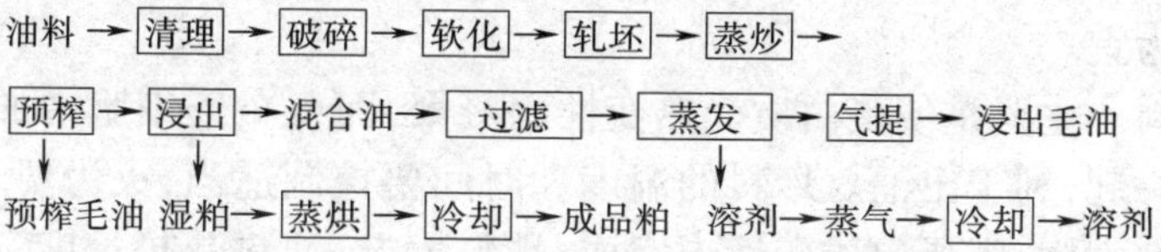

图3－22　浸出法油脂提取工艺流程

5. 浸出设备

浸出设备型式较多，主要有罐组式浸出器、平转浸出器、履带式浸出器、弓形浸出器、U形浸出器、Y形浸出器和环形浸出器等几种。

平转浸出器是目前国内比较先进的一种连续式油脂浸出设备。由于它的操作是连续进行的，加之动力消耗小，溶剂用量少（指循环量）和混合油浓度较高等特点，是国内广泛采用的浸出设备。

（四）水代法油脂提取技术

水代法提取油脂是我国特有的一种制油方法。此法在我国已有2000余年的历史，但长期以来只用于制取小磨香油。此法同样也可运用于花生仁、葵花籽、蓖麻籽、油菜籽以及其他高油分的植物油料，不过出油率一般比芝麻油低。

水代法的优点是加工的小磨香油香味特佳，国内当作佐食佳品，设备简单，直接火加热不用蒸汽，投资少，见效快。不足之处是劳动力需要多，设备效率低，加工成本高，渣粕含水量多的高达到65%，久存易变质，所以一般只用作肥料，造成一定的浪费。

1. 基本原理

水代法制油的基本原理是利用油料中非油物质对油与水的亲和力不同，以及油及水之间的比重不同，而将油水分离出来。

2. 小磨香油的加工技术

（1）工艺流程　小磨香油加工工艺流程如图 3－23 所示。

芝麻→筛选→漂洗→炒料→扬烟→吹净→磨籽→兑浆搅油→振荡分油→小磨香油成品

兑浆搅油↓麻渣

图 3－23　小磨香油加工工艺流程

（2）操作要点

①筛选。其目的是除去芝麻中的杂质及未成熟的种子，杂质除得越净越好。

②漂洗。其目的一是除去筛后残留下来的细微杂质；二是漂洗时，在池中浸泡1h，以使水分渗透得均匀，便于炒籽时蛋白质变性更完善，同时可以延长炒料时间，避免炒焦、炒煳或出现里生外焦现象。一般都采用清洗机进行漂洗，洗后含水量以35% 左右为宜。

③炒料。主要是使蛋白质受热变性而凝聚，而分布于细胞中的微小油滴受热后聚拢在一起，利于出油。炒料的温度和时间要控制适当，火力要均匀，不宜太强烈。若炒料太嫩，则蛋白质变性未完成；炒料太老，油料受热过度，部分物质焦化，影响出油率。炒后油料组织构造松散，为磨粉创造了有利条件。炒料最适温度为190～200℃，时间为 25～28min。

④扬烟。当芝麻出锅时，温度仍在 140～150℃，若不加以冷却，仍有烧焦的可能，故出锅之后还需立即散热出烟，故名“扬烟”。小型厂人工操作，大厂用扬烟机。

⑤吹净。在炒料过程中，芝麻皮容易脱落，同时，还有一些炒焦的油末（俗称麻糠）。这些物质含油较少，混在芝麻中影响油的品质。常采用扬簸、吹风或过筛等方法除之。

⑥磨籽。磨籽是将经过吹净的芝麻置于石磨中研磨，目的是充分破坏细胞组织。油料经过磨细后成为浆状的料酱。磨得越细越好。磨得细，兑浆搅油时水易渗入料酱内部，吸水均匀，油被取代得完全。一般检查麻酱细度是否达到要求的方法是：将麻酱涂于指甲上，以不留残渣为好；或将麻酱涂于薄纸上，对着太阳光照不显黑点者，即达细度要求。

在磨籽时，要求均匀添料，防止跑空磨；存料不宜过多，应随炒随磨。磨籽时芝麻温度为 65～75℃，温度过低则磨不细，一般钢磨的温度为 130～145℃，水分为2%～3% 为宜。

⑦兑浆搅油。即将沸水加入到料酱中，随之搅拌把油从料酱中取代出来。这是水代法制油过程中最重要的一环。油料经过炒料、磨籽后，细胞组织及胶体状态

已被破坏，加入沸水后，油料中的非油物质——蛋白质、粗纤维和糖类等对水的亲和力大于水和油的亲和力，因此能够将油取代出来。

在兑浆时，若加水太少，料酱吸水不足，则不可能将油兑换出来，同时结成渣酱，黏度太大，在振荡分油时，油滴不易上浮难以分离出来。若加水太多，则油与水易引起乳化作用，与渣酱混在一起，也不易分离，结成的渣酱稀薄，黏度较低，表面张力减弱，在墩油时，浮于上面的油层稍受外力的影响，就容易突破渣酱表面而混入渣酱里面，难以将分离的油脂全部撇尽。兑浆时加水量＝（1－麻酱含油量）×2。

兑浆时的操作是：将磨细的麻酱移入兑酱锅，保持温度在40℃以上，即进行第一次加水。加水量为总水量的60%，水温保持在90℃以上。加水后连续搅拌40～50min，若用机械搅拌转速为30r/min。加水后麻酱很容易变稠，所以一定要翻动均匀，有时还要借助于人工操作。搅拌时锅内温度为70℃以上。搅拌40min左右，稠度变低，并有极微小颗粒出现（在颗粒外面包了极微量的油），再进行第二次加水，加水量为总水量的20%，水温在90℃以上，然后继续搅拌40～50min，温度维持在60℃左右。待颗粒逐渐变大（约比油菜籽稍大），且外面的油较第一次加水后为多，并有一部分油开始浮出来，再进行第三次加水。加水量为总水量的15%，水温仍在90℃以上，搅拌15min后，大部分油均浮至表面，底部的浆呈蜂窝状，虽能流动，但较困难。温度维持在50℃左右。

最后一次加水，应根据具体情况而定，俗称定浆。当调节到适宜的程度时，降低搅拌速度至10r/min左右，约经1h后大部分油浮于表面层，此时即将表面层的油移去，即所谓“撇油”。撇油后表面油层还应保持约7～9mm，再进行下面操作。

⑧振荡分油。兑浆搅油以后，尚有小部分大小不一的油滴分散地被包围在渣酱之内，需借助葫芦的震荡作用将这些油分离出来。振荡分油过程应保持适当温度，以降低油脂的黏度，使油易于从渣酱中分离出来。墩油是用两个葫芦，一个深入油中（约及葫芦的2/3深度），兑浆锅仍保持10r/min的转速，而葫芦固定不转，仅作上下冲击，以使油滴迅速上升表面，这称为深墩。深墩50min左右，表面油分增多，进行第二次撇油，再深墩50min，进行第三次撇油。最后将葫芦提起，再浅墩1h，撇第四次油。

四、植物油脂的精炼技术

（一）植物油脂精炼的含义

毛油都含有不同数量的非甘油酯杂质。如游离脂肪酸、胶质（磷脂）、蛋白质、色素、水分和蜡质等。这些杂质的存在会影响油脂的色泽、气味、滋味、透明度、稳定性、营养成分等。而精炼的目的在于最少地破坏中性油和天然氧化剂——维生素E，并除去各种杂质，制成适合于各种用途、品质优良的植物油脂。

(二)植物油脂精炼的主要工艺流程

1. 常用的精炼工艺流程

目前在生产上常用的精炼工艺流程有下列几种:①沉淀→冷滤。②热滤→沉淀→冷滤。③沉淀→离心分离。④沉淀→碱炼。⑤沉淀→水化→过滤或离心分离。⑥水化→碱炼→脱色。⑦酸炼→碱炼→脱色。⑧酸炼→脱色。⑨碱炼→脱色。⑩水化→碱炼→脱色→脱臭。

"①、②、③"主要用于压榨油的初步精炼;"④"用于棉籽油;"⑤"用于一般油脂的初步精炼,也适用于供制油漆用油脂的精炼;"⑥~⑨"用于精炼工业用油;"⑩"用于生产色拉油、人造奶油及贮藏用的食用油脂。油脂通过精炼必须达到一定的品质标准,内销的按各地规定的统一标准;出口的按国家规定的质量标准执行。

2. 毛油预处理

毛油中含有一定数量的不溶性杂质,如饼粉、沙土等。如不预先除去,会影响油脂的品质,影响精炼率和离心机的运转。一般预处理的方法有下面三种。

(1)沉降法　毛油在较大的容器里经较长时间的静置,分离出不溶性杂质。这种方法虽然很简单,但效率太低,一般还不能达到质量要求。

(2)过滤法　使用压滤机或其他种类的过滤机分离毛油中的杂质。

(3)离心分离法　采取固液离心分离机或其他类型的离心机分离精炼油的油脚、皂脚和其他杂质。

3. 脱胶(脱磷)

毛油中含有胶状悬浮物,俗称"胶质",其主要成分有磷脂、黏蛋白、树脂等,总含量0.5%~3.0%。胶质的存在影响油的清澈度和色泽,是形成"油脚"的主要原因。脱胶的方法有三种。

(1)水化脱胶　毛油加热到75~80℃,加水1%~3%,搅拌均匀,经静置沉淀或离心机分离油脚。我国用此法比较广泛。其对制取食用磷脂也最为有利。

(2)加热脱胶　毛油加热到240~280℃时,胶质凝固起来,经过过滤分离。此法因油温过高,易于产生聚合和氧化作用,影响油的质量,使用时要注意。

(3)加酸脱胶　加入硫酸、盐酸、磷酸等无机酸或醋酸、酒石酸等有机酸脱胶。加酸的作用,在于从非水化法磷脂中除去钙、镁,使之成为水化磷脂。

4. 脱酸

其目的在于除去游离脂肪酸,同时,还可以起到除去毛油中的胶质、色素等杂质的作用。

（1）碱炼脱酸　即使用苛性钠、碳酸钠或氨水溶液与油中游离脂肪酸中和成固体皂脚，然后将其分离。

（2）真空蒸馏脱酸　一般毛油在保持26.66～106.63Pa的真空装置内，经过15～60min和温度170～230℃的处理后，游离脂肪酸可降至0.1%。含游离酸高达8.75%～56.2%的油，经真空蒸馏脱酸，也能使游离酸降至0.74%～0.63%。采用此法中性油损失少，并能节约蒸汽、水和动力。此法必须除去油和水中的铁质，否则油温高，油色深。

5. 脱色

纯净的甘油酯是无色透明的，毛油中因含有不同的色素，致使油脂呈现不同的色泽。一般脱色采用活性白土、活性炭等吸附剂进行处理。因此，除去色素的同时，还可以除去残余的胶质、金属和残皂等杂质。影响吸附剂脱色效果的主要因素是脱色剂的表面积、粒径、含水率、表面的物理结构和化学性质，以及脱色剂的用量、温度、时间等。应根据不同的油脂选用不同脱色条件。

6. 脱臭

脱臭的目的在于除去油脂中不良气味，改善油脂的色泽，提高油脂的稳定性。脱臭方法一般是利用水蒸气蒸馏原理在真空条件下进行，脱臭中排除的物质有酮、乙醛、甲醇、硫化氢、脂肪酸、色素等。

7. 脱蜡与脱酯（冬化）

（1）脱蜡　蜡质大多数为高级脂肪酸与高级一元醇所组成的脂类混合物，熔点高，人体不能消化吸收。含蜡油用作生产氢化油和食用油的原料时，蜡会影响催化剂的效率和食用油的透明度。用于制皂工业，蜡会影响操作和肥皂质量。

最简单的脱蜡方法是袋滤法。近几年来用溶剂脱蜡以及用表面活性剂的方法脱蜡。无论那种方法都是利用油脂与蜡质不同的溶点这一物理性质，通过冷却、结晶、过滤或离心分离等工序达到脱蜡的目的。

（2）脱酯（冬化）　植物油含有多种不同的甘油酯，用降温（0～10℃）结晶方法，把高溶点的固酯与低熔点的液油分离，可适用不同的用途，这个方法称为脱酯，又称为冬化。脱酯后的油耐寒性提高，在较低的温度下，保持透明。

（三）几种植物油脂的精炼工艺流程

1. 大豆油的精炼

大豆油的组成以油酸和亚油酸为主。一般情况下，毛油中游离脂肪酸的含量低于2.5%，因而豆油供作一般内销食用油时，只采用比较简单的水化工艺。

(1)工艺流程　大豆油精炼工艺流程见图3－24。

毛油→过滤→升温→加水水化→静置沉淀→净油→干燥→过滤→精炼油

图3－24　大豆油精炼工艺流程

(2)操作要点

①升温　毛油升温至65℃左右，在此温度下，水化可获得较高的精炼率。

②加水量　主要以油中磷脂含量来定，一般为油重的8%左右。精炼时根据具体情况灵活掌握，如果酸价大于6，则需要14～16°Bé的碱液先碱炼后，再加水水化。碱炼油保留4～6个酸价。

③水温比油温低5～10℃，通常在55℃左右，搅拌速度在60～70r/min。水化时以中速搅拌，根据磷脂积聚情况来定。

④静置2h，在静置时须保温。

⑤干燥时油温120℃左右，并用机械进行搅拌。

2. 棉籽油的精炼

棉籽油的成分也是以油酸、亚油酸为主。毛棉籽油杂质较多，颜色深，酸价高，并且有一定量的棉酚毒素，必须碱炼才能符合质量要求。

(1)工艺流程　棉籽油精炼工艺流程见图3－25。

毛棉籽油→过滤→加碱中和→静置沉淀(→皂脚)→净油→水洗→静置沉淀(→废水)→净油→真空干燥脱水→过滤→精炼棉籽油

图3－25　棉籽油精练工艺流程

(2)操作要点

①调整油温。将过滤毛油泵入中和锅内，调整毛油初温为20～30℃。

②取样化验。快速搅拌，以便均匀取样，化验酸价，计算理论碱量并决定超量碱。一般毛油酸价为12～13时，超量碱为油量的0.20%，碱液浓度为18～20°Bé。

③加碱中和。快速搅拌下，全部碱液迅速加入，加碱时间为10min左右。中和是否完成，可用小勺取样视油中皂粒分离情况而定。亦可用玻璃片沾油对光检视，若出现芝麻粒大小的皂料时，即表示中和已完全。一般中和时间约40min左右。

④加热升温。中和完成后，即用间接蒸汽加热，这时搅拌速度为40r/min左右，升温速度为1℃/min，终温为60～65℃。达到终温时，再用r/min慢速搅拌5min。同时洒入少许食盐粉，加入少量与油同温的热水，以使皂脚的沉淀加快。

⑤静置沉淀。沉淀2h左右。从锅底阀门放出皂脚，皂脚进行盐析，撇去中性油。

⑥水洗、静置沉淀。锅内的中性油保温 70℃，在慢速搅拌下，加入比油温高 10℃左右的热水。加水量为油量的 10% ~15%。加完水后静置沉淀 0.5h 左右，放出废水，水洗 2 次。

⑦真空干燥。当锅内存水洗静油 1/3 时开始抽气，真空度为 79.974kPa，温度为 90 ~100℃，干燥 30 ~40min。用试管取样置于冷水中冷却。若无浑浊出现，即为脱水干净。

⑧过滤。净油经过滤机过滤后，计量打入油库，即为成品油。

3. 菜籽油的精炼

菜籽油不同于一般植物油脂，含芥酸较多，除作一般食用油外，还可用来加工色拉油。色拉油比一般食用油的加工复杂，其精炼工艺简述如下。

(1)工艺流程　菜籽油精炼工艺流程见图 3 -26。

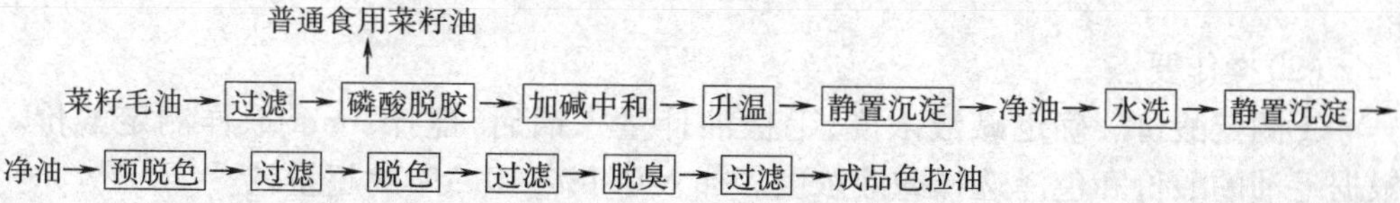

图 3 -26　菜籽油精炼工艺流程

(2)操作要点

①磷酸脱胶。毛油升温至 30 ~32℃，并搅拌除去油中的气泡，加入油重 0.1% ~0.2% 的磷酸(浓度为 85% 的工业磷酸)搅拌 0.5h。脱磷的菜籽油可以作普通食用油。

②加碱中和。以浓度为 16 ~18°Bé，超量碱为 0.2% ~0.3% 的液体碱进行碱炼。先快速(60r/min)搅拌 10 ~15min，继以慢速(27r/min)搅拌 40min。

③升温。中和搅拌 40min 后升温至 50 ~52℃，继续慢速搅拌 10min，待皂粒聚集后停止搅拌，关闭蒸汽阀，并静置沉淀 6h，分离时油中不带皂脚。

④水洗。将分离皂脚后的净油升温至 85℃，撇去面上的皂脚，加入油重 15%、温度为 90℃的盐碱水(含 0.4% 的烧碱和 0.4% 的工业盐)，边喷水边搅拌。加水完毕后停止搅拌，静置 0.5h，放掉下层废水，以沸清水水洗 2 ~3 次。洗涤后要求油中含皂量低于 0.003%。

⑤预脱色、过滤。将碱炼水洗后的净油泵入脱色锅内，升温至 90℃，真空(真空度 98.634kPa)干燥脱水 0.5h，再吸入少量活性白土，搅拌 20min。真空下冷却至 70℃进行过滤。

⑥脱色。将预脱色油吸入脱色锅内，真空度为 98.634kPa。在搅拌下升温至 90℃，并吸入油重 2% ~8% 的活性白土，继续搅拌 10 ~15min，油温降至 70℃时进行过滤。

⑦脱臭。脱色油吸入脱臭锅，以间接蒸汽加热至 90～190℃时，开始喷直接蒸汽，维持温度 185℃，残压 0.399～0.666kPa 脱臭 5h 以上，脱臭后油脂在真空下迅速冷却到 70℃以下，过滤后即得成品色拉油。

4. 米糠油的精炼

毛糠油含有一定量的糠蜡、叶绿素和叶黄素，油呈暗绿色。毛糠油的酸价比较高，并含有蛋白质、黏液、磷脂等胶溶性杂质和带有特殊的臭味，其精炼比一般油复杂。米糠油主要供食用及制皂原料。两者的精炼工艺也不相同。

(1)工艺流程　米糠油精炼工艺流程见图 3－27。

毛糠油→过滤→加碱中和→升温加水→静置沉淀→净油水洗→真空干燥→脱色→过滤→脱臭→脱蜡→成品油

图 3－27　米糠油精炼工艺流程

(2)操作要点

①测定酸价。确定碱液浓度，毛糠油计量入锅后，搅拌 5min 取样测定酸价。根据毛油的酸价和色泽选择碱液浓度。加入 0.1%～0.3% 的超量碱。

②加碱中和。毛油初温在 30～35℃时加碱液，全部碱液在 25～30min 内加完（装油量为 3.5t）。边加碱边搅拌，且到加碱完毕后，再搅拌 0.5h，等皂粒呈分离状为止。

③升温加水、静置沉淀。皂粒开始分离时，以 1℃/min 的速度使油温升至 80～85℃，一边升温一边搅拌，并立即加入油重 5%～10% 的盐水（浓度为 5%，加时缓慢进行），当水温与油温接近，继续搅拌 20min 后取样检查，直到皂粒迅速下沉为止。如皂粒沉淀不好，可适当再添加一点盐水直至迅速下沉为止。最后关闭蒸汽静置 8～12h。

④水洗。分离皂脚后，将油温升至 90℃，淋入浓度为 2%～3% 稀盐水，水与油同温，淋水量为油量的 8%～10%，淋水时稍加搅拌，静置 15min 以后，放去废水。如此反复洗 4～5 次，直到废水清亮为止。

⑤干燥、脱色、过滤。将油吸入真空干燥锅，升温至 90℃进行真空脱水，直到油面无雾状，油中无泡沫为止，待干燥完毕立即吸入活性白土（也可加入适量的活性炭）。白土重量视脱色前的颜色而定，一般为油重的 2%～5% 左右。吸入白土后，搅拌 30min，并趁热过滤，以除去白土。

⑥脱臭。将脱色过滤后的油，升温至 100℃，再通过热蒸汽升温至 160℃以上，并维持在真空下脱臭 6h。脱臭油在真空下冷却至 60℃后转入敞口锅冷却。

⑦脱蜡。脱臭后的油冷却至 30℃时，进行第一次过滤，过滤的油在 25℃以下冷却 24h，再进行第二次过滤，所得精炼油即为脱蜡成品油。

实验实训

实训一 快速发酵法面包的制作

一、实训目的与要求

理解快速发酵法的原理，熟悉相关设备操作要领，掌握快速发酵法面包的制作过程。

二、实训原理

其原理是在搅拌期间还原剂能够破坏面粉蛋白之间的二硫键，减少了面筋对机械作用的阻力，缩短了面团搅拌时间。中间发酵时间尽可能短，因为在面团中添加了大量的氧化剂，它可以使被破坏的面筋重新结合起来，以利于后几道工序和适当的持气性能。如果中间发酵时间太长，将引起面团过度的韧性，不利于面团的整形。

由于发酵时间很短甚至没有发酵过程，因此面团的 pH 将较高(不酸)，酵母的产气能力要比普通发酵的面团低得多。故为了增加酵母的产气力，一般采取以下方法：①增加酵母用量；②增加面团的温度；③加酸调整 pH。

三、实训材料与设备

(1)实训材料　高筋粉、奶粉、白砂糖、鸡蛋、柠檬黄等。

(2)仪器与设备　台秤、搅拌机、不锈钢盆、醒发箱、电烤炉、包装机等。

四、工艺流程

快速发酵法面包制作工艺流程见图 3－28。

饰面(蛋液)↓

全部配料→调制面团→压片→卷条→切块→醒发→烘烤→冷却→包装→成品

图 3－28　快速发酵法面包制作工艺流程

五、操作要点

(1)奶蛋甜吐司的配方见表 3－15。

表 3－15　奶蛋甜吐司配方

原料名称	配比/%	质量/g	组别
砂糖	24	240	A
鸡蛋	15	150	
水	40	400	
柠檬黄	适量	适量	

续表

原料名称	配比/%	质量/g	组别
高筋粉	100	1000	B
乳粉	4	40	
酵母	2	20	
改良剂	0.3	3	
牛油香粉	0.3	3	
牛油蛋香粉	0.3	3	
盐	0.8	8	C
奶油	10	100	

(2)制作过程

①A慢速搅匀约1min,加入B慢速搅匀后,快速搅拌6min。

②将面团面筋扩展至八成(面团表面光滑),改慢速后加入C,搅至均匀后,快速至面筋完全扩展。

③面团温度30℃,分割,成型,入模。

④醒发温度38℃,相对湿度85%,约95min。

⑤烘烤:面火180℃,底火170℃,35min。

实训二 曲奇饼干的制作

一、实训目的与要求

熟悉饼干制作的基本工艺,掌握曲奇饼干面团调制、成型特点和烘烤等操作。

二、实训原理

充分利用面粉的面筋性质——延伸性,将鸡蛋、酥油、白糖及其他辅料包裹在一起,由于鸡蛋具有良好的乳化性、起泡性和疏松性,加上酥油的可塑性,使得酥油的油相与面粉中的束缚水水相紧密结合起来,从而形成一定的口感。经过混合后的面团,用裱花袋挤注成型(饼干的模具成型方法有三种:辊印成型、辊切成型和挤注成型,还有一种是手工成型),再经烘烤,就成为色香味形俱佳的成品。

三、实训材料与设备

(1)实训材料　配方:固态酥油250g,糖粉220g,食盐6g,糕点粉700g,液态酥油40g,植物油60g,炼乳75g,水190g,香草粉3.8g(或奶香粉18g)。

(2)仪器与设备　台秤、天平、打蛋器、搅拌器、裱花袋及花嘴、烤箱。

四、工艺流程

曲奇饼干制作工艺流程见图3-29。

原料准备 → 原辅料预混合 → 调制面团 → 成型 → 烘烤 → 冷却 → 成品

图 3－29　曲奇饼干制作工艺流程

五、操作要点

(1)将固态酥油与糖粉、食盐放入搅拌器中打发,酥油发白后即可。

(2)加入液态酥油、炼乳、植物油与奶香粉,搅拌均匀即可。

(3)慢慢加入清水低速搅拌均匀。

(4)慢慢加入筛后的糕点粉,搅拌均匀,用裱花袋挤出不同的形状即可成型。

(5)入炉烘烤:约 25min。上火 170℃、下火 150℃,烤至成熟、表面黄色。

(6)将其取出,冷却后即为成品。

实训三　卷心蛋糕的制作

一、实训目的与要求

理解蛋糕制作的原理,掌握广式卷心蛋糕制作工艺,对成品进行正确分析与评判。

二、实训原理

通过机械高速搅打的方式,使蛋液中裹入大量空气,在加热条件下,蛋白质凝固变性,被包裹入的空气经过加热膨胀,从而形成海绵状组织,并使制品变得膨大、松软。在加热条件下,糖与蛋白质发生了美拉德反应,形成了诱人的金黄色。

三、实训材料与设备

(1)实训材料与配方　A:鸡蛋 24 个,白糖 500g;B:面粉 450g,泡打粉 7.5g,奶香粉 7.5g,蛋糕油 75g,盐 5g;C:水 80g,色拉油 125g;D:果酱或奶油、糖粉各适量。

(2)仪器与设备　台秤、天平、打蛋器、烤箱、锯刀。

四、工艺流程

卷心蛋糕制作工艺流程见图 3－30。

原料准备 → 调制面糊 → 注模 → 烘烤 → 成形 → 成品鉴定

图 3－30　卷心蛋糕制作工艺流程

五、操作要点

(1)将 A 在打蛋器中,以慢速将鸡蛋和白糖搅化(出现水泡状),再以高速搅打为乳白色的糊状为止。

(2)转以慢速,缓慢加入 B,搅匀,再转以高速搅打为鸡尾状(以立筷子不倒为止)。

(3)转以慢速,缓慢加入 C,搅打至蛋糕糊表面光滑为止。

(4)将烤炉升温,面火 200℃,底火 150℃。

(5)烤盘上铺上蛋糕纸,铺平,刷上一层薄油(以防蛋糕坯粘连)。

(6)将面糊倒入标准盘,以刮板抹平。

(7)入炉烘烤,烤至约15min,表面开始上色,即调头,烤至成熟,蛋香味浓郁,色泽金黄时,即可取出(出炉时磕一下,以免成品塌陷)。

(8)冷却后,翻扣于筛板上,轻轻揭去蛋糕纸,分为两块备用。

(9)将其中一块放纱布上,修理平整,再在上面以刮板抹上D,以擀面杖卷起纱布的方法轻轻卷起,成圆筒状。再切成5cm长段即可。

实训四 月饼的制作

一、实训目的与要求

了解月饼的特点及原料知识;掌握饼皮与馅心原料的配料比例;学会馅心的调制、糖浆的熬制及月饼的烘烤;熟练掌握月饼加工的全过程。

二、实训原理

月饼属于砂糖浆皮类制品,砂糖浆皮是用面粉,掺入适量油脂、糖浆等经擦制而成。糖浆是把蔗糖加适量清水、食用碱、柠檬酸等,熬制后,再贮藏一段时间,经自然转化后而形成的。由于油脂和糖具有反水化作用,故使得制品口感酥松、软糯。油脂使制品经存放后回油,从而使制品油润光亮;糖可以增加甜味,还延长了产品的保质期;由于砂糖经水解后,随着水分的蒸发,会逐渐结晶而析出,加入了适量的柠檬酸后,柠檬酸作为一种转换剂,把蔗糖转换为还原糖,还原糖可以提高蔗糖的溶解度,防止蔗糖因结晶而析出,同时,还原糖还具有很强的稀释性能,经过贮存的月饼可以回软。加入适量食用碱在高温条件下,产生了棕红色泽,同时又中和了因加入柠檬酸而产生的酸味,改善了制品口味。

三、实训材料与设备

(1)实训材料与配方　糖浆配方:水5kg,糖10kg,柠檬酸150g,食用碱100g,食用盐100g;砂糖浆皮配方:面粉10kg、糖浆4~5kg,油3~3.5kg,奶油150g,泡打粉100g;馅心:豆沙馅35g/个(以豆沙月饼为例);鸡蛋:适量(做着色用)。

(2)仪器与设备　台秤、天平、搅拌器、和面机、烤箱。

四、工艺流程

月饼制作工艺流程见图3-31。

图3-31　月饼制作工艺流程

五、操作要点

(1)熬糖浆　将水煮沸,加入白糖,熬制15min,加入柠檬酸、食用碱、食用盐,熬至糖浆为棕红色,能拔出丝即可。

(2)原辅料预混合　将糖浆、油,奶油、泡打粉放入搅拌机内,搅拌均匀。

(3)和面　将面粉、糖浆,油,奶油、泡打粉放入和面机内,拌匀即可。

(4)搓条　将其搓为直径4cm粗的条。

(5)下剂　再下成40g的剂子。

(6)制皮　用擀面杖擀成直径7cm饼皮。

(7)包馅　将馅心包入,收口收紧,收口向下,整齐摆于刷过油的烤盘上。

(8)成形　用各种花纹的模具压出花纹,即可。照此方法,直至全部做完。

(9)烘烤　将生坯放入到烤箱中(已升温),进行烘烤。面火:210~230℃;底火:170~220℃;时间:大约20min。烤约5min,至表面发白,刷上蛋液,再烘烤。烤约15min,调头,继续烘烤。

(10)烤至成熟,表面花纹清晰,色泽棕红即可。

(11)冷却　烤熟月饼取出冷却,即为成品。包装后,待其回油、回软,即可销售。

思考题

1. 面包制作中常用原辅料的作用和特点有哪些?
2. 简述一次发酵法制作面包的工艺。
3. 常见的面团改良剂有哪些? 各有什么作用?
4. 面筋有何工艺性能。
5. 叙述面团的形成过程。
6. 油脂在面包加工中的作用有哪些?
7. 饼干的原辅料有哪些?
8. 化学疏松剂有什么特点?
9. 简述饼干的制作工艺。
10. 韧性饼干质量标准是什么?
11. 方便面加工中,加入鸡蛋有何作用? 添加剂有哪些?
12. 简述油炸方便面的生产工艺。
13. 简述植物油脂的理化性质、预处理的途径、目的和要求。
14. 简述压榨法制油的特点和工艺流程。
15. 简述浸出法、水代法制油原理。
16. 毛油中的杂质有哪些? 对油脂质量有何影响?
17. 简述植物油脂常用精炼方法。

模块四
畜禽水产品及禽蛋加工技术

知识目标

1. 了解畜禽与水产食品种类及原料特性，熟悉其新鲜度鉴别方法。
2. 理解各种辅料对畜禽肉、蛋制品及水产食品加工工艺的影响。
3. 掌握常见中西式肉制品、禽蛋制品及水产食品加工技术。

技能目标

1. 能够正确判别畜禽、水产及禽蛋原料是否新鲜。
2. 具备从事常见肉制品与蛋制品生产操作及质量控制能力。

项目一
畜禽肉品加工技术

一、畜禽种类

肉类工业生产的原料主要是家畜和家禽，简称肉用畜禽。我国用于肉品生产的畜禽有猪、牛、羊、兔、禽（鸡、鸭、鹅等），以及其他一些特种经济动物和野生动物均可提供风味各异肉品，同种动物不同品种的肉质也有差异，适宜不同的加工和食用方法。现简要介绍我国主要的畜禽品种。

1. 猪

（1）金华猪　产于浙江省金华地区。毛色黑白相间，头尾黑色，又称“两头乌”，属华中型猪。皮薄骨细，早熟易肥，肉质优良，是适于腌制火腿的优良猪种。

金华火腿驰名中外。

(2)乌金猪　产于云南、贵州、四川省接壤的乌蒙山和大、小凉山地区。毛色为黑色或棕褐色,属西南型猪。由于饲养粗放,增重缓慢,肥育期长。乌金猪后腿肌肉发达,肉质坚实,是加工火腿的上等原料。其中“云腿”驰名中外。

(3)江苏淮猪　江苏淮猪主要产于苏北地区,全身黑色,头部较长,耳大下垂,臀部丰满,较耐粗饲。繁殖力强,肉质优良。如皋火腿(北腿)和金华火腿(南腿)驰名全国,与该猪肉质有很大关系。

(4)四川猪　四川猪有黑白两种,黑猪产于内江一带称为内江猪;白猪主要产于泸水、重庆及成都等地。四川猪体型较大,出肉率较高(70%左右)。

2. 牛

(1)黄牛　黄牛是中国对牦牛和水牛以外的所有家牛的惯称。我国现有1亿多头黄牛,分为28个品种,分布于全国各地,其中秦川牛、南阳牛、鲁西牛、晋南牛、延边牛和蒙古牛这六大地方品种分布最广、数量最多。

(2)水牛　水牛主要分布在华南及长江流域各省。体躯强壮,肉质不如黄牛。

(3)牦牛　产于西南、西北地区,是海拔3000~5000m高山草原上的特有牛种,有九龙牦牛、青海高原牦牛、天祝白牦牛、麦洼牦牛、西藏高山牦牛等品种。牦牛多为乳、肉、毛、皮、役兼用种。因海拔高缺氧,肌肉内贮氧的肌红蛋白含量高,故其肉色呈深鲜红色。

3. 羊

羊可分为绵羊和山羊两大类型,绵羊大多以产毛为主,还有一些以产肉、产羔皮和裘皮为主的绵羊。山羊用途较为多样,以产乳为主的称为“乳山羊”,以产肉为主的称为“肉山羊”,以产绒毛为主的称“绒山羊”。至于一些绵羊和山羊品种及产肉性能不再详述。

4. 禽类

我国用于肉制品加工的禽类有鸡、鸭、鹅、火鸡、鹌鹑等。近年来,有些地方开始规模化养殖鹧鸪、鸵鸟等。

二、肉品质量

(一)肉的组织结构

1. 肉的概念

在肉制品工业生产中,把刚屠宰后不久体温还没有完全散失的肉称热鲜肉。

经过一段时间的冷处理，使肉保持低温（0～4℃）而不冻结的状态称为冷却肉（chilled meat）；而经低温冻结后（－23～－15℃）称为冷冻肉（frozen meat）。肉按照不同部位分割包装称为分割肉（cut），如经剔骨处理则称剔骨肉（boneless meat）。由肉经过进一步的加工处理生产出来的产品称肉制品。肉品科学（meat science）主要是研究屠宰后的肉转变为可食肉的质量变化规律。它包括肉的形态结构、肉的理化性质及屠宰后肉的生物化学、微生物学变化。

2. 肉的形态结构

动物体主要由肌肉组织、脂肪组织、结缔组织、骨骼组织四大部分组成，其中肌肉组织占胴体重的50%～60%。因此了解肌肉的结构、组成和功能对于掌握肌肉在屠宰后的变化、肉的食用品质及利用特性等都具有重要意义。

（1）肌肉组织　肌肉组织在组织学上可分为三类，即骨骼肌、平滑肌和心肌。与肉品加工有关的主要是骨骼肌，所以将重点介绍骨骼肌，以下提到的"肌肉"也指骨骼肌而言。

（2）脂肪组织　脂肪组织占胴体重量2%～40%，变动范围很大。主要分布在皮下、肠系膜、网膜、肾周围、坐骨结节等部位，瘦肉型猪在肌间有较多的蓄积，呈红白相间的大理石样外观，这种肉肥瘦适度，质嫩味美，食用价值高。

（3）结缔组织　结缔组织是构成肌腱、筋膜、韧带及肌肉内外膜、血管、淋巴结的主要成分，起到支持和连接各器官组织的作用，使肉保持一定硬度，具有弹性。

（4）骨组织　其食用价值极低，只有骨腔内所含骨髓及烧煮后获得的骨胶原可供食用。

（二）屠宰后肉的变化

动物刚屠宰后，肉温还没有散失，柔软，具有较小的弹性。经过一定时间，肉体变为僵硬状态，这种现象称为死后僵直，持水性差，加热后重量损失很大，不适于加工。如果继续贮藏，其僵直情况会缓解，经过自身解僵，肉又变得柔软起来，同时持水性增加，风味提高，所以在利用肉时，一般应解僵后再使用，此过程称为肉的成熟。成熟肉在不良条件下贮存，经酶和微生物作用分解变质称为肉的腐败。在肉品工业生产中，要控制尸僵、促进成熟、防止腐败。

1. 肉的死后僵直

（1）死后僵直与温度的关系　一般来说，在15℃以上，温度越高，肌肉收缩越剧烈。如果在夏季室外屠宰，没有冷却设施，其肉就会变得很老；在15℃以下，肌肉的收缩程度与温度呈负相关，也就是说，温度越低，收缩程度也越大，所谓的冷收缩就是在低温条件下形成的。经测定在2℃条件下肌肉的收缩程度与40℃一样大。如果宰后迅速冷冻，这时肌肉还没有达到最大僵直，则在解冻时会发生肌肉收缩僵直，这种现象称为解冻僵直。解冻僵直时收缩剧烈，并有很多汁液流出。因此最好在肉的最大僵直后期进行冷冻。

(2)死后僵直形成的三个阶段　根据其外在变化表现，可将肌肉从屠宰至达到最大僵直的过程分为3个阶段：僵直迟滞期(delay phase)、僵直急速形成期(rapid phase)和僵直后期(post - rigor phase)。在屠宰后初期，肌肉还能保持一定的伸缩性和弹性，这一时期称为僵直迟滞期。

随着宰后时间的延长和磷酸肌酸的能量耗尽，肌肉ATP的来源主要依靠葡萄糖的无氧酵解，致使ATP水平下降，同时乳酸浓度增加，肌浆网中的Ca^{2+}被释放，从而快速引起肌肉的不可逆性收缩，肌肉的弹性逐渐消失，肌肉的僵直进入急速形成期；当肌肉内的ATP含量降到原含量的15%～20%时，肌肉的伸缩性几乎丧失殆尽，从而进入僵直后期。

2. 肉的解僵与成熟

解僵指肌肉僵直缓慢解除、肉的质地变软的过程。解僵在0～4℃的环境温度下，鸡需要3～4h，猪需要2～3d，牛则需要7～10d。

成熟是指僵直解除、肌肉变软、系水力和风味得到很大改善的过程。肉的成熟过程实际上包括肉的解僵过程，两者所发生的许多变化是一致的。

3. 肉的腐败

肉类腐败变质时，往往在肉的表面产生明显的感官变化。①发黏。微生物在肉表面大量繁殖后，使肉表面有黏液状物质产生，并有较强的臭味。②变色。最常见的是绿色，这是由于蛋白质分解产生的硫化氢与肉中的血红蛋白结合后形成的硫化氢血红蛋白。③ 霉斑。肉体表面有霉菌生长时，往往形成霉斑，特别是一些干腌肉制品。④ 变味。最明显的是肉类蛋白质被微生物分解产生的恶臭味，还有在乳酸菌和酵母菌的作用下产生的酸味；霉菌繁殖产生的霉味等。

(三)肉的食用品质

1. 肉色

肉的颜色主要取决于肌肉中的色素物质——肌红蛋白和血红蛋白，如果放血充分，前者占肉中色素的80%～90%，占主导地位。

(1)肌红蛋白的性质　肌红蛋白(Mb)本身是紫红色，与氧结合可生成氧合肌红蛋白，为鲜红色，是新鲜肉的色泽；Mb和氧合Mb在低氧分压环境下，均可以被氧化生成高铁肌红蛋白，呈褐色，使肉色变暗；Mb与亚硝酸盐反应可生成亚硝基肌红蛋白，呈粉红色，是腌肉的典型色泽；Mb加热后蛋白质变性形成珠蛋白氯化血色原，呈灰褐色，是熟肉典型色泽。

(2)影响肉色稳定的因素　①环境中的氧分压:O_2 分压的高低决定了肌红蛋白是形成氧合肌红蛋白还是高铁肌红蛋白,从而直接影响到肉的颜色。②湿度:环境中湿度大,则肌红蛋白氧化速度慢,因在肉表面有水汽层,影响氧的扩散。③温度:环境温度高促进氧化。如牛肉 3 ~ 5℃贮藏 9d 变褐,0℃时贮藏 18d 才变褐。④pH:动物在宰前糖原消耗过多,尸僵后肉的极限 pH 高,易出现生理异常肉,牛肉为出现 DFD 肉,即英文 Dark,Fim,Dry,为颜色较黑、发硬、发干的肉。而猪则易引起 PSE 肉,即肉色变得苍白。⑤微生物:贮藏时污染微生物会使肉发生表面颜色的改变,污染的细菌分解蛋白质使肉色污浊;污染霉菌则在肉表面形成白色、红色、绿色、黑色等色斑或发出荧光。

(3)保持肉色的方法　①真空包装:除了冷冻冷藏外,真空包装是目前肉品保鲜中最常用措施。②气调包装:通过调节包装袋里的气体组成来抑制需氧微生物繁殖,控制肌红蛋白的氧合和氧化,从而对肉的颜色有调节作用。③抗氧化剂:在饲料中添加维生素 E 或用维生素 C 溶液处理肉,能延长肉色的保持时间。维生素 C 还有抑制微生物生长的作用,在动物屠宰前注射维生素 C 也有同样的效果。

2. 嫩度

肉的嫩度(tenderness)指肉在食用时口感的老嫩,反映了肉的质地(texture)。①宰前因素。影响肉嫩度的宰前因素有动物品种、年龄和性别以及肌肉部位等。②宰后因素。影响肉嫩度的宰后因素主要是温度、成熟和烹调加热。现代企业多用人工嫩化的方法,比如用酶、电刺激、压力等来处理肉,使其嫩度发生改变。

3. 风味

肉的风味大都通过烹调后产生,生肉一般只有咸味、金属味和血腥味。当肉加热后,前体物质反应生成各种呈味物质,赋予肉以滋味和芳香味。这些物质主要是通过美拉德反应、脂质氧化和一些物质的热降解这 3 种途径形成。

风味的差异主要来自于脂肪的氧化。

4. 系水力

肌肉系水力也称持水性,它不仅影响肉的色香味、营养成分、多汁性、嫩度等食用品质,而且有着重要的经济价值。

肉的持水性能以肌肉系水力来衡量,是指当肌肉受到外力作用时,其保持原有水分与添加水分的能力,所谓外力指压力、切碎、冷冻、解冻、贮存、加工等。

三、中西式肉制品加工技术

(一)中式肉制品加工技术

中式肉制品种类因产地和风土人情不同而存在很大差异,并以自身独特的魅力吸引着广大消费者。中式肉制品主要分为腌腊制品、酱卤制品、烧烤制品、灌肠制品、烟熏制品、发酵制品、干制品、油炸制品和罐头制品等9大类。

中式肉制品因其颜色、香气、滋味和造型独特而著称于世,充分证明它有着广泛的大众消费基础,蕴藏着强大的生命力。但是,中式肉制品尚存在加工规模小、工艺落后、设备简单、包装陈旧等缺点,因而不能满足消费者在商品质量、品种多样化和消费心理上的需求。

随着工作节奏与生活节奏的加快,旅游业的蓬勃兴起与发展,人们迫切希望家务劳动社会化、食品方便化。因此,传统肉制品的工业化与现代化势在必行。将食品工程、发酵工艺、生物保鲜、现代包装与加工技术应用于传统肉制品的方便化与工业化生产之中,改大为小,变生为熟,缩短腌制时间和发酵周期,努力提高香气,降低盐分,丰富色彩,消除有害有毒物质产生与污染,简化工艺,定量配方,确定科学的工艺参数,实现规模化工业生产,是一项十分重要的研究课题。

1. 腌腊制品

腌腊制品是指畜禽肉类经过加盐(或盐卤)和香料进行腌制,使其在寒冬腊月气温下自然风干成熟,形成独特腌腊风味而得名。现泛指原料肉经预处理、腌制、脱水、保藏成熟而成的肉制品。腌腊制品特点:肉质细致紧密,色泽红白分明,滋味咸鲜可口,风味独特,便于携运,耐贮藏等。我国的腌腊制品主要有咸肉、腊肉、板鸭、腊肠、中式火腿等。下面对个别品种加工工艺及其技术要点做简单介绍。

(1)中式火腿　中式火腿因产地、加工方法和调料不同而分为金华火腿(浙江)、宣威火腿(云南)和如皋火腿(江苏)等。中式火腿是用猪的前后腿肉经腌制、发酵等工序加工而成的一种腌腊制品。金华火腿产于浙江省金华地区诸县;中国火腿以金华火腿最负盛名。其特点是皮薄、色黄亮、爪细,以色、香、味、形四绝为消费者所称誉。下面就以金华火腿为例介绍如下。

中式火腿生产工艺流程见图4-1。

图4-1　中式火腿生产工艺流程

①原料选择:选择金华"两头乌"猪的鲜后腿。皮薄爪细,腿心饱满,瘦肉多肥

膘少,腿坯质量5.0~7.0kg为好。

②修整:取鲜腿,去毛,洗净血污,剔除残留的小脚壳,将腿边修成弧形,用手挤出大动脉的淤血,最后修整成柳叶形。

③腌制:腌制是加工火腿的主要工艺环节,也是决定火腿加工质量的重要过程。根据不同气温,恰当地控制时间、加盐数量、翻倒次数,是加工火腿的技术关键。由于食盐溶解吸热一般要低于自然温度,大致在4~5℃,因此腌制火腿的最适宜温度应是腿温不低于0℃,室温不高于8℃。在正常气温条件下,金华火腿在腌制过程中共上盐与翻倒7次。上盐主要是前3次,用盐量大约为总用盐的90%左右;其余4次是根据火腿大小、气温差异和不同部位而控制盐量,大约占总用盐的10%。总用盐量占腿质量的9%~10%。一般质量在6~10kg的大火腿需腌制40d左右。

④洗晒和整形:腌好的火腿要经过浸泡、洗刷、挂晒、印商标、整形等过程。将腌好的火腿放入清水中浸泡,浸泡后即进行洗刷;后根据火腿的肌肉颜色来确定再次浸泡的时间,如发暗,浸泡时间要短,如发白且肌肉结实,浸泡时间要长。浸泡洗刷后的火腿要进行吊挂晾晒,待皮面无水而微干后进行打印商标,再晾晒3~4h即可开始整形。整形是在晾晒过程中将火腿逐渐校成一定形状。整形之后继续晾晒,气温在10℃左右时,晾晒3~4d,晒至皮紧而红亮,并开始出油为度。

⑤发酵(成熟):成熟就是将火腿贮藏一定时间,形成火腿特有的颜色和芳香气味。火腿吊挂成熟2~3个月至肉面上逐渐长出绿、白、黑、黄色霉菌时(这是火腿的正常发酵)即完成发酵。如毛霉生长较少,则表示时间不够。发酵过程中,这些霉菌分泌的酶,使腿中蛋白质、脂肪发生酵解,从而使火腿逐渐产生香味和鲜味。

⑥修整:发酵完成后,腿部肌肉干燥而收缩,腿骨外露。为使腿形美观,要进一步修整。割去露出的耻骨、股关节,整平坐骨,并从腿脚向上割去腿皮,除去表面高低不平的肉和表皮,达到腿正直,两旁对称均匀,腿身呈竹叶形的要求。

⑦保藏:经发酵修整好的火腿,可落架,用火腿滴下的原油涂抹腿面,使腿表面滋润油亮,即成新腿,然后将腿肉向上,腿皮向下堆叠,1周左右调换1次。经堆叠过夏的火腿就称为陈腿,风味更佳,此时火腿质量约为鲜腿质量的70%,火腿可用真空包装,于20℃下可保存3~6个月。

(2)腊肠　腊肠也称香肠,是指以肉类为主要原料,经切、绞成丁,配以辅料,灌入动物肠衣再晾晒或烘焙而成的肉制品。香肠是我国肉类制品中品种最多的一大类产品。

我国较有名的腊肠有广东腊肠、武汉香肠等。腊肠加工的工艺流程如图4-2所示。

①原料选择与修整:原料肉以猪肉为主,要求新鲜。瘦肉以腿臀肉为最好,肥膘以背部硬膘为好。加工其他肉制品切割下来的碎肉亦可作原料。去掉筋腱、骨头和皮。

原料肉选择与修整 → 切丁 → 拌馅、腌制 → 灌制 → 漂洗、晾晒或烘烤 → 成品

图 4－2　腊肠加工的工艺流程

②切丁:瘦肉用绞肉机以 0.4～1.0cm 的筛板绞碎,肥肉切成 0.6～1.0cm^3 大小的肉丁。肥肉丁切好后用温水清洗 1 次,以除去浮油及杂质,沥干水分待用,肥瘦肉要分别存放。

③配料:各地有所不同,现介绍几种如下。

广式香肠配料(单位 kg):瘦肉 70、肥肉 30、精盐 2.2、砂糖 7.6、白酒(酒精度 50°)2.5、白酱油 5、硝酸钠 0.05。

哈尔滨红肠配料(单位 kg):瘦肉 75、肥肉 25、食盐 2.5、酱油 1.5、白糖 1.5、白酒(酒精度 50°)0.5、硝石 0.1、苏砂 0.018、大茴香 0.01、豆蔻 0.017、小茴香 0.01、桂皮粉 0.018、白芷 0.018、丁香 0.01。

川式香肠配料(单位 kg):瘦肉 80、肥肉 20、精盐 3.0、白糖 8、酱油 3.0、曲酒 1.0、硝酸钠 0.005、花椒 0.1、混合香料 0.15(大茴香、山奈、桂皮、甘草、荜拔等)。

④拌馅与腌制:把肉和辅料混合均匀。在清洁室内放置 1～2h。当瘦肉变为内外一致的鲜红色,用手触摸有坚实感,手摸有滑腻感时,即完成腌制。此时加入白酒拌匀,即可灌制。

⑤灌制:将肠衣套在灌嘴上,使肉馅均匀地灌入肠衣中。要掌握松紧程度,不能过紧或过松。灌制过程中注意用排气针扎刺湿肠,排出内部空气。按品种、规格要求每隔 10～20cm 用细线结扎一道。生产枣肠时每隔 2～2.5cm 结扎。

⑥漂洗、晾晒和烘烤:将湿肠用 35℃左右的清水漂洗 1 次,除去表面污物,然后依次分别挂在竹竿上。将香肠放在日光下曝晒 2～3d。在日晒过程中,有胀气处应针刺排气。晚间送入烘烤房内烘烤,温度保持在 40～60℃。温度过高易脂肪融化,同时瘦肉也会烤熟。一般经过 3 昼夜的烘晒即完成,然后再凉挂到通风良好的场所风干 10～15d 即为成品。

2. 酱卤制品

酱卤制品都是熟肉制品,产品酥软,风味浓郁,不适宜贮藏。根据地区不同和风土人情的特点,形成了独特的地方特色传统酱卤制品。

(1)白煮肉类　白煮肉类制品是原料经(或未经)腌制后,在水(盐水)中煮制而成的熟肉类制品。主要特点是最大限度的保持了原料肉固有的色泽和风味,一般在食用时才调味。其代表是盐水鸭、白切肉等。

南京盐水鸭至今已有 400 多年历史。其特点是鸭体表皮洁白,营养丰富,具有香、酥、嫩和鲜的特点。其加工工艺流程如图 4－3 所示。

①选料:选用新鲜优质鸭子为原料,一般活鸭重为 2kg 左右,鸭体丰满,肥瘦适

图 4－3 南京盐水鸭加工工艺流程

度。宰杀、去毛、去内脏后，清洗干净。

②腌制：先干腌，即用食盐和八角粉炒制的盐，涂擦鸭体内外表面，用盐量为 6%，涂擦后堆码腌制 2～4h。然后抠卤，再行复卤 2～4h，即可出缸。复卤即用老卤腌制，老卤是加生姜、葱、八角蒸煮加入过饱和盐水的腌制卤。

③煮制：在水中加入生姜、八角和葱，煮沸 30min，然后将腌制鸭放入水中，保持水温为 80～85℃，加热处理 60～120min。在煮制过程中，始终维持温度在 90℃左右，否则温度过高会导致脂肪熔化，肉质变老，失去鲜嫩特色。

④冷却包装：煮制完毕，静置冷却，然后真空包装，也可冷却后直接鲜销。

（2）酱卤肉类　酱卤肉类制品是肉在水中加食盐或酱油等调味料和香辛料一起煮制而成的一类熟肉制品。酱卤肉主要有北京月盛斋酱牛肉、苏州酱汁肉、道口烧鸡、德州扒鸡等。

月盛斋酱牛肉又称五香酱牛肉，是北京著名特产。原料选用膘肥牛肉，并用冷水浸泡清除淤血，洗净后剔骨。按部位切成前后腿、腰窝、腱长、脖子等，再切成 1kg 左右小块。

酱卤肉类制品加工工艺流程如图 4－4 所示。

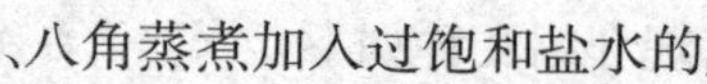

图 4－4 酱卤肉类制品加工工艺流程

①选料：选择优质、新鲜、健康的肉牛肉进行加工。

②调酱：取黄酱加入一定量的水拌和，去酱渣，煮沸 1h，并将浮在汤面上的酱沫撇净，盛入酱制容器内备用。

③酱制：将原料肉放于锅内，一般先将含结缔组织较多的肉质较老的牛肉放在锅底部，含结缔组织较少的嫩肉放于上层，然后倒入酱汁。待煮沸后加入各种调料，煮制 4h 左右，每隔 1h 翻动 1 次，酱制过程中应保证每块肉都浸入酱制汤中，最后用小火煮制 2～4h，使其煮熟并均匀呈味。

④保藏：酱制好的牛肉可鲜销，也可置冷藏条件下保存。

（3）糟肉类　苏州糟肉是用猪肋条肉制成的一种风味肉制品，皮白肉嫩，香气浓郁，鲜美爽口。糟肉加工工艺流程如图 4－5 所示。

①选料整理：选用新鲜的皮薄而又细嫩的方肉、前后腿肉为原料。将方肉或腿肉切成一定形状，长为 15cm，宽为 11cm 的长方肉块。

②烧煮：将肉置于煮锅中煮沸 45～60min，直至肉煮熟为止。

选料 → 整理 → 烧煮 → 配料 → 糟制 → 包装

图 4－5　糟肉加工工艺流程

③配料：按肉重计，陈年香糟 25%、黄酒 3%、大曲酒 0.5%、葱 1%、生姜 0.8%、食盐 1%、味精 0.5%、五香粉 0.1%、酱油 0.5%。

④糟制：将配料混合均匀，过滤制成糟露或糟汁，然后将烧煮好的肉置于糟制容器中，倒入糟露或槽汁，糟制 4～6h 即成。

⑤包装：将精制好的肉真空包装即为成品。

3. 肉干制品

肉干制品是肉经过预加工后再脱水干制而成的一类熟肉制品，主要包括肉干、肉松和肉脯 3 大类。

(1)肉干　肉干是以精选瘦肉为原料，经预煮、复煮、干制等工艺加工而成的肉干制品。按原料分有牛肉于、猪肉干、兔肉干、鱼肉干等，按风味分五香、咖喱、麻辣、孜然等，按形状有片、条、丁状肉干等。肉干加工工艺流程如图 4－6 所示。

原料选择 → 预处理 → 预煮与成型 → 复煮 → 烘烤 → 冷却包装 → 检验 → 成品

图 4－6　肉干加工工艺流程

①原料选择：肉干多选用健康、育肥的牛肉为原料，选择新鲜的后腿及前腿瘦肉最佳。

②原料预处理：将选好的原料肉剔骨、去脂肪、筋腱、淋巴、血管等部分，然后切成 500g 左右大小的肉块，并用清水漂洗后沥干备用。

③预煮与成型：将切好的肉块投入到沸水中预煮 60min，同时不断去除液面的浮沫，待肉块切开呈粉红色后即可捞出冷凉，然后按产品的规格要求切成一定的形状。

④复煮：取一部分预煮汤汁（约为半成品的 1/2），加入配料，熬煮，将半成品倒入锅内，用小火煮制，并不时轻轻翻动，待汤汁快收干时，把肉片（条、丁）取出沥干。

⑤烘烤：将沥干后的肉片或肉丁平铺在不锈钢网盘上，放入烘房，温度控制在 50～60℃，烘烤 4～8h 即可。为了均匀干燥，防止烤焦，在烘烤过程中，应及时进行翻动。

⑥冷却及包装：肉干烘好后，应冷却至室温，未经冷却不可直接进行包装。

(2)肉松　肉松有猪肉松、牛肉松、鸡肉松、鱼肉松等，按形状分为绒状肉松和粉状（球状）肉松。肉松加工工艺流程如图 4－7 所示。

①原料肉选择：选用健康家畜的新鲜精瘦肉为原料。

原料选择 → 预处理 → 煮制 → 炒压或擦松 → 炒制 → 冷却 → 包装

图 4－7　肉松加工工艺流程

②原料肉预处理：先剔除骨，皮、脂肪、筋腱、淋巴、血管等不宜加工的部分，然后顺着肌肉的纤维纹路方向切成3cm左右宽的肉条，清洗干净，沥水备用。

③煮制：先把肉放入锅内，加入与肉等量的水，煮沸，按配方加入香料，继续煮制，直到将肉煮烂。在煮制的过程中，不断翻动并去浮油。

④擦松：擦松的主要目的是将肌纤维分散，它是一个机械作用过程，比较容易控制。

⑤炒干：在炒干阶段，主要目的是为了炒干水分并炒出颜色和香气。炒制时，要注意控制水分蒸发程度，颜色由灰棕色转变为金黄色，成为具有特殊香味的肉松为止。

如果要加工福建肉松，则将上述肉松放入锅内，煮制翻炒，待80%的绒状肉松成为酥脆的粉状时，过筛，除掉大颗粒，将筛出的粉状肉松坯置入锅内，倒入已经加热融化的猪油，然后不断翻炒成球状的团粒，即为福建肉松。

（3）肉脯　肉脯是指经切片、腌制、烘烤、压片、切片、检验、包装等工艺加工而成的熟薄片状肉制品。原料选择局限于猪、牛、羊肉，品种少。近年来重组肉脯的研究日益受到重视。重组肉脯原料来源广泛，成本低，营养价值高，美味可口。肉脯加工工艺流程如图 4－8 所示。

原料选择 → 预处理 → 拌料、腌制 → 摊筛 → 烘干 → 烘烤 → 压平、切割 → 包装 → 成品

图 4－8　肉脯加工工艺流程

①原料选择：选用经检疫合格的新鲜或解冻猪腿瘦肉。

②预处理：修去碎骨、软骨、筋、脂肪膜和淋巴等物质，取其中的纯肌肉备用。然后顺着肌肉纤维方向将肉切成2mm左右厚的薄片，用切片机切片效果更好。

③拌料、腌制：按配方比例将配料混合，并加适量水溶解，然后拌入肉片，搅拌均匀，但不可过度剧烈搅拌，以防破坏肉片。将肉片在配料中腌制1h左右，腌制过程中应注意腌制温度低于10℃。

④摊筛：使用特制的不锈钢筛或竹筛，先在筛网上涂一层熟植物油，再将腌制好的肉片摊在筛上，摊筛应均匀，从筛中心一圈一圈往外进行，肉片间及圈间应适当留有空隙。

⑤烘干：将摊好肉片的筛子送入蒸汽烘房中进行烘干：温度65℃左右，时间5～6h。待肉片基本脱水，形成干坯后，从烘干房中移出，从筛上小心取下，自然冷却备用。

⑥烘烤：将烘干的肉片送入远红外烘炉中进行熟化烘烤：烘烤温度 200 ~ 350℃，烘烤时间 1min 左右，烤至肉质出油，呈棕红色即可。

⑦压平、切割：烘烤结束后，立即取出，放入压平机中压平，然后再转入切片机切成要求的形状。

⑧包装、成品：采用塑料袋真空包装，包装规格视市场及相关要求而定。经检验合格后即为成品。

4. 烧烤制品

我国传统的烧烤制品如：北京烤鸭、广东脆皮乳猪、叉烧肉、叫花鸡等久负盛名。现以北京烤鸭和叉烧肉为代表作介绍。

(1)北京烤鸭　全聚德便宜坊始建于咸丰年间，目前在国外开有多家分店，已成为世界品牌。其加工工艺流程如图 4 –9 所示。

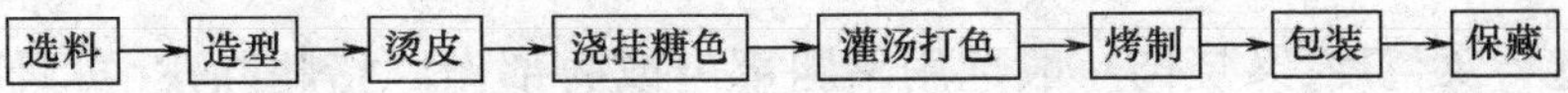

图 4 –9　北京烤鸭加工工艺流程

①选料：北京烤鸭要求必须是经过填肥的北京鸭，饲养期在 55 ~ 65 日龄。活重在 2.5kg 以上的为佳。

②宰杀造型：填鸭经过宰杀、放血、褪毛后；先剥离颈部食道周围的结缔组织，打开气门，向鸭体皮下脂肪与结缔组织之间充气，使鸭体保持膨大壮实的外形。然后从腋下开膛，取出全部内脏，用 8 ~ 10cm 长的秫秸（去穗高粱秆）由切口塞入膛内充实体腔，使鸭体造型美观。

③冲洗烫皮：通过腋下切口用清水（水温 4 ~ 8℃）反复冲洗胸腹腔，直到洗净为止。拿钩钩住鸭胸部上端 4 ~ 5cm 外的颈椎骨（右侧下钩，左侧穿出），提起鸭坯用 100℃的沸水淋烫表皮，使表皮的蛋白质凝固，减少烤制时脂肪的流出，并达到烤制后表皮酥脆的目的。淋烫时，第一勺水要先烫刀口处，使鸭皮紧缩，防止跑气，然后再烫其他部位。一般情况下，用 3 勺或 4 勺沸水即能把鸭坯烫好。

④浇挂糖色：浇挂糖色的目的是改善烤制后鸭体表面的色泽，同时增加表皮的酥脆性和适口性。浇挂糖色的方法与烫皮相似，先淋两肩，后淋两侧。一般只需 3 勺糖水即可淋遍鸭体。糖色的配制用 1 份麦芽糖和 6 份水，在锅内熬成棕红色即可。

⑤灌汤打色：鸭坯上色后，先挂在阴凉通风处，进行表面干燥，然后向体腔灌入 100℃汤水 70 ~ 100mL，鸭坯进炉烤制时能激烈汽化，通过外烤内蒸，使产品具有外脆内嫩的特色。为了弥补挂糖色时的不均匀，鸭坯灌汤后，要淋 2 勺或 3 勺糖水，称为打色。

⑥挂炉烤制：鸭坯进炉后，先挂在炉膛前梁上，使鸭体右侧刀口向火，让炉温首

先进入体腔，促进体腔内的汤水汽化，使鸭肉快熟。等右侧鸭坯烤至橘黄色时，再使左侧向火，烤至与右侧同色为止。然后旋转鸭体，烘烤胸部、下肢等部位。反复烘烤，直到鸭体全身呈枣红色并熟透为止。

整个烘烤的时间一般为30～40min，体型大的需40～50min。炉温掌握在230～250℃，炉温过高，时间过长会造成表皮焦煳，皮下脂肪大量流失，皮下形成空洞，失去烤鸭的特色。时间过短，炉温过低会造成鸭皮收缩，胸部下陷，鸭肉不熟等缺陷。

（2）叉烧肉　叉烧肉是南方风味的肉制品，一般称为广东叉烧肉。产品呈深红略带黑色，块形整齐，软硬适中，香甜可口，多食不腻。其加工工艺流程见图4－10。

选料及整理 → 配料 → 腌制 → 烤制 → 包装 → 保藏

图4－10　叉烧肉加工工艺流程

①选料及整理：叉烧肉一般选用猪腿部肉或肋部肉。猪腿除皮、拆骨、去脂肪后，用M形刀法将肉切成宽3cm，厚1.5cm，长35～40cm的长条，用温水清洗，沥干备用。

②配料：猪肉100kg、精盐2kg、酱油5kg、白糖6.5kg、五香粉250g、桂皮粉500g、砂仁粉200g、绍兴酒2kg、姜1kg、饴糖或液体葡萄糖5kg、硝酸钠50g。

③腌制：除了饴糖和绍兴酒外，把其他所有的调味料放入拌料容器中，搅拌均匀，然后把肉坯倒入容器中拌匀。之后每隔2h搅拌1次，使肉条充分吸收配料。低温腌制6h，再加入绍兴酒，充分搅拌，均匀混合后，将肉条穿在铁排环上，每排穿10条左右，适度晾干。

④烤制：先将烤炉烧热，把穿好的肉条排环挂入炉内，进行烤制。烤制时炉温保持在270℃左右，烘烤15min后，打开炉盖，转动排环，调换肉面方向，继续烤制30min。之后的前15min炉温保持在270℃左右，后15min的炉温在220℃左右。

烘烤完毕，从炉中取出肉条，稍冷后，在饴糖或麦芽糖溶液内浸没片刻，取出再放进炉内烤制约3min即为成品。

（二）西式肉制品加工技术

西式肉制品起源于欧洲，产品主要有香肠、火腿和培根三大类。

西式肉制品是在1840年鸦片战争后传入中国的，至今已有160多年的历史，被中国人最先接受的是香肠制品，然后是带骨的熟火腿和肉卷等产品。

从20世纪80年代初开始，全国肉类企业从德国、荷兰、丹麦、法国、意大利、日本等国引进香肠和火腿的加工设备，使我国肉制品结构发生了根本变化。

1. 西式香肠制品

因加工工艺不同可将西式香肠分为生鲜香肠、生熏肠、熟熏肠及干制和半干制香肠等不同种类。

(1)工艺流程　西式香肠制品加工工艺流程见图4－11。

原料肉的选择与预处理→腌制→绞碎→斩拌→灌制→烘烤→熟制→烟熏、冷却

图4－11　西式香肠制品加工工艺流程

(2)操作要点

①原料肉的选择与预处理:生产香肠的原料主要有猪肉和牛肉,另外羊肉、兔肉、禽肉、鱼肉及其内脏均可作为香肠的原料。原料肉必须是经兽医检验确认是新鲜卫生的肉。原料肉经修整,剔去碎骨、污物、筋、腱及结缔组织膜并切成长条或肉块备用。

②腌制:腌制的目的使肉含有一定量的食盐以保证产品具有适宜的咸味,同时提高制品的保水性和风味。根据不同产品的配方将瘦肉加食盐、亚硝酸钠、多聚磷酸盐等添加剂混合均匀,送入0～4℃的冷库内腌制24～72h。肥膘只加食盐进行腌制。原料肉腌制好的标志是瘦猪肉呈现均匀粉红色、结实而富有弹性。

③绞碎:将腌制的原料精肉和肥膘分别通过不同筛孔直径的绞肉机绞碎。

④斩拌:斩拌时,首先将瘦肉放入斩拌机内,并均匀铺开,然后开动斩拌机,继而加入(冰)水,以利于斩拌。斩拌时,斩刀的高速旋转,肉料的升温是不可避免的,但过度升温会使肌肉蛋白质变性,因此斩拌过程中应添加冰屑以降温。以猪肉、牛肉为原料肉时,斩拌的最终温度不应高于16℃,以鸡肉为原料时斩拌的最终温度不得高于12℃,整个斩拌操作控制在6～8min。

⑤灌制:灌制又称充填,是将斩好的肉馅用灌肠机充入肠衣内的操作。灌制时应做到肉馅紧密而无间隙,防止装得过紧或过松。过松会造成肠馅脱节或不饱满,在成品中有空隙或空洞。过紧则会在蒸煮时使肠衣胀破。灌制所用的肠衣多为PVDC肠衣、尼龙肠衣、纤维素肠衣等。选用真空定量灌肠系统可提高制品质量和工作效率。

⑥烘烤:传统的方法是用未完全燃烧的木材的烟火来烤,目前用烟熏炉烘烤是由空气加热器循环的热空气烘烤的。烘烤的目的主要是使肠衣蛋白质变性凝固,增加肠衣的坚实性;烘烤时肠馅温度提高,促进发色反应。一般烘烤的温度为70℃左右,烘烤时间依香肠的直径而异,为10～60min。

⑦熟制:目前国内应用的煮制方法有2种:一种是蒸汽煮制,适于大型企业;另一种为水浴煮制,适于中、小型企业。煮制温度在80～85℃,煮制结束时中心温度大于72℃。

⑧烟熏、冷却：烟熏目的是赋予制品以特有的烟熏风味，改善制品的色泽，并通过脱水作用和熏烟成分的杀菌作用增强制品的保藏性。一般烟熏温度为50～80℃，时间为10min至24h。熏制完成后，用10～15℃的冷水喷淋肠体10～20min，使肠坯温度快速降至室温，然后送入0～7℃的冷库内，冷却至库温，贴标签再进行包装即为成品。

2. 西式火腿

西式火腿（western pork ham）一般由猪肉加工而成，因与我国传统火腿（如金华火腿）的形状、加工工艺、风味等有很大不同，习惯上称其为西式火腿，包括带骨火腿（regular ham）、去骨火腿（boneless boiled ham）、盐水火腿等。其中除带骨火腿为半成品，在食用前需熟制外，其他种类的火腿均为可直接食用的熟制品。

盐水火腿是西式肉制品中的主要产品之一。由于其选料精良，加工工艺科学合理，采用低温巴氏杀菌，故可以保持原料肉的鲜香味，色泽均匀鲜艳，口感细嫩。

（1）工艺流程　西式火腿加工工艺流程见图4－12。

原料肉的选择及修整 → 盐水配制及注射 → 滚揉按摩 → 充填 → 蒸煮与冷却

图4－12　西式火腿加工工艺流程

（2）操作要点

①原料肉的选择及修整：用于生产火腿的原料肉原则上仅选猪的臀腿肉和背腰肉。若选用热鲜肉作为原料，需将热鲜肉充分冷却，使肉的中心温度降至0～4℃。如选用冷冻肉，宜在0～4℃冷库内进行解冻。选好的原料肉经修整，去除皮、骨、结缔组织膜、脂肪和筋腱，使其成为纯精瘦肉，然后按肌纤维方向将原料肉切成不小于300g的大块。

②盐水配制及注射：注射腌制所用的盐水，主要组成成分包括食盐、亚硝酸钠、糖、磷酸盐、抗坏血酸钠及防腐剂、香辛料、调味料等。按照配方要求将上述添加剂用0～4℃的软化水充分溶解，并过滤，配制成注射盐水。盐水的注射量越大，盐水中各种添加剂的浓度应越低；反之，盐水的注射量越小，盐水中各种添加剂的浓度应越大。

③滚揉按摩：将经过盐水注射的肌肉放置在一个旋转的鼓状容器中，或者是放置在带有垂直搅拌桨的容器内进行处理的过程称之为滚揉或按摩。因为过度滚揉将降低组织的完整性，并导致温度升高，所以要注意防止过度滚揉的发生，同时保持其温度在0～4℃。

④充填：滚揉以后的肉料，通过真空火腿压模机将肉料压入模具中成型。一般充填压模成型要抽真空，其目的在于避免肉料内有气泡，造成蒸煮损失或产品切片时出现气孔现象。火腿压模成型，一般包括塑料膜压膜成型和入造肠衣成型两类。

人造肠衣成型是将肉料用充填机灌入人造肠衣内，用手工或机器封口，再经熟制成型。塑料膜压模成型是将肉料充入塑料膜内再装入模具内，压上盖，蒸煮成型，冷却后脱膜，再包装而成。

⑤蒸煮与冷却：火腿的加热方式一般有水煮和蒸汽加热 2 种方式。金属模具火腿多用水煮加热，充入肠衣内的火腿多在全自动烟熏室内完成熟制。为了保持火腿的颜色、风味、组织形态和切片性能，火腿的熟制和热杀菌过程，一般采用低温巴氏杀菌法，即火腿中心温度达到68～72℃即可。若肉的卫生品质偏低时，温度可稍高以不超过 80℃为宜。

蒸煮后的火腿应立即进行冷却，采用水浴蒸煮法加热的产品，是将蒸煮篮重新吊起放置于冷却槽中用流动水冷却，冷却到中心温度 40℃以下。用全自动烟熏室进行煮制后，可用喷淋冷却水冷却，水温要求 10～12℃，冷却至产品中心温度 27℃左右，送入0～4℃冷却间内冷却到产品中心温度至1～7℃，再脱模进行包装即为成品。

3. 培根

"培根"(Bacon)，其原意是烟熏肋条肉(即方肉)或烟熏咸背脊肉。其风味除带有适口的咸味之外，还具有浓郁的烟熏香味。培根外皮油润呈金黄色，皮质坚硬，瘦肉呈深棕色，切开后肉色鲜艳。下面就工艺流程和操作要点做简单介绍。

(1)工艺流程　培根加工工艺流程见图 4－13。

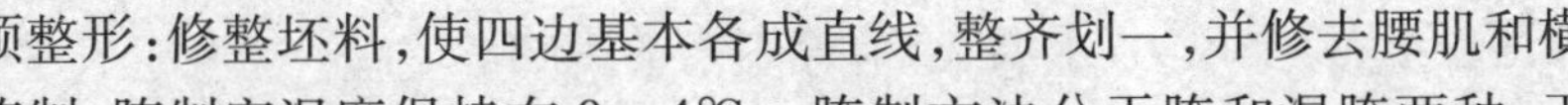

图 4－13　培根加工工艺流程

(2)操作要点

①选料：选择经兽医卫生部门检验合格的中等肥度猪，经屠宰后吊挂预冷。

②预整形：修整坯料，使四边基本各成直线，整齐划一，并修去腰肌和横膈膜。

③腌制：腌制室温度保持在 0～4℃。腌制方法分干腌和湿腌两种，干腌是将食盐(加 1% $NaNO_3$)撒在肉坯表面，用手揉搓，务使均匀。湿腌是用 16～17°Bé(其中每 100kg 腌制液中含 $NaNO_3$ 70g)食盐液浸泡干腌后的肉坯，盐液用量约为肉质量的 1/3。湿腌时间与肉块厚薄和温度有关，一般为 2 周左右。在湿腌期需翻缸 3 次或 4 次。

④浸泡、清洗：将腌制好的肉坯用 25℃左右清水浸泡 30～60min，目的是使肉坯温度升高，肉质还软，表面油污溶解，便于清洗和修刮；避免熏干后表面产生"盐花"，提高产品的美观性，使肉质软化便于剔骨和整形。

⑤剔骨、修刮、再整形：培根的剔骨只允许用刀尖划破骨表的骨膜，然后用手将骨轻轻扳出。刀尖不得刺破肌肉，否则生水侵入而不耐保藏。修刮是刮尽残毛和

皮上的油腻。因腌制、堆压使肉坯形状改变,故要再次整形,使肉的四边成直线。至此,便可穿绳。

⑥吊挂、沥水,6~8h 后即可进行烟熏。

⑦烟熏:用硬质木先预热烟熏室。待室内平均温度升至所需烟熏温度后,加入木屑,挂进肉坯。烟熏室温度一般保持在 60~70℃,烟熏时间 8h 左右。烟熏结束后自然冷却即为成品。出品率约 83%。如果贮存,宜用白蜡纸或薄尼龙袋包装。若不包装、吊挂或平摊,一般可保存 1~2 个月,夏天 1 周。

项目二

水产食品加工技术

我国水产资源丰富,品种多而且分布广。其中,鱼类有 200 多种。主要渔捞品种是海水鱼类,如带鱼、鲐,鲹、远东拟沙丁鱼、马面鱼,贝类以贻贝、扇贝、蛤、牡蛎、蛏为主,虾蟹类以对虾、毛虾、梭子蟹、青蟹为主;淡水产的经济鱼类有青、草、鲢、鳙、鲤、鳊、鲫等为目前各地渔民的主要养殖对象。

一、水产食品原料的特性

鱼类及其他水产动物的营养价值丰富,含有蛋白质、脂质、糖类、无机盐及维生素等化学成分,但其中最主要的是作为生命存在形式的蛋白质和从鱼油中分离出的 $\omega-3$ 高度不饱和脂肪酸等对某些疾病有特别的疗效。水产食品原料具有如下特性。

(一)原料的不稳定性

鱼、贝类具有很强的季节性和区域性,除少部分种类外,几乎不可能在一年中稳定地保证供给,易受风力、水温、季节等因素的影响。

(二)水产食品的易腐败性

水产品中海藻属易保鲜的品种,而鱼、贝类则特别容易腐败变质,其原因有两个方面。一是原料的捕获与处理方式;二是其组织、肉质的脆弱及柔软性。鱼类捕获后,除金枪鱼之类大型鱼外,很少能马上剖肚处理,而是带着易于腐败的内脏和鳃等进行运输和销售,细菌容易繁殖。鱼肌肉组织水分含量高,肌基质蛋白较少,比畜肉组织柔软、细嫩。鱼体内所含酶类在常温下活性较强,死后僵硬、解僵和自溶过程的进程快,因鱼肉蛋白质分解而生成的大量低分子代谢物和游离氨基酸成为细菌的营养物。因此,捕获后的水产品必须及时采取有效的措施,才能避免腐败变质的发生。

(三)鱼种及其组成成分的多样性

鱼类的组成成分并非固定不变,同一种鱼在不同季节捕获或不同鱼龄捕获,其化学组成是不同的。鱼、虾、贝类的化学组成受到各种因素的影响,这些因素包括鱼的种类、不同性别、同一种鱼的不同部位、同一种鱼的不同年龄、不同的季节、产卵期、不同的饵料以及海区环境等。

(四)水产食品原料中存在一些生理活性物质

所谓生理活性物质是指对生命现象具有影响的微量或少量物质。例如:从红藻类提取海人草酸(kainic acid)和软骨草酸(domoic acid),从沙丁鱼肌肉分离出具有降低血压和血液中胆固醇含量等作用的多肽。从总体看来,鱼、贝类的脂质,在饱和脂肪酸中以 $C_{16:0}$、单烯酸中以 $C_{18:1}$,多烯酸(高度不饱和酸)中以 $C_{22:6}$(二十二碳六烯酸,docosahexaenoic acid ,DHA)为最多,$C_{20:5}$(二十碳五烯酸,eicosapentaenoic acid,EPA)次之。这些均属于生理活性物质,EPA 具有抗血栓、舒张血管、调节血脂的作用。另外在免疫学上已被证实了:格陵兰爱斯基摩人由于摄取多量的鱼油及海兽油,因而患心肌梗死的人少,就在于摄取了 EPA。同时就 DHA 来说,最近发现该物质具有提高小白鼠学习能力的作用。此外,鱼类暗色肉中含有大量的牛磺酸(taurine),该物质具有降低血液中胆固醇的作用。牛磺酸在乌贼、章鱼、虾以及条斑紫菜(干紫菜的主原料)中含量较多。

(五)有毒鱼类

大部分鱼类可供食用。但有些鱼类体内产生或积累有毒物质,误食这些鱼类便会中毒,严重时导致死亡。有的鱼类其硬棘具有毒腺,人们被它刺伤后疼痛难忍,甚至于有生命危险。这些具有毒素或毒棘的鱼类称为有毒鱼类。

有毒鱼类可分为毒鱼类、刺毒鱼类、毒腺鱼类三种,对于有毒鱼类我们一方面引起重视,另外也不必过于害怕。除肉毒鱼类肌肉有毒不宜食用外,其他有毒鱼类仅某些器官、组织或鳍棘有毒,因而并不影响人们的食用。有些种类甚至是重要的经济鱼类或上等食用鱼类。有些毒鱼类还可以入药。

二、鱼贝类冷冻加工技术

鱼、虾和贝类在自然条件下容易腐败变质,除了鲜销外,冷冻加工是延长其保鲜期最有效、最常用的手段。冻藏是将鱼类冷冻后在 -18℃以下冻藏的保藏方法,常见的方法有空气冻结、接触冻结、浸渍冻结、沸腾液体冻结,常见的水产冻制品是鱼类冻制品、贝类冻制品、头足类冻制品、甲壳类冻制品等,具体有冻生虾仁、冻煮螯虾仁、冻整虾、冻黄鱼、冻带鱼、冻鱼片、冻扇贝柱、冻牡蛎肉、冻文蛤、冻章鱼、冻乌贼等,典型的冻制品加工介绍如下。

(一)原料要求

可用于冷冻加工的原料鱼品种繁多,有海水鱼和淡水鱼。刚捕获的鱼应立即清洗去掉污染物和杂质,剔除有机械伤、有毒和形体不完整的鱼;再进行初步分类,快速冷却冷藏保鲜。作为冷加工的原料鱼,海水鱼应采用活鱼冷却保鲜,淡水鱼基本上要求是活鱼或冰藏很新鲜的鱼。不新鲜或已变质的鱼不可充作冷加工的原料。

(二)鱼体死后变化过程及鲜度的感官鉴别方法

1.鱼体死后变化过程可分为四个阶段

(1)体表黏液分泌阶段　活鱼分泌黏液是一种生理机能,既可用以抵抗有害物的侵袭,又可以减少游动时的摩擦因数。鱼死亡后到僵直开始,仍继续分泌这种黏液,且量会增加。这种黏液是很好的细菌培养基,温度适宜时细菌便会大量繁殖。但是,处于此阶段的鱼体品质仍然很高,跟活鱼相差无几。

(2)鱼体僵硬阶段　鱼体死亡后,经过几分钟或几小时,肌肉收缩,呈现硬化和不透明感,这一现象称为死后僵硬。僵硬期长短随鱼的种类和处理方法的不同而异,其中温度是很重要的因素之一。常温下鱼体僵硬持续时间为5~22h,较畜肉持续的时间短。

产生僵硬的机理,现在认为是鱼体肌肉中的肌动蛋白和肌球蛋白在一定Ca^{2+}浓度下,借助ATP的能量释放而形成肌动球蛋白。肌肉中的肌原纤维蛋白——肌动蛋白和肌球蛋白的状态是由肌肉中ATP的含量所决定。鱼刚死后,肌动蛋白和肌球蛋白呈溶解状态,因此肌肉是软的。当ATP分解时,肌动蛋白纤维向肌球蛋白滑动,并凝聚成僵硬的肌动球蛋白。由于肌动蛋白和肌球蛋白的纤维重叠交叉,导致肌肉中的肌节增厚短缩,于是肌肉失去伸展性而变得僵硬。此现象类似活体的肌肉收缩,不同的是死后的肌肉收缩缓慢,而且是不可逆的。

(3)鱼体自溶阶段　当鱼体肌肉中的ATP分解完后,鱼体开始逐渐软化,这种现象称为自溶作用(autolysis)。自溶作用是指鱼体自行分解(溶解)的过程,主要是水解酶积极活动的结果。水解酶包括蛋白酶、脂肪酶、淀粉酶等。

经过僵硬阶段的鱼体,由于组织中的水解酶(特别是蛋白酶)的作用,使蛋白质逐渐分解为氨基酸以及较多的低分子碱性物质,所以鱼体在开始时由于乳酸和磷酸的积累而成酸性,但随后又转向中性,鱼体进入自溶阶段,肌肉组织逐渐变软,失去固有弹性。

自溶作用的本身不是腐败分解,因为自溶作用并非无限制地进行,在使部分蛋白质分解成氨基酸和可溶性含氮物后即达平衡状态,不易分解到最终产物。但由于鱼肉组织中蛋白质越来越多地变成氨基酸之类物质，则为腐败微生物的繁殖提供了有利条件，从而加速腐败进程。因此自溶阶段的鱼货鲜度已在下降。

（4）鱼体腐败阶段　鱼类在微生物的作用下，鱼体中的蛋白质、氨基酸及其他含氮物质被分解为氨、三甲胺、吲哚、组胺、硫化氢等低级产物，使鱼体产生具有腐败特征的臭味，这种过程称为腐败。

鱼类在捕获后应立即进入冷藏链。首先将鱼体清洗，除去表面污染的细菌和杂物，剔除表面损伤和形体不完整的鱼、有毒的鱼，再进行初步分类。然后进行冷却保鲜，快速降低鱼品体温，抑制微生物和酶的活性，最大限度地保持鱼类原有的鲜度品质。

2. 原料鱼鲜度的鉴别方法

（1）感官检查法　通过人们的感觉（视觉、味觉、嗅觉、听觉、触觉五种感觉），检查物品性状的方法称为感官检查法。

①鲜度良好的鱼类特征：处于僵硬期或僵硬期刚过但腹部肌肉组织弹性良好，体表、眼球保持鲜鱼固有状态，色泽鲜艳，口鳃紧闭，鳃鲜红，气味正常，鳞片完整并紧贴鱼体，肛门内缩。②鲜度较差的鱼类特征：腹部和肌肉组织弹性较差，体表、眼球、鳞片等失去固有光泽，颜色变暗，口鳃微启，鳃变暗紫或紫红，气味不快，肛门稍有膨胀，黏液增多变稠。③接近腐败变质的鱼类特征：腹部和肌肉失去弹性，眼球下陷、混浊无光，体表鳞片灰暗色，口鳃张开，鳃暗紫并有臭味，肛门凸出呈污红色，黏液浓稠。

感官检查某些项目的敏感度有时远远超出仪器，如在判别食品的异味和异臭时能获得综合评价的优点，但检查的结果难以用数量表达，还有缺乏客观性的缺点。

（2）化学鉴定法　为了进一步验证感官鉴定的正确性，或对鱼的品质鉴定有特殊需要时，可以用化学鉴定法。

①K值：它是以核苷酸的分解物作为指标的判定方法。该法能从数量上反映出鱼的鲜度，即“鲜活的程度”。鱼肉的 ATP 是循 ATP → ADP → AMP → IMP → HxR → Hx 的途径而分解的，随着鲜度的下降，反应向右进行，但这些与 ATP 有关的化合物的总量几乎是一定的，以 HxR 、Hx 占核苷酸及其关联化合物总量的质量分数作为鱼肉的鲜度指标，称为K值（K Value）。

$$K\text{值}(\%) = \frac{\mathrm{HxR} + \mathrm{Hx}}{\mathrm{ATP} + \mathrm{ADP} + \mathrm{AMP} + \mathrm{IMP} + \mathrm{HxR} + \mathrm{Hx}} \times 100$$

②挥发性盐基氮（VBN）：来源于氨、三甲胺（TMA）、二甲胺（DMA）等的挥发性盐基氮（VBN），随着鲜度的下降而增加。VBN 的增加，在鱼体死后的前期，主要是由于 AMP 的脱氨反应而产生的氨造成的，接着通过氧化三甲胺（TMAO）的分解产生 TMA 和 DMA，再加上通过氨基酸等含氮化合物的分解产生的氨或各种氨基。

鱼肉的 VBN 为：　5 ~ 10mg/100g　极新鲜

15 ~ 25mg/100g　　　　一般新鲜
30 ~ 40mg/100g　　　　初期腐败
50mg/100g 以上　　　　腐败

这种方法广泛用于判定鱼类的鲜度，严格来讲是其腐败度。但对于含有大量尿素和 TMAO 的板鳃类不适用。

活鱼的肌肉中不存在 TMA，即使存在也是极微量的，因为 TMA 随着细菌的增加而增加，所以是鉴别腐败的好指标，有时单独进行测定。初期腐败的临界值因鱼种而有所不同，一般 2 ~ 7mg/100g，但这种方法对于 TMAO 含量低的淡水鱼是不适用的。

③pH：一般活鱼肌肉的 pH 为 7.2 ~ 7.4，鱼死后随着酵解反应的进行，pH 逐渐下降，达到最低后，随着鲜度下降，由于碱性物质的产生而再回升。由于鱼种和鱼体部位不同，pH 变化的进程也不同，所以得到一个判定鲜度的共同临界值是较困难的。对于有限的试样来说，再结合其他鲜度判定法作出判断常常是有效的。

（3）物理鉴定法　主要是根据原料肌肉的弹性，鱼肉或浸出液的导电率，鱼肉浸出物的折射率等物理参数来判别水产食品原料鲜度的一种鉴定方法。

（三）鱼贝类的保鲜技术

水产品的腐败变质是由于体内所含酶及体上所附着的微生物共同作用的结果。常用的保鲜方法有冷却保鲜、微冻保鲜、冻结保鲜。

（1）冷却保鲜　是将鱼体温度降低到接近液汁的冰点，从而抑制、减缓酶和微生物的作用，使水产品在一定时间内保持良好的鲜度。只有采取快速冷却才能达到良好效果。

（2）微冻保鲜　微冻是将水产品保藏在 -3℃ 左右介质中的一种轻度冷冻的保鲜方法。

（3）冻结保鲜　为了长期贮藏水产品，必须将水产品温度降到更低限度，使水产品体内大致有 90% 的水分冻结成冰，即冻结保鲜。在一定范围内，水产品温度越低，越有利于长期贮藏。水产品的冻结方法很多，一般有空气冻结、盐水浸渍、平板冻结和液氮喷淋冻结法四种。

（四）鱼贝类冷冻加工技术

1. 冻生虾仁加工技术

（1）工艺流程　冻生虾仁加工工艺流程见图 4 - 14。

（2）操作要点

①原料选择：原料虾应品质新鲜，虾体无变质、无异味。

②解冻：将冻虾放在竹篮内，用水淋冲解冻，水量要大。当虾体与冻块分离后

图 4－14　冻生虾仁加工工艺流程

即停止解冻。解冻的数量要根据剥肉的能力确定，既不脱节，又不积压过多。

③剥肉：以左手持虾体，尾腹朝上，右手轻轻将虾头摘去，并小心剥去虾壳，再以左手在虾尾处挤出虾肉。对金钩虾和条虾要在摘头后剥壳前抽去背上混筋。要求虾仁条形完整，尾部无损，正、次品分清。

④漂洗：第一次漂洗收集的虾肉放入虾篮或竹筛内，用清水漂洗，除去虾须、虾壳等杂质。夏季用水要加碎冰降温，水温不宜超过 10℃。

⑤分级：经第一次漂洗后的半成品，再次挑选正、次品，剔除杂质，按规格分级。

⑥清洗：按规格分好的虾仁分别收集在虾篮内，用 3～5°Bé 盐水再次清洗，夏季要加碎冰降温至低于 10℃。清洗后倒入竹筛中沥水。

⑦装袋：沥水后的虾仁按规格过磅装袋，称量时要适当增加让水量，保证成品解冻后不低于规定净重。袋装的虾仁再装入盒内，正面朝上，顺序放入冻盘中。

⑧速冻：急冻间库温应在 －23℃以下，冻品中心温度必须在 14h 内达到 －15℃以下。

⑨装箱：冻结后的生虾仁按规格装入纸箱中，每箱 20 盒，净重 10kg，上下各垫纸板 1 块，打两道塑料带捆扎牢固。箱外应标明品名、规格、毛净重、生产日期等。

⑩冻藏：装箱后的冻虾仁贮存在 －18℃ 的冷藏库中，库温波动幅度不超过 1℃。

⑪检验：对每天的生产做好产品的原始检验记录，出厂产品要逐批抽样检验。

2. 冻煮龙虾仁加工技术

龙虾，学名克氏原螯虾，因其形状像小的龙，在我国南方常称为龙虾。过去一直被认为是庄稼的公敌，近年来人们逐渐认识到它的营养价值，特别是在美国、瑞典等国，螯虾产品被当作著名的风味食品。我国每年龙虾加工量较大，江苏省每年出口量 6000 多万吨。目前出口的主要产品有冻煮整虾、块冻煮龙虾仁和单冻煮龙虾仁。

（1）工艺流程　冻煮龙虾仁加工工艺流程见图 4－15。

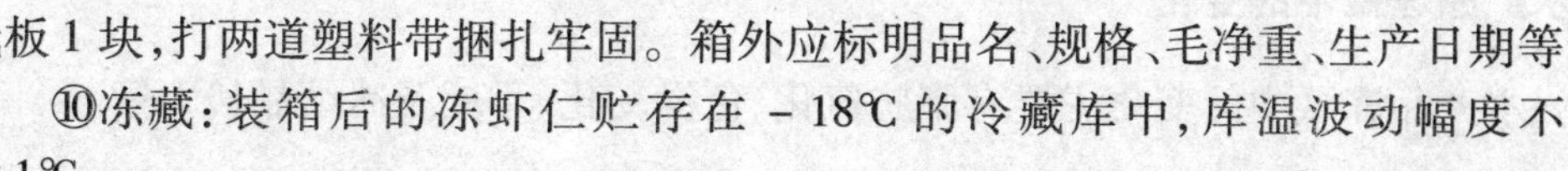

图 4－15　冻煮龙虾仁加工工艺流程

(2)操作要点

①原料选择:原料应鲜活,来源于安全无害、无污染的水域。

②拣选:按照加工要求进行拣选,剔除不符合加工要求的原料。

③清洗:将附着在原料虾上的污垢、淤泥、杂质等洗刷干净。

④蒸煮:将清洗干净的龙虾送入连续式蒸煮机中进行蒸煮,根据龙虾的大小确定蒸煮时间,一般蒸煮时间5min左右,不应低于3min,确保杀灭原料中的微生物。

⑤冷却:通常分两级冷却,预冷却采用常温水,随后进入二冷,二冷水采用凉水,水温控制在4~9℃。经冷却后使虾中心温度达到15℃以下。

⑥剥壳:经冷却后的虾沥干水后手工剥壳,剥壳后的虾仁按照等级分类放好,应剔除肠腺,根据要求去除(或不去)虾黄,剥壳车间温度控制在15℃以下。

⑦检验、称重:将剥壳后的虾仁由专职人员检验,符合标准后称重。

⑧真空包装:按照包装要求将虾仁装入真空包装袋中,真空封口。

⑨速冻:采用连续式速冻机进行速冻,速冻间温度控制在-35℃以下。

⑩金属探测:速冻后的虾仁经金属探测器探测确认无金属存在。

⑪包装:经金属探测后合格的原料装入纸箱,箱外标明中英文对照品名、规格、毛净重、出口公司名称、厂代码、批号和生产日期。

⑫冻藏:将包装后的产品送入冷库冻藏,库温维持在-18℃左右,不得有波动。

3. 水产品冻藏中的变化

水产品冻藏中的变化主要有脂肪氧化、色泽变化、干耗及冰结晶长大等。

三、鱼糜及其制品加工技术

将鱼肉绞碎,经加盐擂溃,成为黏稠的鱼浆,即鱼糜,再经调味,做成一定形状后,进行水煮、油炸、焙烤、烘干等加热或干燥处理而制成的具有一定弹性的水产食品,称为鱼糜制品。鱼糜制品可概括为如下几类:①水煮类:如水发鱼丸;②油炸类:如炸鱼卷;③蒸煮类:如板鱼糕;④焙烤类:如烤鱼卷等;⑤灌肠类:如鱼肉香肠等;⑥加蔬菜类:如鱼肉汉堡包;⑦异型鱼糕:如模拟蟹肉;⑧冷冻食品:如美味鱼条、海味牛排等。

(一)冷冻鱼糜加工技术

冷冻鱼糜是生产各类鱼糜制品的原料,它主要是通过漂洗工序除去色素、水溶性蛋白质等,并添加糖类、多磷酸盐等抗蛋白质变性剂后冷冻贮藏。按是否添加食盐可分为无盐冷冻鱼糜和加盐冷冻鱼糜两类,目前市场上的冷冻鱼糜主要是无盐鱼糜。冷冻鱼糜提高了原料的保藏性能,但不能直接食用。

1. 工艺流程

冷冻鱼糜加工工艺流程见图4－16。

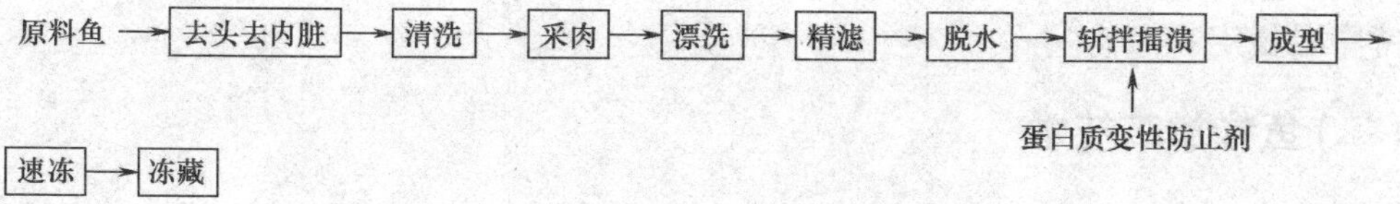

图4－16　冷冻鱼糜加工工艺流程

2. 操作要点

(1)原料要求　一般选用白色鱼肉类,如白姑鱼、海鳗等作原料,加工制品弹性和色泽好。红色鱼肉制品白度和弹性较差,但红色鱼类如鲐鱼和沙丁鱼等中上层鱼类的资源丰富,还要充分利用,只是在工艺上需要改进,以提高其弹性和改善色泽。淡水鱼中的鲢鱼、鳙鱼、青鱼和草鱼亦是制作鱼糜的优质原料。鱼类原料鲜度越好,鱼糜的凝胶形成能力越强。处理前必须用冰或冰水冷却保鲜。

(2)预处理　用机械或手工去头、去内脏,经冷水清洗之后用采肉机采肉。此时应注意的是避免内脏的混入,此外,内脏的黑膜务必除尽,然后清洗干净鱼体内外,清洗水温须在10℃以下。

(3)采肉　采用冲压式或滚筒式采肉机采肉,通常采2~3次,一般仅第一次采的肉用于生产冷冻鱼糜。

(4)漂洗　漂洗可以除去鱼肉中的有色物质、气味、脂肪、残余的皮及内脏碎屑、血液、水溶性蛋白质、无机盐类等。用5~10倍于鱼肉的水量,慢速搅拌8~10min,再静置10多分钟使鱼肉沉降,倾去上面的漂洗液,换水重复漂洗2~3次,以使鱼糜色白和弹性强。新鲜原料以不换水为好,多脂红色鱼肉需用清水、碱性盐水(0.15%碳酸氢钠溶液和0.1%食盐溶液混合)、0.1%食盐水依次交替进行漂洗。

(5)精滤与脱水　由于精滤是靠机械的挤压,将鱼肉从筒内通过细网目中挤出,而达到同鱼刺、鱼筋、鱼骨分离的目的。因此在挤压过程中会产生大量的热,易使鱼肉蛋白质热变性。脱水前的精滤,鱼肉拌有大量的水分,流动性强,易于挤压并把热量带走。而采用脱水后精滤,因鱼肉水分已降至80%左右,如无冷却装置,在挤压过程中易造成鱼肉蛋白质的热变性,影响鱼糜制品的质量。一般采用精滤在前,脱水在后的工艺流程。精滤机的网孔直径为0.5~0.8mm,精滤的脱水肉最好保持在10℃以下。

(6)斩拌擂溃　精滤脱水后的鱼糜,常添加砂糖和山梨醇各4%~5%,并添加0.2%的多聚磷酸盐,然后用斩拌机斩拌混合均匀。如需制成加盐鱼糜,则可在混入其他辅料时，混入2% ~2.5%的食盐。

(7)速冻、冻藏　将斩拌好的鱼糜用包装机包装成6~8mm厚的长方块，每袋10kg，包装后尽快送去速冻。采用平板速冻机进行速冻，冷冻温度-35℃，时间3~4h，使鱼糜中心温度达到-20℃。冷冻后的鱼糜置于冷库中冻藏，库温-20℃，维持库温稳定。

(二)鱼糕加工技术

鱼糕又称Kamaboko、板鱼(台湾称之为鱼板)，在国内生产不够普遍，日本销售量很大且品种较多，其中板蒸鱼糕为日本一种独特的产品。

鱼糕的花色品种繁多且各具特色如单色鱼糕、双色鱼糕、三色鱼糕，方块形、叶片形鱼糕，板蒸、焙烤以及油炸鱼糕等。鱼糕属于较高级的鱼糜制品，其弹性、色泽要求较高，因此作为鱼糕生产用的原料应是新鲜、脂含量少、肉质鲜美的。尽量不用褐色肉，而弹性强的白色鱼肉配比应适当增多，如选用冷冻鱼糜，则应使用中高档等级的产品。

1. 工艺流程

鱼糕加工工艺流程见图4-17。

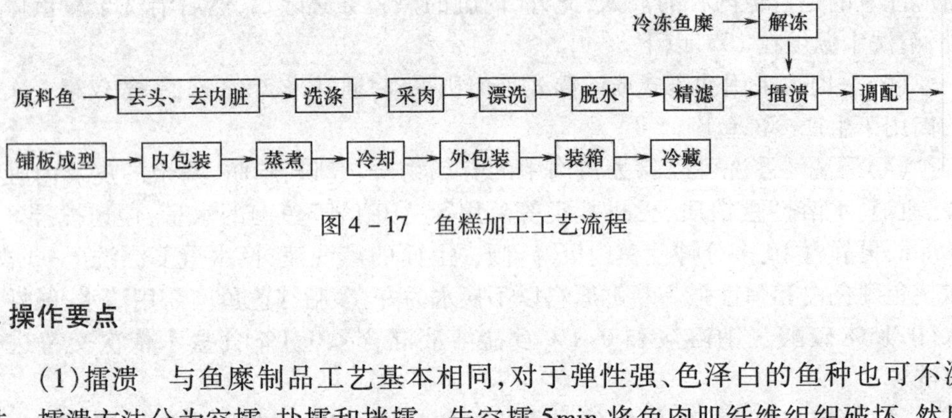

图4-17　鱼糕加工工艺流程

2. 操作要点

(1)擂溃　与鱼糜制品工艺基本相同，对于弹性强、色泽白的鱼种也可不漂洗。擂溃方法分为空擂、盐擂和拌擂。先空擂5min将鱼肉肌纤维组织破坏，然后加盐擂20min，使盐溶性蛋白质溶出，形成一定黏性，再加其他辅料拌擂均匀即可。

(2)成型　小规模生产常用手工成型，工业化生产采用机械成型，如日本的K3B三色板成型机，每小时可铺900块。由螺旋输送机将鱼糜按鱼糕形状挤出，连续铺在板上，再等间距切开。

(3)加热　鱼糕加热有焙烤和蒸煮两种。焙烤是将鱼糕放在传送带上，以20~30s通过隧道式远红外焙烤机，使表面有光泽，然后再烘烤熟制。一般蒸煮较为普遍。通常采用连续式蒸煮器，我国生产的均为蒸煮鱼糕，95~100℃加热45min，使鱼糕中心温度达到75℃以上。最好的加热方式是先45~50℃保温20~30min，再迅速升温至90～100℃蒸煮30min，这样会大大提高鱼糕弹性。

（4）冷却　鱼糕蒸煮后立即放入10℃冷水中冷却，使鱼糕吸收加热时失去的水分，防止因干燥产生皱皮和褐变。冷却后的鱼糕中心温度仍很高，通常要放在冷却室内继续自然冷却。冷却室空气要经过净化处理。

（5）包装与贮藏　冷却后的鱼糕包装后装入木箱，放入0℃保鲜冷库中贮藏。一般鱼糕在常温下可保存5d，在冷库中可放20～30d。

（三）鱼肉香肠、鱼肉火腿加工技术

鱼肉香肠是在鱼肉或鱼糜中加入畜肉绞肉，以调味品、香辛料调味，在其中加入其他辅助材料及添加剂后擂溃，脂肪含量大于2%，充填于肠衣中加热后的成品。这些辅助材料和添加剂按需要可加入淀粉、粉末状植物蛋白、其他黏结材料、食用油脂、黏结增强剂、抗氧化剂、合成防腐剂。鱼肉香肠按其是否加入畜肉而分为畜肉型香肠和鱼糕型香肠。

鱼肉火腿是在盐渍鱼肉、盐渍畜肉或盐渍鸡肉中，加入植物性蛋白和动物脂肪，再加入辅助材料（如淀粉、明胶等）和调味品、香辛料混合后，加入联接肉（鱼糜）混合，充填于肠衣中加热而成的。按照需要也可以加入黏结增强剂、抗氧化剂、合成保存剂等。在鱼肉火腿中，鱼肉块占成品质量的20%以上，联接肉（鱼糜）需占成品质量的50%以下。

最早生产鱼肉香肠、鱼肉火腿的原料主要是金枪鱼（鲔鱼），此外还采用狭鳕（明太鱼）、鲨鱼、鲸，但以金枪鱼为最佳。二者工艺过程大致相同，但鱼肉香肠较鱼肉火腿工艺要求简单，无肉块腌渍和混合工序。

1. 工艺流程

鱼肉香肠、鱼肉火腿加工工艺流程见图4－18。

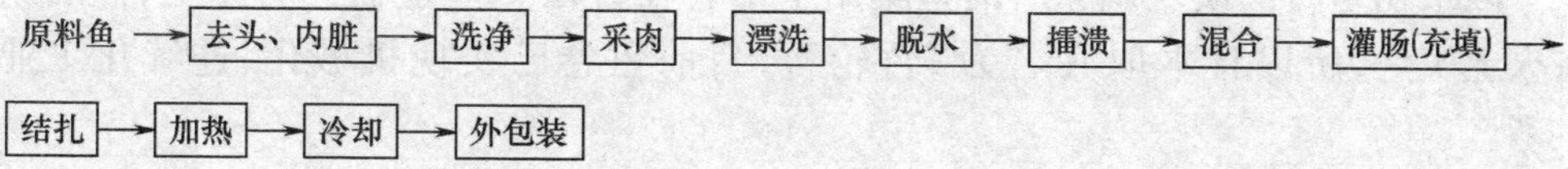

图4－18　鱼肉鱼肠、鱼肉火腿加工工艺流程

2. 操作要点

（1）原辅料的选择　制作鱼香肠的原料鱼一般以新鲜的小杂鱼为主，适当搭配一定数量的其他鱼肉（如海鳗、大小黄鱼、乌贼鱼、鲨鱼以及淡水产的青、草、鲢、鳙鱼等）和少量畜肉（如前后腿上的瘦猪肉或兔肉、牛肉等），并添加适当的调料，使之具有独特口味。肠衣有畜肠衣（羊肠衣、猪肠衣）和塑料肠衣，一般常使用中号或小号的塑料肠衣或羊肠衣。

(2)擂溃与添加调味料　鱼香肠制品的擂溃方法与鱼糕大体相同。一般是绞肉后直接擂溃，而且空擂时间较短。在擂溃的后期，按配方加入各种调味辅料和畜肉。有时也在配制好的鱼肉糜中加入切成块状的猪肉丁，起到改进外观、增加风味的作用。

(3)灌肠　国外大部分采用塑料肠衣，我国也正在朝这方面发展。如果用畜肠衣，必须在使用前用40℃左右的温水浸泡2～4h，使它变软。

(4)加热熟制　鱼糜灌肠后，需进行蒸煮熟制。为免煮爆，畜肠衣鱼香肠最好先在55℃下烘干1h左右(表面干爽即可)，再在水温达到85～90℃时下锅，并在85℃恒温水中煮40min左右(根据肠的粗细略有差别)。水温不可过高，以免煮爆。塑料肠衣制品可在稍低的水温下锅，并在较高水温(95～100℃)中煮50～60min。煮熟后还可进行烟熏制成熏制香肠。烟熏有防腐作用，能使制品增加特殊的色泽和香味。

(5)冷却　鱼香肠煮熟后应立即冷却。塑料肠衣制品首先检查并除去爆破的和扎口泄漏的，然后放在洁净的冷水中冷却至20℃以下。畜肠衣制品要在空气中自然冷却。

(6)展皱　塑料肠衣冷却以后，因热胀冷缩会产生很多皱纹。解决皱纹的方法是将它没入98℃的水中浸泡10～20s，立即取出，自然冷却后再包装。

(7)包装　鱼香肠除用塑料进行小包装外，还应整齐排列在清洁的包装箱中，不能随意积压，以防制品变形。鱼肉香肠比畜肉香肠含水较多，一般应低温保存，最好及时销售。

(四)其他鱼糜制品加工技术

1. 鱼卷

因最初是将擂溃及调味后的鱼糜用手工卷在直径1cm左右的竹竿上，然后放在火上炙烤，所以日本取其名为“竹轮”。目前鱼卷已实现机械化、连续化工业生产。

鱼卷属于焙烤类制品，其贮运、销售环节需“冷链”，故又称为冷冻烤鱼卷，具有不同的风味及等级。鱼卷原先用的原料是油鲨或大青鲨，近年来常以狭鳕鱼糜为主要原料。也有采用其他小杂鱼为原料的，一般用50%的小杂鱼和50%的鲨鱼相搭配。

鱼卷加工工艺流程如图4－19所示。

2. 油炸鱼饼

油炸鱼饼也称天妇罗(ternpura)，传统上是以鱼片、虾等涂面包粉后的油炸制品，种类很多。现常以鱼糜、冷冻鱼糜为原料，按鱼糜制品的一般生产工艺进行擂

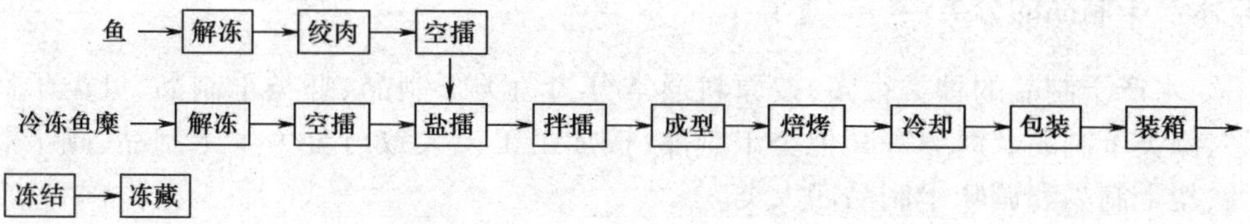

图 4－19　鱼卷加工工艺流程

溃、再成型后油炸即可。如果需要，还可以在配料中加入切成细丝的蔬菜（如萝卜、胡萝卜、荠菜、卷心菜、牛蒡、豌豆或青椒等），制成各种蔬菜鱼饼。

油炸鱼饼加工工艺流程见图 4－20。

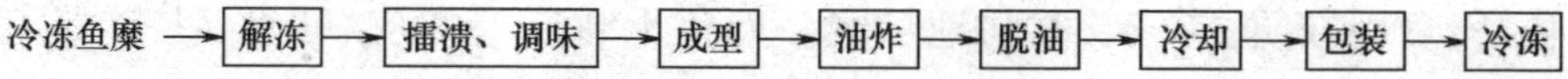

图 4－20　油炸鱼饼加工工艺流程

3. 海味牛排

海味牛排是一种外形、色、香、味均酷似牛排的鱼糜制品，其特点是在鱼糜中添加了牛油、猪油等辅料，使之具有牛排的口味和气味。另外，采用缓慢冻结纤维化的技术，使鱼糜再组织化后形成类似牛肉纤维的组织结构。相似产品有汉堡鱼排或称欧式鱼糜，煎炸食用十分方便。海味鱼排的生产以各类整条鱼或鱼糜，如狭鳕鱼糜（梅童鱼糜、沙丁鱼糜）等为原料。

海味牛排加工工艺流程见图 4－21。

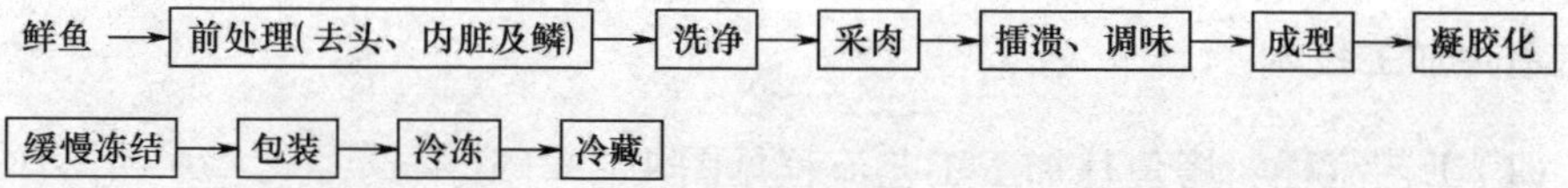

图 4－21　海味牛排加工工艺流程

四、其他水产制品加工技术

（一）水产干制品加工技术

干制是水产品常用的一种加工保藏方法。

1. 水产干制品的分类

水产干制品的种类很多，按原料通常分为鱼类干制品、虾类干制品、贝类干制品、藻类干制品及海参等其他类干制品，按加工工艺大致可分为生干制品、煮干制品、盐干制品和调味干制品四大类。

（1）生干制品　是指原料不经盐渍、调味或煮熟处理而直接干燥的制品。生干制品的原料大多用体型小、肉质薄、易于迅速干燥的水产品，如墨鱼、鱿鱼、鱼卵、小杂鱼、虾、紫菜、海带等。其主要优点是：①复水性好。②基本上能保持原有的良好风味，色泽较好。主要缺点是：①其水分含量较高，鱼体微生物和组织中酶类仍有活性。②某些水产品在干燥过程中常引起色泽、风味的变化。

（2）煮干制品　是以新鲜原料经煮熟后进行干燥的制品。制品具有较好的味道、色泽，食用方便，能较长时间地贮藏。如鱼干、蛏干、虾皮、虾米、牡蛎干、鱼翅、海参等。

（3）盐干制品　盐干制品是经过盐渍后干燥的制品，一般用于不宜进行生干和煮干的大、中型鱼类的加工和来不及进行煮干的小杂鱼加工。盐干品有两种：一种是腌渍后直接进行晒干的鱼制品；一种是腌渍后经漂淡再行干燥的制品。

（4）调味干制品　是指原料经调味料拌和或浸渍后干燥的制品，也可以是先将原料干燥至半干后浸调味料再干燥的。调味干制品的原料一般可用中上层鱼类、海产软体动物或鲜销不太受欢迎的低值鱼类，如鲨鱼、小杂鱼等。这种加工方法对充分利用水生资源具有一定积极意义。调味干制品主要品种有五香烤鱼、五香鱼脯、香甜鱿（墨）鱼干、香甜鱼肉干、调味海带、调味紫菜、高味马面鱼干、珍味烤鱼和龙虾片等。调味干制品有一定的保藏性能，产品大部分可直接食用，携带方便，是一种价廉物美、营养丰富的产品。

2. 烤鱼片加工技术

（1）工艺流程　烤鱼片加工工艺流程见图4－22。

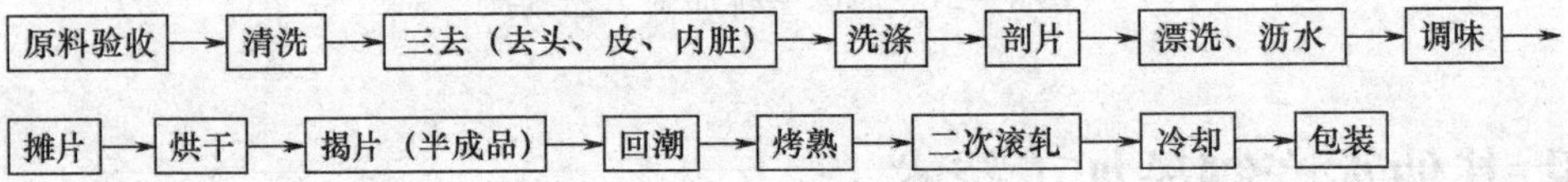

图4－22　烤鱼片加工工艺流程

（2）操作要点

①原料验收：选用新鲜或解冻的鱼。

②清洗、三去：原料用清水清洗干净，然后用刀沿鳃线去头，摘除内脏，并将皮去除，如需冷藏应带皮。三去后的原料再次清洗干净。

③剖片：清洗后用刀紧贴脊骨切下鱼体两侧的净鱼肉备用。剖片时不宜用长

流水,以防止蛋白质等营养成分的大量流失。

④漂洗、沥水:用洗鱼车装好鱼片,送入漂洗池,用气泵翻动池内水,漂洗 1h 左右,以除去鱼肉中的腥味。漂洗水温 20 ~25℃。漂洗好的鱼片进行沥水,应将鱼肉摆在有网眼的筛盘内,控干到不滴水为宜,及时送到下一道工序进行调味。

⑤调味:沥干水的鱼片称量后按比例加入调料,充分混合,每隔 20min 翻拌一次,大约 1.5h,使调味料充分渗入鱼肉中。

⑥摊片、烘干:调味后的鱼肉再翻动一次,重新摊在烘车内,摊片应均匀、美观整齐,尽量少留间隙、多摊鱼片。摊片宜全部横摊,厚度要合适均匀。装好鱼片的烘车及时推入烘道(烘箱),烘道初温 38℃,逐步升温,待鱼半干(约 6h)后推出烘道外吸潮,待鱼片水分均匀后,再推入烘道,温度控制在 40 ~45℃,烘干约 10h。

⑦烤熟、拉松:将鱼片烘干后送入烘烤机烘烤,温度 140℃,时间 5 ~8min,然后趁热碾压拉松,压片要保证质量,然后用风扇吹冷。

⑧包装:将碾压拉松后的烤鱼片剔除焦片、生片、煳片,按要求装成大小不同的包装。

(二)水产罐头制品加工技术

目前我国用于罐藏加工的鱼、虾、蟹、贝类只有 70 多种,其中鱼类约 50 种,甲壳类及贝类约 20 种。

常见的水产罐头主要有清蒸、调味、茄汁、油浸等四大类。

(1)清蒸类水产罐头　将处理好的水产原料经预煮脱水(或在柠檬水中浸渍)后装罐,加入精盐、味精而制成的罐头产品称为清蒸类水产罐头,又称原汁水产罐头。此类罐头保持了原料特有的风味和色泽,主要有清蒸鲭鱼、清蒸鲅鱼、清蒸鳓鱼、清蒸对虾、清蒸蟹肉、清汤蛏、原汁扇贝罐头等。

(2)调味类水产罐头　将处理好的原料盐渍脱水(或油炸)后装罐并加入调味料而制成的罐头称为调味类水产罐头。这类产品又可分为红烧、茄汁、葱烧、鲜炸、五香、豆豉、酱油等几种,产品具有独特风味。调味类水产罐头常见的有红烧鲤鱼、红烧花蛤、豆豉鲮鱼、葱烧鲤鱼、荷包鲫鱼、酱油墨鱼、咖喱鱼片、辣味带鱼及熏鱼罐头等。

(3)茄汁类水产罐头　实际上是一种风味独特的调味罐头,其调味品主要是番茄酱。因此类罐头产量大,故单独列为一大类。茄汁类水产罐头是国内外市场上颇受欢迎的水产品罐头之一,适合生产这类罐头的原料主要有鲭鱼、鲅鱼、鳗鱼、沙丁鱼、鲱鱼等海洋中上层多脂肪鱼类及各种淡水鱼。

(4)油浸水产罐头　采用油浸调味是鱼类罐头所特有的加工方法,注入罐内的调味汁是精制植物油及其他简单的调味料如糖、盐等。可以将生鱼肉装罐后直接加注精制植物油,或将生鱼肉装罐经蒸煮脱水后加注精制植物油,也可以将生鱼肉经预煮后装罐再加注精制植物油或是将生鱼肉经油炸后再装罐加注精制植物油。常见的有油浸鲅鱼、油浸烟熏鳗鱼、油浸烟熏带鱼罐头等。

五、我国水产食品加工重点发展方向

(一)水产食品食用安全与质量保障技术的研究

我国目前在水产品食用安全和质量监控方面的技术明显处于落后地位,与渔业大国地位极不相称。随着水产品对外贸易的增长及加入 WTO 后水产品质量与国际接轨的新形势的要求,提高水产品在国际市场上的竞争力,是摆在我们面前的一项迫切而艰巨的任务。

(二)高新技术在水产品加工上的应用

生物技术、膜分离技术、微胶囊技术、超高压技术、无菌大包装技术、新型保鲜技术、微波能及辐照技术、超微粉碎和真空技术等高新技术将不断扩大在水产品加工业中的应用。

(三)淡水鱼加工的应用基础理论和加工技术研究

(1)淡水鱼冷冻变性机理及防冻方法研究;

(2)淡水鱼肉内源蛋白酶系统的性质及其对鱼肉冷冻加工品质的影响研究;

(3)淡水鱼的加工技术和综合利用技术;

(4)淡水鱼的品质和风味改善。

(四)海水中上层鱼类加工技术研究

从我国海水鱼类产量来看,主要以中上层鱼类为多,这些鱼类个体小,食用价值不高,如鲐、鲹、鳀鱼等。

(1)方便、冷冻小包装产品开发技术。

(2)方便调味品、干制、熏制和各种风味品、模拟制品开发技术。

(3)鱼类废弃物的综合利用技术,如提取高纯度鱼油、保健品和海洋药物的提取与开发。

(五)海产贝类加工技术及净化技术开发

(1)我国主要海产贝类净化技术和净化设备研究;

(2)贝类速冻保鲜品、调味食品、饮料制品、方便制品、调味品、保健食品开发技术;

(3)海产贝类特有风味的保存技术;

(4)贝类加工中汤汁的综合利用技术;

(5)贝类中药用成分的分离技术;

(6)食用贝类安全、卫生管理规范。

(六)藻类深加工技术

(1)传统的海藻胶(包括海藻酸钠、琼胶和卡拉胶)生产工艺的改进研究;

(2)利用大型经济藻类生产海藻饲料,并进行生理功能试验研究;

(3)利用大型经济藻类生产高活性膳食纤维的研究;

(4)海藻食品和美容化妆品的研究;

(5)增强肌体免疫功能的海藻食品、保健品的研究;

(6)利用海藻提取人体营养素的研究。

(七)海洋保健品和海洋药物开发

(1)海洋水生生物资源的调查,海洋微生物资源库建立及菌种筛选、鉴定和保存技术研究;

(2)水生生物生理活性物质的提取、精制、合成和检测研究,水生生物生理活性的结构分析、异构化及生理活性物质的毒性、药理和临床等方面的应用技术研究;

(3)功能性食品的化学组成及其性质、生理、生化功能研究,功能性食品材料对疾病传播的防治及其对人体免疫系统影响的研究;

(4)肌体免疫功能增强制品的研制,抗心脑血管疾病与抗肿瘤、抗病毒活性物质的研究,抗衰老、调节神经活性物质的研究,海洋美容食品和美容化妆品的研究;

(5)极端条件下海洋微生物的存活方式和适应机制研究;

(6)海洋酶与酶工程的研究,微生物制剂及活性酶制剂的研究与开发等。

(八)水产食品加工机械国产化研制

(1)自动化、半自动化鱼类原料处理机械设备(含去头、去鳞、剖腹、去内脏等机械设备);

(2)各类模拟加工机械(如模拟虾仁、蟹、鲍、海参、扇贝等)设备的研究开发;

(3)单体快速冷冻、冻结机械设备;

(4)贝类的脱壳、灭菌及贝壳超微粉碎设备;

(5)鱼糜制成品的加工设备(如采肉、斩拌、精滤和灭菌等);

(6)藻类的综合加工利用设备,包括紫菜加工机;

(7)鱼皮制革机械设备;

(8)淡水鱼加工机械设备研制;

(9)海产动、植物药用及特殊成分的提取、分离设备等。

项目三 禽蛋加工技术

一、禽蛋的构造及其功能特性

(一)禽蛋的构造

禽蛋由蛋壳、蛋白和蛋黄三大部分组成,各部分有其不同形态结构和生理功能。禽蛋中蛋壳、蛋黄和蛋白三个主要部分之间,具有一定的比例关系,见表4-1。

表4-1　禽蛋各部分的比例

种　类	蛋重/g	蛋壳/%	蛋白/%	蛋黄/%
鸡　蛋	40~60	10~12	45~60	26~33
鸭　蛋	60~90	11~13	45~58	28~35
鹅　蛋	160~80	11~13	45~58	32~35

1. 蛋壳外膜

蛋壳表面涂布着一层胶质性的物质,称为蛋壳外膜,也称壳外膜,是一种无定形结构、无色、透明、具有光泽的可溶性蛋白质。蛋壳外膜的作用主要是保护细菌和霉菌等微生物侵入,防止蛋内水分蒸发及 CO_2 逸出。

2. 蛋壳

蛋壳又称石灰质硬蛋壳,是包裹在蛋内容物外面的一层硬壳,它使蛋具有固定形状并起保护蛋白、蛋黄的作用,但质脆不耐碰或挤压。蛋壳上有许多肉眼看不见的、不规则呈弯曲形状的细孔,称之为气孔。其作用是沟通蛋的内外环境。空气可由气孔进入蛋内,蛋内水分和 CO_2 可由气孔排出,蛋久存后重量减轻即此原因。气孔使蛋壳具有透视性,故在灯光下可观察蛋内容物。

3. 蛋壳内膜

在蛋壳内面、蛋白的外面有一层白色薄膜称为蛋壳内膜,又称壳下膜,壳下膜分内、外两层。内层称蛋白膜,外层称内壳膜。内壳膜紧贴着蛋壳,蛋白膜则附着在内壳膜的内层。两层膜的结构大致相同,都是由长度和直径不同的角质蛋白纤维交织成网状结构。这两层膜的通透性比蛋壳小,对微生物均有阻止通过的作用,具有一定的保护蛋内容物不受微生物侵染的作用,并保护蛋白不流散。蛋壳内膜不溶于水、酸和盐类溶液中,但能透水透气。

4. 气室

在蛋的钝端，由蛋白膜和内壳膜分离形成一气囊，称气室。刚产下的蛋没有气室，当蛋接触空气，蛋内容物遇冷发生收缩和蛋内水分的蒸发，外界空气便由气孔和蛋壳膜网孔进入蛋内，形成气室。蛋的气室只在钝端形成，主要是由于钝端部分比尖端部分与空气接触面广，气孔分布最多最大，外界空气进入蛋内的机会最多最快的原因。

5. 蛋白

蛋白也称为蛋清，位于蛋白膜的内层，是一种胶体物质，约占质量的60%，呈白色透明的半流动体，并以不同浓度分层分布于蛋内。蛋白由外向内分为四层：外层蛋白稀薄，紧贴在蛋白膜上，占蛋白总体积的23.2%；中间蛋白浓厚，占蛋白总体积的57.3%；内层蛋白稀薄，占蛋白总体积的16.8%；最内层为系带层，属于浓蛋白，占蛋白总体积的2.7%。

6. 蛋黄

蛋黄由蛋黄膜、蛋黄内容物和胚盘三个部分组成。

（1）蛋黄膜　包在蛋黄内容物外周，是一种透明的薄膜。共有三层：内层与外层由黏蛋白组成，中层由类胡萝卜素组成。蛋黄膜富有弹性，起着保护蛋黄和胚盘的作用，防止蛋黄和蛋白混合。随着贮存时间的延长，蛋黄的体积会因蛋白中水分的渗入而逐渐增大，当超过原来体积的19%时，会导致蛋黄膜破裂，蛋黄内容物外溢，形成散黄蛋。

（2）蛋黄内容物　是一种浓稠不透明的半流动黄色乳状液，由深浅两种不同黄色的蛋黄分数层交替排列。外层为浅黄色蛋黄。蛋黄之所以呈现颜色深浅不同的轮状，是形成蛋黄时因昼夜新陈代谢的节奏性不同之故。

（3）胚盘　在蛋黄表面上有一颗乳白色的小点，未受精的呈圆形，称胚珠，受精的呈多角形，称胚盘（或胚胎），直径2～3mm。受精蛋很不稳定，当外界温度升至25℃时，受精的胚就会发育。最初形成血环，随着温度的逐步升高而产生树枝状的血丝。

（二）禽蛋的功能特性

禽蛋有很多重要特性，其中与食品加工密切相关的特性有蛋的凝固性、乳化性和发泡性。这些特性使得蛋在各种食品中得到广泛应用，如蛋糕、饼干、再制蛋、蛋黄酱、冰淇淋及糖果等制造。

1. 蛋的凝固性

蛋的凝固性或称凝胶化，是蛋白质的重要特性。当禽蛋蛋白受热、盐、酸或碱及机械作用时会发生凝固。蛋的凝固是一种蛋白质分子结构变化,由流体变成固体或半固体(凝胶)状态。

(1)加热引起的凝固变性　蛋经加热,便由生变成半熟,再由半熟达到全熟,其蛋白、蛋黄的状态有多种变化。如果在温度一定,不同加热时间也可发生不同程度的变性,时间越长,变性凝固越深。

(2)干燥引起的变性作用　水分子常是晶体的组成部分,所以结晶水的丧失常引起晶体的瓦解。蛋液蛋白质以及一切天然蛋白质中含有水分子,这些水分子填充在肽键间的间隙中,稳定蛋白质分子的结构。禽蛋蛋白质脱水后,就使蛋白质内部结构改变而发生变性。

(3)蛋液加热变性凝固与其含水量的关系　蛋液的变性凝固,如果是由于加热作用所引起者,则其凝固点与产品中蛋白液含水量的高低有密切关系。不管是全蛋液、蛋白液或蛋黄液,比其水分蒸发后的凝固点要低,亦即蛋液水分越低,则其凝固点也越高。反之,蛋液水分含量越高,则其凝固点越低。

(4)蛋液凝固变性与pH的关系　蛋液的凝固变性,主要是由于蛋白质受物理化学等因素的影响所致。而蛋白质的凝固变性又与等电点有密切的关系。鸡蛋卵白蛋白的等电点为4.5,这时的蛋白质加热容易凝固变性。蛋液蛋白质的pH距离它的等电点远时,则加热时不易凝固变性。

(5)添加物对凝固变性的影响　加入食盐、砂糖时,蛋的凝固温度会发生变化。于15%的蛋水溶液中加入1%食盐则促进蛋液的凝固,这是由于食盐中的钠离子造成的。由于盐类能减低蛋白质分子间的排斥力,因此,蛋在盐水中加热,蛋液凝固完全,且易离壳。

制作鸡蛋饮料或蛋乳饮料时,在加热杀菌过程中,因热凝固而影响感官质量,此时,可将蛋白质一部分先行分解,或加多量糖,或少量柠檬酸或酒石酸,以防止蛋白质的热凝固。

2. 蛋黄的乳化性

蛋黄中含有丰富的卵磷脂,所以具有优良的乳化性。蛋黄的乳化性对蛋黄酱、色拉调味料、起酥油面团等的制作有很大的意义。

3. 蛋白的起泡性

泡沫是一种气体分散在液体中的多相体系,即当搅打蛋清时,空气进入并被包在蛋清液中形成气泡。在起泡过程中,气泡逐渐由大变小,且数目增多,最后失去流动性,通过加热使之固定。蛋清的起泡性决定于球蛋白、伴白蛋白,而卵黏蛋白和溶菌酶则起稳定作用。蛋白一经搅打就会起泡,原因是蛋清蛋白质降低了蛋清溶液的表面张力,有利于形成大的表面,溶液蒸汽压下降,使气泡膜上的水分蒸发现象减少,泡的表面膜彼此不立刻合并,泡沫的表面凝固等。

二、禽蛋的品质鉴别方法

严格鉴定鲜蛋的质量，对鲜蛋的收购、包装、运输、保藏和蛋品加工有着重要的意义。常用的鉴定方法有感官鉴别法、光照鉴别法及密度鉴别法、荧光鉴别法等。有的地方还采用理化鉴定法和微生物测定法。

（一）感官鉴别法

感官鉴别法是我国广大基层业务人员收购鲜蛋采用的一种较为普遍的简易方法。该方法主要靠技术经验来判断，采用看、听、摸、嗅等方法，从外观来鉴别蛋的质量。

（1）看　就是用视觉来查看蛋壳颜色是否新鲜、清洁，有无破损和异状。蛋壳上如有霉斑、霉块或像石灰样的粉末是霉蛋；蛋壳上有水珠或潮湿发滑的是出汗蛋；蛋壳上有红疤或黑疤的是贴皮蛋；壳色深浅不匀或有大理石花纹的蛋是水湿蛋；蛋壳表面光滑，眼看气孔很粗的是孵化蛋；蛋壳肮脏，色泽灰暗或散发臭味的是臭蛋。

（2）听　是从敲击蛋壳发出的声音来区别有无裂损、变质和蛋壳厚薄程度。方法是将两枚蛋拿在手里，用手指轻轻回旋相敲，或用手指甲在壳上轻轻敲击。新鲜蛋发出的声音坚实，似砖头碰击声；裂纹蛋发音沙哑，有“啪啪”声；空头蛋大头上有空洞声；钢壳蛋发音尖脆，有“叮叮”响声；贴皮蛋、臭蛋发音像敲瓦片声；用指甲竖立在蛋壳上推击，有“吱吱”声的是雨淋蛋。

（3）摸　主要靠手感。新鲜蛋拿在手中有“沉”的压手感觉。孵化过的蛋，外壳发滑，分量轻。霉蛋和贴皮蛋外壳发涩。

（4）嗅　即嗅闻蛋的气味。鲜鸡蛋无气味，鲜鸭蛋有轻微的鸭腥味。霉蛋有霉蒸味。臭蛋有臭味。有其他异味的是污染蛋。

感官鉴别是以蛋的结构特点和性质为基础的，有一定的科学道理，也有一定的经验性。但仅凭这种方法鉴定，对蛋的鲜陈好坏只能作个大概的鉴定。

（二）光照鉴别法

光照鉴别法是最常用的一种方法，其特点是简便、易行、技术简单，结果准确，行之有效。光照鉴别法是根据蛋本身具有透光性的特点，在灯光透视下观察蛋内部结构和成分变化的特征，来鉴别蛋品质的方法。

新鲜蛋在光照透视时，蛋白完全透明，呈淡橘红色；气室极小，深度在5mm内，略微发暗，不移动；蛋白浓厚澄清，无杂质；蛋黄居中，蛋黄膜包裹得紧，呈现朦胧暗影。蛋转动时，蛋黄亦随之转动；胚胎不易看出。通过照验，还可以看出蛋壳上有无裂纹，气室是否固定，蛋内有无血丝血斑、肉斑、异物等。

（三）密度鉴别法

密度鉴别法主要是用盐水来测定蛋的密度，根据蛋的密度大小判别蛋的新鲜程度的方法。蛋的分量重，则密度大，说明蛋的贮藏时间短，水分损失少，这样的蛋判断为新鲜蛋。贮藏时间长的蛋，蛋内水分蒸发多，气室扩大，分量减轻，密度较小。方法是用不同密度的食盐水，测定蛋的密度，推测蛋的新鲜度。如鸡蛋的平均密度为 1.0845，大于这一密度的是最新鲜的鸡蛋，小于这一密度的是陈蛋或劣蛋。

（四）荧光鉴别法

荧光鉴别法是应用发射紫外线的水银灯照射禽蛋，使其产生荧光。根据荧光产生的强度大小，鉴别蛋的新鲜度。新鲜蛋的荧光强度微弱，蛋壳的荧光反应呈深红色、紫色或淡紫色。该法灵敏度高，有的国家已在研究应用。此外，还有电子扫描等多种方法。

三、皮蛋加工技术

皮蛋是我国最著名的蛋制品，又称松花蛋、彩蛋、变蛋。成熟后的皮蛋，其蛋白呈棕褐色或绿褐色凝胶体，有弹性，蛋白凝胶体内有松针状的结晶花纹，故名松花蛋；其蛋黄呈深浅不同的墨绿、草绿、茶色的凝固体（溏心皮蛋蛋黄中心呈橘黄色浆糊状），其色彩多样、变化多端故又称彩蛋、变蛋。皮蛋的种类很多，按蛋黄的凝固程度不同分溏心皮蛋和硬心皮蛋；按加工辅料不同分无铅皮蛋、五香皮蛋、糖皮蛋等品种。

（一）皮蛋的加工原理

（1）蛋白及蛋黄的凝固　皮蛋形成的基本原理主要是蛋白质遇碱发生变性而凝固。加工中所使用的生石灰（CaO）和纯碱（Na_2CO_3）在水中可生成强碱氢氧化钠（NaOH）。当蛋遇到一定浓度的 NaOH 后，由于其中蛋白质分子结构受到破坏而发生变性，蛋白部分变性后形成具有弹性的凝胶体。蛋黄部分则因蛋白质变性和脂肪皂化反应形成凝固体。若加溶液中 NaOH 浓度过高，已经凝固的蛋白质又会重新水解而液化，蛋黄变硬；若 NaOH 浓度过低，将不利于蛋白的凝固，产品较软，成熟时间长。生产中应控制料液中 NaOH 的浓度在 4.5%～5.5%。

（2）风味的形成　皮蛋风味成分主要在蛋变色和成熟两阶段形成。研究表明，皮蛋在成熟之后新产生了 40 种挥发性风味物质，加上禽蛋原有的 19 种挥发性风味成分，共有化合物 59 种。在碱性条件下，部分蛋白质水解成多种带有风味活性的氨基酸。部分氨基酸再经氧化脱氨基而产生 NH_3 和酮酸，含硫氨基酸还可继续变化和分解产生 H_2S。微量的 NH_3 和 H_2S 可使皮蛋别具风味；少量的酮酸具有特殊的辛辣风味。除此之外，食盐的咸味、茶叶的香味等也是构成皮蛋特有风味的重要因素。

(3)颜色的形成　皮蛋颜色的形成主要有三方面的原因。第一，蛋内含有微量的糖类，它能与蛋白质水解的氨基酸发生美拉德反应，生成褐色或棕褐色物质，使蛋白胶体的颜色由浅变深。第二，蛋白质分解产生的 H_2S 可与蛋内的 Fe^{2+}、Pb^{2+} 生成黑色的 FeS、PbS。蛋黄中的黄色素被 H_2S 还原后呈黑褐色，蛋黄色素的混合物在 NaOH 和 H_2S 的作用下变成绿色。第三，由于辅料中色素的影响，如茶汁的褐色对皮蛋的色泽也有一定影响。

(4)松花晶体的形成　成熟后的皮蛋会在蛋白处形成清晰可见的结晶花纹，即"松花"或"松花纹"，它是由纤维状氢氧化镁水合晶体在蛋白部分呈松针状排列所形成的。在皮蛋的加工过程中，当蛋内 Mg^{2+} 浓度达到足以同 OH^- 结合成 $Mg(OH)_2$ 时，就在蛋内形成水合晶体。

(二)原料蛋的选择

鲜鸭蛋是加工皮蛋的主要原料，其质量的好坏直接关系到成品的质量，所以原料蛋在加工皮蛋之前应逐个进行感官鉴定、灯光照检、敲检和分级等加以挑选。

(三)辅助材料的选择

(1)纯碱(无水碳酸钠)　纯碱是加工皮蛋主要的辅助材料，其主要作用在于它能与熟石灰(氢氧化钙)产生化学反应，生成氢氧化钠和碳酸钙，而氢氧化钠的作用实质上是皮蛋形成的最主要原因。纯碱用量的多少将直接影响皮蛋的质量和成熟期。纯碱用量太少，皮蛋的成熟期长，甚至不能形成皮蛋；用量偏多时，成熟期缩短；若用量过多则会出现碱伤、烂头等次劣皮蛋，严重时蛋白甚至会变成黑水、蛋黄硬化。

(2)生石灰(氧化钙)　生石灰加水后与水发生化学反应生成氢氧化钙，氢氧化钙再与纯碱反应生成氢氧化钠。在加工皮蛋时，生石灰的用量以能生成适量的氢氧化钠为度。若生石灰用量过多，不仅造成浪费，而且会使成品形成较浓的苦涩味；用量过少，反应生成的氢氧化钠浓度达不到实际需要，从而影响皮蛋的凝固和收缩。

(3)烧碱(氢氧化钠)　利用一定浓度的 NaOH 溶液(通常为4.5% ~5.5%)浸泡生产皮蛋，不仅可以简化加工工序，而且能缩短成熟时间，提高皮蛋的成品率。但使用烧碱加工皮蛋时，NaOH 的浓度偏高或浸泡的时间过长，都会使成品的碱味重，甚至造成产品烂头等劣质现象。使用烧碱时要选择块状或片状、白色的纯净制品，其 NaOH 的含量应在95%以上。

(4)食盐　食盐能够加快蛋的化清、帮助凝固、抑制蛋内微生物的活动，此外，食盐对皮蛋还具有调味的作用。在配制料液时，食盐浓度一般控制在3% ~4%为好，浓度太高时蛋白的凝固力差，蛋黄变硬。加工皮蛋要求使用 NaCl 含量在96%

以上的干燥食盐。

(5)茶叶　它不仅对蛋白起增色和协助蛋白凝固的作用,还能使皮蛋口味清香。由于红茶中含有较多的色素、单宁、芳香油、生物碱,故加工皮蛋常选质纯、干燥、无霉变的红茶末作为辅料

(6)黄丹粉(氧化铅)　它是有毒化合物,长期食用会在人体内积累造成慢性中毒,损害人的神经系统、肾脏以及造血器官,引起智力衰退、贫血、头疼、失眠等症状,严重铅中毒者可引起死亡。因此,为了保证人体健康,加工溏心皮蛋时最好不用或按照国家规定使用。

(7)草木灰　其中主要含 K_2CO_3 和 Na_2CO_3,配料时加入草木灰能起调匀其他配料的作用,同时它也有辅助蛋白凝固的作用。草木灰应纯净、均匀、干燥、新鲜,不含或少含泥沙及其他杂质,不得有异味。

(四)加工皮蛋常用的设施

(1)鲜蛋检验及贮存场地　为了确保原料蛋的质量,鲜蛋检验及贮存场所应满足以下要求:厂房宽敞,地面平整,场地清洁、阴凉、干燥;既要避免阳光直射,又要通风透气;场地温度控制在10～15℃,相对湿度维持在80%～85%。

(2)加工车间的要求　在生产中,控制适宜的车间温度是皮蛋加工成败的关键。一般控制加工车间的温度为20～25℃,其中以室温22℃为最佳。

(五)皮蛋加工技术

主要介绍浸泡包泥法:先用浸泡法制成溏心皮蛋,再用含有料汤的黄泥包裹,最后滚稻谷壳、装缸、密封贮存。这种方法适于加工出口皮蛋,也是国内加工皮蛋常用的方法。

1. 工艺流程

皮蛋加工工艺流程见图4－23。

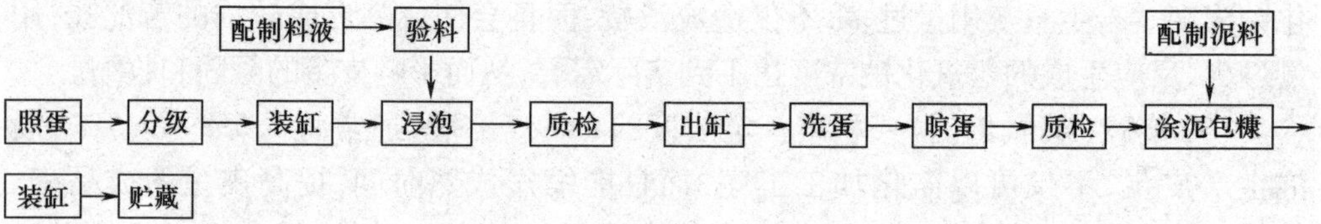

图4－23　皮蛋加工工艺流程

2. 操作要点

(1)料液的配制　将纯碱、生石灰、单黄粉、食盐、红茶末、水按一定的比例混合配成料液。目前,国内各地生产皮蛋时的配料都有一定差异,并且在同一地区也

要随气候季节的变化而改变料液的配比。在夏季或气候炎热的地方加工皮蛋,为了防止浸泡过程中皮蛋蛋黄上浮或产生变质,应在配制料液时适当加大纯碱及生石灰的用量,以加速皮蛋的成熟,缩短浸泡时间。

(2)验料　配好的料液浓度是否恰当,应事先进行检验以保证皮蛋加工的顺利进行。检验料液浓度的方法一般有三种,即简易测定法、波美比重计测定法和化学分析法。

(3)装缸与浸泡　装缸前应在缸底铺一层洁净的麦秸以防蛋被压破。装缸时应轻拿轻放,一层一层地横放摆实。最上层蛋应离缸口15cm左右,并加竹篾、木棍压住,防止加汤料后鸭蛋上浮。然后将配好并经冷却的料液徐徐灌入缸内,至料液完全浸没鸭蛋为止。在浸泡过程中若发现蛋壳外露,应及时补加料液。

(4)成熟期的管理　首先应控制室温在20～24℃,其次是勤观察、勤检查。检查一般要进行三次。

第一次检查:在鲜蛋入缸后5～10d(在夏季5～6d;冬季7～10d)进行,这时的蛋白已基本凝固。检查时取蛋三枚,在灯光下透视。如果三枚蛋中有一枚类似鲜蛋的黑贴壳,两枚类似红贴壳,或者三枚蛋均类似黑贴壳,说明蛋凝固良好且料液中碱的浓度合适;如果照检时都与新鲜蛋类似,说明料液中氢氧化钠的浓度太低,应及时补料;如果灯光透视时三枚蛋内部全部发黑说明料液碱性太重,需用冷开水将料液进行适当稀释。

第二次检查:在鲜蛋入缸后20d左右进行。检查方法是剥开几个蛋观察,如果蛋白表面光洁、色泽褐黄带青,蛋黄部分变成褐绿色,说明情况正常。

第三次检查:在浸泡加工30d左右进行。检查时剥去蛋壳,如果发现蛋白烂头和粘壳,则料液碱性太强,需要提前出缸;如果蛋白较柔软,不坚实,说明料液碱性较弱,需延长浸泡时间。

(5)出缸　成熟的皮蛋在手中抛掷时有轻微的弹颤感;灯光透视时蛋呈灰黑色,蛋小头端呈红色或棕黄色;剖开检查时,蛋白凝固良好、光洁、不粘壳,呈墨绿色,蛋黄呈绿褐色。在一般情况下,皮蛋浸泡的时间为30～40d,夏季气温高,浸泡时间稍短,冬季浸泡时间可适当延长。

出缸后的皮蛋应先用冷开水洗净蛋表面的碱液和污物,然后晾干。

(6)品质检验。晾干后的皮蛋必须及时进行质量检验,这是保证产品质量的一道重要工序。检验方法主要以感官检验为主,即采用“一看、二掂、三摇晃、四照”的方法进行检验。

(7)涂泥包糠(或涂膜)　经检验后的皮蛋要及时涂泥包糠。其作用是:防止蛋壳破损,延长皮蛋的保质期,促进皮蛋的后熟。涂泥包糠的方法是用残料液加黄泥调成浓厚的浆糊状(注意不可掺生水),将蛋逐枚用泥料包裹,然后在稻谷壳上来回滚动,稻谷壳便均匀粘附到泥料上。每枚蛋裹泥大约40g左右,裹泥的厚度一般为2～3mm。研究发现,采用新型涂膜剂处理浸泡后的皮蛋,不仅涂膜简单,劳动效率高，而且成品重量轻，食用卫生、方便，产品的保质期长（可达6个月以上）。涂膜法使用的涂膜剂通常有石蜡油、凡士林、聚乙烯醇等。目前，涂膜法在国外主要用于禽蛋的保鲜上，并且保鲜效果良好。

（8）装缸（箱）贮藏　将裹好泥料的蛋要迅速装缸密封贮藏，或将包好的蛋装入塑料袋内密封并用纸箱或竹篓包装，放在库内贮存。对皮蛋密封保存的主要作用是防止水分蒸发和包泥脱落，延长产品的保质期。在保存期间，仓库内的温度应控制在10～20℃，并注意室内通风，防止室内潮湿造成皮蛋发霉变质。在上述条件下，皮蛋的贮存期一般为3～4个月。

实验实训

实训一　西式火腿肠的加工

一、实训目的与要求

（1）理解西式火腿肠的工艺原理；

（2）掌握工艺流程、技术要点及质量控制措施。

二、加工原理

原料肉经过腌制，提取盐溶蛋白，豆浆中大豆蛋白能够增强肉制品持水性，斩拌促使原辅料的乳化、凝胶化，经过巴氏杀菌形成富有弹性、鲜嫩可口的肉糜制品。

三、实训材料、配方与设备

（1）材料与配方　猪肉100kg、食盐3kg、淀粉7kg、鸡蛋乳3kg、味精200g、白糖1kg、胡椒粉200g、亚硝酸盐15g、混合磷酸盐及红曲色素、维生素C适量。

（2）仪器设备　绞肉机、搅拌机、灌肠机、大豆浆渣分离机、蒸煮锅、干燥箱等。

四、工艺流程

西式火腿肠加工工艺流程见图4－24。

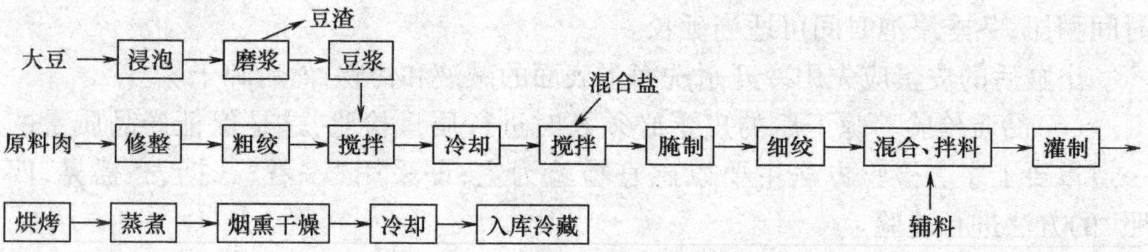

图4－24　西式火腿肠加工工艺流程

五、操作要点

（1）原料选择与修整　选用经兽医卫生检验合格的新鲜猪前后腿肉（肥：瘦＝2:8）为原料，剔除筋腱、血管、皮骨及淋巴等，肥瘦分开、切块。大豆应选用颗粒均匀整齐、无虫蛀、无发热霉变、蛋白质含量高的优质大豆为原料，认真清理除去杂质以及大豆体表吸附的泥沙和异物。

(2)粗绞、搅拌、腌制　修整好的肉块粗绞后，拌入豆浆，置于0~4℃环境中，使肉料冷却至4℃左右。

(3)豆浆制作与处理　脂肪氧化酶的活性是豆浆产生豆腥味的主要原因。因此，抑制和钝化脂肪氧化酶的活性可有效地防止产生豆腥味。豆腥味的去除方法很多，本实验根据pH和温度对脂肪氧化酶活性的抑制和钝化作用，用2%小苏打溶液浸泡大豆8h左右，脱皮洗净，然后用98℃的热水磨浆，磨出的豆浆基本没有豆腥味，冷却至0~4℃备用。

(4)搅拌、腌制　在冷却好的肉料中加入食盐、混合磷酸盐等腌制剂，充分搅拌均匀(注意肉料温度不可超过10℃)10~20min，再置于0~4℃环境中腌制12~18h。

(5)细绞、混合、拌料、灌制　腌制好的肥肉、瘦肉细绞成肉糜状与淀粉、味精、胡椒、全蛋液等在搅拌器中充分拌和均匀。将搅拌好的肉馅灌入猪小肠衣中，扎孔排气(有条件真空灌制最好)，每隔12~15cm用细麻绳分节，再放入温水中浸洗1~2次，洗去肠衣表面的油污与杂质后串杆晾挂。

(6)烘烤、蒸煮、冷却　70℃烘烤1~1.5h，肠体表面干燥，表皮呈粉红色时即可放入72~75℃中煮制1.5h(中心温度达72℃即可出锅)，冷却后即为成品，可入库冷藏。

六、感官质量标准

感官质量标准见表4-2。

表4-2　西式火腿肠感官质量标准

项目	色泽	风味	口感	组织状态
质量标准	外观呈玫瑰红色，色泽均匀，切面有光泽，无斑点	具有低温猪肉制品应有的滋味和香味，无异味	柔嫩爽口，不发渣，咸度适宜	切面光滑，组织致密，无气孔，切片有弹性。硬度适宜

实训二　五香猪肉条的加工

一、实训目的与要求

(1)理解五香猪肉条的加工原理；

(2)掌握工艺流程、技术要点及质量控制措施。

二、加工原理

鲜肉块经过水煮脱水，然后手工撕或切割成丝、条、片，增大肉料表面积，便于烧制入味，再晒干或烘干脱水制成美味可口的休闲食品，由于含糖盐低水分活度，故在常温下货架期较长。

三、实训材料、配方与设备

(1)材料与配方(单位:kg)　猪肉100、食盐3、白糖4、葡萄糖4、味精0.3、白酒3、麦芽糊精3 、红曲红色素0.015、磷酸盐0.25、亚硝酸盐0.01、大料0.3、胡椒0.15、辣椒1、花椒0.4、姜粉0.2、肉桂0.15。

(2)仪器与设备　天平、台秤、蒸煮锅、干燥箱、真空包装机。

四、工艺流程

五香猪肉条加工工艺流程见图4-25。

原料选择 → 修整 → 煮制 → 切条 → 烧制入味 → 晾晒 → 烘烤 → 冷却、包装成品

图4-25　五香猪肉条加工工艺流程

五、操作要点

(1)原料选择、修整　挑选猪前、后腿瘦肉,剔除碎骨、软骨、肥膘、淤血、淋巴、肿瘤、伤斑、毛发等,清洗干净。将清洗好的猪肉切块,块重300~500g。

(2)煮制　将修整好的猪肉块放入开水中煮制,煮液中提前加入适量香辛料,煮制的过程中注意搅动,并撇除表面的浮沫,煮制到五六成熟的时候出锅,置于低温下放置,备用。

(3)切条　将煮好已冷却下来的猪肉顺着肌纤维方向切(或用手撕成条)成一定规格大小的肉条备用。

(4)烧制入味　按一定比例将切好的肉条加入特制的白汤中,加入盐、糖、麦芽糊精、色素进行翻动煮制,待卤汁还有一半时加入香辛料、白酒,并保持一定的温度,注意控制好时间和火候,待卤汁快干时加入剩下的味精等小料,注意搅拌均匀,一直到汤汁被肉块吸收完全为止。

(5)晾晒、烘烤　将炒制好的肉条出锅,摊晒在铁筛子上,尽量摊得均匀一些,不要堆积在一起。然后将铁筛子置于烘房烘干,保持烘房的温度在70℃左右,烘制3~4h,烘制期间需要注意翻动几次,使烘制均匀,当产品外表干燥时取出在常温下摊晾24h,这样的目的是使肉条里的水分向外渗透,回潮。接着将肉条继续烘烤,温度100℃,时间2~3h,烤到产品内外干燥,水分含量在20%左右即可。

(6)冷却、成品　烤制好的肉干取出冷却到常温,即可包装,成品。

六、感官质量标准

产品呈块条状,色泽正常,无杂质,肉质干燥,具猪肉条特有的气味与滋味。

实训三　道口烧鸡的加工

一、实训目的与要求

(1)理解道口烧鸡的工艺原理;

(2)掌握工艺流程、技术要点及质量控制措施。

二、加工原理

活鸡经过宰杀造型、上色油炸后,再用香辛料和调味料煮制而成的熟肉制品。道口烧鸡属酱卤制品,不仅造型美观,色泽鲜艳,而且香味独特,肉嫩可口,余味绵长。

三、实训材料、配方与设备

(1)材料与配方　鸡100只、食盐2~3kg、亚硝酸盐12~18g、砂仁15g、豆蔻15g、丁香5g、草果30g、鲜姜90g 、肉桂90g、陈皮30g、白芷90g、陈年老汤适量。

(2)仪器与设备　天平、台秤、油炸锅、蒸煮锅、真空包装机。

四、工艺流程

道口烧鸡加工工艺流程见图4-26。

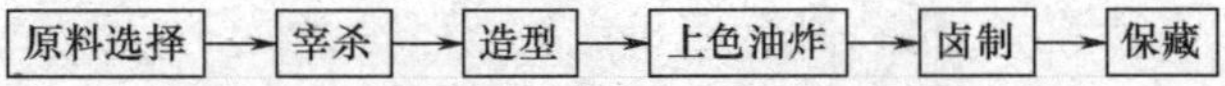

图4-26　道口烧鸡加工工艺流程

五、操作要点

(1)原料选择　选择鸡龄半年至两年以内,活重1.5~2kg的鸡,要求鸡的胸腹长宽,两腿肥大,健康。

(2)宰杀和开剥　宰后放尽血,趁鸡体尚温时放入58~60℃热水中浸烫。褪尽羽毛,用凉水洗尽浮毛和浮皮,切去鸡爪。在鸡颈上方割一小口,露出食管和气管再将其臀部和两腿间各切开7~8cm长口,割断食管气管,掏出内脏,割下肛门后,用清水洗去腹内血污及污物。

(3)造型和油炸　将白条鸡腹部向上置于案板,左手稳住鸡体,右手用刮刀将肋骨和椎骨中间处切断,用手按折。取高粱秆一截撑开鸡腹,再在腹脯尖处切一小口,将双腿交叉插入腔内成为两头尖的半圆造型,用清水漂洗后挂晾,沥干水分后即可油炸。用饴糖水或焦糖液涂布鸡体全身,然后置于150~180℃植物油中翻炸1min左右,鸡体表面呈金黄色时捞出。

(4)卤制　将炸鸡平摆在锅内,依次放入陈年老汤、盐水、香辛料、亚硝酸盐,水量以淹没鸡体为准,大火煮开,文火焖煮,煮熟为止,一般需沸煮2~3h。

(5)保藏　卤制好的烧鸡冷却后即可鲜销。采用高温杀菌后罐藏,保质期最久。

实训四　盐水火腿的加工

一、实训目的与要求

(1)理解盐水火腿的加工原理;

(2)掌握工艺流程、技术要点及质量控制措施。

二、加工原理

鲜肉块经过盐水注射、滚揉,充分提取盐溶蛋白,增强肉块间的结合力,加上大豆分离蛋白、卡拉胶等辅料作用,经过巴氏杀菌,形成肉香浓郁、肉嫩可口的高档西式肉制品。

三、实训材料、配方与设备

(1)材料与配方　原料肉100kg(瘦肉90kg、碎肉10kg)大豆蛋白4kg,淀粉11kg,亚硝酸盐15g,白糖3～7kg,葡萄糖1.6kg,味精0.3kg,混合粉2～3kg,维生素C100g,卡拉胶适量,精盐3.5kg,血红蛋白适量,水50kg。

(2)仪器与设备　盐水注射机、嫩化机、电子秤、滚揉机、真空灌肠机、蒸煮锅。

四、工艺流程

盐水火腿加工工艺流程见图4－27。

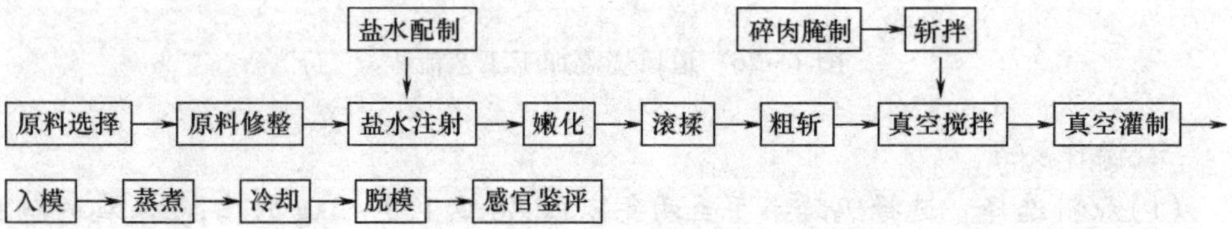

图4－27　盐水火腿加工工艺流程

五、操作要点

(1)原料肉选择与修整　选用新鲜、健康的猪后腿部瘦肉和一定比例的肥瘦肉、碎肉,肉的pH控制在5.8～6.2为好。修去原料肉中的粗血管、淋巴结、碎骨、筋膜及伤斑肉;修整好的精肉按自然块形分割成拳头大小的肉块以便注射盐水;修出的脂肪、肌腱可与碎肉等一起加盐水腌制备用。修割好的肉温应控制在2～4℃,外表温度不超过7℃。

(2)盐水配制与注射　盐水宜在注射前24h配制,以使各成分能充分地溶解。配制顺序为:先溶卡拉胶,再加混合粉,溶解后再依次加入食盐、糖、味精、亚硝酸盐、大豆蛋白等。盐水配好后,温度需降至3～6℃,过滤后方可用注射。

(3)嫩化、滚揉　注射盐水后的肉块立即投入滚刀式嫩化机中嫩化一遍。然后放入滚揉桶内,补足盐水(按100kg肉添加70kg盐水的比例)后滚揉12h。

(4)碎肉的腌制与斩拌　肌腱、碎肉及五花内等总的肥瘦比控制在1∶3,按70%盐水添加,并在斩拌机中粗斩两圈,放入0～4℃冷库内腌制12h后,与淀粉、部分大豆蛋白一起高速斩拌成肉糜状备用(最终肉温不得超过15℃)。

(5)粗斩及真空搅拌　将滚揉12h后的精肉放入斩拌机中斩拌一圈后放回滚揉桶(或真空搅拌机)中,并将上述肉糜一起加入充分混合搅拌4h后,此时肉块肌肉松弛,饱满而有弹性,肉、浆充分融为一体,说明滚揉充分,可以灌制。

(6)真空灌制与入模成型　灌制要注意排尽两端空气;产品规格可据需要而定。如每条2.5kg或2.9kg,模具使用前后要清洗干净。

(7)蒸煮与冷却　水温80℃时放入火腿,并迅速升温至85℃,保持恒温至中心温度达75℃时,即可开始冷却。火腿中心温度降到40℃时,可转0～4℃环境中快速冷却。

(8)脱模、包装　火腿需冷却至中心温度为4℃时才可包装。否则,腿心温度较高时,残存的细菌极易繁殖,从而导致火腿出水、变色、变质。可对产品感官鉴评。

实训五　鱼肉肠的加工

一、实训目的与要求

(1)理解鱼肉肠的加工原理;

(2)掌握工艺流程、技术要点及质量控制措施。

二、加工原理

原料肉经过腌制,提取盐溶蛋白,斩拌机促使原辅料的乳化、凝胶化,经过巴氏杀菌形成富有弹性、鲜嫩可口的肉糜制品。

三、实训材料、配方与设备

(1)材料与配方　鱼肉40kg,猪瘦肉4kg,板油3kg,精盐0.9kg,味精0.05kg,淀粉2.3kg,咖喱粉0.18kg,胡椒粉0.025kg,香玉米粉0.03kg,食用红色素适量。

(2)仪器与设备　绞肉机、搅拌机、灌肠机、蒸煮锅、烟熏炉等。

四、工艺流程

鱼肉肠加工工艺流程见图4－28。

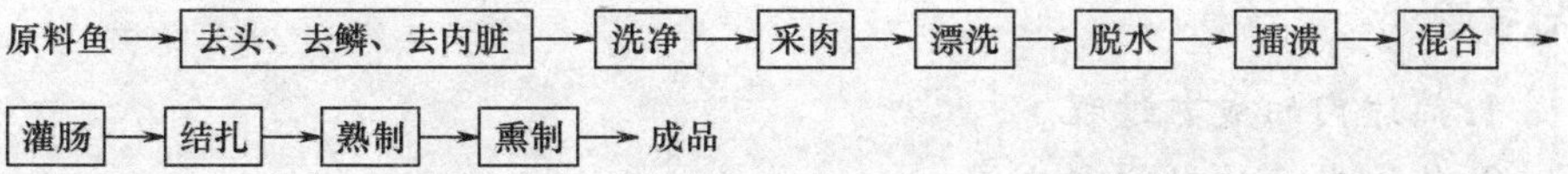

图4－28　鱼肉肠加工工艺流程

五、操作要点

(1)原料鱼、畜肉　最早生产鱼肉香肠的原料鱼主要是金枪鱼。利用现有资源(如低值小杂鱼、淡水鱼)开发鱼肉香肠势在必行。而加工时所用畜肉有瘦猪肉、牛肉等。

(2)前处理　原料鱼处理工艺同鱼糜制品。原料畜肉则应剔骨,切丁(一般规定切成1.5～3.0cm见方)后按要求处理。将切块后的鱼肉、畜肉等进行硝酸盐及其他调味料处理,可采用腌渍法或干腌法,控制好腌制剂的种类、用量及腌渍温度、时间,同时应将鱼肉、畜肉分别腌渍。鱼肉用其重10%的酸性液浸渍24h(4%蛋黄粉末、3%精盐、0.3%抗坏血酸、山梨糖醇5%、水88%)。腌渍完成与否通常凭经验判断，要求肉块中心部位已发色完全，各种调味料成分能充分渗透。

(3)擂溃　最好使用真空型的擂溃设备(或在擂溃之后配置一真空搅拌器)，以减少擂溃时鱼糜中空气的混入，确保成品中的气孔量降至最少。

(4)混合　将腌渍鱼肉(畜肉块)、猪肉小块与擂溃后的鱼糜拌和均匀后直接灌肠，其中鱼肉(畜肉块)应占成品重量的20%以上；猪脂用量为7%～10%，并切成如黄豆般大小的小块。另外对畜肉型鱼香肠，在擂溃后一般也加7%～10%的猪脂小块再灌肠，以改善鱼肉香肠的口感。

(5)灌制　将上述鱼肉糜用灌肠机压入肠衣内，所用的肠衣有天然肠衣(羊肠衣、猪肠衣)和塑料肠衣、聚偏二氯乙烯即PVDC薄膜等制成的具有收缩性及不透气性肠衣。

(6)结扎　按一定规格充填后的鱼肉香肠或鱼肉火腿应及时进行两头结扎。需要强调的是结扎的好坏关系到制品的质量，结扎的香肠或火腿应呈九成满，否则加热后因肠内肉糜受热膨胀(尤其是淀粉多加者)而致破肠。在鱼肉香肠或鱼肉火腿质量上出现的问题常由结扎不良所致。

(7)熟制　天然肠衣型香肠和火腿肠加热时所用水温一般为85～90℃，水煮时间为35～60min(视香肠粗细及批投料量)。塑料肠衣型香肠、火腿肠则采用高温短时间杀菌，中心温度为120℃，时间4min，以确保杀菌完成的同时制品的色泽、弹性无明显改变。

(8)冷却　经加热或杀菌后的香肠或火腿应及时迅速冷却。快速冷却水温20℃，再烟熏(70℃连续4～6h)。

思考题

1. 简述肉的成熟过程。
2. 谈谈肉品的保鲜方法。
3. 中式肉制品的特点是什么?
4. 中式火腿加工中的主要缺点是什么？如何改进?
5. 盐水火腿的关键工艺及其质量影响因素有哪些?
6. 简述蛋的功能特性。
7. 如何识别鱼类和蛋品是否新鲜?
8. 水产品原料的特点是什么?
9. 影响松花蛋加工质量的因素有哪些?
10. 简述我国水产品加工现状及趋势。
11. 如何保持鱼类鲜度?
12. 试述冷冻鱼糜的加工工艺。

模块五
饮料加工技术

知识目标

1. 理解饮料的概念和分类,熟悉饮料常用的原辅料及其特性。
2. 掌握常见饮料的加工技术及质量控制措施。

技能目标

1. 运用所学知识,能够正确分析几种常见饮料质量问题并加以有效控制。
2. 能够从事几种常见饮料的生产。

饮料以前称软饮料。《饮料通则》(GB 10789—2007)给饮料定义为:饮品经过定量包装的,供直接饮用或用水冲调饮用的,乙醇含量不超过质量分数为 0.5% 的制品,不包括饮用药品。所含酒精限指溶解香精、香料、色素等用的乙醇溶剂或乳酸饮料生产过程的副产物。按原料或产品的性状可将饮料分为以下几类:①碳酸饮料(汽水)类;②果汁和蔬菜汁类;③蛋白饮料类;④包装饮用水类;⑤茶饮料类;⑥咖啡饮料类;⑦植物饮料类;⑧风味饮料类;⑨特殊用途饮料类;⑩固体饮料类及其他饮料类。

项目一
碳酸饮料加工技术

一、碳酸饮料的分类及特点

(1)碳酸饮料的概念及特征　碳酸饮料即汽水,由水、甜味剂、酸味剂、香精香料、色素、CO_2 及其他原辅料组成，不包括由发酵法产生 CO_2 的饮料。其特征是含有碳酸气，能使人产生清凉爽口的感觉。

（2）碳酸饮料的分类及特点　根据 GB/T 10792—2008，可将碳酸饮料分为果汁型、果味型、可乐型和其他型四种，其理化指标、特点及代表产品见表 5－1。

表 5－1　碳酸饮料的主要种类与特点

碳酸饮料种类	理化指标		特　点	代表产品
	CO_2（20℃）体积倍数	果汁含量/%		
果汁型		≥2.5	具有果品特有的色香味，兼具清凉解暑和营养功能；可溶性固形物 8% ~ 10%，含酸 0.2% ~0.3%	橘汁汽水、橙汁汽水、菠萝汁汽水或混合果汁汽水
果味型	≥1.5		以甜味剂、酸味剂、色素、果味香精等配制而成，清凉解暑作用；含糖 8% ~ 10%，含酸 0.1% ~0.2%	橘子味汽水、柠檬味汽水
可乐型		—	以可乐香精或类似可乐果香型的香精为主要香气成分的碳酸饮料	可口可乐、百事可乐、非常可乐
其他型			其他的具有特殊风味的碳酸饮料	苏打水、盐汽水、姜汁汽水

二、碳酸饮料加工技术

（一）碳酸饮料生产的工艺流程

碳酸饮料是由糖浆和碳酸水定量配制而成。可分为糖浆的配制、碳酸水的制备、洗瓶灌装封口三部分。目前，国内外生产碳酸饮料的方法有两种：一次灌装法和二次灌装法。

（1）一次灌装法　一次灌装法又称为预调式或前混合灌装法，有两种形式：一种是将各种原辅料按工艺要求配制成调味糖浆，然后与碳酸水在配比器内进行混合，再进入灌装机一次灌装，其工艺流程见图 5－1。

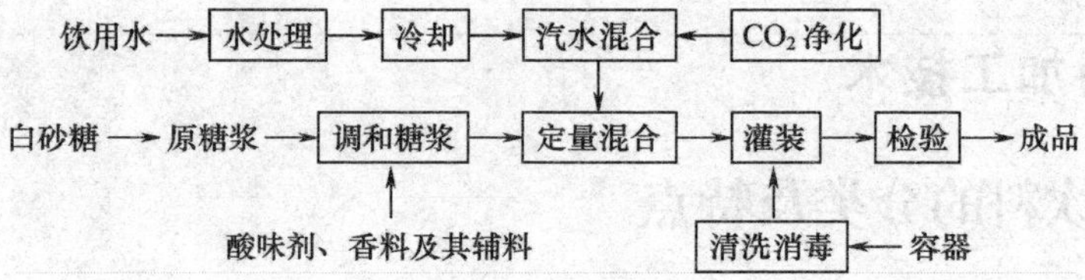

图 5－1　加碳酸水的一次灌装工艺流程图

另一种是将调味糖浆与水预先按照一定比例泵入汽水混合机内，进行定量混合后再冷却，然后将该混合物碳酸化后再装入容器，其流程见图5－2。

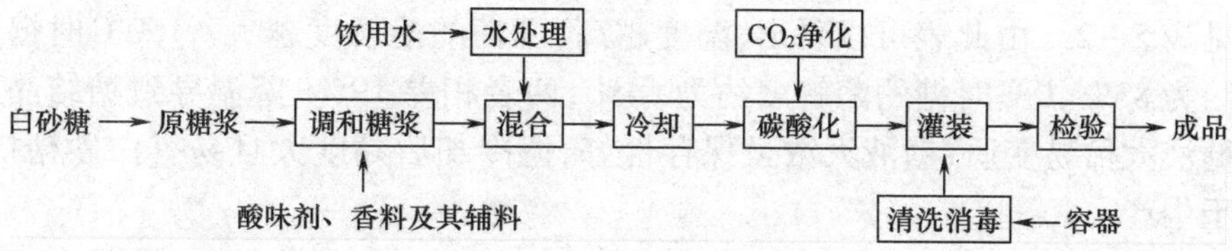

图5－2 先混合后碳酸化的一次灌装法工艺流程图

一次灌装法较为先进，适合于大型化、自动化、连续化和使用主剂的碳酸饮料生产，是碳酸饮料生产工艺的发展趋势。可口可乐、百事可乐在中国的生产企业和娃哈哈非常可乐、广东健力宝等国内企业均采用一次灌装生产线。

(2)二次灌装法　二次灌装法又称现调式灌装法，是先把调味糖浆定量注入容器中，然后再充入碳酸水至规定量，密封后再混合均匀。其工艺过程见图5－3。二次灌装法是一种传统的灌装法，所需设备简单，投资少，适合中小型饮料厂。

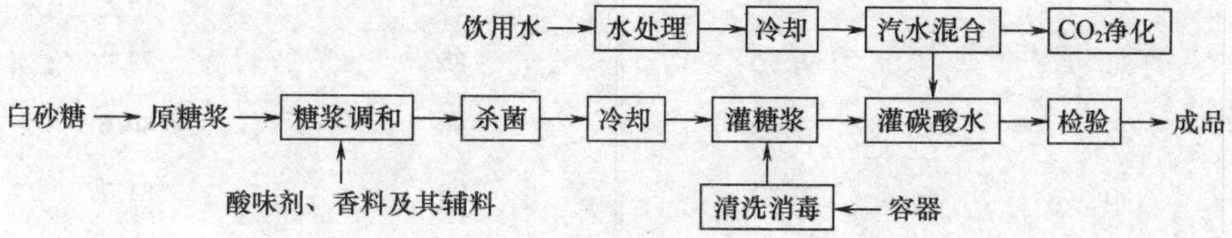

图5－3 二次灌装法工艺流程图

(二)碳酸饮料生产的操作要点

1. 原糖浆配制

将砂糖溶解在水中所得的浓度较高的糖水溶液称为原糖浆。

(1)原糖浆的制备　将砂糖溶解于一定量的水中，制成预计浓度的糖液，再经过滤、澄清后备用。原糖浆的制备分为冷溶法和热溶法。

①冷溶法。先将无菌水加入锅内，加入称量好的糖，常温下进行搅拌，待完全溶化后，过滤去杂，即得具有一定浓度(45～65°Bx)的糖液。此法设备较简单，节省能耗，而且口感好。缺点是溶糖时间较长，糖液易被污染。冷溶时，搅拌不宜过于强烈，砂糖完全溶化后应立即停止搅拌，防止混入过多空气而加速糖液变质。

②热溶法。热溶法多采用带有搅拌器的不锈钢夹层锅，锅底部有放料管。先将水放入夹层锅，加热至沸，放入砂糖，待糖完全融化后，停止搅拌，维持煮沸5min，以达到杀菌目的，再冷却至40～50℃。在加热时，表面有凝固杂物浮出，须用

筛子除去。随即将糖液输入贮罐冷却。在加热过程中,有一部分水被蒸发掉,因此在配制调和糖浆前,还应该测定其浓度。制备的糖液浓度一般为65°Bx。

热溶法能杀灭糖液中细菌,糖溶解迅速,工厂多用此法。糖的溶解度与温度的关系见表5-2。由此表可以看出,温度越高,蔗糖的溶解度越大。100℃时糖的溶解度约为83%,0℃时糖的溶解度约为64%,两者相差19%,降温导致糖结晶而析出。糖液太稀易变质,糖液太浓虽保存性好,但冷却后黏度大且易有白砂糖析出,不利于生产。

表5-2　蔗糖的溶解度与温度的关系

温度/℃	溶解度/%	温度/℃	溶解度/%
0	64.18	55	73.20
5	64.87	60	74.18
10	65.58	65	75.18
15	66.23	70	76.22
20	67.09	75	77.27
25	67.89	80	78.36
30	68.70	85	79.46
35	69.55	90	80.61
40	70.42	95	81.77
45	71.32	100	82.97
50	72.25		

(2)原糖浆浓度的测定　测定糖浆浓度可使用相对密度法和白利度法。

①相对密度法。单位体积物质的质量,即用密度计测定糖溶液浓度。

②白利度法。白利度(也称糖锤度,Brix,°Bx)是指含糖量的质量分数,即质量百分比浓度。如白利度55°Bx,说明100g糖液中含糖55g。另外,波美度(即°Bé)也是表示糖溶液浓度的一种方法。它与白利度的换算关系为:波美度×1.8≈白利度。

(3)原糖浆制备中糖和水用量的计算。生产各种浓度的原糖浆,只需知道糖与水的质量,或知道糖浆浓度及体积,即能求出所需的糖与水的质量。

【例5-1】生产60°Bx的糖浆,1kg糖需要多少水?

解:糖与水的质量比 $60:(100-60)=1:X$, $X=0.667$,即需0.667kg或0.667L水

【例5-2】配制浓度为55°Bx的糖浆25L,需要白糖与水各多少克?

解:查表5-3,得知55°Bx的相对密度为1.257kg/L,则:25L×1.257kg/L=

31.425kg，

31.425kg×0.55 = 17.284kg（白糖质量），31.425kg×0.45 = 14.141kg（水质量）

现将生产1L不同白利度糖浆所需糖与水的质量列于表5-3中。

表5-3　糖浆制备速算表

白利糖度/°Bx	相对密度	制糖浆1L所需		兑1L水	
		蔗糖量/g	水量/mL	蔗糖添加量/g	制成的糖液量/mL
50	1.230	614.8	614.8	1000	1626.5
51	1.235	629.9	605.2	1040.8	1652.3
52	1.241	645.1	595.5	1093.3	1679.3
53	1.246	660.5	585.7	1127.7	1707.4
54	1.252	676.0	575.9	1173.8	1736.4
55	1.257	691.6	565.9	1222.1	1767.1
56	1.263	707.4	555.8	1272.8	1799.2
57	1.269	723.3	545.7	1325.5	1832.5
58	1.275	739.4	535.4	1381.0	1867.7
59	1.281	755.5	525.1	1438.3	1904.4
60	1.286	771.9	514.5	1500.3	1943.6
61	1.292	788.3	504.0	1564.1	1984.1
62	1.298	804.9	493.4	1631.3	2026.7
63	1.304	821.7	483.6	1699.1	2069.4
64	1.310	838.6	471.7	1777.8	2120.0
65	1.316	855.5	460.7	1857.1	2170.6

2. 调和糖浆的调配

原糖浆中再加入其他甜味剂、酸味剂、色素、防腐剂等，充分混合均匀后，得到浓稠状的糖浆，称为调和糖浆，又称基料或底料。

（1）调和糖浆的配料　在调和糖浆时，这些配料必须先制成一定浓度的水溶液，经过滤后计量添加。①甜味剂。用适量温水配成20%的糖精钠水溶液，过滤后加入。②防腐剂。常用的有苯甲酸钠，山梨酸钾。使用时用温水将其配成25%的溶液后加入。③果汁。必须将果汁立即进行瞬时巴氏杀菌，钝化果胶酶，以免果汁混浊。④酸味剂。柠檬酸溶液的浓度以50%为宜。调制时应注意柠檬酸溶解时的吸热现象，故在冬季须用热水溶解柠檬酸，以颗粒较小柠檬酸为好，柠檬酸要贮藏在防潮容器中。磷酸主要用在可乐型饮料中，食用磷酸规格有75%和85%两种。⑤色素。色素一般用热水调制成浓度为5%的水溶液，现用现配。溶解色素的器具宜用不锈钢或无毒塑料制品。色素溶液的稳定性较差，应放在避光的地方。⑥香精。所用香精必须与主体香味和谐。香精可单独或混合使用。如花生香精与奶油香精、橘子香精和柠檬香精等混合，能产生一种特殊的风味，但用量不超过0.1%。

(2)调和糖浆的调配　在生产中应注意以下操作：①配料环境及人员要求。配料室要清洁卫生，室内应具备良好的清洗、消毒、排水、换气、防尘、防鼠、防蝇等设施；操作人员必须着装规范整洁。②加料顺序。当原糖浆加到一定体积时，在搅拌的条件下，将其他配料依次加入。其次序为：原糖浆→防腐剂→甜味剂→酸味剂→果汁→乳化剂→稳定剂→香精→色素→加水定容。若加料次序不当，有可能失去配料应起的作用。糖精钠和苯甲酸钠应在加酸前加入，否则两者在酸性糖浆中会析出；料温过高时加入香精因挥发而失去香味；加入乳化剂和香精时，要缓慢地搅拌，避免小油滴浮于液面或产生沉淀；乳化剂有助于香精溶解，应在香精前加入。顺序变更，有时还会产生化学反应，使制品形成乳状溶液或变质。③配料时注意事项。a. 配料要边添加边搅拌，但不能过分搅拌；b. 配制的基料必须当天用完；c. 配料完毕后，立即测定糖浆浓度。同时抽出少量糖浆加碳酸水，观察其色泽、品味，检查是否与标准样相符。

(3)调和糖浆的定量　工厂使用的糖浆浓度在55～60°Bx，通常用1份糖浆、5份碳酸水(或4份碳酸水)的配比来生产汽水。要使糖浆定量准确，应经常校正糖浆定量器，校正时要反复测定。生产中注意做好以下记录：糖的每批投料量；配制糖浆的容器的体积及相对密度；成品汽水中糖的百分比及每瓶糖浆注入量；该批糖浆生产的汽水产量。

3. 碳酸化

碳酸化过程就是将CO_2溶解到饮料中的过程。

(1)CO_2在碳酸饮料中的作用　①清凉作用。当CO_2从体内排放出时，能吸收和带走体内热量。②抑制微生物生长。碳酸饮料pH在2.5～4，除耐酸菌外其他微生物难以繁殖，高CO_2含量能抑制好氧微生物生长。③突出香味。CO_2从汽水中逸出时能带出香味。④具有特殊的刹口感。饮用时溢出大量的碳酸气泡沫，对口腔产生刺激性的刹口感。⑤增进食欲。

(2)碳酸化原理　影响CO_2溶解度的因素有以下4种：①温度和压力。碳酸饮料生产中CO_2与水混合的压力通常控制在10MPa以下。当温度一定时，CO_2的溶解度与其分压成正比。一般来说，对果蔬汁型汽水和果蔬味型汽水，气压不宜高于196kPa；对可乐型汽水和勾兑苏打水，气压应在196～294kPa。生产中饮料碳酸化的温度一般采用2～5℃。②气体和液体的接触面积和接触时间。CO_2气体和液体接触的表面积越大，其溶解度越大；在面积不变的情况下，CO_2气体和液体接触的时间越长，其溶解度越大。③空气的影响。CO_2 中的杂质（空气）能阻碍 CO_2 的溶解。实验证明，水中溶解 1 体积的空气可少溶解 50 体积的 CO_2。④溶质的影响。水较含糖或含盐的水溶液更容易溶解 CO_2；胶体物质可提高其溶解度。

CO_2 溶解量对于饮料的风味影响很大。过高则使饮料的甜酸味减弱，冲淡饮料应有的独特风味；过少则失去应有的刹口感。

（3）碳酸化系统　该系统一般是由 CO_2 调压站、水冷却器和混合机组成。

①CO_2 气调压站。在生产中最常用的是液体 CO_2，当打开贮罐阀门时 CO_2 立即气化，其压力可达 7.8MPa。最普通的调压站只用一个降压阀。当 CO_2 不需净化时，必须经调压站才能送往混合机。CO_2 即使纯度能达到 99%，也还带有少量的有机杂质与异味，如发酵碳酸气会有酒精味等。在进入碳酸化器前要先经过净化处理，其过程见图 5－4。钢瓶中的 CO_2 经减压阀减压至一恒定的压力后，输送至活性炭过滤器。过滤后的 CO_2 由过滤器上部的出口，经管道至高锰酸钾洗涤器。CO_2 由洗涤器底部进入，经多孔管分散，再通过一定浓度的高锰酸钾溶液，最后从洗涤器上部出口送至混合器使用。洁净的 CO_2 再经过一次清水冒泡和脱水处理会更好。

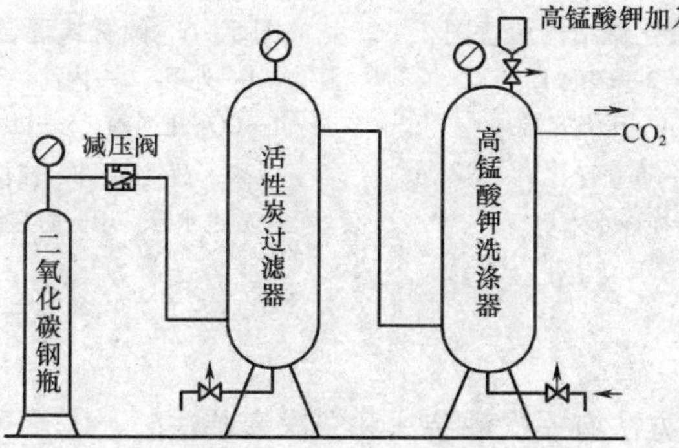

图 5－4　CO_2 净化处理流程示意图

②水冷却器。主要将水温降到碳酸化所需要的温度。目前多采用板式热交换器，一般放在混合机前或脱气机前。

③汽水混合机。又称碳酸化设备。任何混合机都是在一定的气体压力与液体温度下，在一定的时间内，尽量扩大两者的接触面积，以达到一定的饱和度。汽水混合机的混合形式主要有薄膜式、喷雾式和喷射式等三种：a. 薄膜式碳酸化罐（见图 5－5）。CO_2 过阀门 3 恒定地向密闭压力容器中输送，充满时内压控制在 0.4～0.6MPa。经过冷却的水用泵压入，从容器中间直立管 6 上口溢出。溢出的水均匀落在圆盘 5 表面上，形成一层层较薄的水膜，水膜的表面就是 CO_2 和水的接触面，在水成膜状流过的过程中完成碳酸化。碳酸水由碳酸化器的底部出口 1 流出，被送往灌装机。b. 喷雾式混合机（见图 5－6）。这是我国用得最多的混合机。喷雾

式混合器罐中安装有雾化器,并充满 CO_2。由泵压入的水,通过中心进水管 9 到达顶部的雾化器 3 时,即被雾化成直径极小的雾滴,与 CO_2 进行充分混合。c. 喷射式混合机。其生产能力较大、结构新颖,在国外引进设备及大型饮料厂中使用较多。

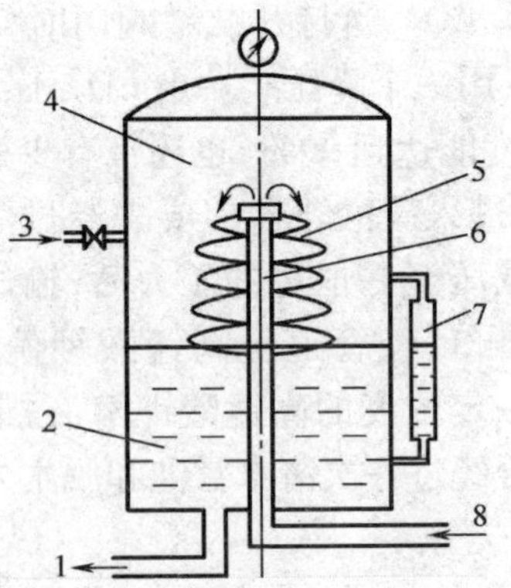

图 5-5　薄膜式碳酸化罐结构示意图

1—碳酸水出口　2—碳酸水

3—CO_2 进气阀　4—压力容器

5—圆盘　6—直立管

7—液位计　8—净冷水入口

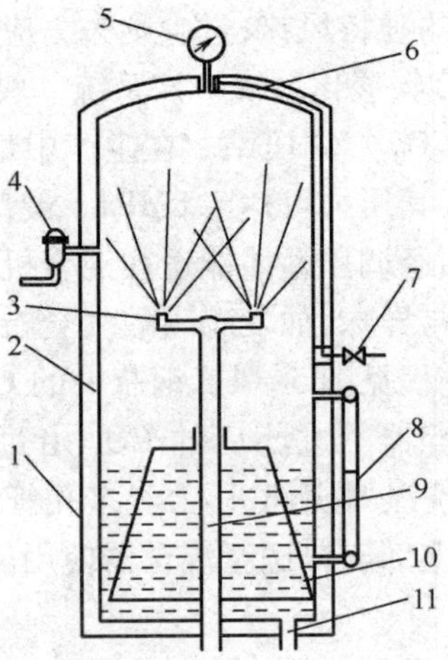

图 5-6　喷雾式混合机结构示意图

1—外罩　2—内筒　3—雾化器喷嘴

4—CO_2 止逆阀　5—压力表　6—排气管

7—放气阀　8—液位显示控制器

9—中心进水管　10—防雾筒　11—碳酸水出口

4. 灌装

碳酸饮料的灌装方法有一次灌装法和二次灌装法。

(1)容器的清洗　由于碳酸饮料灌装后不再杀菌,因此容器的清洁度直接影响产品的质量和卫生指标。PET 瓶、易拉罐等一次性容器和新玻璃瓶,比较容易清洗,一般只需无菌喷淋洗涤后即可使用。回收玻璃瓶要经过清洗消毒:内外清洁无味,瓶口无损;无残留余碱和其他洗涤剂;瓶内细菌菌落≤2 个/mL,大肠杆菌、致病菌不得检出。

(2)灌装系统　灌装系统是由灌糖浆、灌碳酸水和封盖等操作组合而成的体系。一次灌装系统在加糖浆工序中,配比器放在混合机之前,灌装系统由同一个动力机构驱动的灌装机和压盖机组成;二次灌装系统由灌浆机、灌水机和压盖机组成。

①灌装方式。饮料的灌装方式有压差式灌装、等压式灌装、负压式灌装三种。a. 压差式灌装。即启闭式灌装,老式机器多采用此法。其优点是结构简单,灌装速度较快。缺点是灌装液位难以准确控制,对含气量大的如可乐饮料,会发生灌装困

难。b. 等压式灌装。现在大多数碳酸饮料工厂均使用等压式灌装法，见图 5 - 7。灌装是在高于大气压的条件下进行，贮液缸里保持一定的工作压力，灌装时，先要对瓶内充气加压，当其与贮液缸内压力相等时，液料以自重流入瓶子内，完成灌装。此法灌装对液体无直接冲击，瓶内灌装平稳，压力恒定，液体中 CO_2 损失极少，而且灌装过程中产生破瓶时液阀会自动关闭，避免液体流失。c. 负压式灌装。也称真空式灌装，其原理是在灌装料液前先将瓶中空气抽出使瓶内形成负压，当贮液箱与瓶子相通后，常压的料液就被压入瓶内，当达到预定的液面后，多余的料液即流入缓冲室，再回到贮液箱。负压式灌装主要用于非碳酸饮料的灌装，如啤酒等。现在也用于碳酸饮料灌装，不过需要与等压式结合，即先抽负压，再采用等压式灌装。

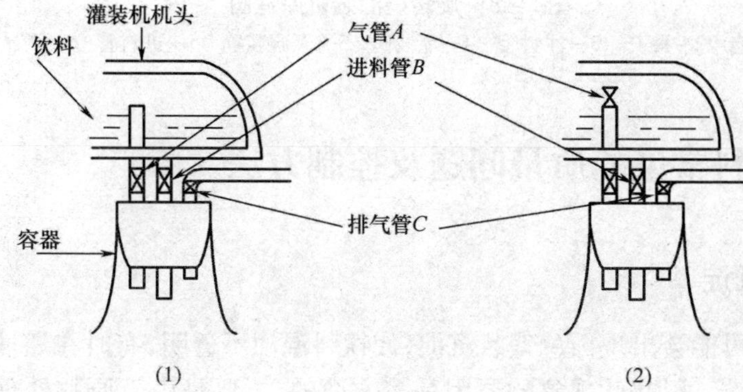

图 5 - 7　等压式灌装原理示意图

②灌装机。灌装机按容器的输送形式可分为旋转型灌装机和直线型灌装机两种。旋转型灌装机灌装迅速、平稳、生产效率高，现在大中型企业液体灌装设备多采用旋转型。不论哪种形式的灌装机，按其各部件的功能大致可分为 5 个部分，即传动部分、瓶托升降部分、灌装阀及其控制部分、封盖部分及电气控制部分。

图 5 - 8 所示为旋转型灌装机原理图。空瓶由进瓶星形拨轮沿导板准确同步地送到下转盘托瓶机构或托瓶气缸的瓶托 2 上。空瓶连同瓶托和灌装阀 4 一起转动，转到一定位置时，空瓶被托瓶机构顶起，瓶口与注料管 3 接触，并顶开灌装阀 4 或靠专门开阀装置 5 打开阀。贮料槽 7 中液体经进料管 6 流入瓶内，其灌装量由计量装置决定。当转盘连续回转至一定位置时，容器内已定量灌满，瓶托 2 下降，灌装阀 4 随之关闭，瓶由出瓶星形拨轮拨出至输送带运至封盖机封口。

③压盖。灌装后应及时压盖，停留时间不得超过 10s，以减少 CO_2 的逸散和空气的污染。压盖要做到密封、不漏气，又不能太紧导致瓶口损坏或罐变形。PET 瓶采用螺旋防盗盖机或旋盖机封盖，易拉罐采用二重卷边封罐机封罐，玻璃瓶采用皇冠盖封口机封盖。

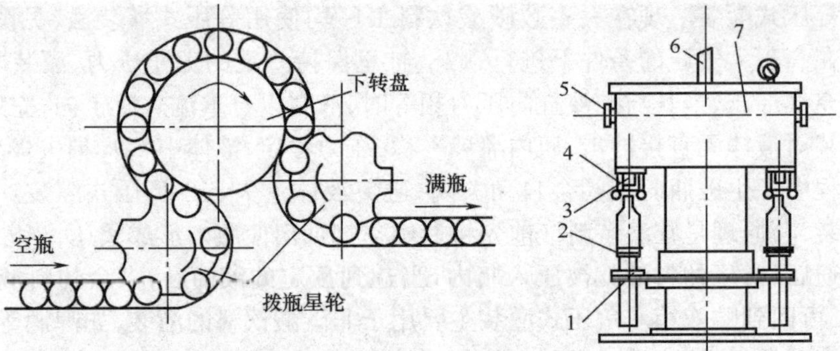

图 5－8　旋转型灌装机原理图

1—下转盘　2—瓶托　3—注料管　4—灌装阀　5—开阀装置　6—进料管　7—贮料槽

三、碳酸饮料常见的质量问题及控制方法

(一)混浊、沉淀

碳酸饮料可能会出现白色絮状沉淀,使饮料混浊不透明,有时在瓶底生成白色或其他颜色沉淀。引起此现象的原因是多方面的,主要是由于原料处理过程中产生物理、化学变化及微生物的繁殖造成的。为了保证产品质量,应采取以下措施:①保证足够的 CO_2 含量,防止空气混入。②减少生产各环节的污染。③加强原料的管理。④加强过滤介质的消毒灭菌工作。⑤生产用水硬度必须合适,不要用硬度过高的水。⑥注意选择合格的砂糖及添加剂。

(二)杂质

饮料产品中的杂质,如灰尘、刷毛、商标纸碎片、草秆、瓶盖垫片、苍蝇、蚊子、其他昆虫和小动物等。产生杂质的原因主要有瓶子或瓶盖没有洗净,饮料用水或原料中含有杂物,机件碎屑或管道有沉积物等。为此,应当采取以下措施:①加强洗瓶刷瓶工序的管理。②提高过滤质量,对贮料缸、灌装设备及管路等设备要定期清洗。③及时更换混合机、灌装机易损部件(如橡胶、麻线、石棉等衬垫)及锈蚀的管道。

(三)CO_2 含量不足

CO_2 含量低易使汽水保质期缩短,造成饮品的变质。应采取以下措施:选用纯净的 CO_2,降低水温,保证混合效果,根据所用水温高低不同确定混合压力,注意自动控制系统的变化,经常检查管路、阀门,随坏随修,保证密封;严格执行操作规程;注意管路、阀门是否漏气,注意灌装时的严密性,同时,注意混合机排空气阀的使用;灌装后的饮料要及时压盖,不要积压数量过多,保持压盖机运行正常,发现问题及时解决。

(四)非糖结晶

有极少数饮料,生产后一段时间,容器底部会出现非砂糖的结晶状沉淀。虽然数量不多,但影响饮料的质量。防止非糖结晶形成有以下几种方法:①严格按照配料顺序下料。一般将糖精钠先加入糖液中,因有糖分子存在,再加柠檬酸时,其与糖精钠作用很少。苯甲酸钠在加酸前加入,但注意要与糖精钠相隔一段时间,以防止其相互影响。②不使用硬度过高的水生产饮料。③各种配料成分用量要严格掌握。④严格选用配料,尤其是糖类,应考虑其中杂质和有关成分对饮料影响。

(五)变味

变味是指饮料放一段时间生成很难闻的气味。一般是由于配料时所用容器设备没有洗净,造成微生物生长繁殖,产生酸败味或双乙酰味;或是瓶子没有刷净造成的。解决的方法是:严格控制水处理、配料、洗瓶、灌装、压盖等工序的卫生,按操作规程操作。

(六)辣味

有的碳酸饮料甜味不足,辣味有余,喝后很快就打嗝。这主要是由于此饮料中料量不足或无料造成的。其辣味主要是二氧化碳的酸辣味,因为无料、少料,则黏度低、阻力小,喝后二氧化碳很快从体内分解排放出来,使人打嗝。解决办法主要是重视灌装操作。如果灌水时水、气路相通,胶嘴有裂纹,瓶托偏低,瓶子矮,簧筒弹簧力量小等,均会造成少料或无料,也可能是手工灌料漏灌造成的。

项目二

果蔬汁饮料加工技术

一、果汁和蔬菜汁饮料的分类

根据我国的《饮料通则》(GB 10789—2007),按原料或产品的性状,对果蔬汁及其饮料产品的分类进行了如下具体规定。

(一)果汁(浆)和蔬菜汁(浆)

采用物理方法将水果或蔬菜加工制成可发酵但未发酵的汁(浆)液或在浓缩果汁(浆)或浓缩蔬菜汁(浆)中加入果汁(浆)或蔬菜汁(浆)浓缩时失去的等量的水复

原而成的制品。可以使用食糖、酸味剂或食盐调整果汁、蔬菜汁的风味，但不得同时使用食糖和酸味剂调整果汁的风味。基本技术要求具有原水果果汁（浆）和蔬菜汁（浆）的色泽、风味和可溶性固形物含量（为调整风味添加的糖不包括在内）。

（二）浓缩果汁（浆）和浓缩蔬菜汁（浆）

采用物理方法从果汁（浆）或蔬菜汁（浆）中除去一定比例的水分，加水复原后具有果汁（浆）或蔬菜汁（浆）应有特征的制品。基本技术要求可溶性固形物含量和原汁（浆）的可溶性固形物含量之比≥2。

（三）果汁饮料和蔬菜汁饮料

（1）果汁饮料　是在果汁（浆）或浓缩果汁（浆）中加入水、食糖和（或）甜味剂、酸味剂等调制而成的饮料，可加入柑橘类的囊胞（或其他水果经切细的果肉）等果粒。基本技术要求果汁（浆）含量质量分数≥10%，如橙汁饮料、菠萝汁饮料、苹果汁饮料等。

（2）蔬菜汁饮料　是在蔬菜汁（浆）或浓缩蔬菜汁（浆）中加入水、食糖和（或）甜味剂、酸味剂等调制而成的饮料。基本技术要求蔬菜汁（浆）含量质量分数≥5%。

（四）果汁饮料浓浆和蔬菜汁饮料浓浆

在果汁（浆）和蔬菜汁（浆）、或浓缩果汁（浆）和浓缩蔬菜汁（浆）中加入水、食糖和（或）甜味剂、酸味剂等调制而成，稀释后方可饮用的饮料。基本技术要求按标签标示的稀释倍数稀释后，其果汁（浆）和蔬菜汁（浆）含量不低于对果汁饮料和蔬菜汁饮料的规定。

（五）复合果蔬汁（浆）及饮料

含有两种或两种以上果汁（浆）、或蔬菜汁（浆）、或果汁（浆）和蔬菜汁（浆）的制品为复合果蔬汁（浆）；含有两种或两种以上果汁（浆），或蔬菜汁（浆），或其混合物并加入水、食糖和（或）甜味剂、酸味剂等调制而成的饮料为复合果蔬汁饮料。基本技术要求复合果汁饮料中果汁（浆）总含量质量分数≥10%；复合蔬菜汁饮料中蔬菜汁（浆）总含量质量分数≥5%；复合果蔬汁饮料中果汁（浆）蔬菜汁（浆）总含量质量分数≥10%。

（六）果肉饮料

在果浆或浓缩果浆中加入水、食糖和（或）甜味剂、酸味剂等调制而成的饮料。基本技术要求果浆含量质量分数≥20%。含有两种或两种以上果浆的果肉饮料称为复合果肉饮料。

(七)发酵型果蔬汁饮料

水果、蔬菜、或果汁(浆)、蔬菜汁(浆)经发酵后制成的汁液中加入水、食糖和(或)甜味剂、食盐等调制而成的饮料。基本技术要求按照相关标准执行。

(八)水果饮料

在果汁(浆)或浓缩果汁(浆)中加入水、食糖和(或)甜味剂、酸味剂等调制而成,但果汁含量较低的饮料,如橘子饮料、菠萝饮料、苹果饮料等。基本技术要求果汁含量质量分数为5% ~10% 。

(九)其他果蔬汁饮料

上述8类以外的果汁和蔬菜汁饮料。基本技术要求按照相关标准执行。

二、果蔬汁加工技术

果蔬原料和果蔬汁产品虽然多种多样,但是基本生产原理和生产工艺大体是相同的。主要的生产过程都是原料选择、清洗和挑选、破碎、打浆、压榨或浸提、调整与混合、杀菌、灌装等工序。同时,不同的果蔬汁品种需要增加特定的工序。比如澄清汁需要澄清和过滤,混浊汁需要均质和脱气,果肉饮料需要预煮和打浆,浓缩汁需要脱水、浓缩等。

(一)工艺流程

各类果蔬汁的生产工艺流程如图5 -9 所示:生产优质的果蔬汁类饮料,必须要有优质的原料,合理的加工工艺以及先进的设备,严格科学的质量管理。

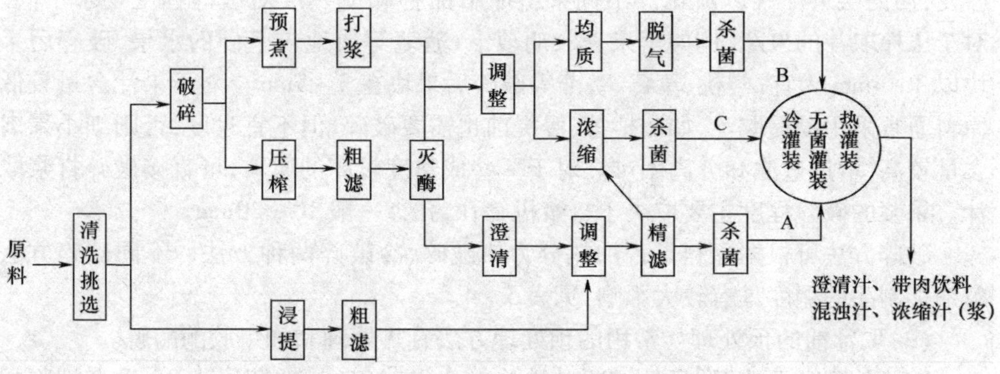

图5 -9 果蔬汁加工工艺流程图

A—澄清汁工艺 B—混浊汁与果肉饮料工艺 C—浓缩汁(浆)工艺

(二)操作要点

1.原料选择

(1)常用果蔬原料　水果有柑橘、苹果、梨、葡萄、菠萝、樱桃、草莓、杨梅、醋栗、刺棘、黑加仑、猕猴桃、山楂、龙眼、荔枝、杏、香蕉、番石榴、桑葚、西瓜、芒果等;蔬菜有番茄、胡萝卜、洋葱、芦笋、冬瓜、辣椒、甜椒、芦荟、甘蓝、芹菜、菠菜等。

(2)原料要求　一般要求原料具有较好的感官品质和营养价值,较高的出汁率;成熟度适中、糖酸比适宜、耐贮运及商品价值高;新鲜、无损伤、无病虫果、无腐烂霉变果。

2.清洗和挑选

果蔬原料加工前,必须进行挑选,以剔除未成熟果、霉变腐烂果和损伤果实。清洗原料的目的是就是去除原料表面的泥沙、尘土、微生物、农药残留以及携带的枝叶等。在洗涤时,要注意洗涤用水的清洁。为了防止榨汁时将杂质带入果汁中,生产时经常需要对果蔬原料进行多次清洗,而且根据原料的具体情况,还可以添加一些清洗剂和消毒剂,也有使用超声波清洗设备。

3.破碎和预处理

果蔬的汁液被包含在果蔬的细胞结构中,只有破坏果蔬组织,才能使细胞结构中的汁液流出。取汁前需要进行破碎、加热和灭酶等预处理。

(1)破碎和打浆　破碎果蔬原料的目的是为了提高出汁率,尤其是一些果皮较厚、果肉致密的原料。但破碎程度要适中,破碎后的果块要大小均匀。果块过大,影响出汁率,果块过小,会造成榨汁时外层果汁被迅速榨出,剩余果渣形成一层厚皮,使内层果汁难以流出。不同果蔬原料品种和成熟度对破碎程度要求不同。对于压榨取汁的果蔬,例如苹果、梨、胡萝卜、菠萝等质地较坚硬的水果,破碎后果块以3~4mm为宜;樱桃、草莓、番茄等破碎后果块在3~5mm。对于果汁含量较低原料通常采用浸提取汁,如山楂等,浸提前也需要破碎,但不宜过度,否则细小果肉含量较高,增加过滤和分离困难。对于一些成熟度较高的原料,可直接破碎打浆取汁。果浆的破碎程度主要取决于打浆机筛孔,孔径一般10~20mm。

破碎方法可根据原料是否加热分为热破碎、冷破碎两种方法。不同破碎方法对加工制品的稠度具有较大影响,见表5-4。

(2)取汁前的预处理　常用的预处理方法有热处理和加果胶酶酶解。

①热处理。即热烫,目的是通过加热软化果蔬组织,破坏原生质,提高细胞的通透性,有利于果蔬细胞中可溶性物质、色素及风味等的提取,钝化酶活,保持果蔬汁色泽。适度加热可降低果蔬汁黏度,提高出汁率。一般加热温度为60~80℃,最

佳温度 70～75℃，加热时间 10～15min。也可采用高温瞬时加热方式，加热温度 80～90℃，时间 1～2min。

表 5－4　不同破碎方法的比较

破碎方法	温度	优点	应用实例
冷破碎	常温	果胶分解酶活性强，短时间内就能降解果胶，使果蔬汁稠度降低	果蔬澄清汁
热破碎	80～85℃	破碎前加热或碎后立即加热，钝化果胶分解酶的活性，保留浆汁较高稠度	果蔬混浊汁或果肉浆

②果胶酶酶解。在果蔬汁加工中，果胶不仅影响出汁率，还影响果汁稳定性。果胶含量较少的果蔬容易取汁，果胶含量较高的如苹果、樱桃、猕猴桃等果实黏度大，不易出汁，需要在榨汁前添加果胶酶处理。酶解处理的效果取决于酶解温度、加酶量和酶解时间。一般果胶酶制剂的添加量为果蔬浆质量的 0.01%～0.03%，温度在 45～50℃，酶解时间在 2～3h。为了防止酶处理阶段的果蔬浆过度氧化，通常将热处理和酶解处理相结合，先将果浆在 90～95℃下杀菌，然后冷却至 45～50℃加酶酶解。

4. 压榨与浸提

取汁是果蔬原料通过破碎、加热、加酶等预处理后，细胞中的可溶性固形物渗透到细胞外面，进而被挤压分离出来或进入浸汁中的过程。根据原料和产品形式的不同，主要的取汁方式分为压榨、浸提等。

（1）压榨　压榨是利用外部的机械挤压力，将果蔬汁从果蔬或果蔬浆中挤出的过程。大多数原料都可以通过压榨取汁。但是某些水果有一层厚皮如柑橘类水果，直接压榨会使果皮、囊皮、种子中包含的苦味物质进入果汁中，影响成品质量，因而需要逐个榨汁。同样具有厚皮的石榴，由于果皮中含有大量单宁物质，因而先去皮才可榨汁。

果蔬榨汁机主要有带式榨汁机（见图 5－10）、液压式榨汁机、卧式螺旋式榨汁机、螺旋式榨汁机、裹包式榨汁机、柑橘全果榨汁机和切半锥式机等。可根据果蔬原料、榨汁方式、生产量进行选择。苹果、梨等仁果类水果常用的榨汁机是液压式（布赫）榨汁机、带式榨汁机。

果实的出汁率受原料种类、品种、质地、成熟度、新鲜程度、加工季节、榨汁机效能、挤压力、挤压速率、果蔬破碎程度、挤压料层厚度等多种要素影响。

（2）浸提　浸提就是将破碎的果蔬原料浸泡在水中，由于原料中可溶性固形物含量与浸提溶剂之间存在着浓度差，可溶性固形物透过细胞进入浸提溶剂中。

与压榨法相比，用浸提法提取的果蔬可溶性物质更加充分，而且浸液中还含有

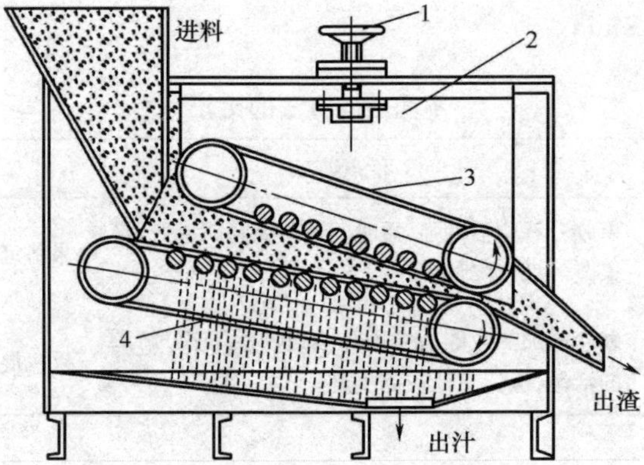

图 5－10　带式榨汁机原理示意图

1—压榨比调节手轮　2—动墙板　3—上履带　4—下履带

色素、芳香性物质等，因而色泽较鲜艳，芳香性成分高，而且浸液中单宁含量高，便于澄清。热浸提溶解性氧降低，果蔬汁受氧化程度也降低，热处理还具有巴氏杀菌和灭酶作用。

5. 粗滤

粗滤又称筛滤，目的是去除果蔬汁中的粗大颗粒或悬浮粒。不同果蔬汁产品质量要求不同。对于澄清果汁，要求去除全部悬浮粒，因而粗滤后还需精滤，或先行澄清再过滤；对于混浊果汁，要求在保存色泽、风味和香味特性物质的同时，除去粗大颗粒或悬浮粒。这些悬浮粒的存在会影响果汁的外观质量和风味，甚至会导致果汁变质，需要及时去除。柑橘类榨汁中的悬浮粒，含有苦味物质，可用低温沉淀法先行除去。

6. 澄清与过滤

其目的是要除去新鲜榨出汁中的全部悬浮物和容易产生沉淀的胶粒。悬浮物包括发育未全的种子、果心、果皮和维管束等颗粒以及色粒。除色粒外，主要成分是纤维素、半纤维素、酶、糖苷和苦味物质等，对果汁的质量和稳定性有较大影响，必须予以去除。果汁中的亲水胶体主要包括果胶质、树胶质、多糖和蛋白质等。这些亲水胶体带有电荷，电荷中和、加热、与酸作用或脱水时，都会引起胶体凝聚沉淀。去除这些物质需要用酶法处理和澄清剂澄清。常用酶制剂有果胶酶、淀粉酶等，澄清剂有明胶、硅胶、膨润土、单宁等。它们在果蔬汁中主要发挥三种作用：酶法分解果胶、淀粉的高分子成分；破坏胶体电荷平衡发生凝聚沉淀；吸附除去蛋白质、多酚物质和其他成分。

(1)澄清　果汁生产中常用的澄清方法有：酶法澄清法、自然澄清法、明胶单宁澄清法、冷冻澄清法、热凝聚澄清法和超滤澄清法。从成品质量来看，超滤是一种理想的果汁澄清法。为了提高膜的效率，同时提高汁的透过率，增加汁的稳定性，目前普遍采用酶法脱胶和超滤澄清相结合的生产工艺，见图5－11。

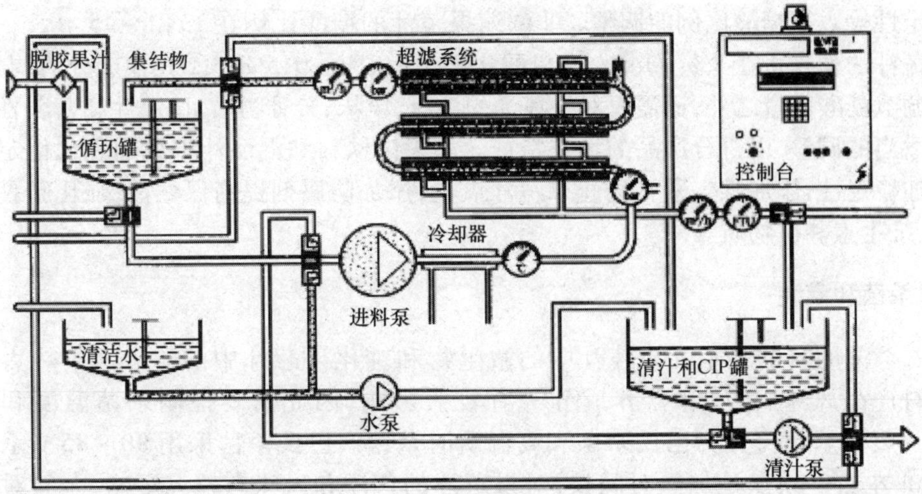

图5－11　果汁超滤系统图

（2）过滤　除超滤以外，其他澄清方法得到的果蔬汁都必须进行过滤。悬浮物的分离可借助重力、加压或真空而被除去。常用的方法有压滤、真空抽滤和离心分离等。

7. 均质与脱气

均质目的是使果蔬汁中的悬浮果肉颗粒进一步破碎细化，大小均匀，促进果肉细胞壁上的果胶溶出，使果胶均匀分布在果蔬汁中，形成均一稳定的分散体系。常用的均质设备有高压均质机、胶体磨和超声波均质机等。脱气目的就是脱除果蔬汁中的氧、氮和CO_2等气体。脱气方法有真空脱气法、气体替换法、酶法脱气法和抗氧化剂法等。

8. 浓缩

新鲜果蔬汁的可溶性固体物质含量一般在5%～20%，通过脱水浓缩可以把果汁的固形物含量提高到60%～75%。常见的果蔬浓缩汁有浓缩苹果汁（70～72°Bx）、浓缩橙汁（65°Bx）、浓缩菠萝汁（65°Bx）等。为了较好地保存果蔬汁的品质，目前浓缩多采用在较低的温度下进行真空浓缩。一般浓缩温度为25～35℃，不宜超过40℃，真空度约为94.7kPa左右。但是，在此温度下，很适合微生物的活动和酶的作用，因此，浓缩前应进行适当的瞬间杀菌。果蔬汁中苹果汁比较耐热，但也不宜超过55℃。

9. 调整与混合

俗称调配,其目的是实现产品的标准化,提高产品的风味、色泽、口感、营养和稳定性等。①糖酸比例的调整。非浓缩果蔬汁的糖酸比例在13∶1～15∶1。一般果蔬汁的糖含量在8%～14%,有机酸含量在0.1%～0.5%。②其他成分的调配。除调节糖酸含量之外,还需要对果蔬汁的色泽、风味、芳香物质、稳定性和营养性进行适当的调整,以符合产品的种类特征。如果肉饮料和混浊汁中添加乳化稳定剂增加稳定性,添加维生素C防止果蔬汁氧化,添加防腐剂提高保藏性,强化膳食纤维、维生素和矿物质等。

10. 杀菌和灌装

杀菌的目的是杀死果蔬汁中的微生物和钝化果蔬汁中的酶。由于热力杀菌对产品风味、色泽和营养成分等有较大影响,因此需要控制杀菌温度和时间。热力杀菌可分为巴氏杀菌和高温瞬时杀菌。巴氏杀菌采用80～85℃杀菌3min左右。缺点是加热时间长,对果蔬汁的色泽和风味有较大影响,尤其对混浊果蔬汁。高温瞬时杀菌就是将果蔬汁迅速升温到93±2℃维持15～30s或者采用120℃以上保持3～5s。目前果汁几乎都采用了高温瞬时杀菌工艺。由于大多数蔬菜汁的酸度低,多采用115.5～121.2℃温度,时间保持在30～40s甚至更长。除热力杀菌外,冷杀菌技术也应用实践中。其缺点是不能完全钝化果蔬汁中酶的活性。

果蔬汁杀菌原则上安排在灌装前进行。果蔬汁杀菌后,要立即灌装密封。灌装方法可分为热灌装、冷灌装和无菌灌装。热灌装是在果蔬汁杀菌后,处于热状态时进行灌装,并立即密封。冷灌装是在果蔬汁杀菌后,通过热交换器立即冷却至5℃以下,然后进行灌装、密封。无菌灌装是指在食品无菌、包装材料无菌和包装环境无菌的情况下进行灌装。不同灌装方式的灌装条件和产品贮藏性能见表5-5。对于一些容易产生异味的果蔬浓缩汁灌装以后可以进行冷冻贮藏,如冷冻浓缩橙汁等。

表5-5　果汁不同灌装方法的杀菌温度、灌装温度、包装容器、流通温度及货架期比较

灌装方法	杀菌温度/℃	灌装温度/℃	包装容器	流通温度/℃	货架期
热灌装	95	>80	金属罐、塑料瓶、玻璃瓶	常温	1年
冷灌装	95	<5	塑料瓶、层脊包	5～10	2周
无菌灌装	95	<30	纸包装、塑料瓶、玻璃瓶	常温	6个月以上

三、果蔬汁饮料常见质量问题及控制方法

（一）后混浊、分层及沉淀

澄清汁在加工和贮藏中容易出现不溶性悬浮物或沉淀物，即后混浊现象。后混浊是检验产品稳定性能的主要指标。澄清汁的后混浊、混浊汁的分层及沉淀是果蔬汁饮料生产中的主要质量问题。

（1）澄清果蔬汁的混浊沉淀　其主要原因是加工过程中澄清处理不当、杀菌不彻底或二次污染，由于微生物活动而导致混浊沉淀；果蔬汁中的悬浮颗粒以及易沉淀的物质未充分去除，在贮藏期间会继续沉淀；加工用水未达标；金属离子与果蔬汁中的有关物质发生反应产生沉淀；糖和其他物质可能含有杂质；香精水溶性低或用量过大，从果蔬汁中分离出来引起沉淀等。在加工过程中严格澄清和杀菌操作是减轻果蔬汁混浊和沉淀的重要保障。

（2）混浊果蔬汁的分层及沉淀　其主要原因是由于果肉颗粒下沉而引起的。果肉的沉淀速度与颗粒直径、颗粒密度与流体密度之差成正比，与流体黏度成反比。防止果肉颗粒沉降应该做到：①将汁液微粒化处理，减少果肉颗粒直径；②通过排除气泡干扰、添加果胶等稳定剂增加汁液的浓度与黏度，缩小果肉颗粒和流体之间的密度差。

（二）变色

（1）色素物质引起的变色　果蔬汁中的天然色素按其化学结构的特性可分为卟啉色素、类胡萝卜素和多酚类色素等。果蔬汁进行热处理时，叶绿素蛋白变性释放出叶绿素，同时细胞中的有机酸也释放出来，促使叶绿素脱镁而成为脱镁叶绿素，使果蔬汁的颜色消失。叶绿素受光辐射时可发生光敏氧化，从而裂解为无色的产物。叶绿素只有在常温下的弱碱中稳定，若用铜离子取代卟啉环中的镁离子，使叶绿素变成叶绿素铜钠，可形成稳定的绿色。

（2）褐变引起的变色　果蔬汁发生非酶褐变产生黑色物质，使其颜色加深。非酶褐变对浅色果蔬汁饮料和浓缩果蔬汁色泽影响较大。影响非酶褐变的因素主要有温度和 pH，果蔬汁加工中应尽量降低受热程度，控制 $pH < 3.2$，避免与非不锈钢的器具接触。

果实在破碎、取汁、粗滤、泵输送等加工过程中接触空气，易发生酶褐变。在金属离子作用下果蔬汁的酶褐变速度更快。生产中除采用减少空气、避免金属离子作用以及低温、低 pH 贮藏外，还可添加适量的抗坏血酸及苹果酸等抑制酶褐变。

（三）变味

原料不新鲜，绝对不可能生产风味良好的产品；过度的热处理会明显降低果蔬

汁饮料的风味;加工和贮藏过程中的各种氧化和褐变反应,不仅影响果蔬汁的色泽,风味也随之变劣,非酶褐变引起的风味变化尤以菠萝汁和葡萄柚汁为甚,金属离子可以引起果蔬汁变味。因此,防止果蔬汁变味,首先选择新鲜良好的原料,合理加热,合理调配,同时生产过程中尽量避免与金属接触,避免使用铜铁用具及设备,最好采用不锈钢材料。

(四)微生物污染

果蔬汁营养丰富,容易滋生微生物。如表面长霉、发酵,产生 CO_2.醇和醋酸。其微生物来源主要二:一是果蔬原料,二是在加工、运输和贮藏的过程中被污染。

(五)营养成分的变化

果蔬汁在加工和贮藏中,其原有的维生素、芳香成分、矿物质等营养成分都会有不同程度的损失。如维生素 C 容易发生氧化损失、浓缩过程中很容易造成芳香物质的损失等。为此,可采取以下措施:①要减少或避免果蔬汁与氧气的接触;②采用真空脱气;③加强生产管理,应用酶技术、膜分离技术等食品加工高新技术。

项目三

蛋白饮料加工技术

目前,含乳饮料、豆制饮品、椰汁、杏仁露、核桃露等各种蛋白饮料不断涌现,蛋白饮料已被开发成为具有多种功能的产品,不仅营养全面、风味好,且有害因子去除彻底,产品使用方便安全,逐步为广大消费者所接受。“十二五”期间,我国饮料总量将保持 12% ~15% 的年均增速发展,蛋白饮料的发展势头迅猛。

一、蛋白饮料的分类

蛋白饮料包括以乳或乳制品、或有一定蛋白质含量的植物的果实、种子或种仁等为原料,经加工或发酵制成的饮料。分为含乳饮料、植物蛋白饮料、复合蛋白饮料三类。

(1)含乳饮料　含乳饮料是指以鲜乳或乳制品(经发酵或未经发酵)为主要原料,经调配、均质、灌装、杀菌(或杀菌、灌装)等工序加工而成的饮料,包括配制型含乳饮料、发酵型含乳饮料、乳酸菌饮料。

(2)植物蛋白饮料　植物蛋白饮料是以蛋白质含量较高的植物果实、种子或核果类、坚果类的果仁等为原料,经处理、制浆、调配、均质、灌装、杀菌(或杀菌、灌装)等工序加工而成的产品。如豆乳类饮料、椰子乳(汁)饮料、杏仁乳(露)饮料、核桃露(乳)、花生露(乳)。要求蛋白质含量不低于 0.5%。

（3）复合蛋白饮料　以乳或乳制品和不同的植物蛋白为主要原料，经加工（可经乳酸菌发酵）调配而制得的饮料。要求蛋白质含量不低于0.7%。

二、蛋白饮料加工技术

（一）蛋白饮料加工的基本工艺流程

（1）含乳饮料基本工艺流程　见乳品模块，这里不赘述。

（2）植物蛋白饮料基本工艺流程　见图5－12。

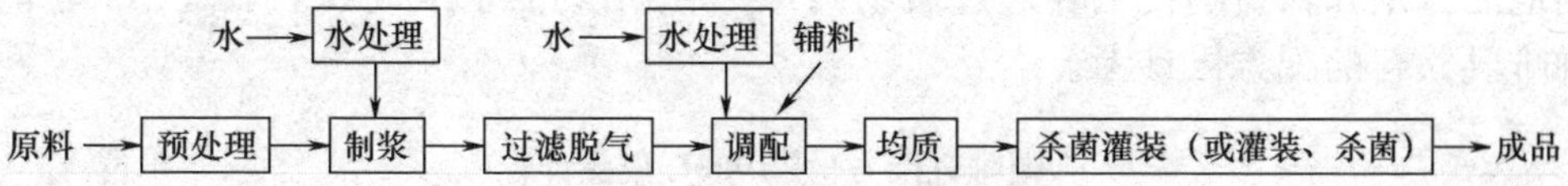

图5－12　植物蛋白饮料生产工艺流程

（3）复合蛋白饮料基本工艺流程　参照含乳饮料和植物蛋白饮料的工艺流程。

（二）咖啡乳饮料加工技术

咖啡乳饮料是指以乳（包括全脂乳、脱脂乳、全脂或脱脂奶粉的复原乳）、糖和咖啡为主要原料，另加香料和焦糖色素等制成的饮料。

1. 工艺流程

咖啡乳饮料加工工艺流程见图5－13。

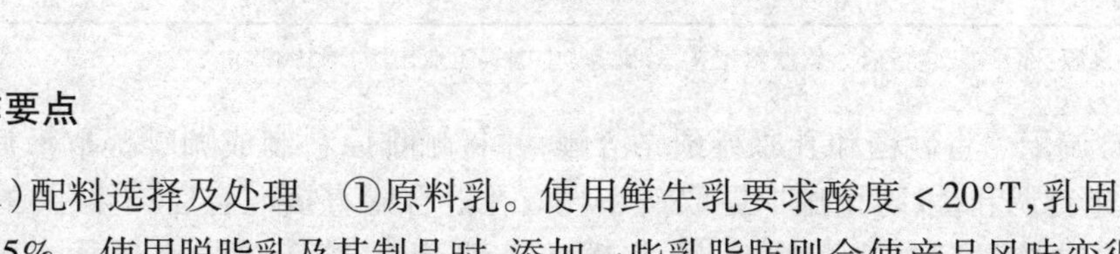

图5－13　咖啡乳饮料生产工艺流程

2. 操作要点

（1）配料选择及处理　①原料乳。使用鲜牛乳要求酸度＜20°T，乳固形物含量＞8.5%。使用脱脂乳及其制品时，添加一些乳脂肪则会使产品风味变得更好。使用炼乳或乳粉时，其速溶性要好。②咖啡。一般以温和风味的巴西品种为主体，再配以1～3个其他品种。在咖啡乳饮料中添加的一是工厂自己提取的咖啡提取液，二是外购的速溶咖啡或咖啡提取液。③甜味剂。通常使用白砂糖，也可使用葡萄糖、果糖以及果葡糖浆等。④香料和焦糖。通常用1.8%～5.0%焙炒咖啡豆。为使产品具有足够的风味,就需要用香料、菊苣和焦糖来补充。要防止因菊苣和焦糖过量而造成加热杀菌时生成过量的酸。⑤稳定剂。由于明胶易溶方便,应用广泛,其用量为0.05%～0.20%。黄原胶添加0.05%～0.1%,藻酸丙二醇酯0.01%～0.03%,羧甲基纤维素钠(普通型)0.05%～0.1%。⑥其他原料及其作用。碳酸氢钠、磷酸氢二钠用作调整pH;焦糖用作着色剂;食盐、植物油用作改善风味;蔗糖酯用作防止生成豆腐状凝集物;食用硅酮树脂制剂用作消泡。

(2)配方　咖啡乳饮料的配方取决于饮料的种类。在咖啡乳饮料中可以用蛋白质含量、乳固形物含量等反映乳的添加量,衡量咖啡含量的指标是咖啡因。糖或其他甜味剂和辅料的使用要通过市场调查,根据市场需求来设计。表5-6列举了咖啡乳饮料的配方供参考。

表5-6　咖啡乳配方(按1000L成品计)　单位:kg

成分	种类			
	含咖啡的清凉饮料		咖啡饮料罐装	乳饮料罐装
	瓶装	罐装		
砂糖	87	83	92	44
脱脂乳粉	30	24	10	24
全脂乳粉		8.0	8.0	
加糖炼乳				86
焙炒咖啡豆	8.6	8.6	22	18
菊苣	0.8	0.8		
特种焦糖	0.8	0.8		
焦糖	1.0	1.0		
食盐	0.3	0.3	0.3	0.3
碳酸氢钠	0.5	0.5	0.5	0.5
蔗糖酯	0.3	0.5	0.5	1.0
香精	1.0	1.0	1.0	1.0

资料来源:邵长富,赵晋府.软饮料工艺学.北京:中国轻工业出版社,1989.

(3)调配　将砂糖和乳原料预先溶解,并将咖啡原料制成咖啡提取液后,按下列顺序进行调和,以防止咖啡提取液和乳液在混合罐直接混合后产生蛋白质凝固现象。①先将砂糖加入配料槽;②将碳酸氢钠、食盐溶于少量水后加入配料槽;③若加稳定剂应同蔗糖酯同时溶于热水后,再加入配料槽;④边搅拌糖液边加入乳液于配料槽中,搅拌时若有泡沫,可加入硅酮树脂消泡;⑤加入咖啡抽提液、焦糖混匀;⑥最后加入香料,充分混合均匀。

(4)过滤、均质　均质压力为18～20MPa,温度为60～70℃。

(5)灌装　物料均质后通过板式热交换器加热到85～95℃,进行灌装和密封。因本制品易于起泡,故不应装填过满,制品应保持33.9～53.3kPa的真空度。

(6)杀菌和冷却　咖啡乳饮料pH一般在6.5左右,通常要使其中心温度达到120℃后维持20min。若生产卫生条件控制较好,可采用巴氏消毒即85℃、时间30min。

(三)果汁乳饮料加工技术

果汁乳饮料是以鲜牛乳、脱脂乳或乳粉的复原乳为原料。加入糖、原果汁、稳定剂、酸味剂、食用香精、着色剂等配料制得的。

1. 工艺流程

果汁乳饮料加工工艺流程见图5－14。

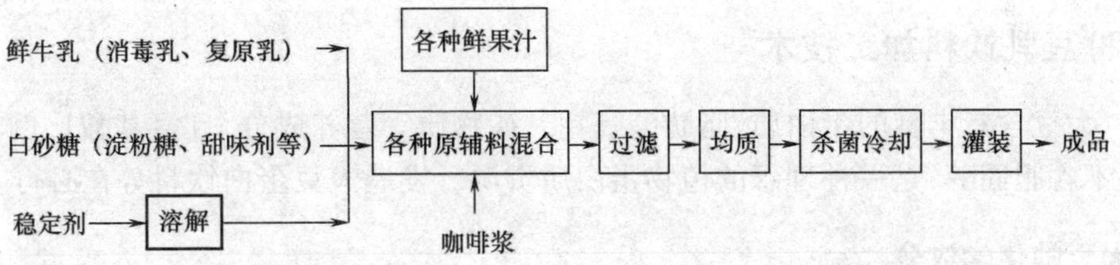

图5－14　果汁乳饮料加工流程

2. 操作要点

(1)配料的选择与要求

①原料乳。可选鲜乳、炼乳、全脂或脱脂乳粉等。一般以脱脂鲜乳或乳粉为佳。

②果汁。果汁乳饮料常使用橙汁、菠萝汁、苹果汁等,也有使用混合果汁的。一般用浓缩果汁,用量为8%～18%。为防止果肉沉淀,常使用经离心分离及过滤的透明果汁。有的为保持香味多使用原榨汁。水果的香味与水果的酸度密切相关。各种水果汁的pH如表5－7所示。选择果汁乳饮料的风味时,必须注意使产品的pH与风味相对应。

表5－7　各种水果汁的pH

名称	苹果汁	香蕉果肉	柠檬汁	甜瓜果肉	橙汁	桃果肉	菠萝果肉	葡萄果肉	草莓果肉
pH	3.4～4.0	4.5～4.7	2.32	5.5～6.7	3.6～4.3	3.4～3.6	3.5	3.4～3.5	3.0～3.5

③稳定剂。乳蛋白的等电点为pH 4.6~5.2。而果汁乳饮料风味感良好的pH为4.5~4.8。这样就带来了果汁乳饮料加工技术上的问题，通常以均质和添加稳定剂来解决。

④有机酸。一般使用柠檬酸，也可使用苹果酸、乳酸。先将有机酸制成2%~3%酸溶液，可采用滴加或喷洒的方法，加入时要不断地搅拌。

⑤白砂糖。加入一定量的蔗糖，不仅能改善风味，还有助于防止沉淀。

(2)配料　首先将稳定剂与少量白砂糖混匀，加温水溶解。将白砂糖溶于牛乳或脱脂乳后，把稳定剂溶液加入，搅匀，然后慢慢加入浓度尽可能低的果汁和有机酸，且边加边进行强力搅拌。添加到乳中的酸溶液的温度应在20℃以下，最后加香精和色素。

(3)过滤、均质　均质压力一般为14.7~19.6MPa。

(4)脱气、杀菌　均质后应立即进行脱气，然后加热到90~95℃，保持15min，再进行无菌灌装，冷却后装箱。现在很多工厂也采用先灌装、封口，再进行水浴杀菌。

(四)豆乳饮料加工技术

大豆含有丰富的蛋白质、脂肪酸、磷脂、矿物质等营养成分，且氨基酸比例较均衡，不含胆固醇，是一种理想的植物蛋白质资源。发展大豆蛋白饮料势在必行。

1. 大豆的化学成分

大豆是能与动物性食物相媲美的高蛋白、高脂肪、高热能的食物。但是，大豆中存在的酶类与抗营养因子对豆乳饮料的质量、营养以及加工工艺都有影响。大豆中已发现近30种酶类，其中脂肪氧化酶、脲酶、胰蛋白酶抑制因子、凝集素和皂苷对产品质量影响最大。

2. 豆乳的营养价值

大豆中的可溶性营养成分大部分转移到豆乳中，使得豆乳具有很高的营养和滋补价值。豆乳中大豆油脂的不饱和脂肪酸含量比牛乳高。大豆油脂在人体内消化吸收率高达97.5%。豆乳中含有较丰富的矿物质和维生素。豆乳中还含如磷脂和皂苷等微量营养保健成分。豆乳有助血管软化、延缓人体衰老，是一种现代健康饮品。

3. 豆乳饮料加工技术

(1)工艺流程　豆乳饮料加工工艺流程见图5-15。

(2)操作要点

①精选大豆。应选色泽光亮、子粒饱满、无虫蛀、无霉变的新大豆。与陈大豆

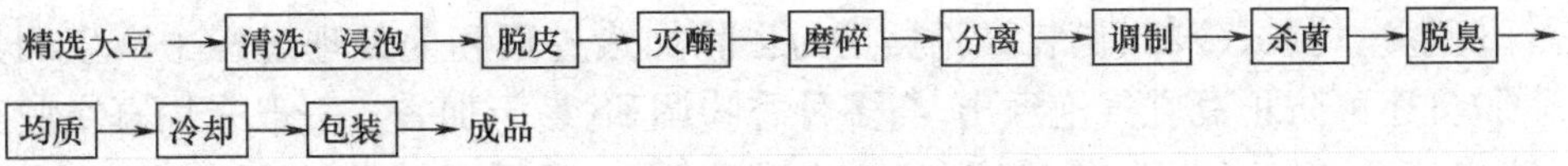

图 5－15　豆乳饮料加工工艺流程

相比，新大豆制得的产品，蛋白质含量高、色泽白、口味好，刚收获的大豆也不宜使用，理想原料是在良好条件下贮存 3～9 个月的大豆。杂质控制在 1% 以下，水分为 13%。常用精选机先行将杂质除去，以保证生产的安全、可靠。

②清洗、浸泡。大豆浸泡前应进行清洗。一般用清水洗 3 次左右。大豆浸泡是提取大豆蛋白的首要条件。将清洗好的大豆按 1:3 的豆水比，浸入 0.5% $NaHCO_3$水溶液中，$NaHCO_3$ 的作用是钝化脂肪氧化酶的活性，软化细胞组织，提高胶体分散度，缩短浸泡时间，提高均质效果。根据季节温度变化控制浸泡时间，夏天8～10h，冬天 16～20h。应随时检查浸泡情况，浸泡时间过短或过长都对豆乳的质量有影响。以水面上有少量泡沫，豆皮平滑胀紧，将豆粒搓成两瓣后，子叶表面平滑，中心部位与边缘色泽一致，沿横向剖面易于断开为准。浸泡后的大豆应沥干备用。这时大豆增重 2.0～2.2 倍。

③脱皮。大豆脱皮通常在浸泡前进行，称为干法脱皮。也有采用浸泡后去皮。干法脱皮效果较好，不仅减少土壤中带来的耐热细菌、改善豆乳风味、限制起泡，还可以缩短钝化脂肪氧化酶所需加热时间，降低蛋白的热变性。大豆脱皮率一般应控制在 95% 以上。干法脱皮大豆的含水量应控制在 13% 以下，否则要在 105～110℃ 的热空气中干燥至水分含量为 9.5%～10.5%，冷却后再脱皮。大豆脱皮常用凿纹磨，磨片间的间隙调节到可使多数豆子分成两瓣，再经重力分选机或真空筛选除去皮壳。脱皮过程中质量损失在 25% 左右。

④灭酶。大豆中的酶在豆乳加工中产生豆腥味、苦味、涩味等，影响豆乳风味；有时还影响人体消化，产生毒性分解物。破坏酶活力的方法主要有：干热法、热水浸泡法、热磨法、脱氧水磨法和蒸煮法。

⑤磨碎与分离。传统磨浆法豆水比一般为 1:(5～10)，豆乳中固形物含量 6.5%～11.5%，固形物回收率 40%～55%。为了提高固形物的提取率，可以采用二次磨浆法或用均质机进行两级分离。磨浆后进行浆渣分离，分离常用三足式离心机或沉降式卧式离心机，豆渣含水量要求在 80% 以下。

⑥调制。豆乳饮料的调制，即按照产品配方和标准要求，在调制罐中将豆乳、营养强化剂、赋香剂和稳定剂等调和在一起，充分搅拌均匀，并用饮料用水调整至规定浓度。

⑦杀菌。豆乳杀菌主要是针对耐热细菌和胰蛋白酶抑制剂。主要采用超高温板式或管式杀菌机，进行 120～140℃ 1min 左右的杀菌处理。向豆乳中吹入蒸汽的超高温杀菌，杀菌效果较理想，但会导致豆乳被稀释。豆乳固形物含量一般为

8% ~12%，板式换热器必须经常清洗，不能长时间连续运行。

⑧脱臭、均质、冷却、包装。脱臭是为去除加热过程和前处理过程中产生的异味。脱臭还可防止豆乳气泡溢出，与多种香味调和，易于加香。一般采用真空脱臭法，真空度 26.7 ~40kPa 为佳，温度在 75℃以下。均质压力在 15 ~20MPa，温度 70℃效果较好。及时将豆乳冷却到室温以下。豆乳除以散装形式销售外，均需以一定包装形式供应市场。

三、蛋白饮料常见质量问题及控制方法

（一）含乳饮料常见质量问题与控制

（1）沉淀及分层　乳酸菌饮料有乳蛋白凝聚沉淀或析出现象，解决措施如下：

①均质处理。胶体磨可以使固形物颗粒细度达到 2 ~50μm，具有乳化和预均质作用。均质机是通过剪切、空穴、撞击、爆破等作用，使悬浮粒子粒度减少并改变粒径分布。

②使用乳化剂。目的是为了将蛋白质和油脂等的分散相以微粒状态分散在与之不相溶的分散介质中，用有较强吸附作用的膜包裹分散粒子，防止其相互凝聚。豆乳中常用的乳化剂有蔗糖脂肪酸酯、甘油脂肪酸酯、山梨糖酐脂肪酸酯以及卵磷脂和酪蛋白酸钠等。

③使用增稠剂。由于增稠剂不仅能够提高分散介质的黏度，还可缩小两相的相对密度差，从而稳定乳浊液中的分散粒子，这也是提高蛋白质饮料混浊稳定性的重要方法。豆乳中常用的有海藻酸钠、阿拉伯胶、卡拉胶、羧甲基纤维素、果胶等。

④添加糖。糖能在蛋白质分子表面形成糖膜，提高蛋白质与水的亲和性。高浓度、多羟基糖类可提高蛋白质混浊饮料的稳定性。其中，蔗糖与蛋白质粒子的亲和性较好。

⑤除去金属离子。金属离子（尤其是钙离子）会降低蛋白饮料的稳定性。可加入钙螯合剂、离子交换树脂或采用渗透法等来降低金属离子浓度。

⑥果汁的预处理。酸性环境中带正电的蛋白质与果汁中的果胶、单宁等带负电的高分子物质会发生凝聚沉淀。故原料果汁应先用果胶酶或纤维素酶将残留的果胶或纤维素分解成低分子化合物，同时用明胶等澄清剂除去单宁，可有效避免凝聚沉淀的发生。

（2）产品口感过于稀薄　确认生产中是否采用了合适的原料，发酵过程中是否使用了正确的菌种，杀菌前产品的固形物含量是否符合标准。

（3）发泡　瓶装制品带有泡沫，影响质量，必须注意防止发泡。

（4）褐变　乳酸菌饮料中，有大量的游离氨基酸存在，会与还原性的葡萄糖和果糖发生羰氨反应，生成褐色色素。

(二)植物蛋白饮料常见的质量问题及控制

为了改进豆乳的风味和提高豆乳的营养价值，在生产过程中，要解决以下问题：

(1)豆腥味　当大豆细胞壁破碎后，只需有少量水存在时，脂肪氧化酶就可以与大豆中的亚油酸、亚麻酸等酯类底物反应发生氧化降解，产生明显豆腥味。豆腥味的防止办法：①钝化脂肪氧化酶活性；②豆腥味的脱除。将热的产品于高温下喷入真空罐中，部分水分瞬间蒸发，同时带出挥发性的不良风味成分，由真空泵抽出，脱臭效用显著。另外，还可以利用酶法脱臭以及豆腥味掩盖等方法脱除豆腥味。

(2)苦涩味　苦涩味物质有大豆异黄酮、大豆蛋白水解物、大豆皂苷。去除苦涩味办法：①低温下添加葡萄糖酸δ-内酯，以钝化酶的活性；②在前处理中，将大豆浸于65℃热水中，加入少量碳酸氢钠，浸泡2~5h，并将这些溶液与大豆一同磨浆；③将大豆放入沸水中加热5~7min，用碳酸氢钠水溶液磨浆，加热至70℃，过滤；④在pH 2~6的酸性条件下，用蛋白酶作用于大豆蛋白溶液，中和达pH 6~7，通过活性炭处理即可。

(3)组织粗糙，稳定性差，豆乳存放时会产生沉淀　生产质地优良的豆乳，除大豆磨碎时应达到一定细度外，均质处理影响很大。均质时应注意选择合适的温度和压力。

(4)褐变　豆浆经脱臭、杀菌、均质后，待冷却到30℃左右时加入糖，再灌装进行二次杀菌；少加糖或采用不参与褐变反应的甜味剂代替蔗糖，或控制二次杀菌时的温度、时间及采取反压降温等措施，均可减少褐变反应，保证产品品质。

项目四
茶饮料加工技术

一、茶饮料的定义与分类

(一)茶饮料的定义

茶饮料是指以茶叶的水提取液或其浓缩液、茶粉等为原料，经加工制成的饮料。茶饮料既具有茶叶独特风味，又兼具营养、保健功效。茶饮料是一种生产难度较大的饮料。主要是由于茶内含600余种成分，水浸出物约占干物质30%~40%，大分子物质多，成分复杂，在加工过程中彼此容易聚合，形成一些絮状物质，使之性状不稳定。同时，茶饮料会随溶液的温度、物质浓度、茶汤pH状况等不同而发生变化，难于控制。

(二)茶饮料的分类

茶饮料种类繁多,按原料茶叶的类型可分为红茶饮料、绿茶饮料、乌龙茶饮料和花茶饮料。按原辅料种类和加工方法不同可分为茶汤饮料、茶浓缩液、调味茶饮料。

(1)茶汤饮料　是以茶叶的水提取液或其浓缩液、茶粉等为原料,经加工制成的,保持原茶汁应有风味的液体饮料,可添加少量的食糖和(或)甜味剂。如绿茶、红茶、乌龙茶等。

(2)茶浓缩液　加水复原后具有原茶汁应有风味的液态制品。

(3)调味茶饮料　调味茶饮料是以茶叶为主要原料,再加入糖、果汁、香料、牛乳、酸味剂、CO_2 等配制而成的风味各异的茶饮料,茶叶风味突出。包括果汁茶饮料和果味茶饮料、奶茶和奶味茶饮料、碳酸茶饮料、复(混)合茶饮料等。

二、罐装茶饮料加工技术

(一)工艺流程

罐装茶饮料基本的工艺流程如图 5－16 所示。

(二)操作要点

(1)选择茶叶　茶叶品种和品质的好坏直接影响茶饮料的质量。茶饮料的原料主要是红茶、乌龙茶和绿茶,必须采用当年加工的新茶,以三四级茶为主,无污染,色、香、味品质正常,茶叶主要成分保存完好。

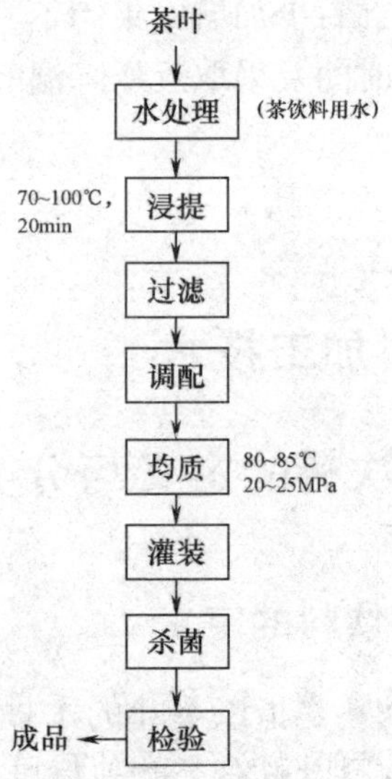

图 5－16　罐装茶饮料基本生产工艺流程

(2)水处理　由于茶叶中含有茶多酚类物质,茶饮料用水要含有较少的金属元素,最好是全部去除。水中含有钙、镁、铁、氯等离子时,茶汤的色泽和滋味会受到影响。当水中的钙、镁离子达到 3mg/L 这一临界值时,茶饮料混浊沉淀现象十分明显;当水中的铁离子含量大于 5mg/L 时,茶汤显黑色,并带有苦涩味道;当水中的氯离子含量过高时,茶汤会带有腐臭味。使用蒸馏水浸提茶叶时会使茶汤具有较强的苦涩味;使用自来水不仅影响茶汤色泽滋味,还会使茶饮料产生茶乳;使用去离子水加工茶饮料品质较佳。红茶提取液的 pH 在≤5 时,色泽变化不大;但 pH >5 时,茶提取液的色泽相应地增加。乌龙茶 pH 在 4 时最易混浊,pH 在 5.8 ~6.5 为宜。绿茶 pH 在 5.8 ~6.5 为宜。

经处理后的茶饮料用水应清澈、无异臭和异味,硬度≤1.07mmol/L,色度 <15 度,浊度 <1.6 度,pH 5.5 ~6.5,不含 Fe^{3+},游离 Cl^- <0.2mg/L,并尽量减少水中含氧量。

(3)浸提　茶叶原料的颗粒大小、浸提温度、浸提时间、茶水比例及浸提方式直接影响着茶可溶性固形物的浸提率和浸提液的品质。一般茶水比 1∶100(*m*/*V*),即茶叶浓度为1%时,最适合消费者口味,考虑生产实际,一般按 1∶(8 ~20)的比例生产浓缩茶,调配时再进行稀释。浸提温度通常在 70 ~100℃,浸提时间尽量控制在 20min 内。具体的浸提温度、浸提时间视茶的品种、产品类型而定。浸提后尽快冷却,避免茶香气散失,然后进行精滤。

(4)过滤与分离　采用过滤和离心的方法除去浸提液中不溶性的大小杂质。

(5)调配　茶饮料讲究具原茶香味,汤色忌混浊、乌暗。在制红、绿茶饮料时,注意选择无“冷后浑”的茶叶。应多样化原料,多产地原料拼配,以保持其品质相对均衡。在用浓缩或速溶茶调制茶过程中,加糖不宜过多,要突出茶的香味,酸度也不宜过大。因茶汁极易褐变,宜添加抗坏血酸及其盐类作为抗氧化剂,用量一般为 0.03% ~0.07%。

(6)均质　均质压力一般控制在 20 ~25MPa,温度控制在 80 ~85℃。

(7)灌装　调配后的料液经过滤,用板式热交换器加热到 85 ~95℃进行热灌装。PET 瓶或纸包装则采用 UHT 杀菌,冷却后进行灌装。

(8)杀菌　茶饮料的 pH 在 4.5 以上时,要采用高压杀菌。一般单一茶产品采用 121℃,3 ~13min 或 115℃,15min 杀菌处理。PET 瓶或纸包装容器在灌装前要进行次氯酸钠或过氧化氢杀菌。也可以采用超高温瞬时灭菌,杀菌温度为 135℃,时间 20s。

(9)检验　按标准要求对饮料外观、理化、卫生指标进行检验,合格后方可包装入库。

三、茶饮料质量问题及其控制

茶饮料生产中存在的质量问题有三:一是茶饮料混浊沉淀;二是加工中香气成分的保持;三是维持茶饮料在制造或贮存中色泽的稳定。

(一)茶饮料混浊沉淀及其防止方法

茶饮料沉淀是由于茶汤中主要成分通过分子氢键作用、疏水作用、溶解特性、生物现象等原因造成的。解决混浊沉淀的方法如下:

（1）应用膜技术　超滤技术可用于澄清茶汁，去除茶汁中的蛋白质、果胶等大分子物质，可大大提高茶汁的澄清度和稳定性，又能保留茶汁中有效风味物质。

（2）应用酶技术　在茶饮料生产中，酶技术应用比较广泛。主要有单宁酶、果胶酶、纤维素酶、木瓜蛋白酶等。其中单宁酶可切断茶乳酪中的酯键，从而消除或减少茶乳酪的产生。果胶酶及纤维素酶可促进果胶及纤维素水解，有利于提高萃取率及缩短萃取时间。

（3）加入稳定剂　茶饮料中添加阿拉伯胶、海藻酸钠、蔗糖脂肪酸酯等胶体物质，使茶汁中可溶成分的分散性得到改良，可避免低温混浊、提高茶汁色香味。浸提前加效果好。

（二）茶汤褐变及其防止方法

（1）茶汤褐变原因　在 pH、氧气、金属离子等因素的影响下，茶浸出液中的叶绿素、黄酮类、儿茶素等物质发生一定的理化变化，颜色变深。

（2）防止方法　①改变茶汁的 pH。无色的儿茶素在氧化或强酸强碱下可转化为茶褐素，影响茶汁的色泽。故可在调整 pH 的茶汁中加入缓冲剂以维持茶汁 pH 的稳定。②添加抗氧化剂。一般维生素 C 添加量为 400～600mg/kg。③冷浸提。低温浸提时，加入果胶酶或纤维素酶等物质不仅可以提高浸提的效率，而且可以保护色泽。

（三）茶汁风味变化及其防止方法

（1）茶汁风味变化的原因　茶汁风味物质主要由茶多酚、氨基酸、咖啡碱等组成。茶叶品质和贮存条件、浸提温度与时间、茶汁 pH 及澄清方法等均会影响茶汁风味。

（2）防止方法　①分子包埋法。通常采用 β－CD 来包埋茶汁中的叶绿素、儿茶素等物质。当人们饮用时，这种由 β－CD 包埋的叶绿素、儿茶素等物质又会被释放出来。②改变茶汁中呈味物质的组成及比例。茶汁中各种氨基酸（如天冬氨酸、谷氨酸、精氨酸、天冬酰胺和茶氨酸等），使茶汁呈现鲜爽味，缓解茶的苦涩味；茶汁中的多酚类（如儿茶酚、茶黄素等）和生物碱（咖啡碱），使茶汁呈现苦涩味、收敛味和刺激性。因此，对于含咖啡碱、茶多酚较多而氨基酸含量较少的茶汁，可采取脱除部分咖啡碱并适当添加某些氨基酸，调整茶汁中呈味物质的组成及比例，改进茶叶饮料的风味，使之易于为消费者所接受。

（四）香气成分的劣变及其防止方法

（1）香气成分劣变的原因　茶叶中含有的芳香物质稳定性较差，经热加工处理后芳香物质的组分含量减少并会产生一些其他芳香物质，从而影响了茶饮料的香气品质。

(2)防止方法　①原料烘焙。应尽量选择新鲜的茶叶作为原料,并应在低温无氧等条件下贮存。对于久置陈化的茶叶,通过高温复火的方法,减轻或消除异味物质,其香气成分也略有减少,可在烘焙过程中添加芳香物质。复火后的茶叶应摊放至冷却后再包装,否则会产生"煳味"。②分子包埋法。β-CD 也可用来包埋茶汁中的芳香物质,从而减少加热造成的损害,同时还可以掩蔽不良味道。③香气回收。芳香物质在加工过程中极易分解变化。可采用超临界 CO_2 萃取法或分馏法对茶叶中的芳香成分进行回收,在最后的工序将其包埋加入到茶汁中。④调香。实际生产中,将高档茶叶中的芳香成分用超临界萃取法提取出来,并进行定性定量地分析萃取成分,而后交由调香师进行调香。茶饮料的最终品质取决于原料茶叶品质,萃取成分分析的精确性,调香师的经验。

项目五 瓶装水及其他饮料加工技术

一、瓶装水加工技术

根据《GB 10789—2007 饮料通则》规定,密封于容器中可直接饮用的水称为包装饮用水。包装饮用水可根据含量和来源的不同,又可以分为:饮用天然矿泉水、其他天然饮用水、饮用纯净水、饮用矿泉水和其他包装饮用水。这里以矿泉水的生产为例。矿泉水又可分为天然矿泉水和人工矿泉水。

(一)天然矿泉水加工技术

天然矿泉水根据是否含有 CO_2 气体又可分为含气和不含气两种。

1. 工艺流程

天然矿泉水加工工艺流程见图 5-17。

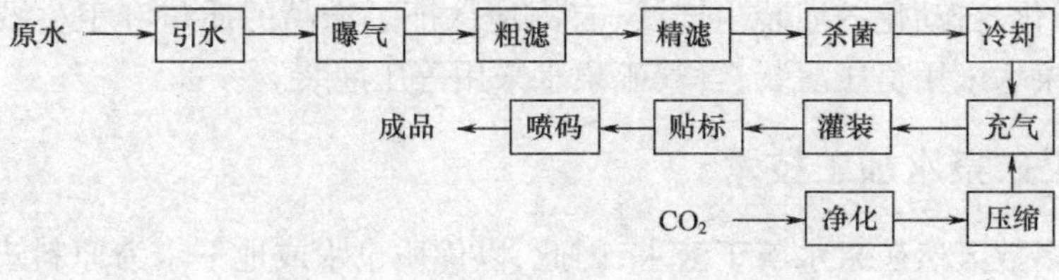

图 5-17　矿泉水的加工工艺流程

2. 操作要点

(1)引水　为了取水方便并得到最大可能流量,同时防止水和气体的损失,防止地表水和潜水的混入,一般将矿泉水的引水分为地上引水和地下引水两部分。矿泉水的引水点最好进行封闭,以防止污染。水泵、输水管要采用与矿泉水不发生反应的材料,比如不锈钢。水泵最好用齿轮泵或活塞泵,离心泵容易导致游离二氧化碳的损失。

(2)曝气　目的是使矿泉水原水与经过净化的空气充分接触,使它脱去其中的二氧化碳和硫化氢等气体,并将低价态的铁、锰离子氧化沉淀除去。主要有自然曝气法、喷雾法、梯栅法、焦炭盘法和强制通风法等。含气量较少,铁、锰离子含量又少的原水无需曝气。

(3)粗滤　粗滤是指采用多介质深层过滤,能截留水中粒度>0.2μm的悬浮颗粒物质。其目的是除去水中的不溶性悬浮杂质和微生物,主要为泥砂、细菌、霉菌及藻类等。

(4)精滤　精滤可以采用砂滤棒过滤、微滤或超滤。微滤是以静压差为推动力,可以截留细小悬浮物、微生物、微粒、细菌、酵母、红细胞等,操作压力为0.01~0.2MPa,被分离粒子直径的范围为0.08~10μm。超滤是以压力为推动力,能有效滤除水中99.99%的胶体、细菌、悬浮物等有害物质。

(5)杀菌　可采用臭氧杀菌或紫外线杀菌,其中臭氧的瞬时杀菌效果优于紫外线杀菌,不仅可以消毒,还可以除去水臭、水色以及铁、锰等,现已广泛应用于饮用矿泉水的消毒中。瓶和瓶盖的消毒采用双氧水、次氯酸钠、过氧乙酸、高锰酸钾等进行消毒,消毒后用无菌矿泉水冲洗,也可以用臭氧或紫外线进行消毒。

(6)充气　原水经引水、曝气、过滤、杀菌和冷却后,再充入CO_2气体或因水质条件特殊不经曝气而直接装瓶。充气用的CO_2气体可以是从原水分离得到的,也可以是市售饮料专用的。我国规定成品含气矿泉水中游离的CO_2含量≥250mg/L。

(7)灌装　目前生产中均采用在无菌车间内进行自动灌装。从瓶坯到吹制,再到装水、压盖、贴标、喷码、瓶检、大包装、入库各工序连接,业已形成一条高度连续化、机械化、自动化的灌装生产线,有力地保证了产品的质量和卫生要求。一般不含气矿泉水采用负压灌装,含气矿泉水采用等压灌装。

(二)人工矿泉水加工技术

绝大多数天然矿泉水属于淡水,因此,以优质泉水或地下水为原料进行人工矿化,制备与高品质天然矿泉水相接近的人工矿泉水。人工矿泉水生产方法可以分为直接溶化法和二氧化碳浸蚀法两种。这里以直接溶化法为例介绍人工矿泉水加工技术。

直接溶化法就是在原水中加入碳酸氢钠、氯化钙、氯化镁等可溶性盐，再充入二氧化碳，制得人工矿泉水。

1. 工艺流程

人工矿泉水加工工艺流程见图5－18。

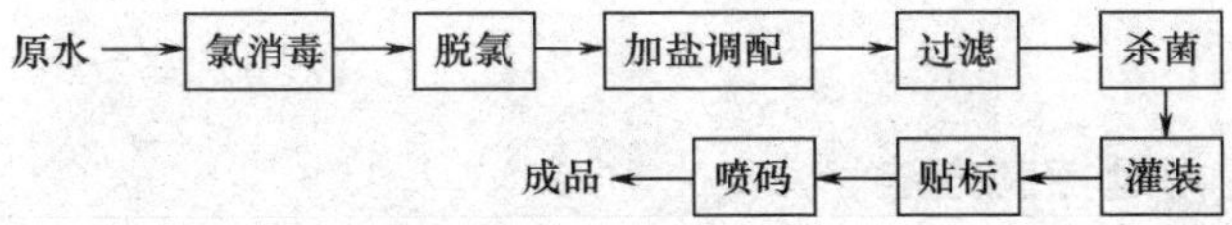

图5－18　直接溶化法人工矿泉水的加工工艺流程

2. 操作要点

（1）原水处理　天然泉水、井水需要经过沉淀、粗滤、精滤和氯消毒等工序处理。处理好的天然泉水、井水或自来水经过活性炭脱氯后进入调配罐。

（2）调配　根据设定配方，将一些可溶性无机盐如碳酸氢钠、氯化钙、氯化镁等加入调配罐溶解。

（3）过滤　将调配好的矿泉水通过微滤过滤器等进行精滤，滤液存入中间罐中备用。

（4）杀菌、灌装　采用加热、臭氧、紫外线等方法杀菌，其中冷杀菌比热杀菌经济得多。将杀菌后的矿泉水装入消过毒并清洗干净的瓶中，经压盖封口包装后入库。

（5）充气　人工矿泉水的做法是原水经配料调配过滤后，冷却至3～5℃，充入二氧化碳，再杀菌灌装得到成品。

（三）矿泉水的质量问题及控制方法

1. 矿泉水的主要质量问题

（1）微生物　微生物污染是影响矿泉水生产质量的关键。矿泉水生产既不经热杀菌，也不添加防腐剂，微生物指标难以控制。霉菌污染又是矿泉水常见难题，其主要途径是空气。灌装车间设计不合理、未安装净化设备、空气洁净度不够或管理不严、室外空气进入车间未进行净化处理等造成霉菌污染；其次，贮水输水系统受到污染，水泵、贮水池和输水管道容易受到污染；包装容器清洗消毒不彻底，受到二次污染。

（2）沉淀　矿泉水贮藏过程中经常会出现红、黄、褐和白等各色沉淀。矿泉水在低温长时间贮藏有时会出现轻微白色絮状沉淀，高温下又会消失，此现象是因为矿物盐低温下溶解度降低所致。其他常见的沉淀物有以下几种:①红、黄和褐色沉淀,主要是铁、锰离子含量较高引起的;②白色结晶沉淀,主要是矿物盐沉淀造成的;③白色棉花状悬浮物,一般由霉菌污染造成。

(3)变色　瓶装矿泉水贮藏一段时间后,会有发绿和发黄现象出现。发绿主要是由矿泉水中的藻类和一些光合细菌引起的。藻类污染途径来自回收容器、灌装车间空气、管道、敞口的曝气池或贮水池等。发黄主要是管道和生产设备材质不佳,产生铁锈所致。

2. 矿泉水的质量问题控制方法

(1)加强水源的卫生防护　严格按照国家标准规定在水源地设立卫生防护区,强化管理。加强水源的水质监测和年检工作,强化动态检测,根据实际情况及时调整水处理工艺,保障矿泉水的产品质量。

(2)加强生产管理　①优化生产布局和生产工艺;②强化生产管理。

(3)加强矿泉水生产的全程质量管理　①建立健全全程质量管理体系;②实行全员质量管理制度。

二、固体饮料加工技术

固体饮料是指以果汁、植物抽提物、糖或食品添加剂等为原料,加工制成粉末状、颗粒状或块状的制品。其成品水分不高于5%(质量分数),必须经过冲溶后才能饮用。固体饮料有体积小、饮用方便、包装简易、运输方便等优点。根据其组分不同,又可以分为三类:果香型固体饮料、蛋白型固体饮料以及其他固体饮料。目前,固体饮料正朝着组分营养化,品种多样化、包装优雅化、携带方便化的方向发展。以果香型固体饮料加工为例:

果香型固体饮料是指以糖、果汁(或不加果汁)、营养强化剂、食用香精或着色剂等为原料,加工制成的用水冲溶后具有色、香、味与品名相符的制品。果香型固体饮料可以分为果味型固体饮料和果汁型固体饮料。果味型固体饮料的原果汁含量通常在2.5%以下,或不含原果汁。而果汁型固体饮料的原果汁含量通常在2.5%以上,甚至全部由原果汁制造而成。

1. 工艺流程

果香型固体饮料加工工艺流程见图5-19。

配料→成型→烘干→过筛→检验→包装→成品

图5-19　果香型固体饮料加工工艺流程

2. 操作要点

(1)配料　在此工序中,各种成分被粉碎得很细,按照配方混合后,成为一种粉状产品。粉碎所使用的设备一般为筛片式磨粉机。粉状产品在干燥的条件下混合很均匀。

(2)成型　将配料混合均匀、干湿适当的坯料放进颗粒成型机造型,使之成为颗粒状。成型设备一般采用摇摆式颗粒成型机,主要部件是加料槽,反正旋转的带有刮板和筛网的圆筒、网夹管、减速装置和支架等。通过旋转滚筒,将混合好了的坯料从筛网挤压而出。筛网可随时更换,一般为6目。

(3)烘干　颗粒状的坯料放进干燥箱进行干燥。通常采用蒸汽真空干燥法,主要设备是在箱体内装上蒸汽管或蒸汽薄板,供蒸汽进入进行加热,并供冷水进行冷却。另外还可采用远红外干燥法,其主要设备是在干燥箱内装上远红外电热板以取代蒸汽管。也可以采用热风沸腾干燥法,其主要原理是吹风通过靠近干燥箱前面的蒸汽排管,然后将热风吹入长方形的干燥箱。此法能源消耗较少,便于较大规模生产,但颗粒较难控制。烘烤温度应保持80~85℃,以取得产品较好的色、香、味。

(4)过筛　将完成烘烤的产品通过6~8目筛子进行筛选,以除掉较大颗粒或少量结块,使产品颗粒大小一致。

(5)包装　将通过检验合格的产品,冷却至室温之后进行包装。若不及时冷却,在较高温度下包装时,则产品容易回潮,引起一系列质变。包装必须紧密,防止污染。

3. 常见质量问题及防止方法

(1)变味、变色　固体饮料产品出现变味主要是氧化导致的。例如,产品中的脂肪氧化使产品有一种脂肪氧化味。防止措施如下:①严格控制各项工艺参数,尤其是杀菌温度和保温时间,必须使解脂酶和过氧化物酶的活性丧失。②严格控制产品的水分含量。③保证产品包装的密封性。④产品贮存在阴凉、干燥的环境中。

(2)速溶性差　固体饮料产品出现速溶性差,可以采取以下措施:①将产品颗粒喷涂卵磷脂。②适当增大颗粒直径,尽量使产品颗粒直径均一。这可以通过附聚的办法来解决,当产品颗粒还没有完全干燥时,它们会粘在一起。利用这一特点,我们可以让湿粉粒相互碰撞,然后发生附聚,附聚颗粒的直径通常可以达到1mm,此时乳粉间的空隙也会变大。附聚的产品颗粒可以很快地在水中分散,然后慢慢溶解,但是经过附聚的颗粒必须能够承受加工过程中的机械性损伤。

(3)结块　对于果香型固体饮料来说,颗粒状的含水量不大于2%,粉末状的含水量不大于5%,麦乳精的含水量不大于2.5%。在某一温度下,各种食品物料与外界环境的相对湿度都有一个平衡时的水分含量。当低于该水分含量时,即发生吸湿导致结块。所以固体饮料在从生产到包装、运输、贮存时,都要注意防止其吸湿。一般包装间的相对湿度应控制在45%以下;应选用阻气性好的材料或复合材料来制作包装物;在配料中使用酸时,应选用无水柠檬酸或酒石酸。

三、功能性饮料加工技术

(一)功能性饮料的定义

功能性饮料是指除营养(一次功能)和感觉(二次功能)之外,还具有调节生理活动(三次功能)的食品。功能性饮料是功能性食品中的一大分支。随着人们对健康的日益关注,功能性保健饮料也日益得到消费者的认同,已经成为一种消费新趋向。

(二)功能性饮料的分类

(1)按原料分类　可分为两大类:一是传统食品类功能性饮料;二是利用生物技术开发的新品种饮料。

(2)按功能作用分类　①疗效饮料。例如长期饮用含有银杏黄酮的保健饮料,可对心血管疾病患者有一定的疗效作用。②运动饮料。含有维生素、纤维素、氨基酸、矿物质等多种抗疲劳因子的饮料。③健康饮料。富含如卵磷脂、益生菌、多酚类等功能因子。④兴奋性饮料。含有咖啡因、牛磺酸等物质。

(3)按功能成分分类　①营养素饮料。②纤维饮料。③低热量饮料。④抗衰老饮料。⑤保健茶饮料。

(三)功能性饮料加工实例

功能性饮料的基本生产工艺为:功能性原料的提取→调配→定溶→加香→杀菌→灌装→冷却→包装。但由于功能性饮料的原料众多,特性各异,所以提取、调制、后处理等工艺过程也就各不相同。以一种维生素强化饮料为例介绍如下。

1. 工艺流程

功能性饮料加工工艺流程见图5-20。

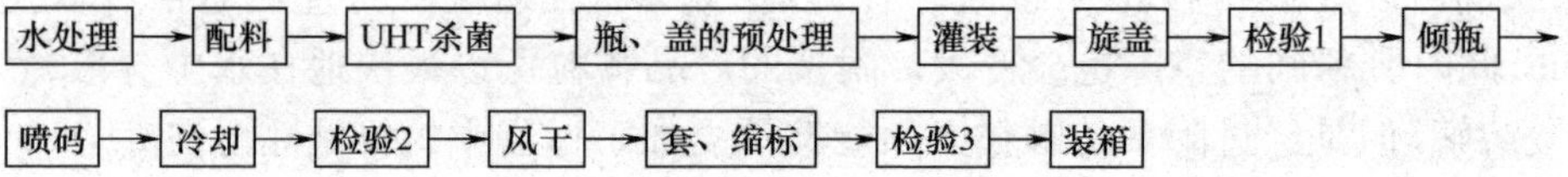

图5-20　功能性饮料加工工艺流程

2. 操作要点

（1）水处理　生产中工艺用水应符合饮料用水的水质要求。

（2）配料　按照配料表确定每罐的各种原辅材料用量。称量前须检查原辅料质量。液态物料称量前摇匀。称量要准确，做好标识，不得误称、漏称。称量后剩余的原辅料要包扎密封。及时记录好每罐所用原辅料的投放量、生产厂家、型号、生产日期及批号。

（3）UHT 杀菌　料液经 0.5μm 过滤后进行杀菌。若料液在调和罐贮存 1.5h 以上，重新检验合格后再进行 UHT 杀菌。若采用 115 ±2℃，3 ~5s 进行高温瞬时杀菌，灌装温度设定为 80℃。杀菌后经 300 目过滤进入灌装。

（4）瓶、盖的预处理　瓶子在成型后 24h 内用完，避免污染。瓶子灌装前须经过工艺用水冲洗。每箱瓶盖抽检要求：无黑点、无霉迹、无异物。瓶盖须经过预消毒。

（5）灌装　可采用热灌装法，PET 瓶包装。灌装前先用工艺用水灌瓶检查，要求清澈透明、无杂质、无异味。灌装温度 80℃，灌注后瓶中心温度不低于 75℃。灌注后瓶内液面控制在瓶颈附近。若因故暂时停机，控制物料进入循环杀菌状态。

（6）旋盖　封盖前须用 60℃以上工艺热水冲洗瓶口，将溢出残留的料液洗净。瓶盖须完整、无划伤，松紧合适，倒瓶不漏，不得有浮盖、断环等封盖不良现象。

（7）检验　检验 1 中主要检查封口是否完好、瓶内是否有异物、灌装量是否正确。检验 2 除了检出检验 1 漏检的不合格品外，还要检查瓶子是否变形、喷码是否正确。检验 3 除了检出检验 1、检验 2 漏检的不合格品外，还要将缩标不符合要求的产品检出。

（8）倾瓶　倾瓶前瓶中心料液温度不低于 75℃，倾瓶时间控制在 30 ~50s。

（9）喷码　喷码要求字迹清晰易认，不得模糊。

（10）冷却　采用喷淋逐级冷却，防止骤冷或冷却不均匀引起瓶子变形。冷却后瓶中心料液温度小于 40℃。

（11）风干　瓶子外表无水迹、污迹。

（12）套、缩标　选用相应规格品种的商标。套标位置正确，不得颠倒。商标收缩要均匀、平整、无起皱和胀气现象。

实验实训

实训一　番茄胡萝卜汁的加工

一、实训目的与要求

（1）熟悉常见混合果蔬汁加工工艺；

(2)掌握番茄胡萝卜汁加工技术。

二、实验材料与设备

番茄、胡萝卜、白砂糖、柠檬酸、蜂蜜、维生素C(或异维生素C)、黄原胶、果胶、CMC、海藻酸钠;磁力搅拌器、榨汁机、电磁炉、百分之一天平、纱布、不锈钢锅、烧杯、菜刀、案板、去皮刀等。

三、工艺流程

(1)番茄汁的制取工艺流程　见图5-21。

挑选 → 清洗 → 热烫去皮 → 趁热破碎 → 预煮灭酶(90~95℃15min,预煮时番茄与水的比例为1:1) → 榨汁 → 脱气过滤(用单层纱布粗滤) → 备用

图5-21　番茄汁的制取工艺流程

(2)胡萝卜汁的制取工艺流程　见图5-22。

挑选 → 清洗 → 手工去皮修整 → 切丁 → 预煮(0.1%柠檬酸液煮制40min,以软化组织,提高出汁率) → 打浆(打浆时料水比为1:1) → 压榨 → 过滤(同番茄) → 备用

图5-22　胡萝卜汁的制取工艺流程

(3)番茄胡萝卜汁的制取工艺流程　见图5-23。

混合调配 → 过滤 → 均质 → 脱气 → 灌装 → 杀菌 → 冷却

图5-23　番茄胡萝卜汁的制取工艺流程

四、操作要点

(1)番茄汁的制取工艺

①原料的选择和洗涤:选择新鲜、成熟度适当、可溶性固形物含量高,糖酸比约为6:1的番茄品种,用清水洗净。

②破碎和预热:采用热破碎,也可先破碎,后加热到90~95℃,以钝化果胶酶的活性,保证果汁黏稠度。

③榨汁:实质是去掉果皮、种子和果芯,同时也是进行果肉粒子的调整;

④脱气与过滤:将汁液送入脱气机进行脱气,之后过滤,备用。

(2)胡萝卜汁的制作　按照工艺流程操作,制取胡萝卜汁,备用。

(3)混合配制(分三小组)　①组。番茄汁:胡萝卜汁=1:1,蔗糖6%,蜂蜜4%,0.15%柠檬酸,0.02%维生素C,食盐0.3%,稳定剂:0.15%黄原胶+0.05%CMC+0.05%果胶。②组。番茄汁:胡萝卜汁=7:3,蔗糖10%,0.18%柠檬酸,

0.02%维生素C，食盐0.3%，稳定剂：0.15%CMC+0.1%海藻酸钠。③组：番茄汁：胡萝卜汁=6∶4，蔗糖10%，0.18%柠檬酸，0.02%维生素C，食盐0.3%，稳定剂：0.09%CMC+0.09%黄原胶

注：先将少量蔗糖与稳定剂混匀再溶解。

（4）过滤、均质　用尼龙纱布过滤，30MPa均质。

（5）脱气灌装　真空脱气，90～95℃热灌封口。

（6）杀菌、冷却。

实训二　罐装绿茶饮料的加工

一、实训目的

（1）掌握罐装绿茶饮料的加工技术；

（2）熟悉并能正确识别和使用相关器材。

二、材料与器具

绿茶、去离子水、白砂糖、蛋白糖、果胶酶澄清剂、护色剂、异抗坏血酸钠与碳酸氢钠（食品级）；加热萃取罐、调配罐、香气回收装置、澄清器、微孔过滤器、均质机、灌装机、杀菌设备等。

三、工艺流程

罐装绿茶饮料加工工艺流程见图5－24。

茶叶→浸泡→粗滤→澄清→调配→精滤→灌装→杀菌→检验→成品

图5－24　罐装绿茶饮料加工工艺流程

四、操作要点

（1）原料选择　茶叶要求采用当年加工的新茶，以三、四级炒青绿茶为主，无污染、无杂质，色、香、味品质正常。

（2）浸泡　使用去离子水，并调整水的pH在6.0左右，茶水比为1∶100，用90～95℃水浸泡10min，粗滤去除茶渣，再用5μm的滤纸或滤膜过滤除去茶汤中微粒、混浊杂质，获得清澈茶液。同时添加一定量的抗坏血酸钠及护色剂防止成分氧化褐变。浸提过程中使用香气回收装置，以解决高温浸提绿茶的失香。

（3）澄清　添加0.05%～0.1%的果胶酶澄清剂至茶液中，30～45℃保温澄清处理10～30min，再通过微孔过滤器进行过滤，可得清澈透明的茶液，护色后转入贮藏罐备用。

（4）调香调味　将茶液泵入调配罐内，根据配方添加糖浆及酸味剂，使含糖量达6%～8%，并调整合适的糖酸比。同时也可添加一些果汁，以改善口感和营养。调配中将浸提回收的香气成分添加进去。茶汤酸度高，可添加碳酸氢钠，使pH中

和至5.7~6.1。

(5)均质　添加有糖、酸及果汁等配料的绿茶饮料最好进行均质处理，均质压力为20~25MPa，茶液温度为80~85℃，均质2~3次。

(6)灌装、密封　将均质好的料液精滤后加热到85~95℃进行热罐装，在罐顶隙以40mL/s的速度充氮20s，立即封罐。也可使用PET瓶或纸包装采用UHT杀菌，冷却后进行灌装。

(7)杀菌、冷却　杀菌温度115℃、时间20min或温度135℃、时间20s进行高压灭菌，冷却至38~40℃即为成品。

(8)检验　对绿茶饮料成品进行感官、理化和微生物检验，检验是否符合产品质量要求。

五、产品质量要求

产品质量符合GB/T 21733—2008和GB/T 19296—2003规定的要求。

实训三　咖啡乳饮料的加工

一、实训目的

掌握咖啡乳饮料的工艺流程和操作要点，正确识别和使用相关器材。

二、实训材料与器具

(1)实验材料　咖啡、白砂糖、奶粉、净化水、焦糖、碳酸氢钠、食盐、CMC等；

(2)仪器设备　调配罐、夹层锅、均质机、杀菌釜、灌装机、过滤机、真空脱气机等。

三、工艺流程

咖啡乳饮料加工工艺流程见图5-25。

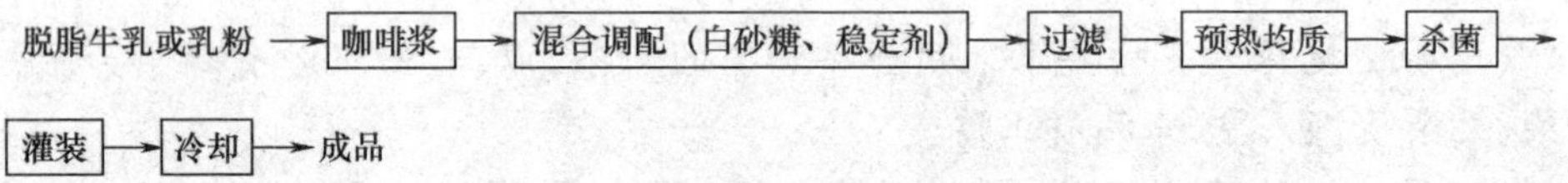

图5-25　咖啡乳饮料加工工艺流程

四、操作要点

(1)配方(每100kg水中配料计)　咖啡0.6%；奶粉3%；白砂糖8.5%；食盐0.03%；稳定剂(CMC或海藻酸钠)0.2%；碳酸氢钠0.05%；咖啡香精0.05%。

(2)将砂糖和稳定剂混合后加入少量水溶解制成2%~3%的溶液，并将咖啡溶解制成咖啡浆加入。

(3)将奶粉用少量热水溶解制成奶液　再将碳酸氢钠、食盐、焦糖等用少量水溶开(所有用水都计入总水量中)，配成焦糖浆液。

(4)混合调配、过滤、预热均质　将上述三种料液混合调配后，加入剩余的水量,混合均匀后过滤、预热至60℃,在10~15MPa压力下均质。

(5)杀菌　将均质后料液加热至80℃灌装,120℃高压杀菌3s,或水浴加热至85~90℃保持15~20min杀菌。

(6)冷却　将杀菌过的饮料冷却至4~6℃左右,低温贮存。

五、感官指标

产品色泽均匀一致,呈咖啡色,味道适中,无异味,无沉淀,无分层。

思考题

1. 什么叫软饮料?主要分为哪几大类?
2. 简述瓶装饮用水的生产技术。
3. 蔬菜汁饮料有哪几类?
4. 蛋白饮料的定义和分类是什么?
5. 简述豆乳的生产工艺。
6. 简述茶饮料的定义、分类及其生产技术。
7. 简述二次灌装法生产碳酸饮料的工艺流程。
8. 什么是功能性饮料?
9. 简述饮用天然矿泉水生产工艺。
10. 果汁澄清的方法有哪些?
11. 简述浓缩苹果汁生产工艺。
12. 简述罐装茶饮料生产工艺流程。
13. 简述咖啡乳饮料生产工艺流程。

模块六

乳品加工技术

知识目标

1. 熟悉乳品加工过程中常用的原辅料及特性。
2. 掌握几种常见乳制品的加工技术及质量控制。

技能目标

1. 能够对原料乳的品质进行鉴评。
2. 能够从事常见乳制品的生产管理。

项目一

乳品加工原料及特性

一、乳的组成

(一)乳的概念及各种成分存在的状态

乳是哺乳动物产仔后由乳腺所分泌的一种白色或略带黄色的不透明液体。

乳是多种物质组成的混合物,以水为分散剂,其他各种成分如脂肪、蛋白质、乳糖、无机盐等为分散质分散在水中,形成一种复杂的分散体系(图 6-1)。其中:①乳糖和无机盐类以分子和离子即真溶液形式存在(粒子直径 <1nm);②蛋白质和不溶性盐类形成胶体悬浮液状态存在(粒子直径为 0.1~1nm);③脂肪以微细脂肪球状乳浊液分散在乳中。牛乳中含有一定数量的天然乳化剂,例如牛乳中的脂肪微滴被一层仅 5nm 厚的脂肪球膜蛋白包围着,脂蛋白乳化剂能使脂肪滴保持稳

定的状态，防止形成大的脂肪滴。

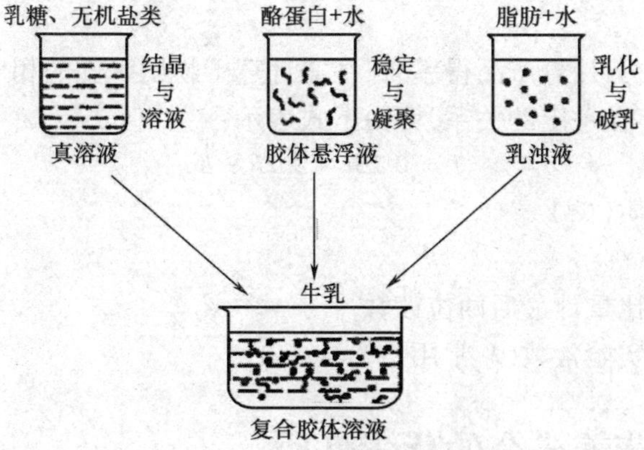

图6-1 牛乳的分散体系

此外，乳中还含有少量的气体，部分气体以分子状态溶于水中。

综上所述，牛乳是一种复杂的分散系，其中有以乳浊液及悬浮液存在的脂肪球，也有以胶体状态存在的蛋白质以及以分子离子状态存在的盐类和糖类。

（二）牛乳分离后各部分的名称

牛乳可以用离心或静置等方法分离为富含脂肪的部分，即稀奶油，其余的为脱脂乳。稀奶油经搅拌使脂肪球聚结制得奶油，剩余的部分为酪乳。脱脂乳中的乳蛋白可以用超滤、透析或超速离心等方法加以分离，其中酪蛋白可在酸的作用下或凝乳酶的作用下形成凝块，进而加工制得干酪或干酪素。除去酪蛋白后剩余的半透明黄绿色液体称为乳清，其中含有乳白蛋白和乳球蛋白，可以加热分离，剩下的乳清滤液可用浓缩、结晶等方法制取乳糖等产品，用电渗析等方法脱除盐类。

（三）牛乳的化学组成

牛乳中至少含有上百种化学成分，主要成分是水、脂肪、蛋白质、乳糖、无机盐、维生素、酶类、磷脂、免疫体和气体等。

牛乳中各种成分的数量因不同品种的牛群以及相同品种不同个体奶牛之间差别很大。

（1）水分　水是牛乳的主要成分之一，一般含量85.5%～89.5%。

（2）气体　牛乳中含有微量的气体，在乳房中已经存在，CO_2含量最多。挤奶时CO_2因逸出而减少，氧及氮气随着牛奶在空气中曝露而增多。氧气增多将导致维生素氧化与脂肪的变质，故牛乳应尽量在密闭容器及管道内输送、贮存及处理，特别避免在敞口容器内加热。

（3）干物质　将牛乳干燥到恒重时所得到的残余物称乳的干物质。常乳中含有11% ~13%的干物质。干物质包含了乳的全部营养。因为乳脂肪是一个比较不稳定的成分,对干物质数值有很大影响,实际工作中常以无脂干物质即非脂乳固体作为常用指标。

乳制品生产中为计算产品得率,往往需计算干物质。乳的相对密度、含脂率和干物质含量之间存在一定的关系,可由下式表示:

$$T = 0.25L + 1.2F \pm K$$

式中 T——干物质(%)

F——脂肪(%)

L——牛乳比重计最后两位读数

K——各地实验常数(K常用值为0.14)

二、乳中主要营养成分的化学性质

(一)乳脂肪

(1)乳脂肪的概念　乳脂肪以脂肪球的形式分散于乳中,在牛乳中的平均含量为4%(3% ~5%),对牛乳的风味起重要作用。乳脂肪主要由甘油三酯(98% ~99%)、少量的磷脂(0.2% ~1.0%)和固醇(0.25% ~0.4%)等构成,其中还溶有维生素、色素等,它与乳与乳制品的营养价值、质地和组织状态、风味都有重要关系。

(2)乳脂肪不同于其他动植物脂肪的特点　①乳脂肪中含有20种左右的脂肪酸,其他动植物脂肪中只含有5~7种脂肪酸。②乳脂肪中含有低级(C_{14}以下)挥发性脂肪酸多达14%,其中水溶性脂肪酸(醋酸、丁酸、己酸、辛酸)达8%左右。而其他油脂中不超过1%。这些脂肪酸在室温下呈液态,易挥发,因此使乳脂肪具有特殊的香味和柔软的质地。③乳中的不饱和脂肪酸含量较多,主要有油酸、十六烯酸、十四烯酸、癸烯酸、廿碳四烯酸、亚麻酸、亚油酸等。不饱和脂肪酸在人的营养上具有特殊作用。④乳脂肪以微细的球状成乳浊液分散在乳中。脂肪球包一层5~10nm厚的膜,保持了脂肪以球状稳定存在于乳中,而不致凝结融合成团。

牛乳脂肪球的直径通常0.1~10μm,平均3μm。其数量为每1mL 20~40亿个。乳脂肪球的大小因乳牛品种、泌乳期、饲料及健康状况而异,脂肪含量高的品种要比脂肪含量低的品种脂肪球大,随着泌乳期的延续,脂肪球变小。脂肪球的大小对牛乳的加工处理有重要关系,凡是脂肪球大的牛乳,容易分离稀奶油,搅拌稀奶油时也容易形成奶油粒。

(二)乳蛋白质

乳中含乳蛋白质约为3.4%(2.9% ~5%),由20种以上的氨基酸组成,是乳中主要的含氮物质。包括酪蛋白、乳清蛋白质还有少量脂肪球膜蛋白质。乳蛋白质，特别是酪蛋白按其组成和营养特性是典型的全价蛋白质。

（1）酪蛋白　当把脱脂乳的 pH 调至 4.6（等电点），温度为 20℃时沉淀下来的蛋白质为酪蛋白，占乳中蛋白质的 81.9%。牛乳中特别是前三种酪蛋白质（即 α-酪蛋白、k-酪蛋白、β-酪蛋白）以酪蛋白酸钙和磷酸钙复合物形式存在。

（2）乳清蛋白　①热不稳定性乳清蛋白占总量的 81%，把乳清 pH 调整到4.6～4.7，煮沸 20min，沉淀出的蛋白质称热不稳定性乳清蛋白，包含乳白蛋白和乳球蛋白。②热稳定的乳清蛋白。包括蛋白胨和胨，约占乳清蛋白的 19%。在pH 4.6～4.7 时加热不沉淀，但是用磷酸或三氯醋酸的特殊反应可使此蛋白质发生沉淀。

（3）脂肪球膜蛋白　脂肪球膜蛋白是一种复合物，与任何一种乳蛋白质的性质都不同，但与乳清蛋白有所类似。其中包括蛋白质、磷脂蛋白及碱性磷酸酶和黄嘌呤氧化酶等。在其中包含有卵磷脂，因此也称磷脂蛋白。

（三）乳糖

乳糖是哺乳动物乳中所特有的糖类，牛乳中乳糖含量 4.8%，溶解于乳中，在水中的溶解度比蔗糖差，甜度只及蔗糖的 1/6。

（四）乳中的维生素

牛乳中存在对人类营养所必需的各种维生素，这些维生素主要从乳牛的饲料中转移而来。为了生产含维生素丰富的牛乳，必须多喂含维生素丰富的饲料。同时乳及乳制品中的维生素受乳牛的饲养管理、杀菌以及其他加工处理的影响。

（五）乳中的无机盐

乳中的无机物也称矿物质，通常将牛乳蒸发干燥，然后灼烧成灰分，以灰分的量来表示无机物的量。通常矿物质含量平均为 0.8%，主要有 Ca、Mg、Cl、S、K、Fe、Na 等。

（六）乳中的酶

牛乳中酶的来源：①一部分为乳腺细胞正常分泌到牛乳中固有的酶；②乳腺中白细胞崩解后进入乳中的酶；③挤奶过程中微生物落入乳中代谢而产生的酶。

三、乳的物理性质

乳的物理性质是鉴定其品质的重要指标，也是合理设计乳制品加工工艺的重要依据。主要包括乳的色泽、相对密度、酸度、冰点和沸点、滋味和气味等。

（一）色泽

新鲜全脂牛乳呈不透明的白色或略带黄色，脱脂乳和掺水乳呈清白色，乳清呈半透明的黄绿色。

(二)滋气味

鲜乳具有乳香味,微甜。乳香味来自挥发性脂肪酸(醋酸、甲酸较多),加热香味变浓,冷却后减弱,长时间加热则失去香味。甜味来自乳糖。异常滋气味:畜舍味、饲料味、苦味、乳牛味、粪便味、青草味等。

(三)牛乳的相对密度

牛乳的相对密度有两种:一种是指乳在20℃时牛乳的质量与同容积水4℃时的质量之比,常用 $d_{20℃/4℃}$ 表示,正常牛乳平均为1.030。另外一种是指乳在15℃时,一定容积牛乳的质量与同温度下同容积水的质量之比,用 $d_{15℃/15℃}$ 表示,正常牛乳平均为1.032。乳品生产中常以0.002的差数进行换算,即 $d_{20℃/4℃} = d_{15℃/15℃} + 0.002$。

(四)冰点

牛乳的冰点低于水的冰点,这是与乳中的乳糖、水溶性盐类等有关,牛乳冰点的平均值为-0.540℃。正常乳中由于乳糖及盐类的含量变化较少,因此冰点也很稳定,牛乳中加水,冰点即变化,加1%水冰点上升0.0054℃。牛乳变酸则冰点下降,如牛乳酸度为17°T,冰点为-0.57℃;牛乳酸度为18.3°T,冰点为-0.625℃;牛乳酸度为32°T,冰点为-0.665℃。

(五)沸点

0.1MPa下乳沸点为100.17℃。牛乳越浓沸点越高,浓缩到原来一半体积时沸点为101.5℃。

(六)牛乳的酸度

(1)自然酸度(固有酸度)　主要由乳中的蛋白质、酸性氨基酸、自由的羟基、柠檬酸盐、磷酸盐、CO_2 等所构成的酸度,与微生物繁殖产生的乳酸无关,称为自然酸度,也称固有酸度。正常牛乳的酸度为16~18°T。

(2)发酵酸度　牛乳在存放过程中,由于微生物的活动分解乳糖产生乳酸而使牛乳酸度升高,这种因发酵产酸而升高的酸度称为发酵酸度。

(3)总酸度　自然酸度与发酵酸度之和称为总酸度。

(七)牛乳的表面张力和黏度

(1)牛乳的表面张力　每单位分界面的自由能值称表面张力,20℃水的表面张力为0.0728N/m,牛乳的表面张力为0.046~0.0475N/m。表面张力随溶液中所含的物质而改变，极性物质可以增加表面张力，而蛋白质及卵磷脂等则会降低表面张力。初乳含乳固体多，故表面张力较常乳小。

(2)黏度　牛乳在20℃时黏度为：0.0015～0.002Pa·s。影响乳黏度内在因素是蛋白质和脂肪含量。初乳、末乳、病乳的黏度较高，可作为判定牛乳新鲜度的标准之一。

四、牛乳中的微生物

牛乳是微生物生长的良好培养基。从健康的乳牛刚挤下的牛乳中微生物含量很少。但是由于挤乳操作过程中与挤乳环境和挤乳容器的接触或乳房疾病等各种因素均能增加牛乳中微生物的数量和种类。一般来说，原料乳中微生物主要是细菌、酵母菌、霉菌和病毒等。在乳和乳制品中，这些微生物一般可分为三类。

(一)病原微生物

这类微生物如溶血性链球菌、酿脓链球菌、布鲁氏杆菌、乳房炎链球菌、沙门氏菌、痢疾杆菌等。它们不改变乳及乳制品的性质，但对人、畜健康直接有害，可通过乳散播各种人畜疾病。

(二)有害微生物

这类微生物如低温细菌，蛋白分解菌，脂肪分解菌，产酸菌，大肠杆菌等，可引起乳和乳制品腐败变质。

(三)有益微生物

有益微生物可使我们得到所希望的乳制品，如乳酸菌在干酪、酸乳制品中起重要作用；酵母是生产牛乳酒、马乳酒不可缺少的微生物。

五、正常乳和异常乳

(一)正常乳与异常乳

(1)正常乳　指奶牛产犊7d以后至干奶期开始以前所分泌的乳汁，其化学成分及性质趋于稳定，是乳制品加工原料乳。感官、物理、微生物指标均符合国家质量标准。

(2)异常乳　由于奶牛本身的生理、病理原因以及其他因素造成牛奶的成分和性质发生变化的乳为异常乳，不适宜作为加工原料，个别异常乳也具有一定利用价值。

（二）异常乳的性质特征

（1）生理异常乳　①初乳：奶牛产犊 7d 以内分泌的乳汁，呈显著黄色，浓厚并具有特殊异味，乳固体含量高，干物质中以蛋白质和盐类为高，尤其以热不稳定的乳清蛋白含量较高，乳糖含量较低，初乳含有丰富的维生素，尤其富含维生素 A，维生素 D，由于初乳含有多量的免疫球蛋白，免疫性能强，为幼儿生长所必须，但耐热性差，60℃以上开始凝固，不宜作为原料加工。②末乳（老乳）：干乳期前两周所产的乳，除脂肪外，其余成分均比常乳高，有苦而微咸的味道，含脂酶高，有油脂的氧化味，不宜做加工原料。

（2）成分异常乳　①酒精阳性乳：68%、70%、72% 的酒精实验，牛乳出现凝块者为酒精阳性乳，即不合格乳。低酸度酒精阳性乳，酸度低于 16°T，但酒精实验呈阳性，其酸度、酪蛋白、乳糖、无机磷酸盐、透吸性磷酸盐等的数量较常乳低，乳清蛋白、Cl、Na、Ca、胶体磷酸钙等较正常乳高。另外，高酸度乳，乳房炎乳，冻结乳等酒精试验呈阳性。②异物混杂乳：如人工掺杂乳、异物掺杂乳、特殊污染乳等。

（3）病理异常乳　①细菌污染乳：乳酸菌、大肠菌、丙酸菌、小球菌造成酸度高，加热易凝固。②乳房炎乳：葡萄球菌、芽孢杆菌等，传播疾病。③细菌性风味异常乳——Pr 分解菌、脂肪分解菌、产酸菌等使牛乳变坏，乳制品风味异常。

六、热冷加工对乳理化性质的影响

（一）热加工对乳性质的影响

1. 加热时牛乳的一般变化

（1）薄膜的形成　牛乳加热到 40℃以上，在牛乳与空气接触的界面即形成薄膜，这是由于液面水分蒸发而形成的蛋白质凝固物，俗称“奶皮子”，其中 70% 为乳脂肪，20% ~25% 为乳蛋白质，而且白蛋白占多数，随着温度的升高和加热时间的延长，薄膜厚度增加。形成的薄膜会影响乳制品的均匀性。防止薄膜形成的办法是加热时搅拌或减少液面水分的蒸发。

（2）许多酶被钝化及非酶促褐变　主要是蛋白质与乳糖之间发生的羰氨反应，使得赖氨酸效价降低。

（3）蒸煮味（焦煮味）　牛乳加热则产生蒸煮味，牛乳加热到 74℃ 15min，开始产生明显的蒸煮味，主要是由于 β - 乳球蛋白和脂肪球膜蛋白热变性而产生巯基（—SH 基），甚至产生挥发性硫化物和硫化氢的结果。

（4）营养价值降低　随着加热温度的提高，其营养价值的降低至少如下方面会逐渐明显：一是风味及外观恶化，物理性质变劣，其制品使消费者产生恶感；二是维生素及必需氨基酸的分解而使其营养价值的消失；三是蛋白质的生理价值及消化性的降低；四是有毒物质或者代谢有害物质的生成。

2. 加热对乳蛋白质的影响

(1)对乳酪蛋白的影响　低于100℃加热，酪蛋白化学性质不受影响，但物理性质却有明显影响。例如以高于63℃的温度将牛乳加热后，再用酸或皱胃酶凝固时，凝块比生乳凝固产生的凝块来得小，而且柔软，且用酸比皱胃酶的凝块更小更柔软，随温度升高凝块会更加柔软。100～120℃时加热产生褐变。140℃时开始凝固。上述现象的使用意义在于：①有利于婴幼儿对乳蛋白质的消化；②制造脱脂干酪时，可利用此原理形成品质好的蛋白质凝块；③生乳混入面包中造成面包缩小的问题，通过对牛乳的加热处理而得到解决，从而使烘烤质量得以改善。

(2)对乳清蛋白的影响　大部分乳清蛋白在62～63℃，30min杀菌时就开始凝固，68～80℃之间的热变性和凝固程度呈现规律的变化，也就是随加热温度升高其产生变性和凝固的时间越来越短。牛乳加热使白蛋白和球蛋白完全凝固的条件：80℃/60min，90℃/30min，95℃/10～15min，100℃/10min。

(3)加热对脂肪的影响　牛乳在加热到100℃以上温度时，对脂肪也不起化学变化，但是一些乳球蛋白上浮，促使形成脂肪球间的凝聚体，因此高温加热后的牛乳，稀奶油就不容易分离。经62～63℃30min加热并立即冷却可予以防止。

(4)加热对乳糖的影响　低于100℃短时间加热，其化学性质没有变化。100℃以上长时间加热会产生乳酸、醋酸、甲酸等，离子平衡改变，且产生褐变。

(二)低温对牛乳化学性质的影响

(1)冷却对蛋白质的影响　长期贮存的冷冻乳，例如－5℃下保存5周以上，－10℃下保存10周以上，解冻以后会发生酪蛋白的沉淀。①酪蛋白在冻结过程中产生沉淀的诸因素及防止办法。乳中盐类含量较高，如Ca^{2+}含量高，则稳定性越差，Ca^{2+}中和酪蛋白的胶体电荷使之沉淀。加入六偏磷酸钠，或四磷酸钠可以除去一部分Ca^{2+}。②乳糖结晶：浓缩乳冻结时，乳糖结晶能促使蛋白质的不稳定现象，添加蔗糖可增加酪蛋白复合物的稳定性，同时防止乳糖结晶作用。③解冻乳能否保持乳的稳定性取决于冻结乳中游离水含量的高低。－12℃时，乳中有92%的游离水冻结，尚存4.5%的游离水，这些游离水中溶解乳酸、浓缩盐类从而破坏了酪蛋白稳定。④冻结乳的贮存及解冻方法。冻结乳贮存时至少与冻结温度相同，最好用－25℃。解冻以在82℃水浴锅中融化效果最好。

(2)冷冻对脂肪的影响　冷冻乳解冻后乳脂肪会上浮。产生原因：乳冻结后，由于冰晶体形成，从外面给脂肪球膜以压力，脂肪球膜失去水分弹性变小，脂肪结晶从内部又给膜以压力，从而使脂肪挤压出，破坏膜，解冻以后脂肪上浮。防止办法：冷冻前均质，提高黏度，防止解冻后上浮。

(3)冻结对牛乳成分分布的影响　冻结面是透明的结晶层,乳固体含量低,酸度低。表面脂肪上浮,含水率较高,质地柔软。中间层蛋白质,盐类乳糖含量较高,酸度也高,形成一个核心。下层乳固体含量比较高。为了消除这种状态采用分层速冻。

(4)对牛乳风味的影响　冻结常出现氧化味,金属味,鱼腥味,主要由于处理时混入铜离子,促进不饱和脂肪酸的氧化产生不饱和的羰基化合物所造成。添加抗氧化剂可以防止。

项目二

消毒乳加工技术

一、消毒乳的概念和分类

(一)消毒乳的概念

消毒乳又称杀菌乳,系指以新鲜牛乳、稀奶油等为原料,经净化、杀菌、均质、冷却、包装后,直接供应消费者饮用的商品乳。

(二)消毒乳的分类

(1)按原料成分可分为五类　①普通全脂消毒乳。以合格鲜乳为原料,不加任何添加剂而加工成的消毒鲜乳。含脂率3%以上。②脱脂消毒乳。将鲜牛乳中的脂肪脱去或部分脱去而制成的消毒奶。含脂率1.5%~3.0%。③强化消毒乳。把加工过程中损失的营养成分和日常食品中不易获得的成分加以补充,使成分加以强化的牛乳。④复原乳。也称再制奶。系以全脂奶粉、浓缩乳、脱脂奶粉和无水奶油等为原料,经混合溶解后制成与牛乳成分相同的饮用乳。⑤花色牛乳。以牛乳为主要原料,加入其他风味食品,如可可、咖啡、果汁(果料),再加以调色调香而制成的饮用乳。

(2)按杀菌强度可分为四类　①低温杀菌(LTLT)牛乳。也称保温杀菌乳。牛乳经62~65℃、30min保温杀菌。在这种温度下,乳中的病原菌,尤其是耐热性较强的结核菌都被杀死。②高温短时间(HTST)杀菌乳。通常采用72~75℃、15s杀菌,或采用75~85℃、15~20s杀菌。由于受热时间短,热变性现象很少,风味有浓厚感,无蒸煮味。③超高温杀菌(UHT)乳。一般采用120~150℃、0.5~8s杀菌。由于耐热性细菌都被杀死,故保存性明显提高。但如原料乳质量不良(如酸度高、盐类不平衡),则易形成软凝块和杀菌器内挂乳石等,初始菌数尤其芽孢数过高则残留菌的可能性增加,故对原料乳的质量要求很高。由于杀菌时间很短,故风味、性状和营养价值等与普通杀菌乳相比无差异。④灭菌乳。灭菌乳可分两类,一类为灭菌后无菌包装;另一类为把杀菌后的乳装入容器中,再用 110~120℃、10~20min 加压灭菌。如要生产高质量消毒乳,除了需要优质的原料外,还必须保证合理的工艺流程设计和加工处理方法,使牛乳中含有的营养物质尽可能少地受到破坏。

二、巴氏消毒乳加工技术

巴氏杀菌是指杀死引起人类疾病的所有病原微生物及最大限度破坏腐败菌和乳中酶的一种加热方法,以确保其安全性。

(一)工艺流程

巴氏消毒乳加工工艺流程见图 6-2。

原料乳的验收 → 过滤、净化 → 标准化 → 均质 → 杀菌 → 冷却 → 灌装 → 检验 → 冷藏

图 6-2 巴氏消毒乳加工工艺流程

(二)操作要点

1. 原料乳的验收

(1)原料乳验收的感官标准

①色泽:正常乳为不透明的乳白色或略带黄色,有一定光泽,不得含有肉眼可见的异物,异色。掺水乳呈清白色,乳清呈半透明的黄绿色,乳房炎乳为淡红色(带有血液),被金黄色葡萄球菌污染的乳为黄色。

②滋气味:具有新鲜牛乳固有的乳香味,不得有其他异味、苦味、咸味、饲料味、粪便味等。

③组织状态:均匀的胶体状流体,不能有沉淀,不能有凝块、杂质等。

(2)乳品企业实际检验方法

①嗅觉检验:闻气味。检查是否具备牛乳特有香味,有无香味以外的异味。一等乳:允许有轻度的饲料味,因牛乳很容易吸附周围空气及牛体异味;二等乳:有轻度牛舍牛体味。如牛舍的氨味、牛体汗味、明显的饲料味;等外乳:有很强的牛体味、牛舍味,很强的饲草味、鱼腥味、韭菜味。

②视觉检验:对鲜乳的颜色、混入异物、冻结状态等进行的检验。色泽:正常为乳白色,有一定光泽,掺水乳,脱脂乳为清白色,乳房炎乳则淡红色。一等乳:允许有轻度色泽异常;二等乳:颜色稍异常,微发淡,稍有灰尘,稍有结冰状态;等外乳:有明显色泽异常,血色,凝块,絮状,黏胶状,明显的异物,有明显的结冰。

③味觉检验:通过舌的尖端(突状乳头),两侧(叶状乳头)根部(轮廓乳头)的味蕾去感觉。人的感觉可以感受下列四种味觉:咸味0.4% NaCl。酸味0.1%醋味。甜味1%糖水。苦味0.001%盐酸奎宁溶液。一等乳:允许有轻度咸味,淡味;二等乳:生草味、加热味、金属味、明显的咸味;等外乳:有明显的酸咸,苦味,饲草味,金属味,石油味,农药味等。

2. 原料乳预处理

(1)原料乳的净化　目的是除去机械杂质及其附着在杂质上的微生物,如饲料掺杂物、灰尘等。可采取多层纱布过滤或离心净乳。离心净化时乳温以32℃效果好。

(2)原料乳的冷却　目的是抑制微生物的生长繁殖。冷却的温度与贮存时间关系:

贮存时间	6~12h	12~18h	18~24h	24~36h
冷却温度	18~8℃	8~6℃	6~5℃	<5℃

(3)原料乳的贮存　乳在冷却后维持在低温条件下贮存,最好4℃。乳品厂原料乳贮存应为生产能力的50%~100%。

(4)原料乳的标准化　目的是保证牛乳中含有规定的最低限度的脂肪。各国牛乳标准化的要求有所不同。一般说来低脂乳含脂率为0.5%,普通乳为3%。我国规定消毒乳的含脂率为3.0%,凡不合乎标准的乳都必须进行标准化。

3. 预热、均质

预热是把牛乳温度升到均质所需的温度即50~65℃。均质是用机械处理的方法把牛乳中较大的脂肪球粉碎成细小的脂肪球分布于乳中的过程。均质在均质机中进行,一般采用二段式高压均质泵,第一段均质压力为16.67~19.61MPa,第二段均质压力为3.33MPa。均质机由高压泵和均质阀组成。操作原理是在一个适合的均质压力下,料液通过窄小的均质阀而获得很高的速度,导致剧烈湍流,形成的小涡流中产生了较高的料液流速梯度引起压力波动,这会打散许多颗粒,尤其是液滴(图6-3)。均质以后,提高了成品的可消化性,更容易被人体消化吸收。

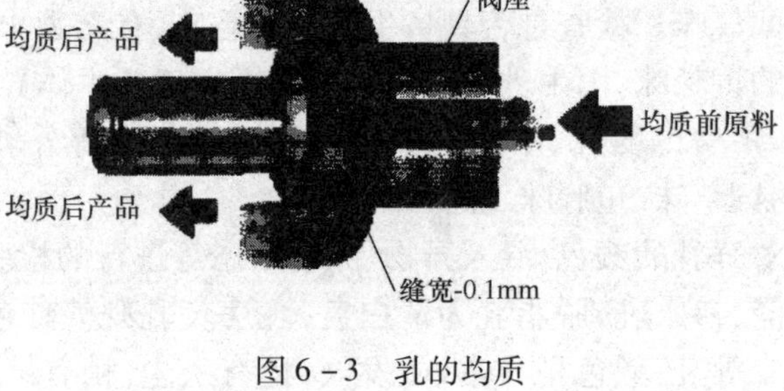

图6-3　乳的均质

4. 巴氏杀菌

借助热能作用使细菌的蛋白质及核酸变性，使牛乳中酶系统活力钝化和破坏，可以杀死乳中全部致病菌和大部分非致病菌。牛乳的几种杀菌方法如下：

(1)低温长时间杀菌法　62～65℃ 30min 能杀死所有的致病菌，不传染疾病，是长期以来采用的最基本方法。不利的方面，低温条件下对一些嗜热微生物以及孢子不能被杀死，而且有一些酶没有被破坏，一般采用夹层奶缸。

(2)高温短时间杀菌方法　70～75℃，15～16S，80～85℃数秒。杀菌效果不次于低温方式，能杀死致病微生物，在温度升高情况下，一些非病原微生物也不被杀死，常用管式热交换器和片式交换器，提高了杀菌效率，可进行连续生产，占地面积小，集升温热交换和冷却一体，清洗也比较容易。

(3)超高温瞬间杀菌方式　130～150℃(0.5～5s)细菌的热致死率随温度升高而快于牛乳的化学变化，在有效温度范围内热处理温度每升高 10℃，牛乳中所含的细菌孢子的破坏速度提高 11～30 倍，牛乳中成分的化学变化仅增加 2.5～3 倍，不易形成污垢。

5. 冷却

杀菌以后及时将温度降到 4～6℃，应该迅速冷却，有效抑制残留微生物再复活繁殖。而超高温乳、灭菌乳则冷却到 20℃以下即可。

6. 灌装

其目的主要为便于零售，防止外界杂质混入成品中、防止微生物再污染以及防止维生素等成分受损失等。灌装容器有玻璃瓶、乙烯塑料瓶、塑料袋和涂塑复合纸袋。

三、灭菌乳加工技术

经过灭菌的产品具有极好的保存特性，可在较高的温度下长期贮藏。最普通的灭菌乳制品包括灭菌的牛乳、咖啡稀奶油、甩打奶油、冰淇淋和巧克力风味乳。这里以灭菌牛乳为例，其余产品的灭菌均用类似的方法处理，只是针对每种产品的性能，处理时略有不同。

(一)灭菌乳加工种类

1. 二次灭菌法

牛乳的二次灭菌有三种方法：一段灭菌、二段灭菌和连续灭菌。

(1)一段灭菌　牛乳先预热到约80℃,然后灌装到干净的、加热的瓶子中。密封后放到杀菌器中,在110~120℃温度下灭菌10~40min。

(2)二段灭菌　牛乳在130~140℃温度下预杀菌2~20s。当牛乳冷却到约80℃后,灌装到干净的、热处理过的瓶子中,密封后再放到灭菌器中进行灭菌。第二阶段杀菌的主要目的是为了消除第一阶段杀菌后重新染菌的危险。

(3)连续灭菌　牛乳或者是装瓶后的奶在连续工作的灭菌器中处理,或者是在无菌条件下在一封闭的连续生产线中处理。在连续灭菌器中灭菌可以用一段灭菌,也可以用二段灭菌。奶瓶缓慢地通过杀菌器中的加热区和冷却区往前输送。这些区段的长短应与处理中各个阶段所要求的温度和停留时间相适应。

2. 超高温(UHT)灭菌法

欧盟关于UHT产品的定义是:物料在连续流动的状态下,经135℃以上不少于1s的超高温瞬时灭菌,以完全破坏其中可以生长的微生物和芽孢,然后在无菌状态下包装于微量透气的容器中,最大限度地减少产品在物理、化学及感官上的变化,这样生产出来的产品称为UHT奶。

(1)直接加热法UHT　在直接加热法中,牛乳通过直接与蒸汽接触被加热;或者是将蒸汽喷进牛乳中;或者是将牛乳喷入到充满蒸汽的容器中。

(2)间接加热法UHT　间接加热是在一热交换器中进行。在超高温灭菌设备中对牛乳进行强烈的热处理,会引起牛乳在设备的热传递表面上形成一些蛋白质沉淀。这些沉积物逐渐变厚,对产品产生不利的影响。所以在经过一定的生产周期后,必须把设备停下来,清洗热传递表面。设备连续生产符合产品质量要求所持续的工作时间称之为运转时间。运转时间随设备的设计和产品对热处理的敏感性的不同而异。

(二)灭菌乳加工技术

灭菌乳加工工艺流程见图6-4。

原料乳的验收 → 原料预处理 → 超高温灭菌 → 无菌贮罐 → 无菌灌装 → 封口 → 装箱 → 冷藏

图6-4　灭菌乳加工工艺流程

1. 原料要求

用于灭菌的牛乳必须是高质量的,即牛乳中的蛋白质能经得起剧烈的热处理而不变性。为了适应超高温处理,牛乳必须至少在75%的酒精浓度中保持稳定,剔除由于下列原因而不适宜于超高温处理的牛乳:酸度偏高的牛乳;牛乳中盐类平衡不适当;牛乳中含有过多的乳清蛋白(清蛋白、球蛋白等),即初乳。另外,牛乳的细菌数量，特别对热有很强抵抗力的芽孢数目应该很低。

2. 超高温灭菌、冷却

下面以管式间接 UHT 乳生产为例。

(1)预热和均质　牛乳从料罐泵送到超高温灭菌设备的平衡槽(图 6－5)，由此进入到板式热交换器的预热段与高温乳热交换，使其加热到约 66℃，同时无菌乳冷却，经预热的乳在 15～25MPa 的压力下均质。在杀菌前均质意味着可以使用普通的均质机，它要比无菌均质便宜得多。

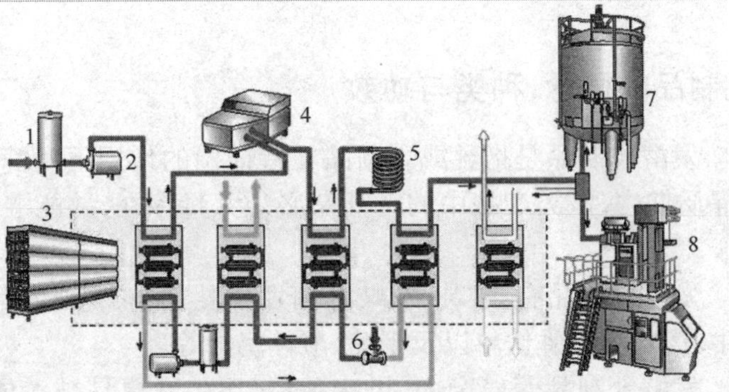

图 6－5　管式间接 UHT 乳生产线

1—平衡管　2—料泵　3—管式热交换器　4—均质机　5—保温管　6—间接蒸汽加热　7—无菌罐　8—无菌灌装机

(2)杀菌　经预热和均质的牛乳进入板式热交换器的加热段，在此被加热到 137℃。加热用热水温度由蒸汽喷射予以调节。加热后，牛乳在保温管中流动 4s。

(3)回流　如果牛乳在进入保温管之前未达到正确的杀菌温度，在生产线上的传感器便把这个信号传给控制盘。然后回流阀开动，把产品回流到冷却器，在这里牛乳冷却到 75℃再返回平衡槽或流入一单独的收集罐。一旦回流阀移动到回流位置，杀菌操作便停下来。

(4)设备的操作　控制盘包括用于工作过程控制该设备用热水在 137℃的温度下预灭菌。如同直接加热设备一样，继电器保证在正确的温度下至少预杀菌 30min。在预杀菌期间，通向无菌罐或包装线的生产线也应灭菌。然后产品可以开始流动。

(5)无菌冷却　离开保温管后，牛乳进入无菌预冷却段，用水从 137℃冷却到 76℃。进一步冷却是在冷却段靠与乳热交换完成，最后冷却温度要达到约 20℃。

3. 无菌包装

所谓无菌包装是将杀菌后的牛乳，在无菌条件下装入事先杀过菌的容器内。

可供牛乳制品无菌包装的设备主要有:无菌菱形袋包装机、无菌砖形盒包装机、多尔无菌灌装系统、安德逊成型密封机等。

项目三

发酵乳制品加工技术

一、发酵乳制品与发酵剂的概念和种类

(一)发酵乳制品的概念、种类与功效

(1)概念　发酵乳制品是指乳或乳制品在特征菌的作用下发酵而成的酸性凝乳状产品,在保质期内,该类产品中的特征菌必须大量存在,并能继续存活和具有活性。

(2)种类　发酵乳制品有:酸乳、双歧杆菌发酵乳、保加利亚发酵乳、嗜酸乳杆菌发酵乳、酸牛乳酒、活性乳饮料以及干酪、酸性奶油等。

(3)功效　发酵乳制品营养全面,风味独特,比牛乳更易被人体吸收,功效如下:①抗癌作用。发酵过程中乳酸菌产生抗诱变化合物活性物质,具有抑制肿瘤发生的可能,提高人体的免疫力;②酸乳可降低血清胆固醇,预防心血管疾病;③抑制肠道病菌的生长繁殖,对便秘和细菌性腹泻具有预防治疗作用;④酸乳中产生的有机酸可促进胃肠蠕动和胃液的分泌;⑤饮用酸乳可克服乳糖不耐症;⑥对预防和治疗糖尿病、肝病也有一定疗效。

(二)发酵剂的概念、种类与制备

1. 发酵剂的概念

发酵剂是指生产干酪、奶油、酸乳制品及乳酸菌制剂时所需用的特定的微生物培养物。

2. 发酵剂种类

(1)按制备过程分类　①乳酸菌纯培养物:即一级菌种,一般多接种在脱脂乳、乳清、肉汁或其他培养基中,或者用冻干法制成冻干菌苗。②母发酵剂:即一级菌种的扩大培养,是生产发酵剂的基础。③生产发酵剂:即母发酵剂的扩大培养,是实际生产的发酵剂。

(2)按使用目的分类　①混合发酵剂:含有两种或两种以上菌的发酵剂,如保加利亚乳杆菌和嗜热链球菌1∶1或1∶2比例混合的酸乳发酵剂。②单一发酵剂:

只有一种菌的发酵剂,即母发酵剂的扩大培养,用于实际生产的发酵剂。

3. 发酵剂的主要作用及菌种的选择

(1)发酵剂的主要作用　①乳酸发酵;②产生挥发性物质,如丁二酮、乙醛等,从而使酸乳具有典型的风味;③产生抗生素。

(2)菌种的选择　选择时以产品的主要技术特性,如产香性、产酸力、产黏性及蛋白水解力作为发酵剂菌种选择的依据。

4. 发酵剂的制备

(1)菌种的复活及保存　菌种通常保存在曲颈瓶中,需要恢复其活力,即在无菌操作条件下接种到灭菌的脱脂乳试管中多次传代、培养。而后贮存在0~4℃冰箱中,每隔1~2周移植一次。但在长期移植过程中,可能会有杂菌污染,造成菌种退化或菌种老化、裂解。因此,菌种需不定期纯化、复壮。

(2)母发酵剂的制备　将充分活化的菌种接种于盛有灭菌脱脂乳的三角瓶中,混匀后放入恒温箱中进行培养。凝固后再移入灭菌脱脂乳中,如此反复2~3次,使乳酸菌保持一定活力,然后再制备生产发酵剂。

(3)生产发酵剂的制备　将脱脂乳、新鲜全脂乳或复原脱脂乳(总固形物含量10%~12%)加热到90℃,保持30~60min后,冷却到42℃(或菌种要求的温度,表6-1)接种母发酵剂,发酵到酸度>0.8%后冷却到4℃。此时生产发酵剂的活菌数应达到$1\times10^{8}\sim1\times10^{9}$cfu/mL。

制取生产发酵剂的培养基最好与成品的原料相同,以使菌种的生活环境不致急剧改变而影响菌种的活力。生产发酵剂的添加量为发酵乳的1%~2%,最高不超过5%。常用乳酸菌的生长温度及培养时间等见表6-1。

表6-1　常见乳酸菌的形态、特性

细菌名称	细菌形状	菌落形状	发育最适温度/℃	最适温度中乳凝固时间	极限酸度/°T	凝块性质	滋味	组织形态	适用的乳制品
乳酸链球菌(*Str. Lactis*)	双球菌	光滑、微白、有光泽	30~35	12h	120	均匀稠密	微酸	针刺状	酸乳、酸稀奶油、牛乳酒、酸性奶油、干酪
乳酸链球菌(*Str. cremoris*)	链状	光滑、微白、有光泽	30	12~24h	110~115	均匀稠密	微酸	酸稀奶油状	酸乳、酸稀奶油、牛乳酒、酸性奶油、干酪

续表

细菌名称	细菌形状	菌落形状	发育最适温度/℃	最适温度中乳凝固时间	极限酸度/°T	凝块性质	滋味	组织形态	适用的乳制品
产生芳香物质的细菌：柠檬明串珠菌戊糖明串珠菌丁二酮乳酸链球菌	单球状、双球状长短不同的细长链状	光滑、微白、有光泽	30	不凝结 23d 18～48h	70～80 100～105				酸乳、酸稀奶油、牛乳酒、酸性奶油、干酪
嗜热链球菌(*Str. thermophilus*)	链状	光滑微白光泽	37～42	12～24h	110～115	均匀稠密	微酸	酸稀奶油状	酸乳、干酪
嗜热性乳酸杆菌：保加利亚乳杆菌、干酪杆菌、嗜酸杆菌	长杆状有时呈颗粒状	无色的小菌落，如絮状	42～45	12h	300～400	均匀稠密	酸	针刺状	酸牛乳、马乳酒、乳酸菌制剂、干酪

5. 发酵剂质量要求

乳酸菌发酵剂的质量，应符合下列各项指标要求：①凝块应有适当的硬度，均匀而细滑，富有弹性，组织状态均匀一致，表面光滑，无龟裂，无皱纹，不产生气泡及乳清分离等现象。②具有优良的风味，不得有腐败味、苦味、饲料味和酵母味等异味。③若将凝块完全粉碎后，质地均匀，细腻滑润，略带黏性，不含块状物。④按规定方法接种后，在规定时间内产生凝固，无延长凝固的现象。测定活力(酸度)时符合规定指标要求。为了不影响生产，发酵剂要提前制备，可在低温条件下短时间贮藏。

二、酸乳加工技术

(一)酸乳概念和种类

1. 概念

酸乳(Yoghurt)是指在乳中接种保加利亚乳杆菌和嗜热链球菌，经过乳酸发酵而成的凝乳状产品，成品中必须含有大量相应的活菌。

2. 种类

(1)按成品的组织状态分类　①凝固型酸乳：其发酵过程在包装容器中进行，从而使成品因发酵而保留其凝乳状态。②搅拌型酸乳：酸乳在灌装前搅拌呈黏稠状组织状态。

(2)按成品的口味分类 ①天然纯酸乳:不含任何辅料和添加剂,产品只由原料乳和菌种发酵而成。②加糖酸乳:产品由原料乳和糖加入菌种发酵而成。糖的添加量一般为6% ~7% 。③调味酸乳:在天然酸乳或加糖酸乳中加入香料而成。酸乳容器的底部加有果酱的酸乳称为圣代酸乳。④果料酸乳:成品是由天然酸乳与糖、果料混合而成。⑤复合型或营养健康型酸乳:通常在酸乳中强化不同的营养素(维生素、食用纤维素等)或在酸乳中混入不同的辅料(如谷物、干果、菇类、蔬菜汁等)而成。这种酸乳在西方国家非常流行,人们常在早餐中食用。⑥疗效酸乳:包括低乳糖酸乳、低热量酸乳、维生素酸乳或蛋白质强化酸乳。

(3)按发酵的加工工艺分类 ①浓缩酸乳:将正常酸乳中的部分乳清除去而得到的浓缩产品。因其除去乳清的方式与加工干酪方式类似,有人也称它酸乳干酪。②冷冻酸乳:在酸乳中加入果料、增稠剂或乳化剂,并进行冷冻处理而得到的产品。③充气酸乳:发酵后在酸乳中加入稳定剂和起泡剂(通常是碳酸盐),经过均质处理即得这类产品。这类产品通常是以充 CO_2 气的酸乳饮料形式存在。④酸乳粉:使用冷冻干燥法或喷雾干燥法将酸乳中约95%的水分除去而制成酸乳粉。

(二)酸乳加工技术

1. 工艺流程

酸乳加工工艺流程见图6-6。

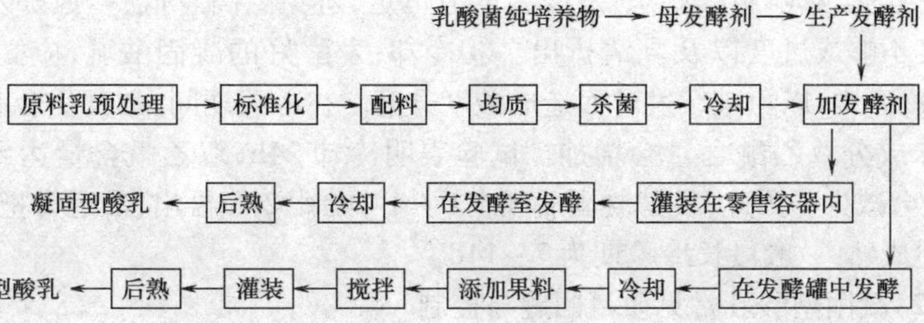

图6-6 酸乳加工工艺流程

2. 操作要点

(1)原料乳的质量要求 用于制作发酵剂的乳和生产酸乳的原料乳必须是高质量的,要求酸度在18°T以下,杂菌数不高于500000cfu/mL,乳中全乳固体不得低于11.5%。

(2)酸乳生产中使用的原辅料要求 ①脱脂乳粉:用作发酵乳的脱脂乳粉要求质量高、无抗生素和防腐剂。脱脂乳粉可提高干物质含量,改善产品组织状态,促进乳酸菌产酸,一般添加量为1% ~1.5%。②稳定剂:在搅拌型酸乳生产中,通常添加稳定剂。常用的有明胶、果胶和琼脂,其添加量应控制在0.1% ~0.5%。③糖及果料:在酸乳生产中,常添加6.5% ~8%蔗糖或葡萄糖。在搅拌型酸乳中常常使用果料及调香物质,如果酱等。在凝固型酸乳中很少使用果料。

(3)配合料的预处理　①均质。均质使原料充分混匀,提高酸乳的稳定性和稠度,并使酸乳质地细腻,口感良好。均质压力一般为20 ~25MPa。②杀菌。目的在于杀灭原料乳中的杂菌,钝化原料乳中对发酵菌有抑制作用的天然抑制物,使牛乳中的乳清蛋白变性,以达到改善组织状态,提高黏稠度和防止成品乳清析出。杀菌条件:90 ~95℃/5min。

(4)接种　杀菌后的乳应马上降温到45℃左右,以便接种发酵剂。一般生产发酵剂,其产酸活力在0.796% ~1.0%,此时接种量应为2% ~4%。加入的发酵剂应事先在无菌操作条件下搅拌成均匀细腻的状态,不应有大凝块,以免影响成品质量。

3. 凝固型酸乳加工技术及质量控制

(1)技术要点　①灌装:可根据市场需要选择玻璃瓶或塑料杯,在装瓶前需对玻璃瓶进行蒸汽灭菌,一次性塑料杯可直接使用。②发酵:用保加利亚乳杆菌与嗜热链球菌的混合发酵剂时,温度保持在41 ~42℃,培养时间2.5 ~4.0h(2% ~4%的接种量),达到凝固状态时即可终止发酵。一般发酵终点的判断:a. 滴定酸度达到80°T以上;b. pH低于4.6;c. 表面有少量水痕;d. 乳变黏稠。发酵应注意避免振动,否则会影响组织状态;发酵温度应恒定,避免忽高忽低;掌握好发酵时间,防止酸度不够或过度以及乳清析出。③冷却:发酵好的凝固酸乳,应立即移入0 ~4℃的冷库中,以免继续发酵而造成酸度升高。在冷藏期间,酸度仍会有所上升,同时风味成分双乙酰含量会增加。试验表明冷却24h,双乙酰含量达到最高,超过24h又会减少。因此,发酵凝固后须在0 ~4℃贮藏24h再出售,通常把该贮藏过程称为后成熟,一般最长冷藏期为7 ~14d。

(2)凝固型酸乳常见质量问题与控制

①凝固性差。酸乳有时会出现凝固性差或不凝固现象,黏性很差。原因如下:a. 原料乳质量。当乳中含有抗菌素、防腐剂时,会抑制乳酸菌的生长,从而导致发酵不利、凝固性差。因此,必须把好原料验收关,杜绝使用含有抗菌素、农药以及防腐剂、掺碱或掺水牛乳生产酸乳。对于掺水的牛乳,可适当添加脱脂乳粉,使干物质达11%以上。b. 发酵温度和时间。若发酵温度低于最适温度,乳酸菌活力则下降,凝乳能力降低,使酸乳凝固性降低。发酵时间短,也会造成酸乳凝固性降低。此外,发酵室温度不均匀也是造成酸乳凝固性降低的原因之一。c. 噬菌体污染。根据噬菌体对菌的选择作用,可采用经常更换发酵剂的方法加以控制。此外,两种以上菌种混合使用也可减少噬菌体危害。d. 发酵剂活力。发酵剂活力弱或接种

量太少会造成酸乳的凝固性下降。对一些灌装容器上残留的洗涤剂(如氢氧化钠)和消毒剂(如氯化物)须清洗干净,以免影响菌种活力,确保酸乳的正常发酵和凝固。e. 加糖量。生产酸乳时,若蔗糖加量过大,会产生高渗透压,抑制了乳酸菌的生长繁殖,造成乳酸菌脱水死亡,相应活力下降,使牛乳不能很好凝固。试验证明,6.5%的加糖量对产品的口味最佳,也不影响乳酸菌的生长。

②乳清析出。其主要原因有以下几种:a. 原料乳热处理不当。热处理温度偏低或时间不够,就不能使大量乳清蛋白变性。变性乳清蛋白可与酪蛋白形成复合物,能容纳更多的水分,并且具有最小的脱水收缩作用。据研究,要保证酸乳吸收大量水分和不发生脱水收缩作用,至少使75%的乳清蛋白变性,这就要求85℃/20~30min或90℃/5~10min的热处理,而UHT加热(135~150℃/2~4s)处理不能达到75%的乳清蛋白变性,所以酸乳生产不宜用UHT加热处理。b. 发酵时间过长则酸性过度增强,破坏了原来已形成的胶体结构,使其容纳的水分游离出来形成乳清上浮。过短则乳蛋白质的胶体结构还未充分形成,也会形成乳清析出。c. 其他因素。原料乳中总干物质含量低、酸乳凝胶机械振动、乳中钙盐不足、发酵剂加量过大等也会造成乳清析出,在生产时应加以注意。乳中添加适量的$CaCl_2$既可减少乳清析出,又可赋予酸乳一定的硬度。

③风味不良。在生产过程中常出现以下不良风味:a. 无芳香味。主要由于菌种选择及操作工艺不当所引起。正常酸乳生产应保证两种以上的菌混合使用并选择适宜的比例,任何一方占优势均会导致产香不足,风味劣变。高温短时发酵和固体含量不足也是造成芳香味不足的因素。芳香味主要来自发酵剂酶分解柠檬酸产生的丁二酮等物质,所以原料乳中应保证足够的柠檬酸含量。b. 酸乳的不洁味。主要由发酵剂或发酵过程中污染杂菌引起。被丁酸菌污染可使产品带刺鼻怪味,被酵母菌污染不仅产生不良风味,还会影响酸乳的组织状态,使酸乳产生气泡。c. 酸乳的酸甜度。酸乳过酸、过甜均会影响风味。发酵过度、冷藏时温度偏高和加糖量较低等会使酸乳偏酸,而发酵不足或加糖过高又会导致酸乳偏甜。d. 原料乳的异味。牛体臭味、氧化臭味及由于过度热处理或添加了风味不良的炼乳或乳粉等也是造成其风味不良的原因之一。

④表面霉菌生长。酸乳贮藏时间过长或温度过高时,往往在表面出现霉菌。黑斑点易被察觉,而白色霉菌则不易被注意。这种酸乳被人误食后,轻者有腹胀感觉,重者引起腹痛下泻。因此要严格保证卫生条件并根据市场情况控制好贮藏时间和贮藏温度。

⑤口感差。优质酸乳柔嫩、细滑,清香可口。采用高酸度的乳或劣质的乳粉生产的酸乳口感粗糙,有砂粒感。因此,生产酸乳时,应采用新鲜牛乳或优质乳粉,并采取均质处理,使乳中蛋白质颗粒细微化,达到改善口感的目的。

4. 搅拌型酸乳加工技术及质量控制

(1)技术要点　搅拌型酸乳的加工与凝固型酸乳不同点主要是搅拌型酸乳多

了一道搅拌混合工艺(图6-7)。根据加工过程中是否添加果蔬料或果酱,搅拌型酸乳可分为天然搅拌型酸乳和加料搅拌型酸乳。下面只对与凝固型酸乳的不同点加以说明。

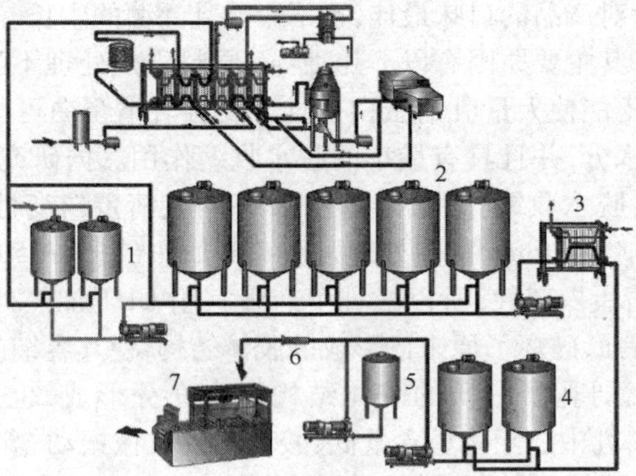

图6-7　搅拌型酸乳生产线

1—生产发酵剂罐　2—发酵罐　3—板式热交换器　4—缓冲罐　5—果料/香料罐　6—混合器　7—包装

①发酵:搅拌型酸乳发酵是在发酵罐中进行,应控制好发酵罐温度,避免忽高忽低。发酵罐上、下部温差不要超过1.5℃。

②冷却:搅拌型酸乳冷却目的是快速抑制细菌的生长和酶的活性,以防止发酵过程产酸过度及搅拌时脱水。冷却在酸乳完全凝固(pH 4.6~4.7)后开始,冷却过程应稳定进行,冷却过快将造成凝块收缩迅速,导致乳清分离;冷却过慢则会造成产品过酸和添加果料的脱色。搅拌型酸乳的冷却可采用片式冷却器、管式冷却器、冷却罐等。

③搅拌。通过机械力破碎使凝胶体的粒子直径达到0.01~0.4mm,并使酸乳的硬度和黏度及组织状态发生变化。搅拌的方法是使用宽叶片搅拌器,应注意搅拌既不可过于激烈,又不可时间过长。通常搅拌开始用低速,以后用较快的速度。搅拌时的质量控制主要有以下几点:a. 温度。搅拌的最适温度0~7℃,但在实际生产中使40℃的发酵乳降到0~7℃不太容易,所以搅拌时的温度以20~25℃为宜;b. pH。酸乳的搅拌应在凝胶体的pH达4.7以下时进行,若在pH4.7以上时搅拌,则因酸乳凝固不完全、黏性不足而影响其质量;c. 干物质。较高的乳干物质含量对搅拌型酸乳防止乳清分离能起到较好的作用;d. 管道流速和直径。凝胶体在通过泵和管道移送,流经片式冷却板片和灌装过程中,会受到不同程度的破坏,最终影响到产品的黏度。凝胶体在经管道输送过程中应以低于0.5m/s的层流形式出现,应避免管道直径突变。

④混合与灌装。果蔬、果酱和各种类型的调香物质等可在酸乳自缓冲罐到包装机的输送过程中加入,这种方法可通过一台变速的计量泵连续加入到酸乳中。在果料处理中,杀菌是十分重要的,对带固体颗粒的水果或浆果进行巴氏杀菌,其杀菌温度应控制在能抑制一切有生长能力的细菌,而又不影响果料的风味和质地的范围内。

⑤冷却与后熟:将灌装好的酸乳于0~7℃冷库中冷藏24h进行后熟,进一步促使芳香物质的产生和黏稠度的改善。

(2)搅拌型酸乳常见质量问题及防止方法　①砂状组织。酸乳在组织外观上有许多砂状颗粒存在、不细腻。防治方法:选择适宜的发酵温度,避免原料乳受热过度,减少乳粉用量,避免干物质过多和较高温度下搅拌。②乳清分离。酸乳搅拌速度过快、过度搅拌或泵送造成空气混入产品,将造成乳清分离。此外,酸乳发酵过度、冷却温度不适宜及干物质含量不足也可造成乳清分离现象。因此,应选择合适的搅拌器并注意降低搅拌温度。选用适当的稳定剂(用量为0.1%~0.5%),以提高酸乳的黏度,防止乳清分离。③风味不正。在搅拌过程中因操作不当而混入大量空气,造成酵母和霉菌的污染。酸乳较低的pH虽然抑制几乎所有细菌生长,但却适于酵母和霉菌的生长,造成酸乳的变质、变坏和不良风味。④色泽异常。在生产中因加入的果蔬处理不当而引起变色、褪色等现象时有发生。应根据果蔬的性质及加工特性与酸乳进行合理的搭配和制作,必要时还可添加抗氧化剂。

三、乳酸菌饮料加工技术

(一)概念及种类

(1)概念　乳酸菌饮料是一种发酵型的酸性含乳饮料。通常以牛乳或乳粉、植物蛋白乳(粉)、果蔬菜汁或糖类为原料,经杀菌、冷却、接种乳酸菌发酵剂培养发酵,经稀释而成。

(2)种类　乳酸菌饮料按照加工处理方法不同分为:酸乳型和果蔬型;按照是否经后杀菌又可分为:活性乳酸菌饮料和非活性乳酸菌饮料(经后杀菌)。

(二)工艺流程

活性乳酸菌与非活性乳酸菌饮料加工过程的区别主要在于配料后是否杀菌,其工艺流程如图6-8所示。

(三)产品配方及操作要点

(1)产品配方及混合调配

①乳酸菌饮料配方Ⅰ:酸乳30%、糖10%、果胶0.4%、果汁6%、45%乳酸

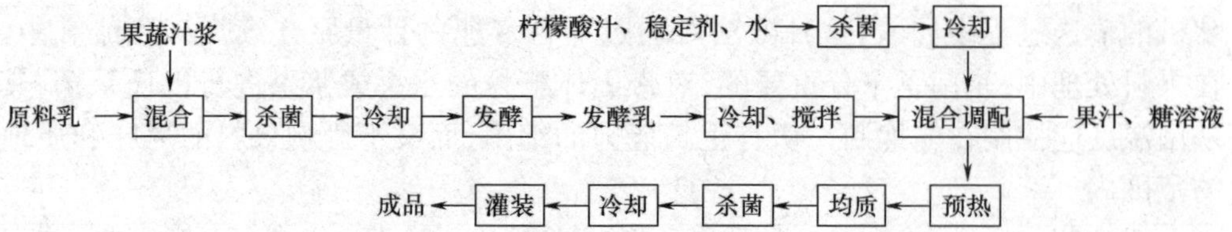

图6-8　乳酸菌饮料加工工艺流程

0.1%、香精0.15%、水53.35%。

②乳酸菌饮料配方Ⅱ：酸乳46.2%、白糖6.7%、蛋白糖0.11%、果胶0.18%、耐酸CMC 0.23%、柠檬酸0.29%、磷酸二氢钠0.05%、香兰素0.018%、水蜜桃香精0.023%、水46.2%。

③混合调配。先将白砂糖、稳定剂、乳化剂与螯合剂等一起拌和均匀，加入70～80℃的热水中充分溶解，经杀菌、冷却后，同果汁、酸味剂一起与发酵乳混合并搅拌，最后加入香精等。在乳酸菌饮料中最常使用的稳定剂是纯果胶或与其他稳定剂的复合物。通常果胶对酪蛋白颗粒具有最佳的稳定性，这是因为果胶是一种聚半乳糖醛酸，在中性和酸性时带负电荷，将果胶加入到酸乳中时，它会附着于酪蛋白颗粒的表面，使酪蛋白颗粒带负电荷。由于同性电荷互相排斥，可避免酪蛋白颗粒间相互聚合成大颗粒而产生沉淀，考虑到果胶分子在使用过程中的降解趋势以及它在pH4时稳定性最佳的特点，因此，杀菌前一般将乳酸菌饮料的pH调整为3.8～4.2。

（2）均质　均质使其液滴微细化，提高料液黏度，抑制粒子的沉淀，并增强稳定剂的稳定效果。乳酸菌饮料较适宜的均质压力为20～25MPa，温度53℃左右。

（3）后杀菌　发酵调配后的杀菌目的是延长饮料的保存期。经合理杀菌、无菌灌装后的饮料，其保存期可达3～6个月。由于乳酸菌饮料属于高酸食品，故采用高温短时巴氏杀菌即可得到商业无菌，也可采用更高的杀菌条件如95～105℃、30s或110℃、4s。

（4）果蔬预处理　在制作果蔬乳酸菌饮料时，要首先对果蔬进行加热处理，以起到灭酶作用，通常在沸水中放置6～8min。经灭酶后打浆或取汁，再与杀菌后的原料乳混合。

（四）乳酸菌饮料的质量控制

（1）饮料中活菌数的控制　乳酸菌活性饮料要求每1mL饮料中含活的乳酸菌100万以上。欲保持较高活力的菌，发酵剂应选用耐酸性强的乳酸菌种（如嗜酸乳杆菌、干酪乳杆菌）。

为了弥补发酵本身的酸度不足，需补充柠檬酸，但是柠檬酸的添加会导致活菌数下降，所以必须控制柠檬酸的使用量。苹果酸对乳酸菌的抑制作用小，与柠檬酸并用可以减少活菌数的下降,同时又可改善柠檬酸的涩味。

(2)防止沉淀　沉淀是乳酸菌饮料最常见的质量问题。为使酪蛋白胶粒在饮料中呈悬浮状态,不发生沉淀,应注意以下几点:①均质。经均质后的酪蛋白微粒,因失去了静电荷、水化膜的保护,使粒子间的引力增强,增加了碰撞机会,容易聚成大颗粒而沉淀。因此,均质必须与稳定剂配合使用,方能达到较好效果。②稳定剂。常添加亲水性和乳化性较高的稳定剂。③添加蔗糖。添加13%蔗糖不仅使饮料酸中带甜,而且糖在酪蛋白表面形成被膜,可提高酪蛋白与其他分散介质的亲水性,并能提高饮料密度,增加黏稠度,有利于酪蛋白在悬浮液中的稳定。④有机酸的添加。添加柠檬酸等有机酸类是引起饮料产生沉淀的因素之一。因此,须在低温条件下添加,使其与蛋白胶粒均匀缓慢地接触。另外,添加速度要缓慢,搅拌速度要快。一般酸液以喷雾形式加入。⑤发酵乳的搅拌温度。为了防止沉淀产生,还应注意控制好发酵乳搅拌时的温度。高温时搅拌,凝块将收缩硬化,造成蛋白胶粒的沉淀。

(3)防止脂肪上浮　在采用全脂乳或脱脂不充分的脱脂乳作原料时,由于均质处理不当等原因会引起脂肪上浮,应改进均质条件,同时可选用酯化度高的稳定剂或乳化剂如卵磷脂、单硬脂酸甘油酯、脂肪酸蔗糖酯等。最好采用含脂率较低的脱脂乳或脱脂乳粉作为乳酸菌饮料的原料。

(4)果蔬料的质量控制　由于果蔬物料本身的质量或配制饮料时预处理不当,使饮料贮运中出现如变色、褪色、沉淀、污染杂菌等现象。因此,在加入这些物料时应注意杀菌处理。另外,适当加入一些如维生素C、维生素E、儿茶酚等抗氧化剂,以增强果蔬色素的抗氧化能力。

(5)卫生管理　乳酸菌饮料酸败方面最大问题是酵母菌污染,会产生CO_2、酯臭味和酵母味等。另外霉菌也容易在乳酸中繁殖,以60℃/5~10min热处理即可。所以使用蔗糖、果汁的乳酸菌饮料加工车间的卫生条件必须符合有关要求,以避免制品二次污染。

项目四

乳粉加工技术

一、乳粉的概念及种类

(一)乳粉的概念

乳粉是以新鲜牛乳为原料,或以新鲜牛乳为主要原料,添加一定数量的植物或动物蛋白质、脂肪、维生素、矿物质等配料,除去其中几乎全部水分而制成的粉末状乳制品。

(二)乳粉的种类

根据原料的组成、加工工艺、辅料及添加剂种类的不同,乳粉种类如下:

(1)全脂乳粉　是新鲜牛乳标准化后,经杀菌、浓缩、干燥等工艺加工而成。

(2)脱脂乳粉　用离心的方法将新鲜牛乳中的绝大部分脂肪分离去除后,再经杀菌、浓缩、干燥等工艺加工而成。由于脱去了脂肪,该产品可保藏1年以上。

(3)速溶乳粉　将全脂牛乳、脱脂牛乳经过特殊的工艺操作而制成的乳粉,对温水或冷水具有良好的润湿性、分散性及溶解性。

(4)配方乳粉　在牛乳中添加某些必要的营养物质后再经杀菌、浓缩、干燥制成。配方乳粉如婴幼儿乳粉、中小学生乳粉、中老年乳粉、孕妇乳粉、降糖乳粉等。

(5)加糖乳粉　新鲜牛乳经标准化后,加入一定量的蔗糖加工而成。

(6)冰淇淋粉　在牛乳中添加乳脂肪、香料、稳定剂、抗氧化剂、蔗糖或一部分植物油等经干燥而成。

(7)奶油粉　将稀奶油经干燥而制成的粉状物。保藏期长,贮运方便。

(8)麦精乳粉　在牛乳中添加可溶性麦芽糖、糊精、香料等经真空干燥而成。

(9)乳清粉　乳清经干燥而制成的粉状物。其中富含易消化、有生理价值的乳白蛋白,乳球蛋白。根据用途分为普通乳清粉,脱盐乳清粉、浓缩乳清粉等。

(10)酪乳粉　将酪乳干燥制成的粉状物。含有较多的卵磷脂。

(11)调味乳粉　以牛乳或羊乳(或全脂乳粉、脱脂乳粉)为主料,添加调味料等辅料,经浓缩、干燥制得的乳固体含量不低于70%的粉状产品。

二、全脂乳粉加工技术

(一)工艺流程

全脂乳粉加工工艺流程见图6-9。

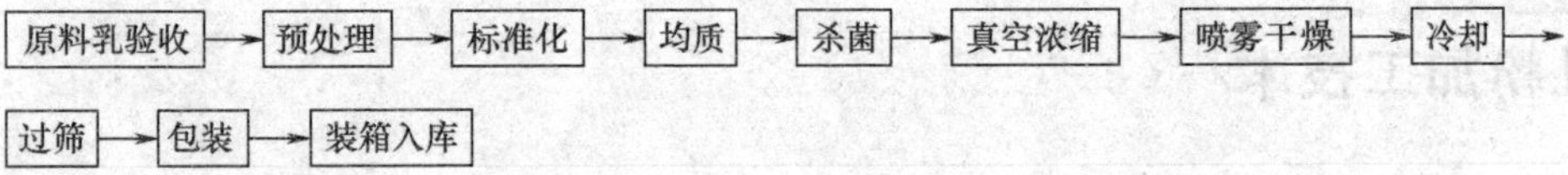

图6-9　全脂乳粉加工工艺流程

(二)操作要点

1.原料乳的验收

原料乳的质量要符合国家标准要求。

2. 预处理

原料乳预处理包括过滤、离心净化、冷却至4℃ 以下等。

3. 标准化

全脂乳粉的标准化主要是乳脂肪的标准化,对于全脂甜乳粉的标准化还包括蔗糖的标准化。

(1)乳脂肪标准化　是在离心净乳机净乳时同时进行的。根据原料乳中的脂肪含量的多少,用稀奶油或者脱脂乳进行调整,使成品中含有 25% ~30% 的脂肪,对于原料乳中的脂肪含量要经常检查,掌握其变化规律,适时调整。

(2)蔗糖标准化　国家标准规定全脂甜乳粉蔗糖含量为 20% 以下。一般为 18% ~19%,既经济又能保证产品质量。

①加糖量的计算。标准化乳中加糖量的计算原则是:

$$\frac{原料乳中的蔗糖含量}{原料乳中的干物质含量}=\frac{乳粉中的蔗糖含量}{乳粉中的干物质含量}$$

其中,乳干物质含量(%) = 1 - 水分含量(%) - 蔗糖含量(%)

$$Q = E \times F$$

式中　Q——蔗糖的加入量,%

E——原料乳中的干物质含量,%

F——全脂甜乳粉中蔗糖与干物质的含量比

【例】现有标准化原料乳 1000kg,其干物质含量为 11.8%,预将其制成含糖量为 19% 的全脂甜乳粉,需要添加蔗糖的质量为多少?(假设该乳粉的水分含量为 3%)

$$F=\frac{19\%}{1-3\%-19\%}=24.4\%$$

$$Q=11.8\%\times24.4\%=2.87\%$$

$$蔗糖的添加量=1000kg\times2.87\%=28.7kg$$

② 加糖的方法。加糖方法取决于产品的配方和设备条件,常用的加糖法有前加糖法和后加糖法。前加糖法即净乳之前将杀菌过滤的糖浆(糖溶于水成 65% 的糖浆)加入浓缩乳中;后加糖法主要是在包装前加蔗糖细粉于干粉中或者将蔗糖分别在预处理前加一部分,包装前再加一部分。

4. 均质

均质时的压力一般控制在 14 ~ 21MPa,温度控制在 60℃ 为宜。在生产全脂乳粉、全脂甜乳粉以及脱脂乳粉时,一般不必均质处理。原料乳中如果添加了植物油或其他不易混匀的物料时,需要进行均质操作,但均质时一般不进行二级均质。

5. 杀菌

考虑到乳粉的溶解度，如酪蛋白是否变性，要掌握合适的温度和时间。最常见的杀菌方法有：85 ~ 87℃/15s；94℃/1 ~ 4s；120 ~ 140℃/2s。

6. 真空浓缩

杀菌后的牛乳立即泵入真空蒸发器进行减压浓缩，除去大部分水分（约65%），然后进入干燥塔中进行喷雾干燥。用于乳的真空浓缩设备种类很多，按加热部分的结构可分为盘管式、管式和板式；按二次蒸汽利用次数可分为单效（单效蒸发器示意图见图 6 – 10。）和多效（包括双效），按物料在蒸发器中的流向分为升膜式和降膜式。一般要求原料乳浓缩至原体积的 1/4，乳干物质达到 45% 左右。浓缩后的乳温约 47 ~ 50℃。不同产品浓缩程度如下。①全脂乳粉浓度：11.5 ~ 13°Bé，相应的乳固体含量：38% ~ 42%；②脱脂乳粉浓度：20 ~ 22°Bé，相应的乳固体含量：35% ~ 40%；③全脂甜乳粉浓度：15 ~ 20°Bé，相应的乳固体含量：45% ~ 50%。

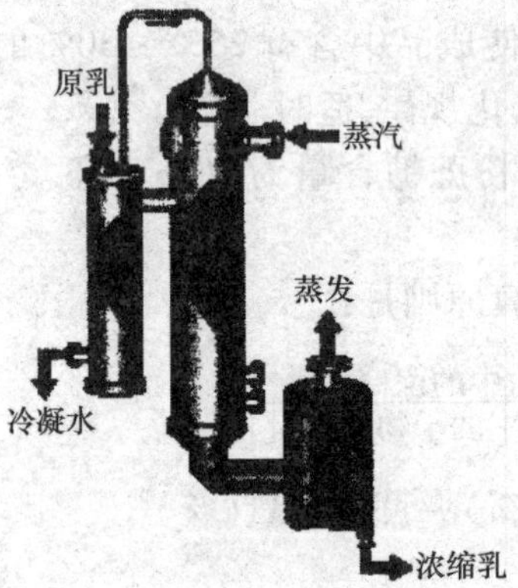

图 6 – 10　单效蒸发器示意图

7. 喷雾干燥

目前，乳制品工业中主要采用的干燥方法为喷雾干燥法，它是借助离心力或压力的作用，使物料在特制的干燥室内喷成雾滴，使其表面积增大与同时进入的热空气接触，促使水分迅速蒸发，使浓缩乳干燥成乳粉。

喷雾干燥普遍用于生产以牛乳、脱脂乳、乳清、稀奶油、冰淇淋混合料、蛋白质浓缩物等高水分含量物质为原料的乳制品。喷雾干燥后的产品呈粉状只需过筛不必再粉碎。产品生产过程易于连续化、自动化。喷雾干燥设备见图 6 – 11。优点：①干燥速度快，受热时间短，营养成分破坏程度小；②干燥过程温度低，乳粉质量好；③可以调节工艺参数，控制成品质量；④卫生质量好，整个过程不易受到污染。缺点：①单位体积的热容小，干燥室大，热效率35% ~ 50%，其余热能全部浪费；②粉尘的回收装置复杂，浪费比较严重。

8. 冷却

在不设置二次干燥的设备中需冷却以防止脂肪分离，然后过筛（20 ~ 30 目）后即可包装。在设有二次干燥的设备中,乳粉经过二次干燥后进入冷却床被冷却到40℃以下,再经过筛送入乳粉仓,待包装。

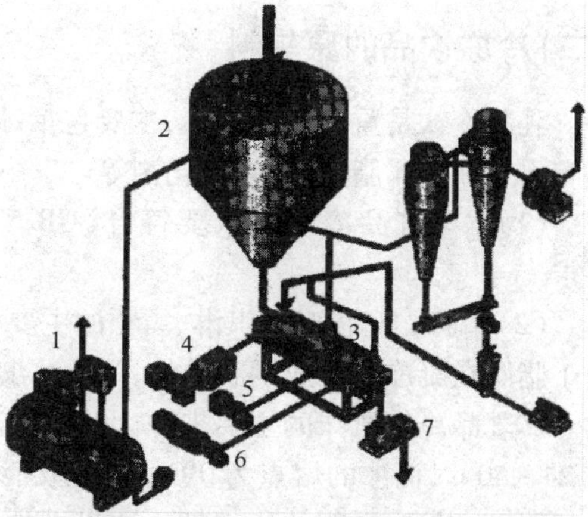

图6-11 喷雾干燥设施示意图
1,4—空气加热器 2—喷雾干燥塔 3—流化床
5—冷空气室 6—冷却干空气室 7—振动筛

(三)乳粉在保存期间的品质变化

(1)脂肪分解味(酸败味) 由于乳中解脂酶的作用,使乳粉中的脂肪水解而产生游离的挥发性脂肪酸。为此,应严把原料质量关,同时杀菌时要将脂肪分解酶彻底灭活。

(2)氧化味(哈喇味) 不饱和脂肪酸氧化产生氧化味的主要因素是空气、光线、重金属、过氧化物酶和乳粉中的水分及游离脂肪酸含量。

(3)棕色 水分在5%以上的乳粉贮藏时会发生美拉德反应产生棕色。

(4)吸潮 乳粉中的乳糖呈无水的非结晶的玻璃态,易吸潮。当乳糖吸水后使蛋白质彼此黏结而结块,故应保存在密封容器里。

(5)细菌引起的变质 开封后的乳粉会逐渐吸收水分,当超过5%以上时,细菌开始繁殖,使乳粉变质。

项目五

乳品冷饮加工技术

一、乳品冷饮原料及添加剂

(一)冷冻饮品的概念和种类

(1)概念 冷冻饮品是以饮用水、食糖、乳制品、水果制品、豆制品、食用油等中的一种或多种为主要原料,添加或不添加食品添加剂,经配料、灭菌、冷冻而成的冷冻固态制品。

(2)种类 根据《SB/T 10007—2008 冷冻饮品分类》标准规定,冷冻饮品可分为以下七类:①冰淇淋类;②雪泥类、冰霜类;③雪糕类;④冰棍类、棒冰类;⑤甜味冰;⑥食用冰;⑦其他类:如低脂冷冻饮品;低糖冷冻饮品;无糖冷冻饮品等。

(二)冷冻饮品的原辅料

乳品冷饮是重要的乳制品,主要包括冰淇淋、雪糕、雪泥等。乳品冷饮常用原料有水、脂肪、非脂乳固体、乳化剂等。

(1)水　乳品冷饮用水要符合《GB 5749—2006　生活饮用水卫生标准》的要求。

(2)脂肪　脂肪对冰淇淋、雪糕的主要作用:①影响冰淇淋、雪糕的组织结构。由于脂肪在凝冻时形成网状结构,赋予冰淇淋、雪糕特有的细腻润滑组织和良好质构。②乳品冷饮风味的主要来源。③增加冰淇淋、雪糕的抗融性。油脂熔点一般在24~50℃,而冰的熔点为0℃,因此适当添加油脂,可以增加冰淇淋、雪糕的抗融性,延长冰淇淋、雪糕的货架期。冰淇淋中油脂含量在6%~12%最为适宜,雪糕中含量在2%以上。如使用量低于此范围,不仅影响冰淇淋的风味,而且使冰淇淋的发泡性降低。如高于此范围,就会使冰淇淋、雪糕成品形体变得过软。乳脂肪的来源有稀奶油、奶油、鲜乳、炼乳、全脂乳粉等,但由于乳脂肪价格高,目前普遍使用相当量的植物脂肪来取代乳脂肪,主要有起酥油、人造奶油、棕榈油、椰子油等,其熔点应类似于乳脂肪,为28~32℃。

(3)非脂乳固体　蛋白质在均质过程中与乳化剂一同在生成的小脂肪球表面形成稳定的薄膜,确保油脂在水中的乳化稳定性,同时在凝冻过程中促使空气混入,并能防止乳品冷饮制品中结晶的生长,使质地润滑。乳糖和矿物质赋予制品显著的风味特征。非脂乳固体的最大用量不超过制品中水分的16.7%,以免出现砂状沉淀。非脂乳固体可以由鲜牛乳、脱脂乳、乳酪、炼乳、乳粉、酸乳、乳清粉等提供,以鲜牛乳及炼乳为最佳。

(4)甜味剂　甜味剂具有提高甜味、增加干物质含量、降低冰点、防止重结晶等作用。蔗糖的一般用量为15%左右,过少会使制品甜味不足,过多则缺乏清凉爽口的感觉,并使料液冰点降低,凝冻时膨胀率不易提高,易收缩,成品容易融化。蔗糖还能影响料液的黏度,控制冰晶的增大。较低DE值的淀粉糖浆能使乳品冷饮玻璃化转变温度提高,降低制品中冰晶的生长速率。因此,企业常以淀粉糖浆部分代替蔗糖,以代替蔗糖的1/4为好。除蔗糖和淀粉糖浆外,许多甜味剂如蜂蜜、转化糖浆、阿斯巴甜、阿力甜、安赛蜜、甜蜜素、甜叶菊糖、罗汉果甜苷、山梨糖醇、麦芽糖醇、葡聚糖(PD)等也被广泛使用。

(5)乳化剂　乳化剂是一种分子中具有亲水基和亲油基,并易在水与油的界面形成吸附层的表面活性剂,可使一相很好地分散于另一相中而形成稳定的乳化液。乳品冷饮混合料中加入乳化剂除了有乳化作用外,还有其他作用:①使脂肪呈微细乳浊状态,并使之稳定化。②分散脂肪球以外的粒子并使之稳定化。③增加室温下产品的耐热性,也就是增强了其抗融性和抗收缩性。④防止或控制粗大冰晶形成,使产品组织细腻。

常用的乳化剂有甘油一酸酯(单甘酯)、蔗糖脂肪酸酯(蔗糖酯)、聚山梨酸酯、山梨醇酐脂肪酸酯、丙二醇脂肪酸酯(PC 酯)、卵磷脂、大豆磷脂等。乳化剂的添加量一般随混合料中脂肪量增加而增加,在0.1% ~0.5%,复合乳化剂性能优于单一乳化剂。鲜鸡蛋与蛋制品中含有大量卵磷脂,具有永久性乳化能力,也能起到乳化剂作用。

(6)稳定剂　又称安定剂,具有亲水性,因此能提高料液的黏度及乳品冷饮的膨胀率,防止大冰结晶的产生,减少粗糙的感觉,使制品不易融化和重结晶。较为常用的稳定剂有明胶、琼脂、果胶、CMC、瓜尔豆胶、黄原胶、卡拉胶、海藻胶、藻酸丙二醇酯、魔芋胶、变性淀粉等。稳定剂的添加量一般在0.1% ~0.5%。

(7)香味剂　香味剂能赋予乳品冷饮以醇和的香味。按其风味种类分为果蔬类、干果类、奶香类;按其溶解性分为水溶性和脂溶性。

香精可以单独或搭配使用。香气类型接近的较易搭配,反之较难,如水果与奶类、干果与奶类易搭配;而干果类与水果类之间则较难搭配。一般在冷饮中用量为0.075% ~0.1%。此外,亦可直接加入果仁、鲜水果、鲜果汁、果冻等,进行调香调味。

(8)着色剂　协调的色泽,能改善乳品冷饮的感官品质,增进食欲。常用的着色剂有红曲色素、姜黄色素、叶绿素铜钠盐、焦糖色素、红花黄、β-胡萝卜素、辣椒红、胭脂红、柠檬黄、日落黄、亮蓝等。

二、冰淇淋加工技术

(一)冰淇淋的概念和种类

冰淇淋是以饮用水、牛乳、乳粉、奶油(或植物油脂)、食糖等为主要原料,加入适量食品添加剂,经混合、灭菌、均质、老化、凝冻、硬化等工艺而制成体积膨胀的冷冻制品。按所用原料中的乳脂肪含量分为全乳脂冰淇淋、半乳脂冰淇淋、植脂冰淇淋三种。

(1)全乳脂冰淇淋　是以饮用水、牛乳、奶油、食糖等为主要原料,乳脂含量为8%以上的制品。分为以下三种:①清型全乳脂冰淇淋:不含颗粒或块状辅料制品,如奶油冰淇淋、可可冰淇淋;②混合型全乳脂冰淇淋:含有颗粒或块状辅料制品,如草莓奶油冰淇淋;③组合型全乳脂冰淇淋:主体全乳脂冰淇淋所占比率不低于50%,和其他种类冷饮品或巧克力、饼坯等组合而成的制品,如巧克力奶油冰淇淋、蛋卷奶油冰淇淋等。

(2)半乳脂冰淇淋　是以饮用水、乳粉、奶油、人造奶油和食糖等为主要原料,乳脂含量为2.2%以上的制品。同样分为清型、混合型和组合型半乳脂冰淇淋。

(3)植脂冰淇淋　是以饮用水、食糖、乳(植物乳或动物乳)、植物油脂或人造奶油为主要原料的制品。也分为清型、混合型和组合型植脂冰淇淋。

(二)冰淇淋加工技术

1. 工艺流程

冰淇淋生产工艺流程见图 6 – 12。

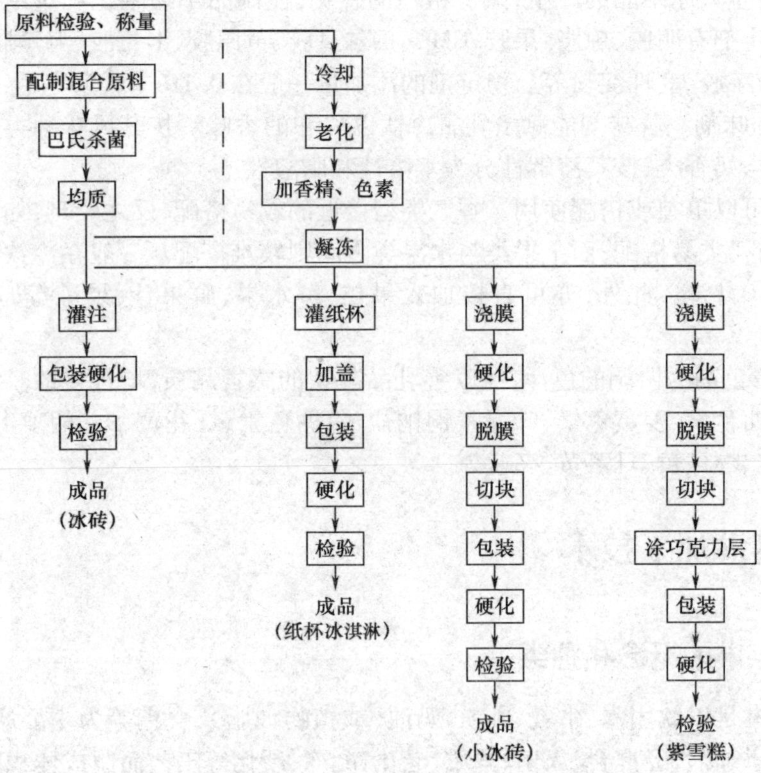

图 6 – 12　冰淇淋生产工艺流程示意图

2. 冰淇淋配方原则

乳脂肪 8% ~14% 、非脂乳固体 8% ~12% 、糖类 13% ~18% 、稳定剂 0.3% ~0.5% 、乳脂肪 0.1% ~0.3% 、水分 58% ~70% 。基本条件:总干物质不低于 30% ;脂肪总含量不低于 10% 。

3. 操作要点

(1)混合料的配制　配制要求:①原料混合的顺序宜从浓度低的液体原料如牛乳等开始,其次为炼乳、稀奶油等液体原料,再次为砂糖、乳粉、乳化剂、稳定剂等固体原料，最后以水作容量调整。②混合溶解时的温度通常为 40～50℃。③鲜乳要经 100 目筛进行过滤，除去杂质后再泵入缸内；④乳粉在配制前应先加温水溶解，并经过过滤和均质再与其他原料混合。⑤砂糖应先加入适量的水，加热溶解成糖浆，经 160 目筛过滤后泵入缸内。⑥人造黄油、硬化油等使用前应加热融化或切成小块后加入。⑦冰淇淋复合乳化、稳定剂可与其 5 倍以上的砂糖拌匀后，在不断搅拌的情况下加入到混合缸中，使其充分溶解和分散。⑧鸡蛋应与水或牛乳以1∶4 的比例混合后加入，以免蛋白质变性凝成絮状。⑨明胶、琼脂等先用水泡软，加热使其溶解后加入。⑩淀粉原料使用前要加入其量的 8～10 倍的水并不断搅拌制成淀粉浆，通过 100 目筛过滤，在搅拌的前提下徐徐加入配料缸内，加热糊化后使用。

(2)混合料的杀菌　杀灭料液中的一切病原菌和绝大部分的非病原菌，以保证产品的安全性，延长其保质期。通常间歇式杀菌的杀菌温度和时间为 75～77℃/20～30min，连续式杀菌的杀菌温度和时间为 83～85℃/15s。

(3)混合料的均质　适宜的均质条件是改善混合料起泡性，获得良好组织状态及理想膨胀率冰淇淋的重要因素。均质后制得的冰淇淋形体润滑松软，具有良好的稳定性和持久性。

一般来说选择均质压力为 14.7～17.6MPa，均质温度是 65～70℃。

(4)冷却与老化　①冷却。均质后的混合料温度在 60℃以上。在此温度下，混合料中的脂肪粒容易分离，需要将其迅速冷却至 0～5℃后输入到冷热缸进行老化。②老化。老化是将经均质、冷却后的混合料置于 2～4℃的低温下使混合料进行物理成熟的过程，亦称为“成熟”或“熟化”。其实质是脂肪、蛋白质和稳定剂的水合作用，使料液黏度增加。一般来说，老化温度控制在 2～4℃，时间为 6～12h 为佳。

为提高老化效率，也可将老化分两步进行。首先，将混合料冷却至 15～18℃，保温 2～3h，此时混合料中的稳定剂得以水化；然后，将其冷却到 2～4℃，保温 3～4h，这可大大提高老化速度，缩短老化时间。

(5)冰淇淋的凝冻　凝冻过程是将混合料置于低温中，在强制搅拌下进行冻结，空气以极微小的气泡状态均匀分布于混合料中，使物料形成细微气泡密布、体积膨胀、凝结体组织疏松的过程。

①凝冻目的或作用：a. 使混合料更加均匀。由于经均质后的混合料，还需添加香精、色素等，在凝冻时由于搅拌器的不断搅拌，使混合料中各组分进一步混合均匀。b. 使冰淇淋组织更加细腻。凝冻是在 -2～-6℃的低温下进行的，此时料液中的水分会结冰，但由于搅拌作用，水分只能形成 4～10μm 的均匀小结晶，而使冰淇淋的组织细腻、形体优良、口感滑润。c. 使冰淇淋得到合适的膨胀率。在凝冻时，由于不断搅拌及空气的逐渐混入，使冰淇淋体积膨胀而获得优良的组织和形体，使产品更加适口、柔润和松软。d. 使冰淇淋稳定性提高。由于凝冻后，空气气泡均匀地分布于冰淇淋组织之中，能阻止热传导

的作用，可使产品抗融化作用增强。e. 可加速硬化成型进程。由于搅拌凝冻是在低温下操作，因而能使冰淇淋料液冻结成为具有一定硬度的凝结体，即凝冻状态，经包装后可较快硬化成形。

②凝冻过程。冰淇淋料液的凝冻过程大体分为以下三个阶段：a. 液态阶段。料液经过凝冻机凝冻搅拌一段时间（2～3min）后，料液的温度从进料温度（4℃）降低到2℃。此时料液温度尚未达到使空气混入的条件。b. 半固态阶段。继续将料液凝冻搅拌2～3min，此时料液的温度降至－1～－2℃，料液的黏度也显著提高，空气得以大量混入，料液开始变得浓厚而体积膨胀。c. 固态阶段：此阶段为料液即将形成软冰淇淋的最后阶段。经过半固态阶段以后，继续凝冻搅拌料液3～4min，此时料液的温度已降低到－4～－6℃，在温度降低的同时，空气继续混入，并不断地被料液层层包围，这时冰淇淋料液内的空气含量已接近饱和。整个料液体积不断膨胀，料液最终成为浓厚、体积膨大的固态物质，此阶段即是固态阶段。

（6）成型灌装、硬化和贮藏　①成型灌装。凝冻后的冰淇淋必须立即成型灌装和硬化。冰淇淋的成型有冰砖、纸杯、蛋筒、浇模成型、巧克力涂层冰淇淋、异形冰淇淋切割线等多种成型灌装机。②硬化。将经成型灌装和包装后的冰淇淋迅速置于－25℃以下，经过一定时间的速冻，品温保持在－18℃以下，使其硬度增加的过程称为硬化。硬化的目的是固定冰淇淋的组织状态、形成细微冰晶的过程，使其组织保持适当的硬度，便于销售与贮运。③贮藏。硬化后的冰淇淋产品，在销售前应将制品保存在低温冷藏库中。低温库的温度为－20℃，相对湿度为85%～90%，库温不可忽高忽低，温度波动往往导致冰淇淋中冰的再结晶。使冰淇淋质地粗糙，影响冰淇淋品质。

（三）冰淇淋质量缺陷及其原因

由于原料配合不当，均质、冻结、贮藏等处理不合理，使得冰淇淋质量低劣，其缺陷与原因见表6－2。

表6－2　冰淇淋质量缺陷及原因

种类	缺陷	原因
风味	脂肪分解味、饲料味、加热味、牛舍味、金属味、苦味、酸味、甜味与香料味	使用的原料乳、乳制品质量差，杀菌不完全、吸收异味，添加的甜味剂与香料不适当
组织状态	砂状组织	无脂乳干物质过高，贮藏温度高，乳糖结晶大
	轻或蓬松的组织	膨胀率过大
	粗或冰状组织	缓慢冻结，贮藏温度波动大，气泡大，固形物低
	奶油状组织	生成脂肪块，乳化剂不适合，均质不良

续表

种类	缺陷	原因
质地	脆弱	稳定剂、乳化剂不足,气泡粗大,膨胀率高
	水样	膨胀率低,砂糖高,稳定剂、乳化剂不当,固形物不足
	软弱	稳定剂过量
融化状态	起泡,乳清分离,凝固,黏质状	原料配合不当,蛋白质与矿物质不均衡,酸度高,均质不完全,膨胀率调整不当

项目六

干酪加工技术

一、干酪的概念与分类

(一)概念

干酪是以乳、稀奶油、脱脂乳或部分脱脂乳、酪乳或这些产品的混合物为原料,经凝乳酶或其他凝乳剂凝乳,并排除乳清而制得的新鲜或发酵成熟的产品。

(二)干酪的分类

干酪的种类繁多,一般可依据干酪的原产地、制造方法、外观、理化性质或微生物学特性进行划分。国际上通常把干酪扩展为以下三类。

1. 天然干酪

未经发酵成熟的奶酪称为新鲜奶酪;经长时间发酵成熟而制成的产品称为成熟奶酪。国际上将这两种奶酪统称为天然奶酪。

2. 融化干酪

又称再制干酪,用一种或一种以上的天然干酪,加或不加添加剂,经粉碎、混合、加热融化、乳化后制成的产品,含乳固体 40% 以上。

3. 干酪食品

用一种或一种以上的天然干酪或融化干酪,加或不加添加剂,经粉碎、混合、加热融化后制成的产品。

天然干酪种类最多,国际上较通行的分类方法是以质地、脂肪含量和成熟情况

进行分类,情况如下:

(1)按水分含量　①特硬干酪(水分 < 25%);②硬质干酪(水分 25% ~ 36%);③半硬质干酪(水分 36% ~40%);④软质干酪(水分 40% ~60%)。

(2)按脂肪含量　①高脂(脂肪≥60%);②全脂(脂肪 45.0% ~59.9%);③中脂(脂肪 25.0% ~44.9%);④低脂(脂肪 10.0% ~24.9%);⑤脱脂(脂肪 < 10.0%)。

(3)按是否成熟　①新鲜干酪;②成熟干酪。

(4)按组织状态　①圆孔干酪;②组织致密干酪;③组织呈颗粒干酪等。

(5)按凝乳方法　①凝乳酶凝固干酪;②酸凝固干酪等。

现在习惯以干酪的软硬度及与成熟有关的微生物来进行分类和区别。世界上主要干酪的分类如表 6-3 所示。

表 6-3　　干酪的分类

种类		与成熟有关的微生物	水分含量/%	主要产品
软质干酪	新鲜	—	40 ~ 60	稀奶油干酪(cream cheese) 里科塔干酪(ricotta cheese)
	成熟	细菌		比利时干酪(limburg cheese) 手工干酪(hand cheese)
		霉菌		法国浓味干酪(camembert cheese) 布里干酪(brie cheese)
半硬质干酪		细菌	36 ~ 40	砖状干酪(brick cheese) 修道院干酪(trappist cheese)
		霉菌		法国羊奶干酪(roqucfort cheese) 青纹干酪(bule cheese)
硬质干酪	实心	细菌	25 ~ 36	荷兰干酪(gouda cheese) 荷兰圆形干酪(edam cheese)
	有气孔	细菌		埃门塔尔干酪(emmentaer cheese) 瑞士干酪(swiss cheese)
特硬干酪		细菌	<25	帕尔逊干酪(parmesan cheese) 罗马诺干酪(romano cheese)
融化干酪		—	<40%	融化干酪(processed cheese)

4. 世界上著名的几种干酪及特性介绍

(1)农家干酪　这种干酪是以脱脂乳、浓缩脱脂乳或脱脂乳粉的还原乳为原料而制成的一种不经成熟的新鲜软质干酪。成品水分含量在80%以下(通常70%~72%)。

(2)稀奶油干酪　以稀奶油或稀奶油与牛乳混合物为原料而制成的一种浓郁、醇厚的新鲜非成熟软质干酪。成品中添加食盐、天然稳定剂和调味料等。一般含水48%~52%,脂肪33%以上,蛋白质10%,食盐0.5%~1.2%。

(3)里科塔干酪　此种干酪是意大利生产的乳清干酪,也称白蛋白干酪,分为新鲜的和干燥的两种。

(4)比利时干酪　这种干酪具有特殊的芳香味,是一种细菌表面成熟的软质干酪。

(5)法国浓味干酪　属于表面霉菌成熟的软质干酪,内部呈黄色,根据不同的成熟度,干酪呈蜡状或稀奶油状。口感细腻,咸味适中,具有浓郁的芳香风味。成品中含水分43%~54%,食盐2.6%。

(6)法国羊乳干酪　是以绵羊乳为原料制成的半硬质干酪,属霉菌成熟的青纹干酪。

(7)德拉佩斯特干酪　也称修道院干酪。以新鲜全脂牛乳制造,有时也可混入少量绵羊乳或山羊乳,是以细菌成熟的半硬质干酪。

(8)契达干酪　原产于英国的Cheddar,是以牛乳为原料,经细菌成熟的硬质干酪。成品含水量39%以下,脂肪32%,蛋白质25%,食盐1.4%~1.8%。

(9)荷兰干酪　原产于荷兰的gouda,是以全脂牛乳为原料,经细菌成熟的硬质干酪。目前各干酪生产国都有生产,其口感、风味良好,组织均匀。成品含水量在45%以下(通常37%左右),脂肪26%~30.5%,蛋白质25%~26%,食盐1.5%~2%。

(10)荷兰圆形干酪　荷兰北部的edam所生产的一种硬质干酪。目前许多国家都有生产,是以全脂牛乳和脱脂牛乳等量混合生产的一种细菌成熟硬质干酪。成熟期半年以上,成品含水量在35%~38%。

(三)干酪的组成及营养价值

干酪除含有丰富的蛋白质、脂肪和矿物质以外,还含有多种维生素及微量成分。干酪含有丰富的蛋白质和脂肪,其含量相当于将原料乳中的蛋白质和脂肪浓缩了10倍,其中蛋白质经发酵成熟后在蛋白酶的作用下形成胨、肽、氨基酸等可溶性物质,极易被人体消化,消化率为96%~98%。此外,干酪还含有钙、磷等无机成分,具有重要的生理功能。其次还含有丰富的维生素,如维生素A、胡萝卜素以及B族维生素、烟酸等。

二、干酪加工技术

干酪生产是通过酸化、凝乳、排乳清、加盐、压榨、成熟等工艺将乳中的蛋白质和脂肪进行“浓缩”。干酪的得率和组成取决于原料的组成和特性以及所采用工艺。以天然干酪为例，来介绍干酪的加工技术。

(一)工艺流程

干酪加工工艺流程见图6－13。

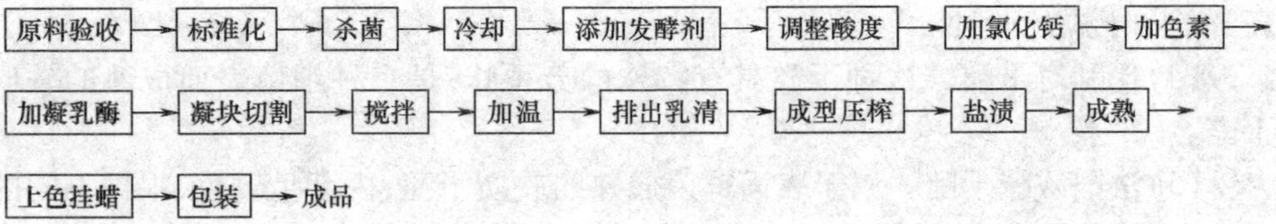

图6－13　干酪加工工艺流程

(二)操作要点

1. 原料乳验收及预处理

生产干酪的原料，必须是健康奶畜分泌的新鲜优质乳。感官检查合格后，测定酸度(牛乳18°T，羊乳10～14°T)或酒精试验为阴性。无抗生素残留。然后进行严格过滤和净化。并按照产品需要进行标准化。采用离心除菌机进行净乳处理，除去乳中90%的细菌，并能有效破坏丁酸梭状芽孢杆菌。牛乳净化后立即冷却到4℃以下。

2. 标准化

为了使每批产品的组成一致，必须先将原料乳进行标准化。也就是使原料乳中的脂肪与酪蛋白的比例符合成品要求。干酪生产中的标准化，包括对脂肪及酪蛋白与脂肪比例(Casein/Fat，一般要求C/F ＝ 0.7)的标准化，先测出原料乳脂肪含量，通过计算酪蛋白的含量，对原料乳进行标准化。

3. 杀菌

杀菌是为了消灭乳中的致病菌和有害菌并破坏有害酶类。如果杀菌温度过高，时间过长，则受热变性的蛋白质增多，用凝乳酶凝固时，凝块松软，且收缩作用变弱，往往形成水分过多的干酪。故多采用63℃ 30min的保温杀菌或71～75℃、15s的高温短时间杀菌(HTST)。杀菌后的牛乳冷却到30℃左右，放入干酪槽中。奶酪槽为水平卧式长椭圆形不锈钢槽，且有保温、加热或冷却夹层及搅拌器(手工操作时为奶酪铲和奶酪耙)。

4. 添加发酵剂和预酸化

原料乳经杀菌后，于干酪槽中冷却到30～32 ℃，然后加入发酵剂。干酪发酵剂可分为细菌发酵剂与霉菌发酵剂。

（1）发酵剂的作用　①促进乳糖发酵产生乳酸，提高乳中可溶性钙浓度；②加强凝乳酶的凝乳作用，缩短凝乳时间；③促进切割后凝块中乳清排除；④促进干酪的成熟；⑤改进产品的组织状态；⑥防止杂菌繁殖。

（2）发酵剂的加入方法　取1%～2%原料乳量的工作发酵剂，边搅拌边加入，并在30～32℃下充分搅拌3～5min。为了促进凝固和正常成熟，加入发酵剂后应进行短时间发酵，以保证充足的乳酸菌数量，此过程称为预酸化。

5. 调整酸度

预酸化的牛乳酸度很难达到统一。添加发酵剂并经20～30min的预酸化后，酸度为0.18%～0.22%，可用1mol/L的盐酸调整酸度，控制酸度在20～24°T 。

6. 加入添加剂

为了改善乳凝固性能，提高干酪质量，使加工过程中凝固硬度适宜，色泽一致和防止产气菌的污染，原料乳需加下列添加剂：

（1）氯化钙　当原料乳质量不够理想时，往往会出现凝块松散，切割后产生大量细粒，致使部分蛋白质流失和脂肪损失。为了改进干酪质量，可以在每100kg原料乳中加5～20g的氯化钙（预先配成10%的溶液），以调节盐类平衡，促进凝块的形成。添加过量的氯化钙会形成太硬的凝块，难于切割。有时如果需要老的或坚韧凝块，可在添加氯化钙之前加磷酸二钠，添加量为10～20g/kg。可以促进凝乳酶的作用，促进酪蛋白凝块的形成。

（2）色素　牛乳的色泽随季节和所喂饲料而异。羊乳则因缺乏胡萝卜素，使干酪颜色发白。为使牛乳干酪或羊乳干酪均带微黄色，需在原料乳中加适量色素，使色泽一致。现多使用胭脂树橙的碳酸钠抽出液（也可用胡萝卜素），通常每1000kg原料乳中加30～60g。加入方法：先将色素用6倍灭菌水稀释，随即加入杀菌后的原料中，充分搅拌混匀。

（3）硝酸盐　干酪原料乳中含有大肠菌、丁酸梭状芽孢杆菌等产气菌时，就会产生异常发酵。可以用硝酸盐抑制产气菌生长。过多的使用硝酸盐可能影响干酪的成熟。最大允许添加量为每100kg乳中加20g硝酸盐，如果原料乳经过离心除菌，可大大减少用量。

7. 添加凝乳酶

牛乳的凝结是干酪制造工艺中最重要的环节。一般使用皱胃酶或胃酶或胃蛋白酶来凝结，皱胃酶称为凝乳酶，由小牛皱胃第四胃提取出来，制成粉状或片剂，干酪加工中将皱胃的提取物添加到乳中，使乳迅速凝固，然后再加工成干酪。

凝乳酶的添加量在使用前应测定其效价后再决定。凝乳酶的活力（或称效价）即指1mL皱胃酶溶液（或1g干粉）在一定温度下（35℃），一定时间内（30～40min）能凝固原料乳的毫升数。一般1份皱胃酶在30～35℃温度下，可凝结10000～15000份的牛乳。凝结过程取决于温度、酸度、效价和钙离子浓度。在确定添加量后，保持35℃以下30～40min，凝结成半固体状态，凝结稍软，表面平滑无气孔，乳清透明，凝固状况良好。

根据凝乳酶的活力和原料乳的量计算，粉状酶使用前用1%的食盐水将凝乳酶配成2%的溶液，液体酶用2倍灭菌水稀释，并在28～32℃下保温30min左右，然后将凝乳酶溶液加入到原料乳中，均匀搅拌1～2min后，使原料乳静置凝固。添加凝乳酶时注意不要使原料乳产生气泡；沿边徐徐加入；搅拌时间不能太长。由于凝乳酶来源及成本等原因，人们开发了多种皱胃酶的替代品，有动物性凝乳酶，如胃蛋白酶；植物性凝乳酶，如无花果蛋白分解酶、木瓜蛋白分解酶、凤梨酶等；微生物凝乳酶及遗传工程凝乳酶等。

8. 凝块切割

静止凝乳时间一般为30min左右，乳凝固后，凝块达到适当硬度时，用干酪刀切成7～10mm^3的小立方体，使乳清从凝块中流出，促进凝块的收缩脱水。切割时先用水平干酪刀，再用垂直干酪刀切割。正确判断恰当的切割时机非常重要。过早切割，酪蛋白或脂肪损失大，且生成柔软的干酪；过迟切割，凝乳变硬不易脱水。切割时间的确定：①用食指斜插入凝块中约3cm，当手指抬起时，如裂纹整齐，指上无小片凝块残留且乳清透明，即可开始切割；②玻璃棒以45°角斜插入凝乳中，再缓缓抽出，凝乳裂口如锐刀切割，有透明乳清析出即可切割；③自加入凝乳酶至开始凝固的时间乘以2.5即为开始切割时间。

9. 凝块的搅拌及加温

切割后的凝块具有相互凝聚的倾向，必须搅拌。凝块切割后若乳清酸度达到0.17%～0.18%时，开始轻轻搅拌（因为初期的凝块柔嫩易碎），搅拌速度先慢后快（大约15min后加快）。与此同时，在干酪槽的夹层中通入热水，使温度逐渐升高。升温目的调节凝乳颗粒的大小和酸度。升温的速度控制：初始时每3～5min升高1℃，当温度升至35℃，则每隔3min升高1℃。当温度达到38～42℃，停止加热并维持此温。在整个升温过程中应不停地搅拌，以促进凝块的收缩和乳清的渗出，防止凝块沉淀和相互粘连。

经加热后的凝块体积缩小为原来的一半。加热温度的提高和切割较细时，可加速乳清的排出而使干酪制品含水量降低。通常加热温度越高，排出的水分越多，干酪越硬，特硬干酪二次加热的温度有的达 50 ℃，也称热烫（通常加热至 44 ℃ 以上就称热烫），采用此法必须用嗜热菌发酵剂。加温过快，会使凝块表面结成硬膜，使颗粒内外硬度不一致而影响乳清排出，从而降低干酪品质。加温的时间按乳清的酸度而定，酸度高可缩短加温时间。以牛乳干酪为例，酸度为 0.13%、0.14%、0.15% 时的加温时间分别为 40min、30min、25min。控制凝块的搅拌和加温是关系到生产的成败和成品质量好坏的关键步骤。

10. 乳清排出

排乳清的时间可通过所需酸度或凝乳颗粒的硬度和弹性来掌握。当乳清酸度达 0.17% ~0.18% 时，凝块收缩至原来的一半（豆粒大小），用手握一把干酪粒于手掌中，尽力压出水分后放开手掌，如干酪粒富有弹性，搓开仍能重新分散时，表示干酪粒已达适当硬度，即可排除全部乳清。

排放时防止凝块损失。当酸度未达到而过早排出乳清，会影响干酪的成熟；而酸度过高则产品过硬，带有酸味。乳清由干酪槽底部通过金属网排出。此时应将干酪粒堆积在干酪槽的两侧，促进乳清的进一步排出，此操作也应按干酪的品种不同采取不同的方法。排出可分几次进行。

要求每次排出同体积的乳清，一般为牛乳体积的 35% ~50%，排放乳清可在不停搅拌下进行。排出的乳清脂肪含量一般约为 0.3%，蛋白质 0.9%。若脂肪含量在 0.4% 以上，证明操作不理想，应将乳清回收，作为副产物进行综合加工利用。

11. 成型压榨

乳清排除后，将干酪粒堆积在干酪槽的一端或专用的堆积槽中，上面用带孔木板或不锈钢板压 5 ~10min，压出乳清使其成块，这一过程即为堆积。

将堆积后的干酪块切成方砖形或小立方体，装入成型器中进行定型压榨。在内衬网成型器内装满干酪块，放入压榨机上进行压榨定型。压榨可以进一步排掉乳清，使凝乳颗粒成块，并形成一定的形状，同时表面变硬。压榨的压力与时间依干酪的品种而定。先进行预压榨，一般压力为 0.2 ~0.3MPa，时间为 20 ~30min；或直接正式压榨，压力为 0.4 ~0.5MPa，时间为 12 ~24h。压榨结束后，从成型器中取出的干酪称为生干酪。如果制作软质干酪，则不需压榨。

12. 加盐

加盐目的在于改进干酪的风味、组织和外观，排出内部乳清或水分，增加干酪硬度，抑制乳酸菌的活力，调节乳酸生成和干酪的成熟，防止和抑制杂菌的繁殖。

加盐量应按成品的含盐量确定，一般在 1% ~3% 范围内。加盐方法有干盐法、湿盐法和混合法。

13. 发酵成熟

为了改善干酪的组织状态，增加干酪特有的滋气味，加盐后的干酪必须进行成熟。将生鲜干酪置于一定温度（10～12℃）和湿度（相对湿度 85%～90%）条件下，在乳酸菌等有益微生物和凝乳酶的作用下，经一定时间（3～6 个月）使干酪发生一系列物理和生物化学变化的过程，称为干酪的成熟。

干酪中的乳糖含量很少（1%～2%），因大部分的乳糖遗留在乳清中。剩余的乳糖在干酪成熟中最初 8～10d 内由于乳酸菌的作用分解为乳酸。乳酸与酪蛋白酸钙中的钙形成乳酸钙，乳酸钙和乳酸菌所产生的酶对干酪成熟具有重要意义。酶能将蛋白质分解为多肽以及氨基酸。在蛋白质分解的过程中还形成酒精、葡萄糖、CO_2 以及丁二酮等产物（干酪中丁二酮 0.016%～0.035%），使干酪产生气孔和特殊的滋气味。但脂肪与矿物质很小变化。

干酪的成熟通常在成熟库（室）内进行，每天用洁净的棉布擦拭其表面，防止霉菌的繁殖。为了使表面的水分蒸发均匀，擦拭后要反转放置。成熟时低温比高温效果好，一般为 5～15℃。相对湿度一般为 85%～90%，而软质干酪及霉菌成熟干酪为 95%，因干酪品种而异。当相对湿度一定时，硬质干酪在 7℃条件下需 8 个月以上的成熟，在 10℃时需 6 个月以上，而在 15℃时则需 4 个月左右。软质干酪或霉菌成熟干酪需要 20～30d 。干酪的成熟时间一般较长，可以通过加入蛋白酶、肽酶和脂肪酶，或加入脂质体包裹的酶类、基因工程修饰的乳酸菌等加速成熟。

14. 上色挂蜡

成熟后的干酪，为了防止霉菌生长和增加美观，将前期成熟后的干酪清洗干净后，用食用色素染成红色（也有不染色的）。待色素完全干燥后，在 160℃的石蜡中进行挂蜡。所选石蜡的熔点以 54～56℃为宜。

为了使干酪完全成熟，以形成良好的口感和风味，还要将挂蜡后的干酪放在成熟库中继续成熟 2～6 个月。成品干酪应放在 5℃及相对湿度为 80%～90%的条件下贮藏。但研究表明，干酪最好在 -5 ℃和 90%～92%的相对湿度下进行贮藏，这样可以保存一年以上。

15. 包装

成熟后的干酪，为了防止水分损失、外界的污染、霉菌的生长和良好的外形等，对干酪都进行包装。硬质干酪通常加蜡质或塑料或树脂保护层；契达干酪一般用干酪布包装，然后挂蜡；半硬质干酪和软质干酪用铝箔或塑料薄膜包装，然后入纸盒或铝箔中。

（三）质量要求

干酪的感官、理化及微生物指标要符合《GB 5420—2010 食品安全国家标准 干酪》要求。

(四)干酪的质量缺陷及防止方法

1. 物理性缺陷及其防止方法

(1)质地干燥　凝乳块在较高温度下“热烫”引起干酪中水分排出过多使制品干燥,凝乳切割过小、加温搅拌时温度与酸度过高、处理时间较长及原料含脂率低等都能引起制品干燥。可表面挂石蜡、真空包装及在高温下成熟来防止。

(2)组织疏松　即凝乳中存在裂隙。酸度不足,乳清残留于凝乳块中,压榨时间短或成熟前期温度过高等均能引起此种缺陷。防止方法是进行充分压榨并在低温下成熟。

(3)多脂性　指脂肪过量存在于凝乳块表面或其中。是由于操作温度过高,凝块处理不当(如堆积过高)而使脂肪压出。可通过调整生产工艺来防止。

(4)斑纹　因操作不当引起。在切割和热烫工艺中由于操作过于剧烈或过于缓慢引起。

(5)发汗　指成熟过程中干酪渗出液体。其原因是干酪内部的游离液体多及内部压力过大所致,多见于酸度过高的干酪,要改进工艺控制酸度。

2. 化学性缺陷及其防止方法

(1)金属性黑变　由铁、铅等金属与干酪成分生成黑色硫化物,根据干酪质地的状态不同而呈绿、灰和褐色等色调。操作时除考虑设备、模具本身外,还要注意外部污染。

(2)桃红或赤变　当使用色素(如安那妥)时,色素与干酪中的硝酸盐结合而成更浓的有色化合物。对此应认真选用色素及其添加量。

3. 微生物性缺陷及其防止方法

(1)酸度过高　主要原因是微生物发育速度过快。防止方法:①降低预发酵温度,并加食盐以抑制乳酸菌繁殖;②加大凝乳酶添加量;③割时切成微细凝乳粒;④高温处理;⑤迅速排除乳清以缩短制造时间。

(2)干酪液化　干酪中有液化酪蛋白的微生物,多发生于干酪表面,此微生物一般在中性或微酸性条件下发育。

(3)发酵产气　干酪成熟生成微量气体属正常,而由微生物引起干酪产生大量气体是一大缺陷。成熟前期产气是由于大肠杆菌污染,后期产气则是由梭状芽孢杆菌、丙酸菌及酵母菌繁殖产生的。措施有将原料乳离心除菌或使用产生乳酸链球菌肽的乳酸菌作为发酵剂,也可添加硝酸盐调整干酪水分和盐分。

(4)苦味生成　酵母或非发酵剂菌都可引起干酪苦味。极微弱的苦味可构成

Cheddar cheese 的风味成分之一，这是特定的蛋白胨、肽所引起。另外，乳高温杀菌、原料乳的酸度高、凝乳酶添加量大以及成熟温度高均可能产生苦味。食盐添加量多时，可降低苦味的强度。

(5)恶臭　干酪中如存在厌气性芽孢杆菌，会分解蛋白质生成硫化氢、硫醇、亚胺等而产生恶臭味。生产中要防止这类菌的污染。

(6)酸败　由污染微生物分解乳糖或脂肪等生成丁酸及其衍生物所引起。

实验实训

实训一　消毒乳的加工

一、实验实训目的

(1)熟悉原料乳的标准化、均质等操作。

(2)掌握消毒乳加工技术。

二、主要器材及原辅料

(1)器材　杀菌锅、天平、电子秤、电炉、搅拌勺、奶瓶及瓶盖若干套、均质机、灌装机、离心机等。

(2)原辅料　鲜乳、稀奶油、脱脂乳粉等。

三、工艺流程

消毒乳加工工艺流程见图 6－14。

原料乳验收 → 预处理 → 标准化 → 预热均质 → 杀菌 → 冷却 → 灌装 → 封口 →

成品 → 装箱 → 冷藏

图 6－14　消毒乳加工工艺流程

四、操作要点

(1)原料乳验收　一般情况下，原料乳的验收包括感官、理化及微生物检测。感官指标检测原料乳的颜色、气味、组织状态等，非酒精阳性乳，酸度在 18°T。符合《GB 19301—2010 食品安全国家标准 生乳》的要求。

(2)原料乳的预处理

①过滤。用多层纱布过滤，去除乳中的粪屑、饲料、垫草、牛毛和蚊蝇等污染物。

②净化。原料乳经过数次过滤后，虽然除去了大部分的杂质，但为了达到最高的纯净度，一般采用离心净乳机净化。净化的同时可将部分乳脂肪分离出来。

(3)标准化　我国规定消毒乳的含脂率为 3.0%，凡不合乎标准的乳都必须进行标准化。一般用乳脂肪或者脱脂乳进行调节。国内小厂受生产条件所限一般不进行标准化。

(4)预热均质　将乳预热到50～65℃。一般均质压力为16.7～20.6MPa。第一段均质压力为16.7～20.6MPa,第二段均质压力3.4～4.9MPa。

(5)杀菌　本实验过程中可将原料乳先灌装到干净的玻璃瓶中,预热到80～85℃,再用高压灭菌锅灭菌几秒钟。

(6)冷却　将消毒乳迅速冷却至4～6℃。冷却可以采用自然冷却法或者在冷水中冷却。

(7)灌装　巴氏杀菌乳可以冷却后灌装到灭菌后的玻璃瓶中,马上封盖进行低温(5℃以下)冷藏。巴氏杀菌乳贮藏期一般为1～2d。产品当天销售。

(8)质量检验　根据产品类型选择《GB 19645—2010 食品安全国家标准　巴氏杀菌乳》或《GB 25190—2010 食品安全国家标准　灭菌乳》对产品的技术指标进行检测。

实训二　酸乳的加工

一、实验实训目的

(1)了解酸乳的加工原理。

(2)掌握凝固型及搅拌型酸乳的加工技术。

二、主要器材及原辅料

(1)器材　恒温箱、电炉、电子秤、天平、冰箱、杀菌锅、温度计、均质机等。

(2)鲜乳或全脂乳粉、脱脂乳粉、白砂糖、CMC－Na、保加利亚乳杆菌和嗜热链球菌等。

三、加工工艺及操作步骤

1.发酵剂的制备

(1)培养基的制备　用脱脂乳粉配制成10%～12%的复原乳,用试管或者三角瓶分装,置于高压灭菌锅中121℃,15min灭菌。

(2)菌种的活化与培养　灭菌后的脱脂乳冷却,按照无菌操作接种,于42℃恒温培养直至凝固。根据菌种活力确定传代次数,使保加利亚乳杆菌和嗜热链球菌的滴定酸度分别达到110°T和90°T以上。

(3)母发酵剂的混合扩大培养　将培养好的液体菌种以球菌∶杆菌＝1∶1的比例混合,接种于灭菌脱脂乳中恒温培养,菌种量为2%～4%,培养温度42℃,时间3.5～4h,制成母发酵剂备用。

2.凝固型酸乳的加工

(1)工艺流程　凝固型酸乳加工工艺流程见图6－15。

(2)操作要点

原料乳验收 → 预处理 → 标准化 → 配料 → 预热 → 均质 → 杀菌 → 冷却 → 接种 → 灌装 → 发酵 → 冷却、后熟 → 成品

图 6-15 凝固型酸乳加工工艺流程

①原料准备:用鲜乳或者乳粉配制成10% ~12%的复原乳,鲜乳或者乳粉要求质量高、无抗生素和防腐剂。对于鲜乳的验收、预处理及标准化参照本章理论基本知识点。

②配料:将原料乳或者复原乳加热到50~60℃,加入的6% ~9%糖和0.3% ~0.5%稳定剂。混合均匀。

③预热均质:均质前预热至55~65℃,在16~18MPa均质处理。

④杀菌:混合料采用95℃、5min热处理。

⑤冷却:杀菌后原料乳应迅速冷却,冷却温度42℃左右。

⑥接种:接种量应为原料乳的2% ~4%,最大不得超过5%。

⑦灌装、发酵:接种后放入灭菌好的玻璃瓶中,在42℃发酵2.5~4h。

⑧冷却、后熟:将凝固好的酸乳放置到4 ℃左右的冰箱中保存24h。

3. 搅拌型酸乳的加工

(1)工艺流程　搅拌型酸乳加工工艺流程见图6-16。

原料乳验收 → 预处理 → 标准化 → 配料 → 预热 → 均质 → 杀菌 → 冷却 → 接种 → 发酵 → 冷却 → 搅拌（加入果料、香料等） → 灌装 → 冷藏、后熟 → 成品

图 6-16 搅拌型酸乳加工工艺流程

(2)操作要点

① 与凝固型酸乳的加工①~⑥相同。

② 发酵:原料乳接种后,直接在发酵器内发酵,在42℃发酵2.5~4h至凝乳。

③ 冷却、搅拌:发酵完成后,搅拌均匀并快速降温到10℃,同时添加香精或果料。

④ 灌装:搅拌均匀的凝乳灌装到灭菌好的玻璃瓶中。

⑤ 冷藏、后熟:将凝乳放置到4℃左右的冰箱中保存24h。

实训三　花色冰淇淋的加工

一、实验实训目的

(1)理解冰淇淋老化和凝冻作用。

(2)掌握冰淇淋的加工技术。

二、材料与设备

(1)材料与配方　以1000kg原料总量为例：

【例1】青苹果冰淇淋：全脂乳粉65～75kg、棕榈油25kg 、鸡蛋30kg、麦芽糊精20kg、白糖130kg、玉米糖浆50kg、乳化稳定剂4kg、青苹果香精1kg、乳化炼乳香精1kg。

【例2】香芋冰淇淋：全脂乳粉65kg、棕榈油40kg、蛋黄粉10kg、麦芽糊精30kg、特制糯米粉10kg、白糖120kg、玉米糖浆40kg、乳化稳定剂4kg、香芋香精1kg、乳化炼乳香精1kg。

【例3】柠檬茶冰淇淋：乳粉60kg、棕榈油50kg、麦芽糊精60kg、白糖130kg、甜蜜素1kg、冰淇淋乳化稳定剂4kg、牛乳香精0.5kg、红茶香精0.5kg、柠檬香精1kg、柠檬黄色素10kg。

(2)仪器设备　冰淇淋机、灭菌锅、电炉、电子秤、天平、冰箱、蛋托或纸杯等。

三、工艺流程

花色冰淇淋加工工艺流程见图6－17。

原辅料预处理 → 配料 → 混合 → 杀菌 → 均质 → 冷却 → 老化 → 凝冻 → 灌装，成型 → 硬化 → 成品冷藏

图6－17　花色冰淇淋加工工艺流程

四、操作要点

(1)原辅料预处理　①乳粉应先加温水溶解，最好先用胶体磨过一遍。②奶油（包括人造奶油和硬化油）应先检查其表面有无杂质，去除杂质后再用刀切成小块，加入杀菌缸。③砂糖先用适量的水，加热溶解配成糖浆，并经100目筛过滤。④鲜蛋可与鲜乳一起混合。⑤蛋黄粉先与加热至50℃的奶油混合，并搅拌使之均匀分散在油脂中。⑥乳化稳定剂可与适量蔗糖干态混合后加入料液中。⑦果汁在使用之前需搅匀或均质处理。

(2)配料　在确保各原料质量的前提下，再按配方进行配料。

(3)杀菌　75～77℃，杀菌20～30min，或在83～85℃，杀菌15min。

(4)均质　14.7～17.6MPa，65～70℃。

(5)冷却　将物料用冷却设备将其迅速冷却至4～5℃。

(6)老化　冷却好的物料放入到老化缸(冷热缸)中，在2～4℃下老化4～12h。

(7)凝冻　将混合料倒入到冰淇淋机中，调节温度到－4～－6℃下进行搅拌凝冻。

(8)灌装　从冰淇淋机灌入到蛋托或者纸杯，此时为软质冰淇淋，可以直接食用。

(9)硬化　对于硬质冰淇淋可以放入到合适的模具中在 −25℃ 下进行速冻硬化。

思考题

1. 牛乳的主要成分有哪些？各自的存在状态如何？
2. 如何利用物理化学特性对乳的新鲜度进行判断？
3. 什么是异常乳？有哪些类型？
4. 怎么进行原料乳的验收与处理？
5. 什么是乳的标准化？请举例说明。
6. 冷热加工对乳有何影响？
7. 消毒乳的种类有哪些？简述巴氏杀菌乳和超高温灭菌乳的加工工艺。
8. 简述发酵剂的种类和制备。
9. 简述凝固型和搅拌型酸乳的加工工艺。
10. 试述酸乳加工和贮藏过程中的质量问题和解决方法。
11. 简述乳酸菌饮料的加工过程。
12. 简述全脂乳粉的生产过程。
13. 冷冻饮品加工过程中有哪些原辅料？
14. 如何进行冰淇淋的配料？什么是冰淇淋的老化？其工艺条件是什么？
15. 试述冰淇淋的加工工艺和操作要点。
16. 加盐在干酪生产中的作用是什么？
17. 简述天然干酪的一般加工工艺。
18. 干酪加工过程中的质量问题和控制措施有哪些？

模块七
发酵食品加工技术

知识目标

1. 了解常见发酵食品原辅料的种类和特性；
2. 掌握常见几种发酵食品加工技术。

技能目标

1. 能够运用所学知识，解决发酵食品生产的常见质量问题；
2. 能够从事常见发酵食品的生产。

项目一
食品发酵认知

一、发酵和发酵食品

（一）发酵的概念

发酵的英文"fermentation"是由拉丁语"ferver"即"发泡"、"翻涌"派生出来的，因为发酵过程中有鼓泡和类似沸腾翻涌的现象。人类利用微生物的自然发酵来酿酒、制醋等已有数千年的历史。虽然人们已经发现并掌握了发酵现象，但对发酵的主角——微生物一直缺乏认识。直到19世纪中叶，法国微生物学家巴斯德（Louis Pasteur）提出的微生物发酵理论和随后德国细菌学家科赫（Robert Koch）创立的固体培养基划线分离纯种法，才解开了发酵之谜，为发酵食品的生产奠定了理论基础。发酵是人们利用微生物在有氧或无氧条件下的生命活动来制备微生物菌体本身，或其直接代谢产物或次级代谢产物的过程。

（二）发酵食品及其必备生产条件

食品原料经微生物作用所产生的特定酶类催化的生化反应产物和代谢活动产物统称为发酵食品。发酵食品具有独特的风味，如酸乳、干酪、泡菜、白酒、葡萄酒、啤酒、酱油、食醋、豆豉、腐乳等都是典型的发酵制品。要实现发酵过程并得到发酵产品，必须满足以下条件：①工业生产上适宜的微生物（菌种的选育）；②须保证或控制微生物进行代谢的各种条件（培养基、温度、溶氧浓度、pH 等）；③生化发应器，即发酵罐或酶反应器的设计；④须有将菌体或代谢产物分离、提取及精制成产品的方法和设备。

（三）食品发酵工业

食品发酵工业是一个门类众多、规模宏大、与国家经济各部门密切相关，充满发展前途的产业。其研究范围按产业部门可分为：①酿酒工业（白酒、啤酒、黄酒、葡萄酒等）；②传统酿造工业（酱、酱油、食醋、腐乳、豆豉、酸乳等）；③有机酸发酵工业（柠檬酸、苹果酸、葡萄糖酸等）；④酶制剂发酵工业（淀粉酶、蛋白酶等）；⑤氨基酸发酵工业（谷氨酸、赖氨酸等）；⑥功能性食品生产工业（低聚糖、真菌多糖、红曲等）；⑦食品添加剂生产工业（黄原胶、海藻糖等）；⑧菌体制造工业（单细胞蛋白、酵母等）；⑨维生素发酵工业（维生素 B_2、维生素 B_{12} 等）；⑩核苷酸发酵工业（ATP、IMP、GMP 等）。

二、发酵食品中微生物的利用

食品发酵过程一般有多种微生物参与，微生物的利用不但赋予发酵食品丰富的营养成分和特有的香气、质地和口感，还提高了食品的耐储藏性。食品发酵常用的微生物主要有细菌、霉菌和酵母菌。

（一）发酵食品生产中细菌的利用

细菌在传统发酵食品的生产中应用广泛，例如利用细菌发酵生产酸乳、泡菜、食醋、味精等。涉及到的细菌主要包括乳酸菌、醋酸菌、耐盐细菌、小球菌和芽孢杆菌，其中乳酸菌是发酵乳制品和泡菜的主要菌种，醋酸杆菌是食醋生产的主要菌株。发酵乳制品中常见的乳酸菌主要有保加利亚乳杆菌、嗜热链球菌、嗜酸乳杆菌、干酪乳杆菌等，腌制泡菜常见的乳酸菌主要有肠膜明串珠菌、短乳杆菌、啤酒片球菌和植物乳杆菌。

（二）发酵食品中霉菌的利用

霉菌是真菌的一部分，利用霉菌发酵生产的食品包括酱油、豆豉、腐乳、黄酒、大曲酒和小曲酒等。常用的霉菌为曲霉属（米曲霉、黑曲霉）、毛霉属（腐乳毛霉、鲁氏毛霉）和根霉属（华根霉、米根霉）。

（三）发酵食品中酵母菌的利用

酵母菌是发酵食品生产中应用较早的一类微生物，主要用于酿酒（白酒、啤酒、葡萄酒等）和面制品发酵（馒头和面包等发酵面制品）。常用酵母种类有啤酒酵母、面包酵母、球拟酵母等。酒的种类繁多，风味各异，主要是选用了不同种类的酿酒酵母。

三、影响发酵食品微生物生长的因素

发酵过程是一种复杂的生化过程。影响发酵食品微生物生长的因素主要有菌种的选用、温度、pH、氧的供应、食盐浓度和乙醇浓度等。

（一）菌种的选用

现代发酵工业利用棒状杆菌生产味精，利用黑曲霉生产柠檬酸，这是由于各种微生物的代谢特征与产物不同。为了得到优质的发酵食品，必须对微生物进行菌株筛选和诱变育种，才能获得性能优良、高产的菌种。

（二）温度

微生物生长和产物合成都需要在其各自合适的温度下进行。同时，温度是保证酶活性的重要条件。为使发酵过程顺利进行，必须保证最适宜的温度环境。

另外，微生物的生理活动不同，需要的温度条件也不同。如乳酸链球菌最适繁殖温度34℃，最适发酵温度40℃，最适产酸温度30℃。在实际生产中，通常采取分段控制。

（三）pH

不同微生物对环境pH的适应范围不同。一般微生物生长的最适pH为4.0～9.0。细菌一般适应中性偏碱性环境，而酵母和霉菌则适应于偏酸性环境。

（四）氧

食品发酵工业大部分为好氧发酵，如多糖、氨基酸、维生素等发酵均需要向发酵液中通入无菌空气，以满足微生物生长代谢过程对氧的需求；而酒精和乳酸的细菌发酵属于厌氧发酵，发酵过程不需要氧。酵母菌是兼性厌氧菌，氧气充足，酵母菌会大量繁殖；而缺氧时则将糖分转化为乙醇。因此，控制发酵液的溶氧浓度可以达到控制发酵产物的目的。

(五) 食盐浓度

一般情况下,食盐浓度在1%以下时,微生物的生理活动不会受到任何影响。当浓度超过10%时,大多数杆菌不再生长。过高的食盐浓度会对微生物产生毒害作用。因此,在其他发酵条件相同的情况下,控制食盐浓度可以控制微生物的生长活动。

(六) 乙醇浓度

乙醇具有良好的防腐作用,但与其浓度密切相关。例如,在葡萄酒酿造过程中,当乙醇浓度达到12% ~15%(体积分数)时,酵母菌的生长受到抑制。

项目二

白酒加工技术

一、白酒的分类

(一) 概述

白酒,俗称"烧酒",在我国生产历史悠久,与威士忌、白兰地、伏特加、朗姆酒和金酒并称为世界六大蒸馏酒。它是以淀粉质(或糖质)为原料,以曲类、酒母等为糖化发酵剂,经蒸煮、糖化、发酵、蒸馏、陈酿和勾兑而得的酒精浓度大于20%(体积分数)的一种蒸馏酒。酒质无色透明,芳香浓郁,绵甜爽净,回味悠长。

(二) 白酒的分类

(1)按所用曲种不同分类　①大曲白酒。大曲白酒是以小麦、大麦、豌豆等原料,经自然发酵制成的。大曲白酒质量较好,具有特殊的曲香,酒味醇和,但用曲量大,出酒率低,生产周期长。故一般只有酿造名优酒时才会使用大曲。②小曲白酒。小曲白酒是以米粉或米糠等为原料加中药制成的,小曲白酒香味清淡,用曲量少,出酒率高,发酵周期短。南方各省多用小曲酿造白酒。③麸曲白酒。麸曲白酒是以高粱、玉米、薯干及高粱糠等含淀粉的物质为原料,采用纯种培养的曲霉菌作为糖化剂,以纯种酵母培养制成的酒母为发酵剂所酿造的蒸馏酒。用麸曲酿酒可以节约粮食,出酒率高,发酵周期短,适合机械化生产。

(2)按生产工艺不同分类　①固态发酵法白酒。我国传统白酒采用该法生产,即发酵和蒸馏都为固态工艺。大曲酒、部分小曲酒及麸曲酒均属于此类。②半固态发酵法白酒。大部分小曲酒多采用发酵和蒸馏半固态的生产工艺,我国南方生产的米酒为此工艺。③液态发酵法白酒。液态发酵法白酒的发酵和蒸馏都为液态工艺,采用现代化酒精生产的设备，糖化和发酵分开进行，生产出的白酒称为新工艺白酒。

(3)按香型不同分类　①浓香型白酒。以四川泸州老窖为代表。其风味特点是：窖香浓郁，香味协调，入口甜，落口绵。浓香型白酒采用混蒸续糙等工艺，利用陈年老窖或人工老窖发酵而成。主要香气是由乙酸乙酯和适量的丁酸乙酯相互协调形成的。②酱香型白酒。以贵州茅台酒为代表。其风味特点是：酱香突出，酒体醇厚，幽雅细致，回味悠长。酒中的香气成分比较复杂，挥发性的酚类化合物及其酯类是香气的重要成分，如愈创木酚、香草酸、酮酸等及其它们的酯类。③清香型白酒。以山西汾酒为代表。其风味特点是：清香纯正、微甜绵长，口味协调。主要香气是由乙酸乙酯和乳酸乙酯相互协调形成的。④米香型白酒。以广西桂林三花酒为代表，它是用小曲糖化发酵大米制成的蒸馏酒。其风味特点是：米香纯正，入口绵柔，落口甘冽，回味怡畅。主要香气成分是乳酸乙酯，乙酸乙酯含量稍低。⑤兼香型白酒。即兼有两种或两种以上香型的白酒，如兼有浓香和清香的山西西凤酒；兼有浓香、酱香和药香的贵州董酒；兼有浓香、酱香和清香的江西四特酒。

二、酿造白酒的原料

酿制白酒的原料可分为淀粉质原料与糖质原料两大类。

(一)酿制白酒的淀粉质原料

淀粉质原料是生产白酒的主要原料，可以分为谷物原料和薯类原料两大类。小麦、大麦和豌豆是常用的制曲原料；玉米、高粱、大米和薯干是常用的制酒原料。在白酒酿造过程中，淀粉经糖化酶作用转化为可发酵糖。可发酵糖在酵母等酿酒微生物作用下形成酒精。我国约80%的白酒是用淀粉质原料生产的，其中薯类原料约占45%，谷物原料约占35%。

1. 谷物原料

生产白酒的谷物原料主要有高粱、玉米、大麦、小麦和大米。为节约粮食，合理利用资源，酿造白酒应尽量减少此类原料的使用。

(1)高粱　高粱有粳高粱和糯高粱之分。糯高粱的淀粉几乎都是支链淀粉，吸水性强，容易糊化，出酒率高。

(2)玉米　玉米子实的脂肪含量较高，特别是胚芽部分。由于过多的脂肪不利于白酒发酵，因此以用玉米做酿酒原料前应先除去玉米胚芽。

(3)小麦　小麦是固态法生产大曲酒用于制曲的主要原料。

(4)豆类　当采用大麦或荞麦作为白酒的制曲原料时，一般需要添加20%～40%的豆类。常加入适量的豌豆以弥补大麦或荞麦蛋白含量的不足。豌豆还能增加曲块的黏结性，使曲块保持水分，有利于微生物的生长繁殖。

2. 薯类原料

(1)甘薯　甘薯的淀粉含量较高,结构疏松,易蒸煮糊化,出酒率高。但是,甘薯含果胶质较多,在蒸煮糊化时会产生大量甲醇;甘薯树脂有抑制发酵作用。鲜甘薯不易保存,如用作酿酒原料,则会产生对发酵有极强抑制力的番薯酮,且使酒带苦味。因此,普遍采用甘薯干作为酿白酒原料。

(2)马铃薯　其淀粉颗粒较大,较易糊化。不得使用发芽和变绿的马铃薯作为酿酒原料,其中含有龙葵素,对人体有毒,还会影响发酵的正常进行。

(3)木薯　即树薯。其块根富含淀粉,结构疏松,容易蒸煮糊化,出酒率较高。其果胶含量超过甘薯,且含有少量极毒的氰基苷,应用大量水浸泡蒸煮后方能使用。

(二)酿制白酒的糖质原料

在白酒工业中,最常用的糖质原料是废糖蜜,它是制糖工业的副产物。

(1)甘蔗糖蜜　即甘蔗制糖的废蜜。由于产区的气候、土质、原料品种、收获季节、工艺条件和制糖方法不同,糖蜜的化学成分相差较大。

(2)甜菜糖蜜　即甜菜制糖的废蜜。甜菜糖蜜与甘蔗糖蜜的组成成分相差较大。

三、酿造白酒的辅料

在白酒酿制过程中,常用的辅料有麸皮、高粱糠、稻壳、酒糟和玉米芯等。使用辅料的作用是:①调节酒醅的入窖淀粉浓度和酸度;②维持酒醅的疏松;③保持一定量的浆水;④吸收发酵过程中产生的酒精;⑤有利于酒醅的正常升温。要求辅料:a. 新鲜、杂质少、无霉变;b. 具有一定的疏松度和吸水能力;c. 果胶和多缩戊糖含量少。

(一)麸皮

麸皮是最常用的辅料,它是小麦加工面粉后的副产物。麸皮营养全面,碳氮比适中,可给酿酒微生物提供充足的碳源、氮源和磷源;同时,麸皮表面积和疏松度大、有利于菌丝的生长。麸皮是白酒生产,特别是小曲酒根霉曲制备的良好原料。麸皮还可作为生黑曲、块曲和其他散曲原料。

(二)高粱糠

高粱糠是加工高粱米的副产物,产量相当于高粱的18%～25%。高粱糠不仅可用作辅料,还能作为白酒的原料。高粱糠的淀粉含量较低,油脂和蛋白质含量较高,入池后生酸较快,且升酸幅度大,因此,生产上要采取相应的措施加以控制。

(三)稻壳

稻壳质地坚硬,使用前应适度粉碎,以提高吸水能力,可避免淋浆现象。稻壳价廉易得,被广泛用作酒醅发酵和蒸馏的填充料。但是,稻壳中的多缩戊糖和果胶质含量较高,在发酵时会生成糠醛和甲醇,故需在使用前清蒸30min。

(四)酒糟

固态法生产麸曲白酒时,会配入大量酒糟作为填充料,目的是稀释淀粉的入池浓度,调节酸度并疏松酒醅,同时给予微生物营养物质;酒糟经过多次反复发酵,还能增加成品酒的芳香物质,提高成品酒的质量。

(五)玉米芯

玉米芯作为填充料吸水性最强,但含有较多的多缩戊糖,发酵时会生成较多的糠醛。

四、典型白酒加工技术

(一)大曲白酒加工技术

我国知名白酒和地方名酒绝大多数都是用大曲作糖化发酵剂酿造而成的。大曲白酒是以小麦、大麦和高粱等为原料,大曲为糖化发酵剂,经固态发酵、蒸馏、陈酿和勾兑制成的蒸馏酒。目前,我国大曲白酒的生产普遍采用续渣法和清渣法两种生产方法。

1. 续渣法大曲白酒加工技术

浓香型白酒和酱香型白酒均采用续渣法生产,它是将粉碎后的生原料(俗称渣子)蒸熟后,加曲发酵,取出酒醅(俗称母糟)蒸酒,在蒸完酒的醅子中,再加入清蒸后的渣子(这一操作称为清蒸);或将渣子和酒醅混合后,在桶内同时进行蒸酒和蒸料(这一操作称为混烧),然后加曲继续发酵,如此反复进行。因为在生产过程中一直有新料和曲的加入,继续发酵、蒸酒,故称续渣发酵法。

续渣法大曲白酒加工工艺流程见图7-1。

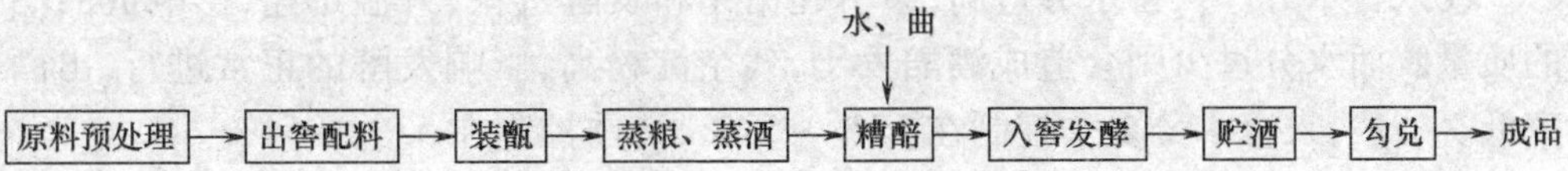

图7-1　续渣法大曲白酒加工工艺流程

(1)原料及其处理　大曲白酒的酿造原料主要是优质的糯种高粱,要求籽粒饱满,成熟,淀粉含量高。拌料前,高粱需要粉碎至能通过20目筛为宜。新鲜稻壳用作填充剂和疏松剂,要求将稻壳清蒸20~30min。大曲使用前用钢磨磨成细粉。

(2)出窖配料　南方酿酒厂将酒醅和酒糟统称为糟。泸型酒厂采用经多次循环发酵的酒醅(母糟、老糟)进行配料。为便于掌握生产,多用甑为单位计算高粱、大曲、稻壳和水的用量。例如,甑容1.25 m^3,每甑加高粱粉110~130kg,粮醅比为1:(4~5),稻壳量为粮粉量的17%~22%。

(3)蒸粮、蒸酒　蒸馏可以提取出酒醅中的酒精和其他挥发性物质,排除杂质。甑桶相当于填料蒸馏塔,装甑时应做到边进汽边装甑,要保证边高中低,装甑时间一般为30min。蒸酒时要掌握好蒸汽压力、流酒温度和速度,一般要求进汽管压力为14.7 Pa,流酒温度为35℃,速度为3~4kg/min,流酒时间(从流酒到滴酒)为15~20min。开始流酒时,应截去酒头约0.5kg,先后流出的不同质量的酒应分开接取、按质贮存。蒸酒结束应加大蒸汽压力,以达到促进淀粉糊化和排除部分杂质的目的。

(4)加水、撒曲　蒸酒完毕后进行出甑加水。100kg粮粉加水70~80kg,水温85℃以上,目的是增加粮醅水分含量,促进淀粉糊化,使粮醅充分吸水保浆。粮醅加水后在窖上摊晾,当品温冬季降至13℃,夏季降至比气温低2~3℃时即可加入大曲,粮糟的大曲用量为高粱粉用量的19%~21%,回糟的大曲用量为高粱粉用量的9%~11%。

(5)入窖发酵　泥窖是续渣法生产大曲白酒的主要设备,窖越老,有益微生物及其代谢产物越多,成品酒的质量也越高。为保证发酵的正常进行,应严格控制发酵材料的淀粉入窖浓度、温度、酸度和水分。

①淀粉入窖浓度。淀粉浓度过高,容易引起发酵升温过猛,造成酸败;反之,则会造成发酵不良,制成的酒缺乏香味。因此,通常淀粉的入窖浓度夏季应控制在14%~16%,冬季控制在16%~17%。

②入窖温度。入窖温度过高,会造成发酵升温过猛,为杂菌的繁殖提供条件,还会造成酸的生成量增加,导致酒精产量减少。因此,应做到低温入窖,夏季控制在16~18℃,冬季控制在18~20℃。

③入窖酸度。在发酵过程中,酸度增加的主要原因是杂菌的繁殖。如果入窖酸度过高,会造成酵母死亡,阻碍发酵的进行;酸度过低会影响糖化酶的作用效果,对糖化和发酵均不利。因此,入窖酸度(pH)夏季一般控制为2.0以下,冬季1.4~1.8。

④入窖水分。入窖水分过高,会引起糖化和发酵过快,升温迅速,影响成品酒的质量。而水分过少则会造成酒醅发干,残余淀粉高,影响发酵的正常进行,出酒率低。一般,入窖水分夏季控制在57%~58%,冬季控制在53%~54%。

每装完两甑应进行一次踩窖,踩窖的目的是压紧发酵材料,减少空气,抑制好气性细菌的繁殖,但料不能踩得过紧,否则会影响发酵效果。装完粮糟后,应用踩揉的窖皮泥封窖发酵。发酵过程中应定时检查窖温，冬季应加盖稻草保温。传统发酵周期一般 40～50d，现在多延长为 60d。

（6）贮酒（陈酿）　刚蒸馏出来的酒具有辛辣味和刺激味，口感不佳，只能算是半成品，必须贮存一段时间才能饮用。经过陈酿的酒，香气和味道比新酒明显醇厚。一般，名酒规定贮存期为 3 年，普通大曲酒也应贮存半年以上。

（7）勾兑　成品酒在出厂前还须经过精心勾兑，即选定一种基础酒（称为酒基），加入一定的“特制调味酒”，调节酒中的香、甜、醇、回味等各突出点，使之全面统一，以达到产品的质量标准。

2. 清渣法大曲白酒的生产工艺

清香型白酒主要采用清渣法生产，它是将原辅料单独清蒸，酒醅中不再加入新料，成熟的酒醅单独蒸酒。

清渣法大曲白酒加工工艺流程见图 7－2。

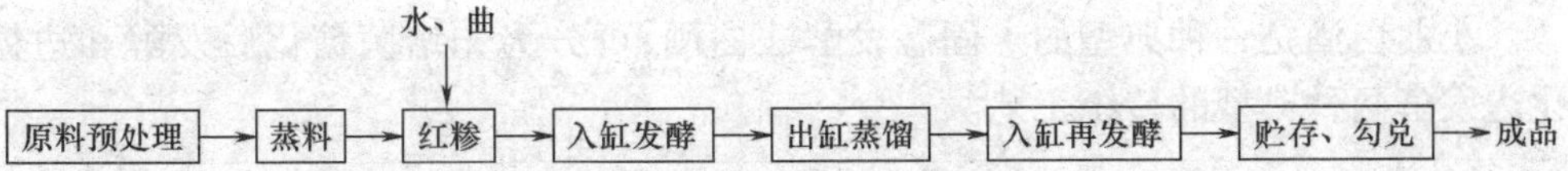

图 7－2　清渣法大曲白酒加工工艺流程

（1）原料预处理　①高粱：酿酒用高粱须符合质量要求，使用前应将每粒高粱粉碎成 4～8 瓣，细粉不得超过 20%。粉碎后的高粱称为红糁，蒸料前用 80℃热水浸润，用水量为高粱粉质量的 60% 左右。润糁拌匀后堆料 18～24h，至料温上升至 50℃左右，中间翻动 2～3 次，保证所有物料都被水浸润，无干糁，无疙瘩，手搓成面。②大曲：使用前应先粉碎。③水：水对成品酒的质量影响很大，必须优质。

（2）蒸料　蒸料采用清蒸法：将底锅水煮沸后，均匀地撒入 500kg 红糁。蒸料过程中要泼加 60℃的热水以促进淀粉糊化。整个蒸料时间约为 80min。出甑时要求红糁熟而不黏，有高粱糁香味，无异味杂味。

（3）加水、扬凉　立即将蒸好的红糁从甑中取出，泼入原料质量 28%～30% 的冷水，立即翻拌，使红糁充分吸水，通风凉渣。夏季降至室温，冬季降至 16℃左右。

（4）加曲　加曲温度取决于入缸温度，一般春季、夏季为 20～25℃，秋季、冬季为 23～30℃。大曲的用量为投料高粱质量的 9%～11%。

（5）入缸发酵　清渣法大曲酒一般采用陶瓷缸发酵，缸需埋在地下，缸口与地面平。入缸温度 10～16℃，水分为 52%～53%。大渣入缸后用清蒸后的小米壳封口，上盖石板，覆盖稻壳保温。整个发酵周期一般为 21～28d，分为前期、中期和后期三个阶段。①前期：品温缓慢上升到 30℃左右，淀粉含量减少，还原糖含量迅速增加，酒精开始形成，此阶段一般为 6～7d；②中期：此阶段一般为 10d，发酵旺盛，淀粉含量迅速减少，酒精量显著增加，80% 的酒精量在此阶段生成；③后期：一般为

11～12d，糖化作用明显减弱，酒精发酵基本结束，温度不再升高，酒的香味物质在此阶段生成。

（6）出缸蒸馏　发酵结束后，将酒醅挖出，加入原料质量18%～20%的填充料（稻壳∶小米壳＝3∶1）以疏松酒醅。蒸馏时，前期蒸汽要小，后期宜大，最后大气追尾。流酒温度控制在25～30℃，流酒速度为3～4kg/min。流酒后截酒头1kg，酒精度低于30%时为酒尾，在下次蒸馏时加入到底锅中重新蒸馏。

（7）入缸再发酵　为充分利用母糟中的淀粉，蒸酒后的酒醅需要进行二次发酵。酒醅蒸馏完毕，趁热泼加大糙投料量2%～4%的35℃温水，然后出甑，迅速扬冷至30～38℃，加入物料量10%的大曲，翻拌均匀。待品温降至20～25℃时，入缸发酵。入缸水分控制在60%～62%，装缸时应适当压紧，以减少空气，防止好气性微生物繁殖。加盖发酵28d左右，再次出缸蒸馏。

（8）贮存、勾兑　两次蒸馏的酒应分别贮存，一般贮存3年。

（二）小曲白酒加工技术

小曲白酒是一种典型的半固态发酵法白酒，可分为先培菌糖化后发酵和边糖化边发酵两种典型的传统工艺。

1. 先培菌糖化后发酵加工技术

先培菌糖化后发酵工艺采用药小曲作为糖化发酵剂，前期为固态发酵，主要进行扩大培菌和糖化过程，后期为半固态发酵，再经蒸馏、陈酿和勾兑制得成品，广西桂林的三花酒就是由该工艺生产的典型代表。

先培菌糖化后发酵加工工艺流程见图7－3。

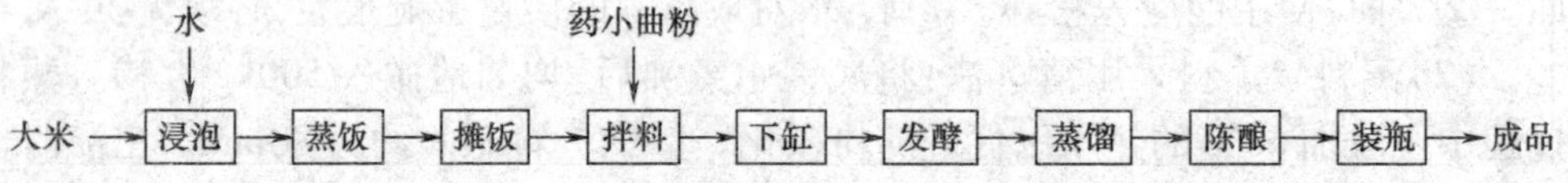

图7－3　先培菌糖化后发酵加工工艺流程

（1）蒸饭　将浸泡过的大米倒入蒸饭甑内，蒸至饭粒熟透为止。蒸熟后饭粒含水量为62%～63%。目前，很多企业已实现机械化蒸饭。

（2）拌料　将蒸熟的饭料倒入研料机中搅松扬晾，然后经过传送带鼓风摊晾，室温22～28℃时，摊晾至品温36～37℃，加入原料量0.8%～1.0%的药小曲粉拌匀。

（3）下缸　拌匀后倒入饭缸内，每缸15～20kg原料，厚度为10～13cm，中央挖一空洞，以保证有足够的空气进行培菌和糖化。待品温降至32～34℃时，将缸口盖严，进行培菌糖化。糖化时，温度逐渐升高，经20～22h，品温达到37～39℃最佳，不得超过42℃。糖化约20～24h后，糖化率达70%～80%即可加水发酵。

（4）发酵　控制品温在36℃左右，加水量为原料的120%～125%，泡水拌匀后转入醅缸，入醅缸房发酵，做好保温和降温工作，发酵时间为6～7d。成熟酒醅的残糖量接近于0，酒精含量为11%～12%（体积分数），总酸含量在1.5g/L以下为正常。

（5）蒸馏　传统的蒸馏设备为土灶蒸馏锅，目前，多采用卧式或立式蒸馏釜进行间歇蒸馏。蒸馏所得的酒应进行检验，感官指标和理化指标合格后方能入库陈酿。

（6）陈酿　桂林三花酒陈酿的独特之处在于：一年四季都贮存在恒定低温的岩洞中，存放一年以上，经检验合格，勾兑装瓶后即为成品酒。

2. 边糖化边发酵加工技术

边糖化边发酵工艺是酿制米酒和豉味玉冰烧酒的传统工艺。豉味玉冰烧酒是广东特产，具有豉香独特、玉洁冰清、醇和甘滑的特点。

边糖化边发酵加工工艺流程见图7－4。

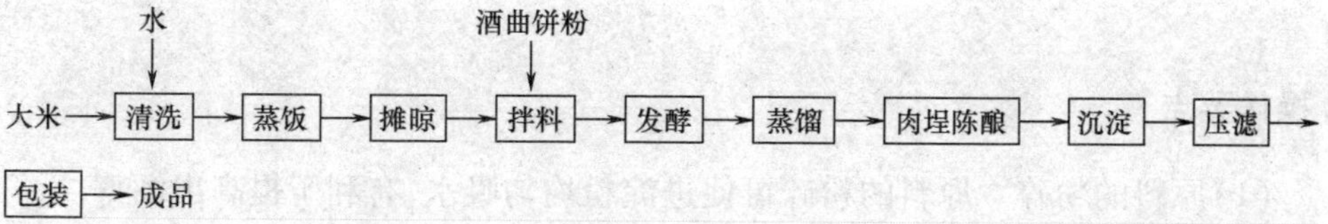

图7－4　边糖化边发酵加工工艺流程

（1）蒸饭　以大米为原料，要求淀粉含量为75%以上。将清洗过的大米倒入蒸饭锅内，蒸至饭粒熟透疏松，无白心，以利于提高出酒率。

（2）摊晾　将蒸好的米饭用松饭机打松后摊在饭床上，或用传送带鼓风摊晾冷却，摊晾时要求米饭尽量疏松，避免成团。夏天要求品温降至35℃以下，冬天降至40℃左右。

（3）拌料　摊晾后拌曲，用曲量为每100kg大米加酒曲饼18～22kg。拌料时，应先将酒曲饼磨碎，再撒于饭粒上，拌匀后装埕。

（4）发酵　每埕先注入清水6.5～7kg，然后装入大米5kg。装埕后封闭埕口，入发酵房进行发酵，控制发酵房温度为26～30℃。发酵前三天的品温一般在30℃以下，不要超过40℃，发酵周期夏季为15d，冬季稍长，一般为20d。

（5）蒸馏　发酵完毕后取出酒醅，进行蒸馏。蒸馏时每甑投料250kg大米，截去酒头和酒尾，减少高沸点的杂质，保证初馏酒的醇和。

（6）肉埕陈酿　将初馏酒装埕，每埕放酒20kg，肥猪肉2kg浸泡陈酿。陈酿3个月，脂肪缓慢溶解，可吸附杂质，并起酯化的作用，使酒香醇可口，同时具有独特的豉味。

(7)压滤包装　陈酿后将酒倒入大池或大缸中(肥肉仍存于酒中,再放新酒浸泡陈酿),让其自然沉淀20d以上,待酒澄清后,取样鉴定,勾兑合格后,除去池表面油脂及池底沉淀物,将澄清的酒液泵入压滤机压滤,最后装瓶包装,即为成品。

(三)麸曲白酒加工技术

麸曲白酒是以高粱、薯干、玉米及高粱糠等为原料,经纯种麸曲酒母糖化发酵而成的蒸馏酒。

1. 工艺流程

麸曲白酒加工工艺流程见图7-5。

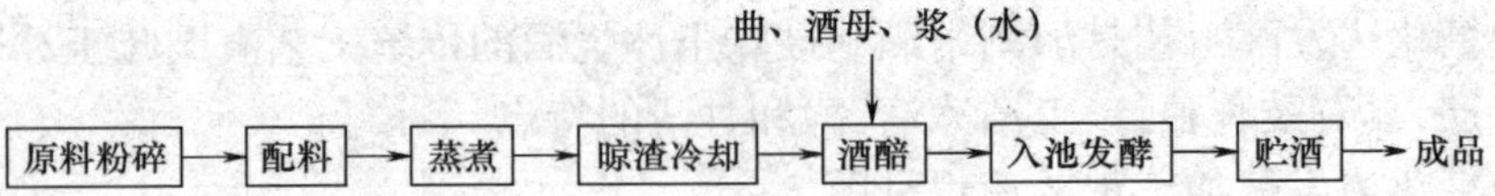

图7-5　麸曲白酒加工工艺流程

2. 操作要点

(1)原料的粉碎　原料的粉碎可促进淀粉均匀吸水,有利于提高出酒率。

(2)配料　配料时应考虑糖化剂质量、工艺条件和生产设备等因素。在酿制麸曲白酒时,往往需要加入填充料,常用的填充料有小米壳、花生壳、鲜酒糟、稻壳和玉米芯等。

(3)蒸煮　主要采用锥底或平底连续蒸料机。蒸煮可使淀粉颗粒吸水膨胀破裂,有利于淀粉酶作用,同时起到杀灭杂菌的作用。

(4)晾渣冷却　使料醅温度降低到适宜接入麸曲和酒母的温度。在晾渣过程中,渣醅可与空气充分接触,有利于微生物的生长繁殖。目前,普遍采用带式晾渣机进行连续通风冷却。晾渣时要保持料层均匀、疏松,上下层的温差不能过大。晾渣结束后,若气温在5~10℃时,料温应降至30~32℃;若气温在10~15℃时,料温应降至25~28℃;若气温更高时,要求料温尽量降到最低。

(5)加曲、加酒母及加浆(水)　酒醅冷却到适宜的温度后,加入麸曲、酒母及浆(水),搅拌均匀后入池发酵。①加曲。曲量一般为原料量的6%~10%。曲温一般为25~35℃,过高会引起渣醅发黏结块,影响吸浆;造成发酵前期升温过快,降低出酒率。加曲时应先将麸曲粉碎。②加酒母和水。酒母用量一般为投料量的4%~7%。加水可以补充渣醅中的水分,使营养物质充分溶解,加快酶与淀粉和糖分之间的生化反应速度,使生成的酒精均匀地分散,减少对酵母的毒害。此外,还可调节渣醅的酸度和温度。通常,1kg酒母醪加水30~32kg,拌匀后泼入渣醅,进行发酵。

(6)入池条件的控制　①入池温度的控制。低温入池可使酵母和酶保持良好的活力,抑制杂菌的繁殖。根据气温、淀粉浓度及操作不同,入池温度略有不同,一般为15~25℃。②淀粉入池浓度的控制。在发酵过程中,淀粉和糖分可以产生热量,淀粉的浓度决定着池内温度的高低。淀粉入池浓度一般为14%~16%为宜,冬季稍高,夏季略低。③入池酸度的控制。为抑制杂菌繁殖,保证发酵正常进行,通常情况下,粮谷原料入池酸度为0.6~0.8mL/100g,薯类原料入池酸度为0.5~0.6mL/100g。④入池水分的控制。入池水分高,出酒率较高;低则发酵困难,出酒率较低。通常粮谷原料入池水分为57%~58%,薯类原料入池水分为58%~62%,冬天略高,夏天略低。

(7)发酵　我国麸曲白酒的生产采用传统的边糖化边发酵工艺,在发酵温度下,糖化发酵同时进行,发酵时间较短,发酵期仅为3~5d,和大曲白酒相比,出酒率较高。

在发酵过程中,酒精的生成量随发酵温度上升而增加。入池后24h内,酵母菌处于繁殖阶段,酒精生成量较少;24h后已产生大量的酵母菌,进入酒精发酵的主发酵阶段,24~28h内酒精生成量较多;72h后酒精生成量减少,开始出现酸度升高的现象,酒精发酵基本停止,产酸菌将糖分和酒精转化成酸,此时,应及时出池蒸馏。出池时的酒精浓度一般为5%~6%(体积分数)。

项目三

啤酒加工技术

一、啤酒的概念和分类

(一)啤酒的概念

啤酒是以大麦和水为主料,大米或其他谷物、酒花为辅料,经制麦、糖化、酵母发酵酿制而成的一种含有CO_2、低酒精度和多种营养成分的发酵酒。啤酒素有“液体面包”之称,是世界上产量最大的酒种。

(二)啤酒的分类

(1)按酵母性质不同分类　可分为:①下面发酵啤酒;②上面发酵啤酒。世界上多数国家采用下面发酵酿制啤酒。

(2)按啤酒色泽不同分类　可分为:①淡色啤酒;②浓色啤酒;③黑色啤酒。淡色啤酒色泽较浅,是啤酒中产量最大的一种。

(3)按啤酒是否经过灭菌工艺分类　可分为:①熟啤酒:经过巴氏灭菌或瞬时

高温灭菌;②生啤酒:不经巴氏灭菌或瞬时高温灭菌,而采用其他物理方法除菌,达到一定生物稳定性;③鲜啤酒:不经任何灭菌,成品中允许含有一定量活酵母,达到一定生物稳定性。

(4)特种啤酒　由于原辅材料和工艺的改变,使之具有特殊风格的啤酒。干啤酒、冰啤酒、低醇啤酒、无醇啤酒、小麦啤酒、浑浊啤酒和果蔬类啤酒都属于特种啤酒。

二、酿造啤酒的原料

(一)大麦

(1)大麦作为啤酒主要原料的原因　①大麦的种植面广,且便于发芽,发芽后产生大量的水解酶类,价格便宜;②大麦芽含有丰富的可浸出物,非常适合酿造啤酒。

(2)大麦按籽粒在穗轴上的分布形态　①六棱大麦;②四棱大麦;③二棱大麦。二棱大麦因其淀粉含量较高、蛋白质含量相对较低、浸出物含量高而被广泛应用于啤酒生产。

(3)大麦主要成分　大麦由淀粉、蛋白质、纤维素、半纤维素和脂肪等成分构成。①淀粉。分为大颗粒淀粉和小颗粒淀粉两种。二棱大麦中以小颗粒淀粉为主。②蛋白质。是啤酒酿造中最重要的物质之一。大麦的蛋白质含量为9%~12%,按溶解度不同可分为清蛋白、球蛋白、醇溶蛋白和谷蛋白。大麦中蛋白质的含量与类型,与大麦的发芽力、酵母菌的生长、啤酒的风味和稳定性、啤酒的泡沫及适口性等有密切关系。③纤维素和半纤维素。纤维素主要存在于大麦皮壳中,半纤维素是细胞壁的主要组成部分,二者都不溶于水。④脂肪。大麦中的脂肪主要聚集在麦粒的糊粉层中,含量约为3%。

(二)大米

大米中蛋白质含量低,淀粉含量高,用部分大米代替麦芽,既可以提高出酒率,又可以改善啤酒的风味和色泽。因此,我国将大米作为酿造啤酒的辅料,用量为25%~40%。大米用量过多容易造成酵母菌繁殖力降低,导致发酵迟缓。

(三)玉米

欧美国家普遍采用玉米作为辅助原料。玉米中的淀粉含量比大米低10%左右,但蛋白质和纤维素比大米高。玉米胚芽中的油脂会降低啤酒的起泡能力,氧化后还会产生异味,因此有必要预先去除胚芽。

(四)啤酒花

啤酒花又称蛇麻花、忽布花,为雌雄异株,一般选用未授粉的成熟雌花发酵啤酒。啤酒花的功能是:赋予啤酒特有的香味和爽口的苦味;提高啤酒的起泡性和泡持性;提高麦汁和啤酒的防腐能力;促进蛋白凝固沉淀,利于啤酒的澄清。在啤酒花的化学成分中,酒花树脂、酒花油和多酚物质对啤酒的酿造有特殊意义。

(1)酒花树脂是啤酒苦味的主要来源　包括 α-酸、β-酸及一系列氧化、聚合产物。

(2)酒花油是酒花中挥发油的总称,它气味芳香,是赋予啤酒香气的主要物质。然而,酒花油在煮沸时几乎完全挥发,因此,常采用分次添加酒花的工艺以保留适量酒花油。

(3)在啤酒的酿造中,酒花中的多酚物质有双重作用。一是与蛋白质结合形成沉淀物,有利于麦汁的澄清和啤酒的稳定;二是啤酒中残存的多酚物质会造成啤酒浑浊。

(五)水

在啤酒生产中,不同用途的水质量要求不尽相同,其中以糖化用水的要求最高,因为水质直接关系到啤酒质量的优劣。

1. 糖化用水的质量要求

(1)硬度　酿制浅色啤酒要求水的硬度不超过4.28mmol/L。硬度过高会造成糖化酸度降低,影响糖化和发酵,使啤酒的质量降低。

(2)化学指标　Fe^{2+} 含量 <0.5mg/L, Cl^- 含量 $<20\sim60$mg/L, Cl_2 含量 <0.3mg/L, Si_2O_3 含量 <30mg/L,氨基氮含量 <0.5mg/L。硝酸态氮、亚硝酸态氮不允许存在,硝酸盐含量 <0.2mg/L。

(3)卫生指标　细菌总数不得超过100 cfu/mL,大肠杆菌和八叠球菌不得检出。

2. 糖化用水的处理方法

(1)提高酸度的方法　有加硫酸钙、加酸和离子交换三种方法提高水的酸度。

(2)除盐的方法　用电渗析法处理含溶解盐类较多的水,可使水的硬度从3.21~7.85mmol/L降低到0.0357~0.178mmol/L。

三、麦芽制备

制麦芽的目的是使大麦发芽,产生各种酶,不仅可以用作制备麦芽汁的催化剂，还可适当分解麦粒中的淀粉和蛋白质；通过干燥可以除去绿麦芽中多余的水分和生腥味，使麦芽产生特有的色、香、味。

（一）工艺流程

麦芽制备工艺流程见图7－6。

大麦 → 浸麦 → 湿大麦 → 发芽 → 绿麦芽 → 干燥 → 除根 → 贮存 → 成品麦芽

图7－6　麦芽制备工艺流程

（二）操作要点

1. 浸麦

浸麦的目的是使麦粒吸水、吸氧，为发芽提供条件。通常，浸麦在浸麦槽中完成，水温为14～18℃，同时应供给充足的氧气，以缩短发芽时间，提高成品率。

2. 发芽

在合适的温度和空气条件下，大麦开始发芽。在发芽过程中，麦粒会产生各种酶类，适当分解麦粒中的部分淀粉、蛋白质和半纤维素等大分子物质，使麦粒达到一定的溶解度，以满足糖化时的需要。

（1）发芽条件　在发芽初期，CO_2不宜过高，应保证氧气充足以利于酶的形成；在发芽后期，应增加CO_2的比例，不仅能抑制胚芽过度生长，减少制麦损失，还有利于麦芽胚乳的溶解。发芽时一般应保持空气的相对湿度在95%以上，具体条件如下：①对于浅色麦芽，温度为12～16℃，浸麦度为43%～46%，发芽周期一般为7d；②对于深色麦芽，温度为18～22℃，浸麦度提高到45%～48%，发芽周期一般为9d。

（2）发芽方法　可分为地板式发芽和通风式发芽两大类。

（3）发芽设备　萨拉丁发芽箱、麦堆移动式发芽体系和发芽— 干燥两用箱。

3. 绿麦芽干燥及后续处理

绿麦芽干燥过程大体可分为凋萎期和焙焦期两个阶段。干燥可使绿麦芽的水分含量由40%～44%降至2.5%～4.0%，从而终止酶的作用，便于贮存；焙焦可以去除绿麦芽的生腥味，产生特有的色、香、味。麦芽的干燥工艺可分为单层高效干燥炉干燥工艺、双层干燥炉干燥工艺和发芽干燥两用箱干燥工艺三种方法。

麦根带有不良的苦味，且吸湿性强，应用除根机除掉麦根。干燥且除根后的麦芽需入库贮藏1个月以上方能出库。经过贮藏的麦芽蛋白酶和淀粉酶的活性得到提高，浸出物含量增加。同时，贮藏后麦芽适当回潮，在粉碎时麦皮破而不碎，形成麦汁的良好过滤层，有利于麦汁的过滤。

四、麦芽汁的制备

麦芽汁的制备过程俗称糖化，是指将固态麦芽、非发芽谷物、酒花用水调制而成的澄清透明的麦芽汁的过程。

（一）麦芽粉碎

（1）粉碎的目的　目的是增加淀粉类、酶及水之间的接触面积，加速酶促反应和可溶性物质的溶出。麦芽粉碎度适当，既有利于加快酶促反应，还能提高过滤速度。

（2）粉碎的方法　麦芽粉碎的方法有三种，分别是干法、湿法和回潮法。

（二）糖化

糖化是利用麦芽中的各种水解酶，将麦芽和辅助原料中不溶性的大分子物质逐步分解为可溶性的小分子物质的过程。

（1）糖化方法　糖化方法有煮出糖化法、浸出糖化法和其他糖化方法。

①煮出糖化法。利用酶的生化作用和热作用，将麦芽醪中的有效成分分解和溶出的方法。具体做法是将麦芽醪分批加热到沸点，然后与其余未煮沸的醪液混合，使醪温阶梯式逐渐升高至糖化终了温度。根据部分醪液煮沸的次数，煮出糖化法分为一次、二次和三次煮出糖化法。

②浸出糖化法。浸出糖化法是麦芽醪液不经煮沸，用不断加热或冷却的方法调节醪的温度，以利于酶的作用而进行糖化的方法。

③其他糖化方法。其他糖化方法均由上述两种方法演变而来，如复式糖化法，该法的特点是将麦芽和谷类辅料分别在糖化锅和糊化锅中处理，合并麦芽醪后按煮出糖化法进行糖化。复式糖化法可以节省麦芽，降低成本并改进啤酒的质量。

（2）糖化设备　糖化的主要设备是糖化锅和糊化锅。

（三）麦芽醪的过滤

糖化结束后，应在最短的时间内将糖化醪中溶于水的浸出物与不溶性的麦糟分离，得到澄清的麦汁。

（1）过滤步骤　其过滤分两步完成　①过滤提取麦芽醪中的麦汁，此麦汁称为第一麦汁或过滤麦汁；②用热水洗出残留在麦糟中的麦汁，此麦汁称为第二麦汁或洗涤麦汁。

（2）过滤方法　麦芽醪的过滤方法有过滤槽法、压滤机法和快速渗出槽法。

目前,国内啤酒厂普遍采用传统的过滤槽法。它是以过滤筛板和麦糟组成过滤介质,以麦芽醪的液柱高度(1.5～2.0m)产生的静压力为推动力实现过滤。过滤的操作过程是:将麦芽醪泵入过滤槽中,翻拌均匀后静置20min左右,使醪糟自然沉降,形成过滤层,要求滤层厚度在30～45cm。滤层形成后开始过滤,麦芽醪温度维持在55～70℃。刚开始流出的麦芽汁混浊不清,必须泵回入过滤槽再次过滤,直至得到澄清的原麦芽汁,将原麦芽汁泵入煮沸锅。自过滤开始后15～30min起检查原麦芽汁的澄清度、糖度及色、香、味。麦芽醪过滤期间,一般不需翻动麦糟层,但如果过滤速度太慢、则应使用耕糟机疏松。为避免压实糟层,不应在同一深度反复翻耕。

(四)麦汁煮沸与添加酒花

麦芽醪过滤完成后应将麦汁煮沸,目的是杀灭微生物,钝化酶活力;使蛋白质变性沉淀,增加啤酒的稳定性;溶出酒花中的有效成分,增加麦汁的香气和苦味。

(1)麦汁煮沸方法　常采用间歇常压煮沸法。淡色啤酒的煮沸时间一般控制在1.5h左右,浓色啤酒煮沸时间可稍长。在煮沸过程中,麦汁的pH应控制在5.2～5.4。

(2)酒花的添加量及方法　①添加量。在麦芽汁煮沸过程中,酒花的添加量和添加时间不同会有不同的结果。我国酒花添加量为0.8～1.3kg/m^3麦汁,南方地区为0.5～1.0kg/m^3麦汁。②添加方法。酒花添加一般分3～4次完成。以三次法为例:当麦芽汁初沸时,加入酒花20%,第二次在煮沸30～40min后添加40%,煮沸结束前加入剩余的酒花。

(五)麦汁的处理

(1)麦芽汁热凝固物的去除　麦芽汁用于发酵之前,应先除去热凝固物和冷凝固物,即麦芽汁的澄清。现在普遍采用回旋沉淀槽去除热凝固物。即先将煮沸的麦芽汁趁热泵入回旋沉淀槽中,颗粒物质沉积于槽底,固液分离完成得到澄清的麦芽汁。被除去的固形物主要是变性的蛋白质、多酚与蛋白质的不溶性复合物、酒花树脂和无机盐等。

(2)麦芽汁的冷却　麦芽汁的冷却常采用薄板冷却器冷却麦芽汁1～2h。冷却的目的是使麦芽汁降低到发酵接种的温度8～10℃,同时使大量的冷凝固物析出。

(3)去除冷凝固物　主要采用自然沉降法和浮选法去除冷凝固物。①自然沉降法。因工艺简单,是目前国内使用最多的方法。但该法分离效果差,花费时间长,麦芽汁损失也较大。②浮选法。即向冷却麦汁中通入无菌空气,送入密闭浮选罐,空气的微小气泡在液面形成大量的泡沫,冷凝固物被吸附在气泡表面,相互聚集形成泡沫层,撇去泡沫或放出麦汁即可达到去除冷凝固物的目的。

(4)麦芽汁通氧　在啤酒发酵前期是有氧发酵,酵母菌大量增殖;发酵后期则是厌氧发酵,酵母菌利用麦芽汁生成酒精、杂醇油和有机酸等。通常情况下,在冷麦芽汁中通入无菌空气使溶解氧达到 8mg/L 时就能满足酵母菌的增殖需要。溶解氧不足会抑制酵母菌的增殖,导致发酵缓慢或发酵不完全;溶解氧量太高则发酵过于旺盛,会消耗大量的还原性物质。

五、啤酒的酿制

(一)啤酒酵母的扩大培养

啤酒酵母是决定啤酒品质的重要因素。啤酒生产使用的酵母是由保存的纯种酵母经扩大培养,达到一定数量后供现场使用的。啤酒酵母扩大培养的流程和相应的培养温度如下:

斜面试管(酵母原菌)→酵母活化→富氏瓶培养(28℃)→小三角瓶培养(25℃)→大三角瓶培养(23℃)→卡氏罐培养(20℃)→汉森罐培养(13 ~15℃)→一级酵母繁殖罐(12 ~13℃)→二级酵母繁殖罐(11 ~12℃)→发酵罐(10℃)。

(二)啤酒发酵工艺

传统的啤酒发酵工艺分为下面发酵和上面发酵两大类,由于两者采用不同的酵母菌种,其发酵工艺和设备条件也不相同,因此酿出的啤酒风味各异。这里以下面发酵法介绍啤酒的发酵工艺。下面发酵法分为主发酵和后发酵两个阶段。

1.主发酵

又称前发酵,是发酵的主要阶段。麦芽汁冷却到6.0 ~8.0℃时接种酵母,主发酵正式开始。酵母发酵麦汁产生乙醇和二氧化碳,这是发酵的主要生化反应。

通常采用直接添加法和追加法添加酵母,按照泥状酵母对麦汁体积百分率计算添加量,一般为0.5% ~0.65%,接种后细胞浓度通常为$(8\times10^6)\sim(1.2\times10^7)$个/mL。接种量应根据酵母的新鲜度、稀稠度、酵母使用代数、麦汁浓度、发酵温度及添加方法适当调节。

根据发酵表面的起泡情况,将发酵过程分为低泡期、高泡期和落泡期 3 个阶段。

①低泡期。麦芽汁接种 15 ~20h 后,麦汁表面形成一层白沫,吹开泡沫,可看到有气泡涌上液面。此阶段可维持 2.5 ~3d,温度每天升高 0.5 ~0.8℃,糖度平均每天下降 1°Bx。②高泡期。是发酵最旺盛期,此阶段泡沫增高,厚度可达 25 ~30cm。由于酒精含量增加、酒花树脂和蛋白质 - 单宁复合物的析出,泡沫逐渐变为棕黄色。此阶段一般维持 2 ~3d,每日降糖 1% ~1.5%。③落泡期。高泡期过后,酵母停止增殖,气泡减少,麦汁表面逐渐形成由泡沫、蛋白质及多酚类氧化物等物

质组成的棕褐色泡盖。此阶段维持2d左右,糖度每天下降0.5%～0.8%。当12°酒精度降至3.8～4°Bx时,即可进入后发酵。

2.后发酵(后熟)

(1)后发酵的作用　①发酵残留的糖类产生的CO_2密闭于贮酒罐内,不断溶解于酒内最终达到饱和;②排出硫化氢、乙醛、双乙酰等挥发性成分,加快啤酒成熟;③尽可能使酒液处于还原状态,降低氧含量。

(2)后发酵的工艺要点　①下酒。将主发酵后除去多余酵母沉淀的发酵液送入后酵罐(贮酒罐)的过程即为下酒。为避免酒液吸氧过多,下酒时应先在贮酒罐内充满无菌水,再用二氧化碳将水顶出,当二氧化碳充满贮酒罐时再将酒液由底部送入。下酒后,液面上方应留有10～15cm空隙,以防止空气进入酒液。②管理。下酒后应先敞口发酵2～3d,以防二氧化碳过多,泡沫涌出。后发酵期要严格控制发酵室温和罐内压力。温度多用室温或贮酒罐自身的冷却设施控制。传统的后发酵前期,贮酒温度多控制在3～5℃,而后逐步降温至-1～1℃。罐内压力在整个后发酵期间都应保持相对稳定,不可忽高忽低。后发酵时间(也称酒龄)根据啤酒类型、原麦汁浓度和贮酒温度不同而略有不同。一般来说,淡色啤酒的酒龄较长,浓色啤酒的酒龄较短。

六、成品啤酒的加工

(一)啤酒的过滤

经过后发酵的成熟啤酒,需要去除残存在底部的酵母、蛋白质以及细菌等,使啤酒达到澄清透明的程度,即可进行包装。常用的机械分离法有过滤和离心分离。

1.过滤

常用的过滤方法如下。

(1)硅藻土过滤法　硅藻土是一种松软而质轻的粉状矿物质,可作为过滤介质。硅藻土过滤机可分为三种类型:板框式过滤机、加压叶片式过滤机和柱式过滤机。①板框式过滤机。该过滤机的优点是结构简单、性能稳定、操作和维修简便。②加压叶片式过滤机。有立式罐体和卧式罐体之分。卧式罐比立式罐产量大。③柱式过滤机。该过滤机的优点是滤层不易变形脱离,过滤面积随滤层增厚而增加。

(2)板式过滤法　板式过滤机的过滤介质是用精制木材纤维和棉纤维掺和石棉或硅藻土等吸附剂压制而成的滤板,因其没有滤框,只有滤板,主要用于精滤。

(3)微孔薄膜过滤法　微孔薄膜过滤法的过滤介质是生物和化学稳定性都很强的合成纤维和塑料制成的薄膜,该法主要用于无菌过滤。对澄清度要求较高的啤酒,可先进行粗滤、精滤,最后采用薄膜过滤。

2. 离心分离

常用的啤酒离心机是密封除渣式离心机,离心分离的效率主要取决于酒的透明度,上层清酒分离较快,下层接近罐底的浑浊物分离较慢。

(二)啤酒的包装

包装是生产啤酒的最后一道工序,对保证成品的外观和质量十分重要。根据包装设备和包装容器不同,啤酒的包装可分为桶装啤酒的包装、瓶装啤酒的包装和罐装啤酒的包装等。

(1)包装容器的质量要求　①能承受一定压力。其中,包装熟啤酒的容器应能承受不低于1.76MPa的压力;包装生啤酒的容器应能承受不低于0.294MPa的压力;②密封方便,能耐受一定的酸性,不与啤酒发生化学反应;③能防止成品因日光照射而变质。

(2)桶装啤酒的包装　目前,国内多采用外加铁框保护的铝制桶,容量一般为25~50L。其过程是:①洗桶;②桶内灭菌:蒸汽灭菌10~15min,沥干稍冷后送入装酒室;③桶盖灭菌:用清水刷洗后,在80℃以上热水中浸泡15min;④人工或机械装桶:装酒室的温度为0~5℃,贮酒槽内通CO_2以保持40~50 Pa恒压。

(3)瓶装啤酒的包装　其过程是:①瓶子处理:对瓶子进行分拣,用碱液浸泡,清水冲洗;装瓶过程中要严格控制装酒温度在-1~3℃;②压盖:装瓶后采用超声波或喷射装置将瓶颈空气排除,用压盖机压盖;③杀菌:多采用隧道式杀菌机杀菌;④验酒、贴标纸:剔除不透明液、漏气、漏酒、有杂物及装量不足的产品,对合格产品进行贴标。

(4)罐装啤酒的包装　其包装容器是马口铁制成的三片罐和铝材制成的两片罐,目前多用铝罐。罐装的优点是:①洗瓶工艺简单;②金属罐传热快,可缩短杀菌时间;③罐体质量轻,携带方便;④不需要回收使用后的空罐,节省了容器运费。

项目四 葡萄酒加工技术

一、葡萄酒的概念和分类

(一)葡萄酒的概念

葡萄酒是以鲜葡萄或葡萄汁为原料,经全部或部分发酵酿制而成的,含有一定酒精度的发酵酒,其酒精含量一般不低于8.5%(体积分数)。中国的葡萄酒酿造历史最早可追溯到2000多年前的西汉,以后历朝各代均有对葡萄酒生产的记载。新中国成立后,我国先后在河北、天津、河南、安徽、江苏、通化等地新建和扩建了一批葡萄酒厂。同时,积极引进、消化和吸收国外优秀的酿酒工艺和设备,使我国的葡萄酒酿造水平有了很大的提高。目前,我国张裕、长城和王朝等知名品牌的葡萄酒深受国内外消费者的喜爱。

(二)葡萄酒的分类

葡萄酒品种繁多,不同国家对葡萄酒都有各自的分类和命名方法。我国国家标准(GB 15037—2006)根据葡萄酒的色泽、含糖量和二氧化碳含量不同作如下分类。

(1)按葡萄酒的色泽分类　①白葡萄酒。白葡萄酒是用白葡萄或皮红汁白的葡萄的果汁经发酵酿制而成的,酒的颜色呈淡黄色或金黄色。②桃红葡萄酒。桃红葡萄酒是用红葡萄或红、白葡萄混合、带皮或不带皮发酵而成的,酒的颜色主要有桃红色、浅红色或淡玫瑰红色等。③红葡萄酒。红葡萄酒是用有色葡萄带皮发酵酿制而成的,含有果皮或果肉中的有色物质,酒的颜色呈紫红色、深红色、宝石红色或鲜红色等。

(2)按葡萄酒的含糖量分类　①干葡萄酒。干葡萄酒是含糖(以葡萄糖计)小于或等于4.0g/L的葡萄酒。或者当总糖与总酸(以酒石酸计)的差值小于或等于2.0g/L时,含糖最高为9.0g/L的葡萄酒。②半干葡萄酒。即含糖大于干葡萄酒,最高为12.0g/L的葡萄酒。或者当总糖与总酸(以酒石酸计)的差值小于或等于2.0g/L时,含糖最高为18.0g/L的葡萄酒。③半甜葡萄酒。半甜葡萄酒是含糖大于半干葡萄酒,最高为45.0g/L的葡萄酒。④甜葡萄酒。甜葡萄酒是含糖大于45.0g/L的葡萄酒。

(3)按葡萄酒的二氧化碳含量分类　①平静葡萄酒。在20℃时,二氧化碳压力小于0.05MPa的葡萄酒,简称静酒。②起泡葡萄酒。在20℃时,二氧化碳压力≥0.05MPa的葡萄酒称为起泡葡萄酒,简称起泡酒。起泡葡萄酒可分为高泡葡萄酒和低泡葡萄酒两种。

二、葡萄原汁的制取

(一)葡萄的分选与运输

(1)葡萄的分选　分选是根据葡萄的品种和成熟度分类,挑选出质量好的果实,去除生青、腐烂或破损的葡萄。质量上乘的葡萄有利于增加酒的香味,保证发酵的正常进行。通常情况下,分选是在田间采收时进行。在采收过程中,根据葡萄的品种和质量等级分开存放。

(2)葡萄的运输　如果葡萄采收地距离酿酒厂较近,则不存在运输问题;反之,应在葡萄采收地设立破碎站,在葡萄采摘后立即进行破碎,以防止葡萄因长途运输造成损失。

(二)葡萄的破碎与去梗

破碎是使果皮破裂,葡萄浆汁逸出的过程,从而使果皮表面的天然酵母与葡萄汁充分接触,有利于酵母的繁殖。破碎时应保证每粒葡萄都要破碎,而籽实、果梗和果皮不能碾碎,以免其中的不利成分进入葡萄汁中,影响成品酒的风味。

去梗是将葡萄的果梗去除,目的是减少葡萄酒的单宁含量,减少果梗味。

(三)葡萄汁成分的调整

受到气候条件、葡萄成熟度和生产工艺等因素的影响,不同批次的葡萄汁成分经常不一致。因此,需要对葡萄汁的糖分和酸度进行调整,以利于发酵的顺利进行。

1. 糖分的调整

调整糖分的目的是保证葡萄酒发酵的正常进行,使酒精含量接近成品酒的要求。通常情况下,葡萄汁含糖量为17%时,才能生成酒精含量为10%(体积分数)的葡萄酒。如果酒精含量低于10%(体积分数),葡萄酒不易保存。糖分的调整可采用下列三种方法。

(1)添加浓缩葡萄汁　首先测定葡萄原汁和浓缩汁的含糖量,然后用十字交叉法计算出浓缩汁的添加量。由于葡萄汁含糖量较高,在发酵前期加入易造成发酵困难,因此经常在主发酵后期添加。

(2)添加白砂糖　常用结晶白砂糖(纯度为98%以上)调整糖分,注意加糖量不宜过高。加糖操作的要点是:①准确测量葡萄原汁的体积;②用葡萄冷汁将糖完全溶解制成糖汁,计量糖汁体积;③最好在酒精发酵刚开始时一次性加入所需的糖汁。

(3)提高葡萄果实含糖量　延迟采收或果实采收后自然风干以提高葡萄果实含糖量。

2. 酸度的调整

为保证酵母菌的繁殖和发酵的正常进行,抑制杂菌的生长,要求葡萄汁有适宜的酸度。一般认为在发酵前葡萄汁的 pH 应为3.3~3.5。常用酒石酸和柠檬酸调节酸度,当酸度过高时应适当降低酸度。

(1)提高酸度的方法　①添加酸度较高的葡萄压榨汁;②添加酒石酸或柠檬

酸，以酒石酸为好。具体做法是先将酸与葡萄汁混合，然后缓慢地加入葡萄汁中，并搅拌均匀。

(2)降低酸度的方法　①化学降酸法。在葡萄汁中加入碱性盐以中和过量的有机酸。常用的降酸剂有 $CaCO_3$ 和 $KHCO_3$ 等，其中，$CaCO_3$ 作用快，且价格便宜；②物理降酸法。采用冷冻法使葡萄汁中的酒石酸沉淀从而降低酸度。

三、葡萄酒酵母及其培养

(一)葡萄酒酵母

葡萄酒发酵最主要的微生物是酵母菌，葡萄酒酵母为子囊菌纲的酵母属，啤酒酵母种，能发酵葡萄糖、蔗糖、果糖、麦芽糖、半乳糖，不发酵乳糖、蜜二糖。酿制葡萄酒所需的酵母主要来源于天然酵母和纯培养的葡萄酒酵母两部分。

(1)天然酵母　主要来源于葡萄皮和果梗上附着的天然酵母。葡萄果皮上除了葡萄酒酵母外，还有其他酵母，如巴氏酵母、尖端酵母、圆酵母属等，统称为野生酵母。野生酵母的发酵力较弱，生成酒精量少，不利于发酵，可添加适量的二氧化硫控制野生酵母的繁殖。

(2)纯培养的葡萄酒酵母　在发酵前，将纯培养的葡萄酒酵母添加到葡萄汁中进行酒精发酵。目前，中国、美国、澳大利亚、日本、欧洲和非洲等地的大多数葡萄酒厂都已采用该法进行葡萄酒的发酵。

(二)纯种葡萄酒酵母的培养

为确保发酵的顺利进行，获得质量上乘且品质稳定的葡萄酒产品，往往选择优良的葡萄酒酵母菌种培养成酒母后，添加到发酵醪液中进行发酵。我国葡萄酒酿制企业使用的酵母一般为斜面试管菌种，经数次扩大培养而成生产用的酒母。

1. 培养过程

斜面试管菌种→液体试管培养→三角瓶培养→卡氏罐(或玻璃瓶)培养→酒母罐培养→成熟酵母培养液

2. 操作要点

(1)斜面试管菌种　将菌种转接于麦芽汁(5°Bx)制成的斜面培养基上，25℃培养 4 ~ 5d，使低温保藏的菌种细胞活化。

(2)液体试管培养　将已灭菌的新鲜澄清葡萄汁分装入灭菌好的试管中，每管约 10mL，在 0.1MPa 的蒸汽压下灭菌 20min，放冷备用。在无菌条件下，接入斜面试管活化培养的酵母菌，25℃培养 1 ~ 2d 后接入三角瓶。

(3)三角瓶培养　向500mL三角瓶中倒入新鲜澄清葡萄汁250mL，用0.1MPa蒸汽灭菌20min，冷却后接入两支液体试管培养酵母，25℃培养24～30h，发酵旺盛时接入卡氏罐。

(4)卡氏罐(或玻璃瓶)培养　向卡氏罐(或玻璃瓶)中加入新鲜的澄清葡萄汁6 L，100℃常压蒸煮1h以上，冷却后加入亚硫酸，使其二氧化硫含量达80mg/L，4～8h后接入两个三角瓶培养酵母，摇匀后，于20～25℃培养2～3d，至发酵旺盛时接入酒母罐培养。

(5)酒母罐培养　用容积为200～300 L的带盖木桶(或不锈钢罐)培养酒母。木桶经洗净、硫黄杀菌4h后，向桶中注入新鲜的葡萄汁至容量的80%，加入100～150mg/L的亚硫酸，搅匀后静置一夜。吸取上层清液至另一桶中，添加1～2个玻璃瓶培养酵母，25℃培养2～3d至发酵旺盛即可使用。每次取培养量的2/3，剩余1/3，然后再倒入经亚硫酸处理后的澄清葡萄汁继续培养。

(6)酒母的使用　为减少SO_2对酵母的影响，培养好的酒母一般应在葡萄醪添加SO_2 4～8h后再加入。酒母用量一般为1%～10%。

四、葡萄酒的酿制

我国生产的葡萄酒大多是红葡萄酒，它是以红皮白肉或皮肉皆红的葡萄品种为原料，经去梗、破碎、发酵、压榨等工艺酿制而成的。这里主要介绍红葡萄酒的酿制方法。

我国的红葡萄酒主要以干红葡萄酒为原酒，按照标准调配成半干、半甜和甜型红葡萄酒。红葡萄酒的酒精含量为9%～13%(体积分数)，多呈紫红色、宝石红色、石榴红色或红棕色等。

(一)红葡萄酒的生产工艺流程

红葡萄酒生产工艺流程见图7-7。

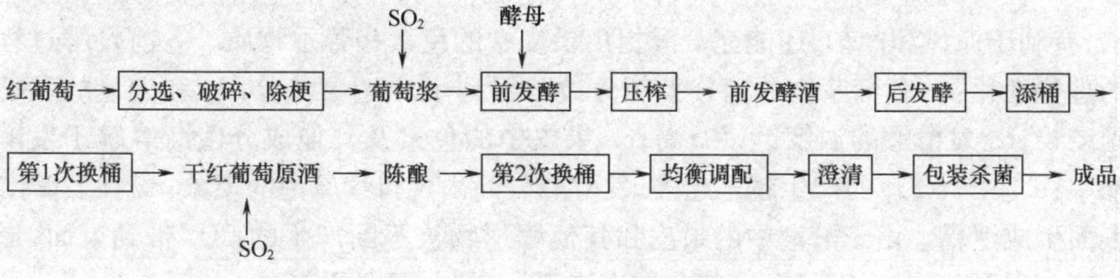

图7-7　红葡萄酒生产工艺流程

(二)红葡萄酒的酿制

红葡萄酒的发酵期一般由前发酵(5~7d)和后发酵(30d)两个阶段组成。前发酵分为开放式发酵和密闭式发酵两种。传统红葡萄酒大多采用开放式发酵,目前多采用后者。

红葡萄酒前发酵常用方法有果汁和皮渣共同发酵(如传统发酵法、旋转罐发酵法和二氧化碳浸渍法)及纯汁发酵。

1. 传统发酵法

葡萄破碎后,同时在果汁和皮渣中进行酒精发酵、香气成分和色素的浸提,待残余糖分降至5g/L以下时,压榨分离皮渣,进行后发酵。

(1)葡萄浆入池　曾采用水泥池作为发酵容器,如今已逐渐被不锈钢发酵罐所代替。葡萄破碎后泵入发酵池,填充量为容积的80%,加入 SO_2 以杀灭其中的有害菌。数小时后,边搅动发酵醪边加入酒母,在25~30℃下进行前发酵。

(2)前发酵　其作用是酵母发酵糖类产生酒精、完成香气物质和色素物质的浸提。①温度和相对密度的管理。随着发酵的进行,发酵液温度逐渐升高、含糖量降低、酒精含量升高、相对密度逐渐降低。红葡萄酒的最适发酵温度为25~30℃,过低则葡萄皮中的色素和单宁物质不能被充分浸提,过高则会破坏葡萄的果香味,影响成品酒的香气。通过每天早晚监测发酵液的温度和相对密度可以判断发酵是否正常进行。如果发酵24h,发酵液的温度和相对密度没有变化,说明发酵停滞;若发酵液温度高于规定温度,则需用冷水喷淋外部进行降温。②糖分的管理。每天测定发酵液的糖分变化情况,可以判断发酵是否正常。③发酵时间的管理。发酵时间因葡萄的含糖量、酵母的接种量和发酵温度不同而异,一般为4~6d。通常情况下,在发酵液的相对密度降至1.020左右,糖分降至5g/L以下时即可分离皮糟,此时皮糟中的色素和芳香物质已浸提较充分,成品酒色泽鲜艳、口感柔和,果香味浓郁,且保存性良好。在气候炎热的地区,发酵时间一般只需要2~3d。④捣池翻汁。在发酵过程中,一般要进行3次捣池翻汁,这样不仅可以使发酵液循环流动,有利于通风和冷却,还能充分浸提出果皮中的色素和芳香物质。⑤前发酵过程的理化变化:a. 葡萄浆中的糖分大部分被酵母利用,产生酒精、CO_2 和少量的发酵副产物;b. 发酵醪的温度迅速升高;c. 果皮中的色素及其他成分逐渐溶解于发酵醪中;d. 由于 CO_2 的产生越来越多,发酵醪表面出现持续冒泡的现象;e. 在发酵醪表面生成浮糟。由于醪液中的果皮和其他固形物被不断产生的 CO_2 带到表面,形成了一层厚而疏松的浮糟,一部分露出液面,一部分浸在醪液内。

(3)压榨　出池时先将自流酒从出酒管放出,皮糟则沉淀在发酵池的底部。待自流酒完全流出2~3h后,清理出皮渣进行压榨,得压榨原酒。压榨原酒与自流酒的成分差别较大,若酿制高档葡萄酒,应将二者单独贮存。

(4)后发酵　①后发酵的目的。a. 使残糖继续发酵,糖度降为0.2g/L以下;b. 排出溶解的CO_2;c. 在低温缓慢的后发酵过程中,原酒中残留的果肉纤维及部分酵母等悬浮物逐渐沉降,形成酒泥,使葡萄酒逐渐澄清。②后发酵的具体操作:将自流酒和压榨酒单独或混合后送入后发酵池内,在18～25℃下进行后发酵。由于发酵液残留的糖分较少,温度不会上升太高,因此,后发酵一般不需要冷却。但应安装水封装置,避免发酵液与空气接触。正常情况下,发酵液的相对密度呈规律性下降,糖分全部转化(残糖量低于0.2g/L),后发酵在3～5d内完成。

2. 旋转罐发酵法

此法主要采用可旋转的密闭发酵容器进行色素、香气等成分的浸提和葡萄浆的酒精发酵。是目前较为先进的生产红葡萄酒的方法。

(1)旋转罐发酵法的优点　①利用罐的旋转,大大提高了色素及香气成分的浸提效率;②由于发酵罐保持密闭,发酵时产生的CO_2使罐内维持一定的压力,可以控制杂菌的滋生,防止氧化,减少酒精及芳香物质的挥发;③该法缩短了生产葡萄酒的时间;④该法机械化程度高,降低了劳动强度。

(2)旋转罐的类型　旋转罐目前有两种类型:一种是法国生产的Vaslin型旋转罐;另一种是罗马尼亚采用的Seitz型旋转罐。我国已有部分企业采用。①Vaslin型旋转罐。葡萄破碎后输入罐中,在罐中进行酒精发酵,同时进行香气成分和色素物质的浸提,发酵温度为18～25℃。发酵过程中,旋转罐每天旋转若干次,转速为2～3r/min,转动时间、方向、间隔可调节。②Seitz型旋转罐。葡萄破碎后输入罐中,在罐内密闭、控温、隔氧并保持一定压力的条件下,浸提葡萄皮上的色素物质和芳香物质,当色素物质含量不再增加时,即可进行压榨分离,将果汁泵入另一发酵罐内进行纯汁发酵。旋转罐正反交替转动,每次旋转5min,转速5r/min,间隔时间为25min。最佳浸提温度26～28℃,浸提时间依据葡萄的品种和温度条件不同而异。

3. CO_2浸渍法

CO_2浸渍法酿制红葡萄酒,就是将整粒葡萄果放入充满CO_2的密闭容器中进行浸渍,然后破碎、压榨,再按一般方法进行酒精发酵。CO_2浸渍法不仅可用于红葡萄酒和桃红葡萄酒的酿制,还可用于一些原料酸度较高的白葡萄酒的酿制。

(1)浸渍过程　整粒葡萄称重后置于预先充满CO_2的罐中,装料过程中继续充二氧化碳,使其达到饱和状态。酿制红葡萄酒时,温度控制在25℃,浸渍3～7d后进行压榨,所得的葡萄汁加入SO_2后进行纯汁发酵。

(2)浸渍过程中的生化变化　CO_2浸渍的过程实质是葡萄果粒的厌氧代谢过程。浸渍时果粒内部发生了一系列生化变化,如苹果酸和蛋白质的分解,乙醇、琥珀酸和香味物质的生成、以及色素和单宁等物质的浸提等。在浸渍过程中,葡萄果

粒受 CO_2 的作用进行厌氧代谢;同时,葡萄汁在酵母的作用下进行酒精发酵。

4. 纯汁发酵法

纯汁发酵法,又称热浸提法,是在葡萄破碎后加热果浆,充分浸提其中的色素及香气成分,然后压榨分离皮渣,纯汁进行酒精发酵。热浸提法分为全果浆加热、部分果浆(分离出 40% ~60% 冷汁后的果浆)加热和整粒加热三种方式。

五、葡萄酒的贮存管理

新鲜葡萄汁(浆)经发酵制得的葡萄酒称为原酒。原酒需要经过一段时间的贮存(或称陈酿)后酒质才趋于成熟,达到商品葡萄酒应有的品质。

(一)贮存的目的

(1)促进酒的澄清　发酵结束后,酒中仍存在一些不稳定的物质。在贮存过程中,蛋白质、单宁、酒石酸和酵母等沉淀析出,结合换桶、添酒、下胶、过滤等逐渐达到澄清。

(2)促进酒的成熟　新葡萄酒酒体显得单调、粗糙、淡薄,经过一段时间的陈酿,由于空气的存在,促进了氧化还原作用和酯化作用等,葡萄酒中的各种风味物质之间达到和谐平衡,酒体变得醇厚、细腻、和谐,这就是葡萄酒的成熟。

(二)贮存期间的管理

(1)低温隔氧贮存　传统的陈酿过程易使葡萄酒接触空气而氧化,影响酒的风味,现都采用低温隔氧贮存技术,使酒保持在密闭的环境中陈酿。目前,常采用的隔氧方法如下:

①填充惰性气体。在酒进入贮罐之前,先在罐内充填 CO_2 或氮气以排出罐中的空气,当原酒进入贮藏罐后,应迅速充气封罐(罐压为 10 ~20 kPa)。

②添加 SO_2。加入 SO_2 可以达到防止氧化、防腐及保持葡萄酒原有香味的目的。

(2)换桶　贮存过程中,葡萄酒中的胶体物质、酒石酸盐和残留酵母等会发生沉淀,这些沉渣称为酒泥。换桶就是定期将桶中上层清酒泵入另一桶中,除去酒泥的操作。换桶不仅可以起到通气的作用,使饱和的 CO_2 逸出;还可除去酒泥,使桶中酒质混合均一。

换桶次数取决于葡萄酒的品种、质量和酒龄等因素。在贮存初期,换桶的次数较多,随着贮存期的延长而逐渐减少。通常,干红葡萄酒在发酵结束 8 ~10d 后,进行第一次换桶,除去大部分酒泥,再经过 1 ~2 个月,进行第二次换桶,以利于酒的成熟。对于酒质粗糙、浸出物含量高、澄清度差的酒,换桶次数可适当增加。

(3)添酒　在贮存过程中,为防止葡萄酒氧化和被外界微生物污染,必须保持贮酒桶内装满葡萄酒。由于气温、挥发等因素,贮酒桶会出现酒液不满或溢出的现象,桶口和葡萄酒表面形成空隙,酒易被氧化或被醋酸菌污染,所以应及时用同品种和同质量的酒加满桶,保持满桶状态,这一操作称为添酒,也称满桶。

(三)贮存条件

葡萄酒贮存陈酿可在涂有防腐层的水泥池、橡木桶、不锈钢罐或玻璃瓶中进行。贮酒室温为8~18℃,相对湿度为85%,贮存环境应保持空气清新,经常通风,不积存CO_2。

项目五
食醋加工技术

一、食醋的概念和分类

(一)食醋的概念

我国食醋酿造始于西周,距今已有2000多年的历史。食醋是粮食等原料经微生物制曲、糖化、酒精发酵、醋酸发酵等工艺酿制而成的酸性调味品。

食醋的主要成分是醋酸,还含有各种氨基酸、糖类和维生素等,具有酸、甜、鲜、咸相互协调的风味,不仅是调味佳品,还有帮助消化、预防感冒等功效。我国著名食醋有山西老陈醋、镇江香醋、浙江玫瑰米醋、四川麸醋、北京熏醋和福建红曲醋等。

(二)食醋的分类

根据我国食醋的分类标准(SB/T 10174—1993),食醋可分为酿造食醋和配制食醋两类。

(1)酿造食醋　酿造食醋是指单独或混合使用各种含有淀粉、糖的物料或酒精,经微生物发酵酿制而成的液体调味品。酿造食醋又分为固态发酵食醋和液态发酵食醋两种。

①固态发酵食醋。即以粮食及其副产品为原料,采用固态醋醅发酵酿制而成的食醋。

②液态发酵食醋。即以粮食、糖类、果类或酒精为原料,采用液态醋醪酿制而成。

(2)配制食醋　配制食醋是以酿造食醋为主体,与冰乙酸、食品添加剂等混合配制而成的调味食醋。配制食醋要求其中酿造食醋的比例(以乙酸计)不得少于50%。

二、食醋生产的原辅料

食醋的生产原料由主料、辅料、填充料和添加剂组成,它们的种类和配比对食醋的品质有很大影响。

(一)主料

主料是指能被微生物发酵生成醋酸的主要原料,包括淀粉质、糖类和酒类三大类,如谷物、薯类、果蔬类、糖蜜、蜂蜜、酒精、酒糟以及野生植物等。我国长江以北地区习惯采用高粱、甘薯、玉米和小米作为酿醋主料,长江以南多用大米为主料。

(二)辅料

食醋的生产一般采用细谷糠、麸皮或豆粕作为辅料,因为它们含有丰富的碳水化合物和蛋白质,可以为微生物提供营养物质,并形成食醋的色、香、味成分。在固态发酵中,辅料还具有疏松醋醅、贮存空气和吸收水分的作用。

(三)填充料

常用的填充料有谷糠、高粱壳、稻壳和玉米芯等,用于疏松醋醅,积存和流通空气,从而有利于醋酸菌的好氧发酵。

(四)添加剂

酿造食醋常用的添加剂有食盐、砂糖、香辛料和炒米色等。其中,食盐可以抑制醋酸菌分解醋酸,起调和食醋风味的作用;砂糖和香辛料能增加醋的甜味,赋予食醋特殊的风味;炒米色能增加成醋的色泽和香气。

三、酿制食醋的微生物

酿制食醋常用的微生物有霉菌、酵母菌和醋酸菌。霉菌属如根霉、曲霉、毛霉和犁头霉等,主要作用是将淀粉质原料水解为糊精、葡萄糖,蛋白质水解为肽和氨基酸,有利于下一步酵母菌的酒精发酵和醋酸发酵。在酒精发酵阶段,酵母菌可将淀粉糖化产生的葡萄糖转化为酒精,为下一步的醋酸发酵提供原料。常用的酵母有假丝酵母和汉逊酵母等。在酿醋过程中,醋酸菌能将酒醅中的酒精转化为醋酸。醋酸菌分为醋杆菌属和葡萄糖杆菌属两个属,酿造食醋所用的醋酸菌多数为醋杆菌属。

四、糖化剂的制备

在食醋酿制过程中，淀粉质原料需要经过糖化、酒精发酵和醋酸发酵三个阶段。糖化剂就是把淀粉转化为可发酵性糖所用的催化剂。生产食醋的糖化剂有大曲、小曲、红曲、麸曲、液体曲和淀粉酶制剂等，而常用大曲、小曲和麸曲酿制传统食醋。

(一)大曲的制备

大曲以大麦、小麦或豌豆为制曲原料，自然接种培养而成。大曲中含有霉菌、酵母菌和细菌等多种菌株。山西老陈醋就是以大曲为糖化剂酿造而成的，食醋香气浓，风味好。制备大曲的主要过程是原料粉碎、混合后拌水踩曲，经上霉、晾霉、起潮火和养曲等阶段，最后得到成曲。

(二)小曲的制备

小曲是以米粉、米糠为原料，通常还要添加适量的中草药，自然接种或接入纯种根霉或酵母菌培养而成。镇江香醋就是用小曲作为糖化剂酿造而成的。小曲的制备主要由原料预处理、接种曲母、制坯、裹粉、培养、出曲、干燥和成品等步骤组成。

(三)麸曲的制备

以麸皮为原料，加水拌料灭菌后，人工接种曲霉糖化菌培养而成的是麸曲。麸曲是国内普遍使用的糖化剂。麸曲具有制曲周期短、糖化力强、对酿醋原料适应性强、出醋率高和制备成本低等优点。麸曲的制备主要有三角瓶曲种制备、种曲制备和麸曲制备三个过程。

(四)其他糖化剂

(1)红曲　在米饭上培养红曲霉制成的红色和黄色曲种即为红曲。红曲被广泛应用于食品增色和酿造红曲醋，如福建红曲醋就是以红曲为糖化剂酿造而成的。

(2)液体曲　液体曲一般以纯培养的曲霉菌为菌种，经深层培养得到的一种含 α－淀粉酶和糖化酶的糖化剂，它使用方便，但不易保存和运输。

(3)淀粉酶制剂　将 α－淀粉酶活力强的枯草芽孢杆菌及糖化酶活力强的黑曲霉分别进行深层培养，经提取干燥而成的固体酶制剂即淀粉酶制剂。其酶活力高，用量少。

五、酒母和醋母的制备

（一）酒母的制备

传统的酿醋工艺依靠自然接入的酵母进行酒精发酵，现代则多采用经纯培养的优质酒母酿造食醋，从而可以稳定生产，提高酒精的产率。酒母的制备主要由试管培养、三角瓶培养、卡氏罐培养和大缸培养四个步骤完成。

（二）醋母的制备

含有大量醋酸菌的培养液即为醋母。醋母的制备主要由斜面试管培养、一级菌种培养、二级菌种培养、三级菌种培养和四级菌种培养五个步骤完成。

六、食醋的酿制

（一）固态发酵法酿制食醋

固态发酵法是我国传统食醋的酿制方法，根据所用的糖化剂种类不同分为大曲醋，小曲醋和麸曲醋。其特点是应用多种微生物进行低温糖化和酒精发酵，酿制的食醋具有香气浓郁，口味醇厚和色深质浓的优点，缺点是劳动强度大，出醋率低，生产周期长。下面以麸曲醋的酿造为例，介绍固态发酵法酿醋。

1. 工艺流程

食醋酿制工艺流程见图 7－8。

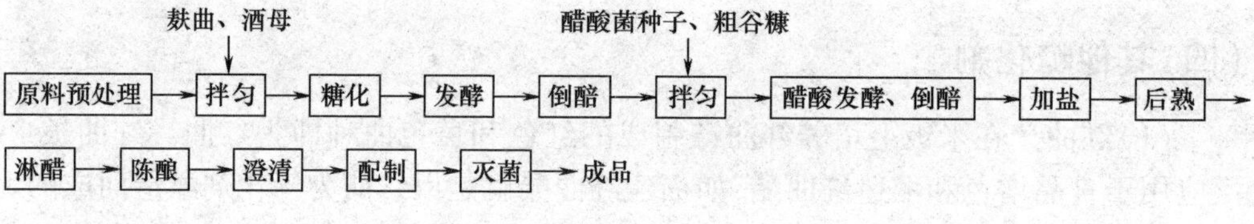

图 7－8　食醋酿制工艺流程

2. 操作要点

（1）原料配比　甘薯干、碎米或高粱等 100kg，细谷糠 175kg，水 400kg，麸曲 50kg，酒母 40kg，粗谷糠 50kg，醋酸菌种子 40kg，食盐 7.5～15kg。

（2）原料预处理　将甘薯干或碎米等粉碎成粉，加细谷糠混合拌匀后加水润料，然后在0.15MPa蒸汽压下蒸煮40min，取出熟料后过筛消除团粒，夏季冷却至30～33℃，冬季冷却至40℃以下。

(3)添加麸曲和酒母　原料冷却后，加入麸曲、酒母和适量水至醋醅的水分含量达到60%～62%，醅温24～28℃。

(4)淀粉糖化、酒精发酵和醋酸发酵　室温保持在25～28℃，醋醅入缸第二天后，品温升至38℃时，应进行第一次倒缸翻醅，然后盖严维持醅温进行淀粉糖化和酒精发酵。此后每天倒醅1次，5～7d后醅温降至33～35℃，表明糖化及酒精发酵基本完成，此时醋醅的酒精为7%～8%。此时，每缸拌入粗谷糠和醋酸菌种子，同时应倒醅。此后每天翻醅一次，可保持空气流通和醅温维持在39～41℃。大约经过12d左右，醅温下降至38℃以下，醋酸含量达到7%以上时，醋酸发酵结束。

(5)加盐　此时应及时在醅料表面撒上食盐。通常情况下，夏季每缸醋醅加盐3kg，冬季加盐1.5kg，拌匀后再放置2d，待醋醅成熟后即可淋醋。

(6)淋醋　淋醋是用水将成熟醋醅的有用成分溶解出来的方法，通常采用"三套循环法"。即用乙组缸内的二醋浸泡甲组缸内的成熟醋醅20～24h，淋出的醋称为头醋；乙组缸内的醋渣即为头渣，用丙组缸淋出的三醋浸泡头渣，淋出二醋；丙组缸剩余的醋渣是二渣，用清水浸泡丙组缸内醋渣，淋出三醋。头醋是食醋的半成品，二醋和三醋用于淋醋。

(7)陈酿　陈酿是醋酸发酵后醋醅和醋液进行贮存和后熟的过程，具体做法是：醋醅陈酿是将成熟醋醅压实后在表面加盖一层食盐，再用泥土和盐卤调成泥浆密封缸面，放置20～30d；醋液陈酿是将醋液（半成品）封存于缸或罐内1～2个月。

(8)配制、灭菌及成品　头醋进入澄清池沉淀得澄清醋液，调整其浓度和成分，使其符合质量标准。采用80℃以上灭菌50min左右，灭菌后迅速降温，包装即得成品。

(二)酶法液化通风回流酿制食醋

1. 酶法液化通风回流制醋的优点

①利用α-淀粉酶将原料淀粉液化后，加入麸曲糖化进行液态酒精发酵，出醋率比一般固态法提高16%左右，便于机械化生产。②醋酸发酵池内有假底并设有通风洞，空气可以自然进入，有利于醋醅的均匀发酵。③假底下积存的低温醅汁会定时回流喷淋在醋醅上，使醅温维持在适宜发酵的温度，弥补了固态发酵法人工倒醅的缺点，降低了劳动强度。

2. 操作要点

(1)配料　碎米1200kg，麸皮1400kg，砻糠1650kg，水3250kg，食盐100kg、酒母500kg，醋酸菌种子200kg，麸曲60kg，α-淀粉酶3.9kg（酶活力以130酶活力单

位/g 碎米计)，氯化钙 2.4kg 和碳酸钠 1.2kg。

(2)水磨和调浆　用水浸泡碎米后，将米与水按 1∶(1.5～2)的比例送入磨粉机，磨成 70 目以上的粉浆，用水泵送入调浆桶，用碳酸钠调节 pH 6.2～6.4，再加入氯化钙和 α－淀粉酶，充分搅拌流入液化锅。

(3)液化与糖化　将浆料加热升温至 85～92℃，保持 10～15min，用碘液检测，如果显棕黄色则表示液化结束。然后杀菌、灭酶(浆料在 100℃下保持 10min)。将液化醪冷却至 63℃左右，加入麸曲，保温糖化 30min 后冷却到 27℃，泵入发酵罐。

(4)酒精发酵与醋酸发酵　糖化醪加水稀释至 7.5～8.5°Bé，调节 pH 至4.2～4.4，接入酒母，在 30～33℃下发酵 64h。酒精发酵结束时，酒醪的酒精含量达 8.5%。将酒醪、麸皮、砻糠和醋酸菌种子用制醅机充分混匀，送入通风回流醋酸发酵池内。面层醅度较低，需行一次松醅。松醅后品温升至 40℃即可进行醋汁回流，使醅温降低。醋酸发酵前期，温度控制在 42～44℃，后期控制在 36～38℃。如果品温升高过快，可将通风洞全部或部分塞住加以控制。通常，醋醅经 20～25d 发酵可以成熟。

(5)加盐和淋醋　醋醅发酵成熟后应立即将食盐撒在醅面上，用醋汁回流溶解使其溶解，从而抑制醋酸菌的氧化作用。然后立即淋醋，用二醋浇淋醋醅，从池底收集头醋，当醋汁酸度降到 5g/100mL 时停止淋醋。头醋收集完后在醅面浇入三醋，收集二醋。最后在醅面浇清水收集三醋。淋出的头醋可配制成品，二醋和三醋供下次淋醋使用。

(6)配制、灭菌及成品　配制和灭菌的方法与固态发酵法制醋相同。

项目六

酱油加工技术

一、酱油的概念与分类

(一)酱油的概念

酱油是以蛋白质原料和淀粉质原料为主料，经微生物发酵酿制而成的具有特殊颜色、香气和风味的调味品。据记载，在周朝就已经开始制作并食用酱油了。明朝万历年间，酱油的生产技术随鉴真大师传入日本，后又相继传入东南亚和世界各地。

酱油的成分比较复杂，除含食盐外，还含有多种氨基酸、糖类、维生素、有机酸、色素及香料等成分。

(二)酱油的分类

根据《酿造酱油》(GB 18186—2000)和《配制酱油》(SB 10336—2012),把酱油产品划分为酿造酱油和配制酱油两大类。

(1)酿造酱油　酿造酱油是以大豆和/或脱脂大豆、小麦和/或麸皮为原料,经微生物发酵制成的具有特殊色、香、味的液体调味品。酿造酱油按发酵工艺不同分为两类:

①高盐稀态发酵酱油(含固稀发酵酱油)。此酱油是以大豆和或脱脂大豆、小麦和/或小麦粉为原料,经蒸煮、曲霉菌制曲后与盐水混合成稀醪,再经发酵制成的酱油。

②低盐固态发酵酱油。低盐固态发酵酱油是以脱脂大豆及麦麸为原料,经蒸煮、曲霉菌制曲后与盐水混合成固态酱醅,再经发酵制成的酱油。

(2)配制酱油　配制酱油是以酿造酱油为主体,与酸水解植物蛋白调味液、食品添加剂等配制而成的液体调味品。

二、酱油生产的原辅料

(一)蛋白质原料

蛋白质原料是微生物生长繁殖的营养物质,是酱油的营养成分和鲜味的来源。酿造酱油一般选择大豆、脱脂大豆作为蛋白质原料,也可以选用其他蛋白质含量高的原料来代替,如豌豆、蚕豆、花生饼、葵花籽饼和鱼粉等。

(二)淀粉质原料

淀粉质在酱油酿造过程中分解为糊精和葡萄糖,葡萄糖经酵母菌和细菌发酵,产生各种醇类和有机酸,进一步形成各种酯类,形成酱油的风味。残余的糖类和氨基酸经美拉德反应产生酱油的颜色。传统酱油的生产以面粉和小麦为淀粉质原料,也可采用麸皮或麸皮加部分小麦粉为原料以节约粮食。含有淀粉较多且无毒、无害的谷物,如薯干、玉米、碎米、大麦等均可作为酿造酱油的淀粉质原料。

(三)食盐

在酱油中加入食盐不仅可以提供咸味,食盐还可与氨基酸共同给予酱油鲜味。另外,食盐在酱醅发酵过程中还起到抑制杂菌的作用,在成品酱油中有防腐的作用。

(四)水

作为酿造酱油用的水必须符合饮用水标准。

三、酿制酱油的微生物

酿制酱油的微生物主要有曲霉、酵母菌和乳酸菌。制曲和酱醅(酱醪)发酵是酿造酱油的两个重要阶段。在制曲阶段,米曲霉分泌和积累的酶参与酱油色素和风味的形成;在酱醅发酵阶段,酵母菌和乳酸菌的发酵产物乳酸对酱油风味的形成有重要作用。

(一)曲霉

目前,我国酿造酱油所用的曲霉菌主要有米曲霉,也有黑曲霉和甘薯曲霉合用的。

(1)米曲霉　米曲霉是曲霉属中的一个种,属好气性微生物,最适生长温度为37℃,最适 pH 为6.5~6.8。

(2)黑曲霉　黑曲霉属于黑曲霉属黑曲霉群,可产生复杂的酶系,如蛋白酶、淀粉酶、脂肪酶、纤维素酶等,它能分解有机物生成多种有机酸,如柠檬酸和葡萄糖酸等。

(3)甘薯曲霉　甘薯曲霉属于黑曲霉群,最适生长温度为37℃,具有活性较强的淀粉酶系和单宁酶系。

(二)酵母

目前,从酱醅中分离出来的酵母菌有7个属23个种,其中对酱油香气和风味的形成起重要作用的酵母菌多属于鲁氏酵母和球拟酵母属。

(1)鲁氏酵母　鲁氏酵母是一种耐高渗透压的酵母,它能在含食盐14%的培养基中生长,最适生长温度为28~30℃,最适 pH 为4~5。鲁氏酵母能发酵葡萄糖及麦芽糖生成酒精、甘油、琥珀酸,并进一步由醇生成酯、糠醇等,增加酱油的风味。

(2)球拟酵母　在酱醅发酵后期糖浓度和 pH 逐渐降低,鲁氏酵母细胞发生自溶,释放出细胞内酶和其他成分,促进了球拟酵母的生长和繁殖。球拟酵母是酯香型酵母,主要参与酱醪的成熟,能生成酱油的香气和风味成分。

(三)乳酸菌

酱油中的乳酸菌是能在酱醅中生长的耐盐性细菌,可将糖类转化为乳酸,参与酱油的成熟。与酱油发酵关系密切的乳酸菌主要有酱油片球菌、酱油四联球菌和植质乳杆菌。其最适生长温度为30~35℃,最适 pH 为7.0~7.2。在酱油的发酵过程中,乳酸菌发酵糖类产生的乳酸,与乙醇作用生成乳酸乙酯,是构成酱油香气的重要成分。

四、种曲的制备

(一)种曲制备

种曲是制酱油曲的种子,在适宜条件下由试管斜面菌种经逐级扩大培养而成。种曲制造是酱油制曲的前提,因此要求种曲纯度高、孢子多、发芽快、发芽率高。

(1)感官指标　①外观。孢子生长旺盛,米曲霉呈新鲜的黄绿色,黑曲霉呈新鲜的黑褐色,无杂菌生长的异色。②气味。具有种曲特有的曲香,无酸味、霉味、氨味等不良气味。③手感。用手捏碎种曲有孢子飞扬,手感疏松,内部无硬心。

(2)理化指标　①水分。自用种曲含水量低于15%,出售种曲含水量低于10%。②孢子数。用血球计数板法测定,孢子数25~30亿个/g种曲(湿基计)。③孢子发芽率。孢子发芽率在90%以上。

(二)制曲

制曲的实质是创造米曲霉适宜的生长条件,使其大量繁殖,分泌出酿造酱油用的各种酶类,如蛋白酶、淀粉酶、脂肪酶、纤维素酶、果胶酶、氧化酶、谷氨酰胺酶等,这些酶类决定了发酵过程中的生物化学变化的进程和方向。制曲方法可分为固体曲和液体曲两种。

(1)固体曲　该法使用广泛,制曲方法有厚层通风制曲、曲盘制曲和圆盘式机械制曲等。

①厚层通风制曲。厚层通风制曲法具有曲层厚,设备利用率高,机械化程度高,节约人力和成曲酶活力强等优点,大多数企业普遍采用此法制曲。

②曲盘制曲。用曲盘作为制曲容器,通过自然风和倒盘实现供氧和控制温度。曲盘制曲的特点是原料料层较薄,设备利用率低,劳动强度大。

③圆盘式机械制曲。圆盘式机械制曲的特点是可以自动翻曲、自动调节温、湿度,机械化程度高。圆盘式机械制曲已在日本普遍使用,在我国也有很多企业使用,效果较好。

(2)液体曲　液体曲是采用液体培养基接入米曲霉进行培养的一种方法。液体曲法适合于管道化和自动化生产,不足之处是酿制的酱油色浅、风味欠佳。

五、酱油的酿制

酱醪是成曲拌入大量盐水后形成的浓稠的半流动态的混合物;酱醅则是成曲拌入少量盐水后形成的不流动状态的混合物。酱油发酵的方法很多,分类方法也有多种:

(1)根据发酵时加水量的不同　酱油可以分为稀醪发酵法、固态发酵法和固稀发酵法。

(2)根据加盐量的不同　酱油可以分为有盐发酵法、低盐发酵法和无盐发酵法。

(3)根据发酵时是否加温　酱油可以分为自然发酵法和保温速酿发酵法。

目前,大多数酱油生产企业普遍采用低盐固态发酵法,因为采用此法酿造的酱油质量稳定,风味好,发酵周期短。下面以低盐固态发酵法为例介绍酱油的发酵工艺。

(一)低盐固态发酵工艺

最初酱油酿造多采用高盐发酵,并且依赖日晒夜露,酱醅成熟时间较长,一般需要1年左右,但生产出的酱油风味较好。经过长期的研究试验,低盐固态发酵工艺综合了几种发酵工艺的优点,具有蛋白质利用率高、产品质量稳定和管理方便等优点。这种工艺方法目前已成为国内酱油发酵的主体工艺。

1. 工艺流程

低盐固态发酵工艺酿制酱油工艺流程见图7-9。

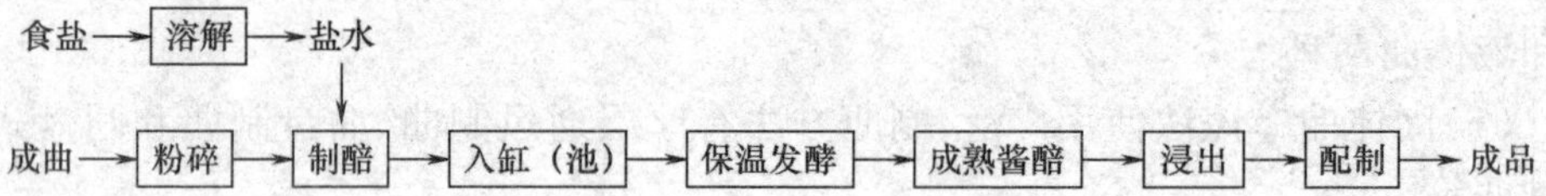

图7-9　低盐固态发酵工艺酿制酱油工艺流程

2. 操作要点

(1)食盐水的配制　用波美计测定盐水的浓度。制酱醅用盐水量的计算方法如下:

$$盐水量=\frac{曲质量\times(酱醅要求水分/\%-曲含水量/\%)}{(1-氯化钠含量/\%)-酱醅要求水分/\%}$$

通常情况下,用于低盐固态发酵法制醅的盐水浓度为11～13°Bé,而有盐发酵法制醅的盐水浓度则高达20°Bé。

(2)制醅入池　将成曲用制醅机粉碎成2mm左右的均匀颗粒,有利于水分迅速渗入曲内。粉碎的成曲与55℃左右的盐水(12～13°Bé)按一定比例拌和,酱醅的起始发酵温度为42～44℃,它是蛋白酶的最适作用温度。酱醅铺于池底约10cm厚,应略干、疏松、不黏。当铺到10cm以上后可以逐渐增加盐水的用量,使成曲充分吸收盐水。

在低盐固态发酵中,酱醅的含水量以52%～53%为宜,食盐含量以6%～7%为宜。但是,由于制曲原料的差别、成曲质量不同等原因,含水量可适当调整。

另外,为了使蛋白酶和谷氨酰胺酶充分发挥作用,酱醅的 pH 以 6.5 ~6.8 为宜。如果曲的酸度过大,可用适量的碱加以调整。

(3)保温发酵及管理　低盐固态发酵可分为前期水解和后期发酵两个阶段。

①前期水解阶段。前期水解阶段主要是曲料中的蛋白质和淀粉在酶的作用下被水解。因此,前期品温应控制在蛋白酶的最适作用温度(42 ~45℃),维持 10d 左右完成水解。曲料入池后的第二天,开始进行浇淋,每天 1 ~2 次,以后可减少浇淋次数至 3 ~4d/次。浇淋是用泵抽取渗流在假底下的酱汁并回浇于酱醅表面层的过程。浇淋使酱汁均匀地透过酱醅下渗,从而增加酶与底物的接触,促进底物分解,同时起到调节品温的作用。

②后期发酵阶段。后期发酵的主要目的是利用耐盐乳酸菌和酵母菌的发酵作用形成酱油的风味。进入后发酵阶段时,应补加适量的浓盐水至酱醅的含盐量达到 15% 左右,同时,降低酱醅温度至 30 ~32℃。此时,将酵母菌培养液和乳酸菌培养液浇淋于酱醅上,也可以利用野生的酵母菌和乳酸菌进行发酵,直至酱醅成熟。在此期间,需要进行数次酱汁浇淋。通常,发酵阶段需要 14 ~20d。

整个低盐固态发酵的周期为 25 ~30d。如果想缩短发酵周期,需要提高酱醅的温度。即入池后第一周保持 42 ~45℃ 品温,以后逐渐升至 51 ~52℃,并维持至发酵结束。整个发酵周期仅需 14 ~15d,酱油出品率有所增加。但后期的高温不适合酵母菌的增殖和发酵,因此酱油的风味较差。

3. 发酵设备

酱油发酵的设备主要包括发酵室、发酵容器和制醅机等设备。

(1)发酵室　发酵室是容纳发酵容器的场所。要求发酵室结构坚固、地质坚硬,距离曲室近,有良好的保温、排水和通风装置等。为方便各工序紧密连接,通常设计为楼上制曲、楼下发酵。

(2)发酵容器　发酵容器通常有发酵缸、发酵罐和发酵池三种。①发酵缸。发酵缸容积小,易保温。②发酵罐。发酵罐有钢制夹层水浴发酵罐、水池式钢制水浴发酵罐和钢制移动式水浴发酵罐等。③发酵池。发酵池通常是方形、长方形或圆形的地上式钢筋混凝土结构。离池底 20cm 处设有假底,假底下面有用于加热保温的蒸汽管。

(3)制醅机　俗称落曲机或下池机,主要作用是将成曲粉碎后拌和盐水成醅,再将其送入发酵容器。制醅机一般由机械粉碎、斗式提升及绞龙三部分联合组成。

(二)酱油发酵中的生物化学变化

酱油的发酵过程是利用米曲霉、酵母菌和乳酸菌分泌的酶系的作用,将原料中的蛋白质、淀粉等物质降解,此过程发生了一系列的生物化学变化,形成了酱油特殊的色、香、味。

1. 发酵过程中的生物化学变化

(1)蛋白质的水解　酿造酱油用的蛋白质原料经蛋白酶作用后,逐步水解为小分子蛋白质和氨基酸。有些氨基酸可以呈味,如谷氨酸和天冬氨酸具有鲜味,丙氨酸、甘氨酸和色氨酸具有甜味,它们共同形成了酱油的味道。

米曲霉分泌的蛋白酶以中性蛋白酶和碱性蛋白酶为主,因此发酵时应防止 pH 过低,否则会影响蛋白质的水解作用,导致原料蛋白质的利用率低,影响产品质量。

(2)淀粉质的糖化　制曲后残留的淀粉质原料在发酵过程中,被微生物分泌的淀粉酶水解为糊精、麦芽糖和葡萄糖等的混合物。同时,豆粕(或豆饼)中的蔗糖可水解成果糖,麸皮原料中的多缩戊糖也能水解成五碳糖,这些成分不仅赋予酱油甜味,糖与氨基酸通过美拉德作用也会形成酱油的颜色。因此,淀粉质原料充足,糖化作用完全,酿造的酱油体态浓厚,香气和甜味好。

(3)酒精的发酵　酒精发酵主要是酵母菌的作用。酱油酿造中的酵母菌主要来源于空气。在 30℃左右的条件下,酵母菌能发酵酱醅中的葡萄糖产生酒精、甘油和琥珀酸等。生成的酒精一部分挥发散失,一部分被氧化成有机酸,一部分与氨基酸和有机酸等化合形成酯,还有一些残留在酱醅中,这与酱油香气的形成密切相关。

(4)有机酸的发酵　酱油中有机酸主要来源于乳酸菌、霉菌、醋酸菌和酵母菌等的共同作用。适量的有机酸可以增加酱油的风味。酱油风味谐调的总酸量为 1.5g/100mL 左右。

2. 酱油颜色的形成

酱油的颜色由发酵过程中产生的各种色素混合而成,美拉德反应(非酶褐变)和酶促褐变反应是酱油色素形成的主要途径。

(1)美拉德反应　美拉德反应是酱油色素形成的最主要途径,参与反应的氨基化合物主要是氨基酸、肽、蛋白质及胺类等,羰基化合物有单糖、醛、酮及多糖分解产物等。适当提高温度和延长发酵时间可以促进酱油色素的形成。

(2)酶促褐变　酶促褐变是形成酱油色素的另一重要途径。蛋白质原料被水解为氨基酸,其中的酪氨酸在酚酶的催化作用下氧化生成黑色素,颜色比美拉德反应生成的类黑色素要深。在酱油酿造过程中,酶促褐变主要发生在发酵后期。

3. 酱油香气的形成

酱油的香气主要是通过后期发酵形成的,酱油的香气成分大多属挥发性成分,如醇、酯、酚、醛、有机酸和呋喃酮等;其次为不挥发性的酯类,如脂肪酸乙酯等。淀粉质原料是酱油呈香物质的主要来源。

4. 酱油呈味物质的形成

酱油的味道包含着咸、鲜、甜和酸味。酱油的鲜味主要来源于氨基酸中的谷氨酸的钠盐和天冬氨酸的钠盐,微生物细胞内的核酸水解产生的鸟苷酸和肌苷酸钠盐也是强鲜味物质。酱油含糖量 3 ~ 4g/100mL,主要是葡萄糖、果糖和麦芽糖等,一些甜味氨基酸如甘氨酸、丙氨酸、苏氨酸、丝氨酸、脯氨酸等和甘油也赋予酱油甜味。酱油的总酸含量在 1.5g/100mL 左右,如果超过 2g/100mL,将产生不良口感。

5. 酱油的体

酱油的体即指酱油的浓稠度、澄清度、有无沉淀物,俗称体态或骨分。酱油的体由各种可溶性固形物组成。其中,无机物以食盐为主要成分;有机物由可溶性蛋白质、氨基酸、糊精、糖分及有机酸等成分组成。除食盐外的固形物统称为无盐固形物。无盐固形物含量越高,酱油的质量越好。我国优质酱油的无盐固形物含量要求在 20g/100mL 以上。

六、酱油的浸出与调制

(一)酱油的浸出

固态发酵的酱醅成熟后,一般采用浸出法将可溶性物质溶出。浸出是固态发酵酿造酱油过程中不可缺少的生产工序,主要包括浸泡和淋油两个步骤。

1. 工艺流程

酱油调制工艺流程见图 7 - 10。

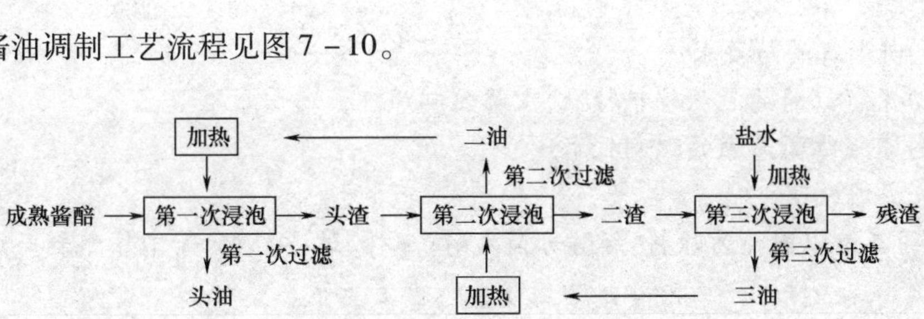

图 7 - 10　酱油调制工艺流程

2. 操作要点

(1)将上批生产的二油(5 倍豆饼原料用量)加热至 70 ~ 80℃,注入成熟酱醅中,加盖,保持品温在 55℃以上浸泡 2h,酱醅逐渐上浮散开。浸泡 20h 后,由池底部放出头油,浸出头油后的余渣称为头渣。

(2)向头渣中加入预热至80~85℃的三油,浸泡8~12h后滤出二油,浸出二油后的余渣称为二渣。

(3)用80℃以上的清水浸泡二渣2h左右,滤出三油,三油用作下批浸泡头渣来提取二渣。头油用于配制产品,二油和三油则用于浸醅提油,此法称为“三套循环淋油法”。

(二)酱油的调制

从酱醅中淋出的头油称为生酱油,每批生产的头油质量不等,需要经过加热及调制等工序才能得到各个等级(一级、二级、三级)和花色的酱油成品。

(1)酱油的加热　加热酱油具有杀菌灭酶,调整香气、增加色泽和清除热凝固性沉淀物的作用,使酱油的质量更加稳定。

通常,酱油的加热温度为65~70℃,保持30min,也可采用80℃连续灭菌或间歇加热式灭菌,这种条件可以杀灭产膜酵母和大肠杆菌等有害菌。如果酱油中添加了核酸等调味料,需在80℃保持20min,才能破坏酱油中的核酸水解酶(磷酸单酯酶)。

(2)酱油的配制　适量添加防腐剂、甜味料、助鲜剂、酱色、酱香等添加剂。酱油配制得当,可以起到稳定酱油质量,降低成分,节约原料和提高出品率的作用。

实验实训

实训一　红葡萄酒的加工

一、实训目的与要求

(1)了解红葡萄酒原辅料特性,理解酿制原理;

(2)掌握红葡萄酒的酿制技术。

二、实训原理

葡萄酒是以葡萄为原料,经酵母菌发酵、压榨、过滤、陈酿等工序酿制而成的饮料酒。

三、实训材料与设备

(1)实训材料　葡萄、白砂糖、鸡蛋。

(2)仪器与设备　台秤、温度计、不锈钢盆、发酵罐、手持折光仪、酒精计、纱布、木棒、胶皮管和软木塞等。

四、工艺流程

红葡萄酒加工流程见图7-11。

葡萄→ 分选 → 去梗、破碎 → 主发酵 → 压榨 → 除果渣 → 后发酵 → 换桶、陈酿 → 调配 →
澄清 → 装瓶、杀菌 →成品

图7－11　红葡萄酒加工工艺流程

五、操作要点

(1)原料分选　选择含糖量高、酸度适中、香味浓、颜色深的成熟葡萄作原料，要求无病果、烂果。

(2)去梗、破碎　将葡萄冲洗干净、晾干至表面没有水珠。将葡萄挤破，去梗，将葡萄浆连带葡萄皮一同放入发酵缸中，盖上盖子。为防止发酵旺盛时汁液溢出容器，果浆的添加量不得超过容积的80%。

(3)主发酵　发酵开始后，每天用木棒或筷子搅拌几次，将果皮、果柄等浮在缸表面形成的酒帽压下，使各部分发酵均匀。发酵启动后1～2d内，放入相当于发酵葡萄重量1/20的白糖，将糖浸入葡萄汁中搅拌均匀。放糖的作用是提高酒精度。发酵启动后3～4d时，再放入相当于发酵葡萄重量1/20的白糖，即两次放的糖的总重量为葡萄重量的1/10，将糖浸入葡萄汁中搅拌均匀。主发酵需要在26～30℃的温度下发酵7～10d，此时发酵缸中很少有气泡上浮，说明酒精发酵完成。

(4)压榨　利用虹吸式法将酒抽入经洗净消毒的贮酒容器中，用纱布将酒帽中的酒榨出，榨出的酒也混入贮酒容器中，注意留有1/10的空隙，盖子不要盖得很紧。

(5)后发酵　葡萄酒在22℃左右进行后发酵。发酵时可见洁白、细腻的少量泡沫上升。当糖分下降至0.1%～0.2%时(15d左右)，后发酵完成。

(6)换桶、陈酿　后发酵完成后进行第二次分离，除去沉淀，转入陈酿。陈酿时要求温度为15～20℃，相对湿度为80%～85%，保持通风。陈酿初期，每3个月换桶1次，以后半年换桶1次，陈酿半年至2年不等。

(7)调配　经过陈酿的葡萄酒逐渐趋于成熟，酒味醇和。根据需要对原酒的酒度、糖度、酸度进行调配。一般上市的红葡萄酒的含糖量为12%～14%，酒度为16°。酒度用同品种蒸馏酒调配，酸度可用柠檬酸或中性酒石酸调配，糖度用白砂糖调配。

(8)澄清　葡萄酒配制好后应过滤澄清。自然澄清需要很长时间，可采用加胶的方法进行人工澄清。加胶量为每100 L葡萄酒加3～4个蛋清。加蛋清前，要将蛋清打成沫状，加少量酒搅匀，再加入酒中充分搅拌均匀，静置8～10d。

(9)装瓶、杀菌　把酒装入预先消毒的酒瓶中，放入温度为60～70℃的热水中保温15～20min，取出冷却后即可保存成品。

实训二 啤酒的加工

一、实训目的与要求

(1)了解啤酒原辅料特性;

(2)熟悉啤酒加工设备,掌握啤酒加工技术。

二、实训原理

绿麦芽经过糖化制成麦芽汁,麦芽汁经啤酒酵母发酵成啤酒。

三、实训材料与设备

(1)实训材料　大麦芽500g、酒花3~4g、啤酒酵母泥12.5g。

(2)仪器与设备　台秤、温度计、恒温水浴锅、不锈钢锅、电炉、粉碎机、冰箱、搅拌器、过滤器、生化培养箱、手持糖度计。

四、工艺流程

啤酒加工工艺流程见图7-12。

大麦芽→粉碎→糖化→麦芽汁→煮沸、添加酒花→主发酵→后发酵→澄清→杀菌→成品

图7-12　啤酒加工工艺流程

五、操作要点

(1)大麦芽粉碎、糖化　将500g麦芽用粉碎机粉碎,加入2.5 L水搅拌均匀,放入水浴锅内加热至50℃,保持3h左右。每隔30min搅拌一次。经3h后,每隔10min取一滴麦芽汁与碘反应,若无蓝色出现,说明淀粉已转化成麦芽糖,糖化结束。

(2)麦芽汁制备　立即将醪液升温至76~78℃,趁热用纱布过滤;用少量热水浸泡、洗涤滤渣,过滤去掉滤渣。将两次过滤的总滤液混合。

(3)煮沸、添加酒花　将麦汁加热煮沸30min,在麦芽汁煮沸过程中添加酒花搅匀,再煮沸。麦汁的pH控制在5.2~5.7为宜,冷却至6~8℃备用。

(4)主发酵　取250mL麦汁放入经过消毒处理的烧杯中,加入12.5g酵母泥混匀,放入20~25℃生化培养箱中培养12~24h,经常搅拌,待发酵旺盛时,倒入不锈钢锅中,加入所有的麦汁进行发酵。在7℃下发酵20h后,液面开始有白色泡沫升起,称为起泡;经过2~3d后,泡沫越来越多,即为高泡期;延续2~3d后,泡沫逐渐下降,称为落泡,发酵终点pH为4.2~4.4。口尝发酵液,应感到啤酒醇厚柔和,有麦芽香和酒花香,此时发酵液温度为4~5℃。

(5)后发酵　主发酵是在敞口容器中进行的,二氧化碳不易保持。为了使残余的糖分完全发酵,促进酒的成熟和酒液澄清,需将嫩酒密封贮藏。方法是:待嫩啤酒沉淀后,用细棉布过滤,装入啤酒瓶。在3~5℃温度下,经10~15d密封发酵,即得成熟啤酒。

(6)澄清(过滤)　经过后熟的成熟啤酒,其残余的酵母和蛋白质等物质都沉

积于瓶底部，少量悬浮于酒中，必须经过分离才能长期贮存。

(7)杀菌　澄清啤酒经60～62℃，保温杀菌30min，冷却至30～35℃，即得成品。

实训三　糯米酒的加工

一、实训目的与要求

(1)了解糯米酒原辅料质量要求；

(2)掌握糯米酒加工技术。

二、实训原理

糯米蒸熟由红曲糖化发酵，经压榨、澄清、陈酿等工序制得糯米酒。

三、实训材料与设备

(1)实训材料　蒸布、箩筐、麻布、糯米1kg、红曲60～70g。

(2)仪器与设备　台秤、温度计、蒸锅、酒坛、木棒、酒箩、不锈钢盆。

四、工艺流程

糯米酒加工工艺流程见图7－13。

选米→浸泡→蒸饭→拌曲装坛→发酵→压榨→澄清→陈酿→成品

图7－13　糯米酒加工工艺流程

五、操作要点

(1)选米、浸泡　优质糯米1kg用清水浸泡。冬季水温在15℃以下，浸泡14h；夏季水温在25℃以下，浸泡8h。以米粒浸透、无白心为准，夏季更换1～2次水，防止变酸。

(2)蒸饭　在蒸屉上铺好干净的蒸布，用箩筐捞起糯米冲清白浆，沥干后摊在蒸布上。蒸饭时火力要猛，至上齐大汽5min后，向米层泼洒适量的清水，再蒸10min，至饭粒膨胀发亮、松散柔软、嚼不沾齿时方可出锅。

(3)拌曲装坛　米饭出锅后，摊在干净的台面上冷却，待温度降至36～38℃时，分两批拌入红曲60～70g。温度控制在21～22℃，米饭加水1.6～1.7kg后装入酒坛，搅匀后加盖糖化。

(4)发酵压榨　在发酵过程中，米饭及红曲会涌上表面，因此，每隔2～3d要用木棒搅拌，把米饭等压下水面，并用麻布盖住坛盖，使其更好地发酵。发酵20～25d后，酒液开始澄清，坛内散发出浓厚的酒香，表明发酵基本结束。此时，将酒醅装入酒箩内压榨，分离酒糟。

(5)澄清陈酿　经过沉淀的酒装入小口大肚的酒坛内，盖紧坛口，放置在酒房内陈酿。经过30d作用，陈酿完毕，即可开坛提酒。

实训四 米醋的加工

一、实训目的与要求

1. 了解米醋原辅料特性；

2. 掌握米醋加工技术。

二、实训原理

糯米蒸熟后由酒曲药发酵，经加水醋化、成品着色等工序制得米醋。

三、实训材料与设备

(1)实训材料　糯米500g、酒药20g、湿淀粉800g、鲜酒糟800g、麸皮500g、谷糠500g、块曲200g、酵母100g、食盐60g。

(2)仪器与设备　台秤、温度计、蒸锅、蒸布、陶坛、箩筐、不锈钢盆、麻布。

四、工艺流程

米醋加工工艺流程见图7-14。

糯米→配料→蒸熟→拌曲→入坛发酵→加水醋化→陈酿→配制→灭菌→成品

图7-14　米醋加工工艺流程

五、操作要点

(1)蒸熟拌曲　用清水浸泡糯米，冬春气温低于15℃时，浸泡12~16h；夏秋气温低于25℃时，浸泡8~10h。然后蒸至米粒膨胀发亮，松散柔软、嚼不粘牙。出锅后用清水冲饭降温，沥干后，摊铺在干净台面上，冷却后拌入酒曲药。

(2)入坛发酵　原料拌曲后倒入坛内，室温保持在25~28℃。冬春季节，坛外应加盖麻布保温，夏秋季节应注意通风散热。发酵24h后即可闻到轻微的酒香，36h后酒液逐渐渗出，色泽金黄，甜而微酸，酒香扑鼻，表明糖化完全。

(3)加水醋化　发酵过程中，糖化和酒化同时进行。前期以糖化为主，后期以酒精发酵为主。为使糖化彻底，应继续发酵3~4d，促使生成更多的酒精。当酒液开始变酸时，1kg米饭或淀粉中加清水4~4.5kg，降低酒精浓度，以促进醋酸菌的生长繁殖。

(4)陈酿　陈酿时间：冬春季节一般为40~50d，夏秋季节为20~30d，醋液即变酸成熟。此时表面有一层薄膜，酸味刺鼻。成熟品上层醋液清亮橙黄，中下层醋液为乳白色，略有混浊，两者混合即为头醋。

(5)配制、灭菌及成品　将头醋沉淀后得澄清醋液，调整其浓度和成分，在85℃下保温50min左右，灭菌后迅速降温，包装即得成品。

思考题

1. 利用微生物获得发酵食品,必须具备哪几个条件?
2. 续渣法大曲酒生产和清渣法大曲酒生产的不同点是什么?
3. 啤酒生产中,麦汁糖化的方法有哪些? 啤酒过滤常采用哪些方法?
4. 酱油颜色的形成途径有哪些?
5. 如何调整葡萄原汁的成分?
6. 影响食品发酵微生物生长的因素有哪些?
7. 简述传统发酵法酿制葡萄酒的工艺流程和操作要点。
8 . 简述固态发酵法酿醋的工艺流程和操作要点。

模块八
食品加工新技术

知识目标

1. 了解现代食品生物技术在食品工业中的应用概况；
2. 熟悉食品加工新技术的概念与原理及其在食品加工中的应用。

技能目标

1. 增强新技术在食品工业企业中的灵活应用意识；
2. 养成随时关注食品科技发展最新动态的良好习惯。

项目一
食品加工新技术

一、超临界流体萃取技术

超临界流体能溶解不挥发性物质的现象，最早是在超临界乙醇溶解碘实验中发现的(1879 年)，将这种现象应用于萃取和分离的研究始于 1955 年，后来称之超临界流体萃取。超临界流体萃取由于具有有机溶剂萃取所不具备的各种特点，作为一种新的萃取技术，在食品、药品、香料等工业被迅速而广泛地应用于萃取与分离天然产物中的特定目标成分以及产品的精制，如咖啡豆的脱咖啡因、各种香料的提取、辣椒的处理、红花油的提取等。

(一)超临界流体萃取的概念、原理及特点

1.超临界流体萃取的概念

流体处于其临界温度(CO_2 为31℃)和临界压力(CO_2 为 7.4×10^3kPa)之上的状态,是一种非气非液状态,处于这种状态的流体,称为超临界流体(Supercritical Fluid 简称 SCF 或 SF),如图 8-1 所示。超临界流体萃取(Supercritical Fluid Extraction 简称 SCFE 或 SFE)就是利用流体在临界点附近所具有的特殊性质进行物质的分离提取的一项应用技术。

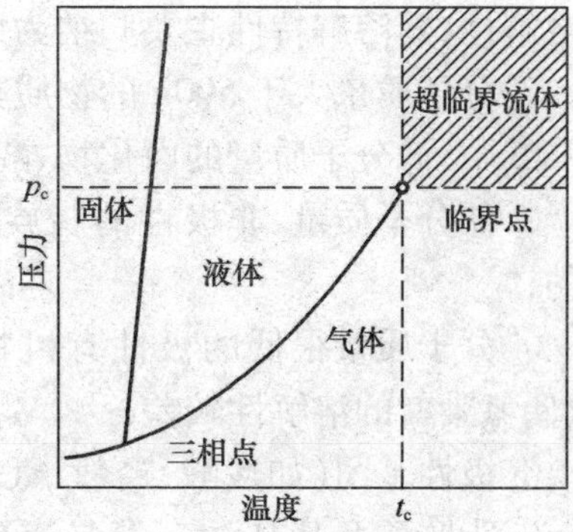

图 8-1　纯物质的三相图(CO_2)

2.超临界流体萃取的原理及特点

(1)超临界流体萃取的原理　由于超临界流体的密度与通常液体溶剂的密度相近,因而超临界流体具有与液体相近的溶解能力。同时它又保持气体所具有的传递特性,即比液体溶剂渗透得更快,渗透得更深,能更快地达到平衡。

操作参数主要为压力和温度,而这两者比较容易控制。在临界点附近,压力和温度的微小变化将会引起流体密度很大变化,并相应地表现为溶解度的变化。因此,可以利用压力、温度的变化来实现萃取和分离的过程。

(2)超临界流体萃取的特点

①可以在较低的温度下提取,适用于高温变性、分解物质的提取;

②萃取流体不残留,安全性高;

③溶媒可循环利用,可省略脱溶工序,节省能源。

超临界 CO_2 密度大,溶解能力强,传质速率高;其临界压力适中,温度接近室温,特别适应于热敏性、易氧化物质的分离提取;价廉易得,无毒,不易燃;极易从萃取产品中分离等优点。因此,在食品工业上,一般以 CO_2 作为萃取溶剂。其操作压力和温度条件随被萃取的物质不同而有较大的差异。

(二)影响超临界流体萃取的因素

(1)物料粉碎粒度　适度的粉碎粒度,可以增加固体与溶剂的接触面积和萃取通道,提高萃取率;但过细的粒度会增大原料的堆积密度,通透性变差,影响萃取效率,甚至可能造成萃取无法进行。

(2)萃取压力、温度　由于超临界流体的操作温度和压力决定了其密度及溶

解度。压力越高,流体密度越大,其溶解能力越强,但压力受设备制造、安全性等因素限制。温度对溶解度的影响有正负两方面的效应。温度升高一方面可增加溶剂的挥发度和扩散系数,则其溶解度提高;另一方面,CO_2 的密度随之下降,致使溶解能力降低。在较高的 CO_2 密度下(如 40℃及高于 20.0MPa 的压力条件下),SCF - CO_2 表现出强的溶解性而选择性降低。

(3)被萃取物本身的性质　CO_2 作为超临界萃取溶剂对不同的溶质具有不同的溶解性,其溶解特性主要归纳为以下几点:

①分子质量大于 500u 的物质具有一定的溶解度;

②中、低分子质量的卤化物、醛、酮、醇、酯、醚非常易溶;

③低分子质量、非极性的脂族烃(20 碳以下)及小分子的芳烃化合物是可溶解的;

④分子质量很低的极性有机物(如羧酸)是可溶解的,酰胺,脲、氨基甲酸乙酯、偶氮染料的溶解性较差;

⑤极性基团(如羧酸、羟基、氨基)的增加通常会降低有机物的溶解性;

⑥脂肪酸及其甘油三酯具有较低的溶解性,单酯化作用可增加脂肪酸的溶解性;

⑦同系物中溶解度随分子质量的增加而降低;生物碱、类胡萝卜素、氨基酸、水果酸和大多数无机盐是不溶的。

(4)CO_2 的流量　CO_2 流量增加时,其与料液的接触搅拌作用增强,传质系数和接触面积都相应增加,改善流体在物料中的流动状态,提高传质效率。但流量过大时,CO_2 耗量增加,提高生产成本。

(5)萃取时间　CO_2 流量一定时,随萃取时间延长,萃取物的得率增加。但当萃取一定时间后,由于萃取对象中待分离成分含量减少而使萃取率逐渐下降,再延续时间,则总萃取量无明显变化。因此,在确定萃取时间时,应综合考虑设备能耗和萃取率的关系。

(6)夹带剂　又称提携剂(entrainer)、共溶剂等。它的少量加入能明显改变 SCF 体系的相行为,特别是可以增大某些在 SCF 中溶解度很小的物质的溶解度,同时也可降低 SCF 的操作压力或减少 SCF 的用量。但夹带剂的使用会因萃取物中夹带剂的分离及残渣中夹带剂的回收而增加设备及能耗。故是否选用夹带剂及添加种类、数量等问题都应慎重决定。

(7)分离压力及分离温度　萃取过程之后,就必须使 SCF 的密度降低,以选择性地使萃取物在分离器中分离出来。一般有三种方法:①恒压升温;②恒温降压;③降压升温。

当压力不变时,随温度的升高,CO_2 携带物质的能力降低,很容易将萃取物质分离出来,但选择性差,且易造成挥发性强的物质随 CO_2 散失的可能性越大,亦对热敏性成分不利。

当分离压力降低时，$SCF-CO_2$ 的密度降低，从而使已溶解在其中的萃取物在分离釜中分离出来，但随着工作压力的降低，分离率则趋向平衡。分离压力不同，萃取物的化学组分也会有一定的差异。对于用单级分离效果不佳的萃取物，应考虑进行两级甚至多级分离，具体的优化操作条件必须通过实验求得。

（三）超临界流体萃取系统和萃取的基本流程

1. 超临界流体萃取系统

主要由四部分组成：

（1）溶剂压缩机（高压泵）；

（2）萃取器；

（3）温度、压力控制系统；

（4）分离器或吸收器。

其他辅助设备包括：辅助泵、阀门、背压调节器，流量计、换热器等。

2. 超临界流体萃取的基本流程

三种不同分离方法的超临界萃取基本流程示意图如图 8－2 所示。

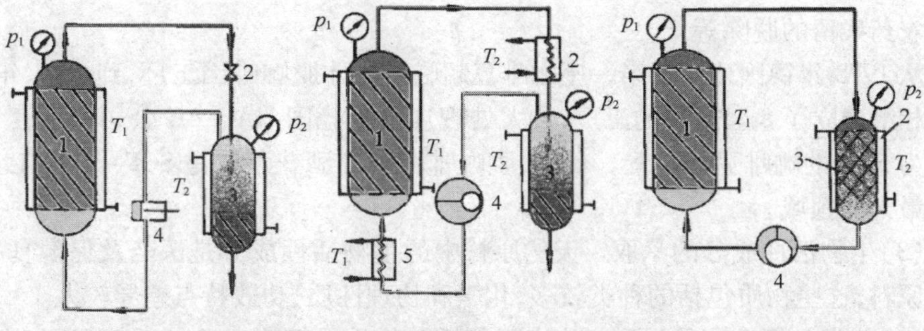

图 8－2　三种不同分离方法的超临界萃取装置基本流程图

（a）等温法　$T_1=T_2$　$p_1>p_2$　1—萃取釜　2—减压阀　3—分离釜　4—压缩机

（b）等压法　$T_1<T_2$　$p_1=p_2$　1—萃取釜　2—加热器　3—分离釜　4—高压泵　5—冷却器

（c）吸附法　$T_1=T_2$　$p_1=p_2$　1—萃取釜　2—吸收剂（吸附剂）　3—分离釜　4—高压泵

（1）等温法或变压法（图 8－2a）　是温度不变，控制压力的一种系统。超临界萃取是在产品溶质的溶解度最大时的压力下进行的，然后溶液通过减压阀降压，溶质在超临界流体中的溶解度降到最低，在分离器中分离出来，溶剂可经再压缩进入萃取器循环使用。

（2）等压法或变温法（图 8－2b）　是压力不变，控制温度的一种系统。富含溶质的超临界流体经热交换器加热后温度升高，溶质的溶解度降低，溶质亦可在分离器中分离收集。

(3)吸附法(图8-2c) 它包括在定压绝热条件下，溶剂在萃取器中萃取溶质，然后，溶质借助合适的吸附材料如活性炭等加以吸收。

实际上，除了上述三种方式之外，尚有同时控制温度和压力的方式。这三种方法的选用取决于所分离的物质及相平衡。试验研究时溶剂气体可以不回收，工业生产时溶剂气体需要循环利用。

(四)超临界流体萃取技术在食品工业上的应用

(1)天然香料的萃取 超临界流体萃取法因可能制备出近乎完美的"天然"香料而倍受人们的重视。实际上在天然香精方面的应用已成为SFE-CO_2法工业最广泛的领域。据统计，目前天然香料CO_2萃取研究涉及150多个品种，已商业化生产有40多个品种。

天然产物中通常含有许多不同的化学成分。对同一天然产物用不同方法提取得到的制品，其组分是不同的。

(2)从食品原料中脱除有害成分 从食品原料中脱出有害成分包括：①从咖啡、茶叶中脱除咖啡因；②从奶油、鸡蛋中去除胆固醇；③从蛋白质中脱除脂肪；④甜橙精油中不稳定成分萜烯的脱除；⑤酿酒原料脱脂；⑥烟草脱尼古丁；食品原料中农药残留的脱除等 。

从1978年德国建立了第一座咖啡豆超临界流体脱咖啡因工厂，到1991年，世界上相继建立了8套这样的工厂，最大处理规模是德国HAG AG公司的一套年处理量为50kt的咖啡豆的装置。目前，脱咖啡因和啤酒花萃取是SCF-CO_2工业化规模最大的领域。

(3)生物活性成分的萃取 天然原料中的生物活性成分是医药及保健食品的理想原料，这些物质包括的种类较多，化学和物理性质、功效特点差异较大。

(4)萜类与挥发油的提取 许多天然活性物质属于这一类，也是SCF-CO_2研究较多的一类。虽然这类物质化学成分颇不一致，但因其沸点较低，分子量不大，极性小，在SCF-CO_2中有良好的溶解性能，大多数都可以用纯CO_2直接萃取，所需操作温度一般较低，避免了有效成分的破坏或分解。因此，不仅产品质量佳而且收率也较传统方法高得多。如人参皂苷、姜油、大蒜精油等的萃取。

(5)黄酮类化合物的提取 银杏叶黄酮、茶多酚等物质具有广泛的生物活性。但银杏黄酮是含多个羰基的极性化合物，相对分子质量大多在500以上，银杏内酯是脂溶性成分。单独使用SCF-CO_2很难达到满意效果和提取物标准。以乙醇为夹带剂时，能较大幅度地增加银杏叶中有效成分的提取效率。且随着乙醇用量的增加，萃取效率提高。在对黄酮萃取的同时，还可以将有害成分银杏酚除去。

(6)功能性油脂类提取 一些植物种子及海产品中含有大量多不饱和脂肪

酸、天然脂溶性维生素(维生素 E、β - 胡萝卜素)等。这些物质在 $SCF-CO_2$ 中的溶解度较大,比较容易萃取获得,且在萃取过程中氧化损失少。如小麦胚芽油、沙棘油、亚麻籽油、猕猴桃籽油提取,海藻 β - 胡萝卜素提取,鱼油多不饱和脂肪酸提取等。

其他活性物质的提取还有从油脂脱臭馏出物中分离植物甾醇,蛋黄卵磷脂提取等。

(7)动植物油的萃取分离　在 40 ~ 80℃,8 ~ 61MPa 条件下,用超临界 CO_2 萃取大豆油、玉米胚芽油和米糠油,与常规的溶剂萃取法相比,得到的大豆油产品油色清亮,铁磷等杂质含量低,不需再精炼。

(8)大蒜油的 $SCF-CO_2$ 研究　大蒜主要活性成分是存在于大蒜精油中的蒜素,主要有大蒜素、大蒜新素及多种烯丙基、丙基和甲基组成的硫醚化合物,还含有柠檬醛,牻牛儿醇、芳樟醇、α - 水芹烯、β - 水芹烯、丙醛、戊醛等。大蒜精油具有活血化淤,清热解毒,杀菌抑菌,防癌抗癌等功效。大蒜油树脂不仅含有大蒜精油,还含沸点较高的倍半萜及代表辛香味的树脂成分。

对 $SCF-CO_2$ 萃取大蒜精油及油树脂做了系统研究,得出结果如下:大蒜超临界 CO_2 萃取工艺条件为加料量 400g,添加 2 ~ 3g 蒜皮,料理机粉碎至 3 ~ 4mm,萃取压力 19MPa,萃取温度 35℃,静态浸提 50min,动态循环 50min,在分离温度为 35℃,分离(Ⅰ)压力 8MPa,分离(Ⅱ)压力 6MPa 下分离。

(9)猕猴桃籽油的 $SCF-CO_2$ 提取　猕猴桃籽是猕猴桃加工企业的副产物,出籽率在 1.6% ~ 2.0%。经测定,种籽中粗脂肪含量达 29.60%,其中 α - 亚麻酸含量高达 60% 以上,这是除亚麻籽油和苏子油外,又一新型高 α - 亚麻酸的功能性油脂。

试验考察了投料量、原料粉碎度、萃取压力、温度、CO_2 流量、萃取时间、分离温度及原料含水量等因素对猕猴桃籽油提取率的影响,用超临界 CO_2 萃取猕猴桃籽油较适宜的工艺参数为:40 目与 60 目分样筛之间的原料粒径,一次投料量 300g,萃取压力 25 ~ 35MPa,萃取温度 40 ~ 45℃,CO_2 流量 25kg/h,分离温度 30℃。

(10)核桃油的 $SCF-CO_2$ 萃取　通过对影响核桃油萃取的几个主要因素进行研究后,得出超临界 CO_2 流体萃取核桃油的最佳工艺条件为:物料粉碎度 30 目、萃取压力 30MPa、萃取温度 45℃、萃取时间 5h,分离温度 50℃,分离压力 8MPa,CO_2 流量 40L/h。

在此条件下核桃油的萃取率可达 93.98%。萃取和压榨两种提取方法对核桃油脂肪组分含量影响不大,萃取油的碘价高于压榨油,而其他指标均低于压榨油;超临界流体萃取油在贮藏过程中质量指标变化比压榨油缓慢,质量优于压榨油。将超临界流体萃取的核桃油制成微胶囊可在常温下贮存。

(五)超临界流体萃取技术的发展方向

超临界流体萃取技术的今后发展方向主要有以下几个方面。

(1)进一步强化用于食品萃取处理的溶剂限定,包括辅助溶剂,使无溶剂残留的超临界 CO_2 萃取法的应用范围更加广泛。

(2)鉴于环境污染问题,应考虑将超临界流体技术应用于除萃取有用物质以外的被污染物质的去除。

(3)将超临界气体的应用扩大至超临界水的利用,超临界水可以将纤维等高分子物质分解为低分子物质,这对资源的高度利用具有很重要的意义。

二、膜分离技术

(一)概念

膜分离技术是用半透膜作为选择层,允许某些组分透过而截留混合物中的其他成分,从而达到分离的技术。是对液-液、气-气、液-固、气-固体系中不同组分进行分离、纯化与富集的多学科交叉的新兴边缘学科高效分离技术。

(二)膜分离技术的历史与发展

膜分离现象在200多年前就已经发现。20世纪上半叶出现了制造滤膜的企业,但膜分离技术的大发展和工业应用是在20世纪60年代以后,其发展历史大致为:20世纪30年代微孔过滤、40年代透析、50年代电渗析、60年代反渗透、70年代超滤、80年代气体分离、90年代渗透汽化或称渗透蒸发。目前,世界膜市场的75%分布在美国、欧洲和日本。20世纪80年代后膜分离技术的工业化应用迅速发展,新发展了膜蒸馏和渗透蒸馏等膜分离过程。

(三)三种膜分离过程的定义与分离原理

(1)微滤　利用筛分原理,分离、截留直径为0.02~10μm大小的粒子的膜分离技术,即滤膜的孔径为0.02~10μm。

(2)超滤　超滤的分离原理也可基本理解为筛分原理,但有些情况下受到粒子荷电性和荷电膜相互作用的影响,它可分离分子质量300~1000000u的可溶性大分子物质,对应孔径为1~20nm(0.001~0.02μm)。

(3)反渗透　在高于溶液渗透压的压力作用下,只有溶液中的水透过膜,而所有溶液中的大分子,小分子有机物及无机盐全被截留住。理想的反渗透被认为是无孔的,它分离的基本原理是溶解扩散(也有毛细管流学说),膜孔径为0.1~1nm。

(四)膜分离的特点

膜分离设备简单,操作方便、无相变、无化学变化,节能高效,它是一个物理单元操作过程,特别适用于热敏性的食品体系及食品成分的分离、纯化、浓缩和富集。

其特点可归纳为如下几点：

①处理效率高，设备易于放大；

②可在室温或低温下操作，适宜于热敏感物质的分离浓缩；

③化学强度与机械损害最小，减少失活；

④无相转变，省能；

⑤有相当好的选择性，可在分离、浓缩的同时达到部分纯化的目的；

⑥选择合适的膜与操作参数，可得到较高回收率；

⑦系统可密闭循环，防止外来污染；

⑧不外加化学物，透过液（酸、碱或盐溶液）可循环使用，降低了成本，并减少对环境的污染。

（五）膜的分类及膜分离技术在食品工业中的应用

1. 膜的分类

（1）按膜的来源分　①天然膜；②合成膜。

（2）根据材料分　①醋酸纤维膜；②聚合膜；③无机膜；④共混膜；⑤复合膜。

（3）按膜断面的物理形态分　①对称膜；②不对称膜（指膜的断面不对称）；③复合膜（通常是用两种不同的膜材料，分别制成表面性层和多孔支撑层）。

（4）按膜的形状分　①平板膜；②卷式膜；③管式膜；④中空纤维膜。

2. 膜分离技术在食品工业中的应用

膜分离研究的任务就在于寻找同时具有高渗透率和高选择性的膜，具有坚固性、温度稳定性、耐化学和细菌侵蚀、低成本的膜材料。目前醋酸纤维素膜和聚酰胺膜应用极为广泛。

现代膜分离技术在食品工业中的应用不仅改革了传统加工工艺，简化操作，降低成本，而且提高了产品的质量，增加了产品的品种。

（1）乳制品加工　各种加工前的浓缩、乳清分离等。

（2）肉食加工废弃物的利用　从血清中回收血清蛋白、动物胶提取、废水中有用物质的回收。

（3）酿造行业的应用　酱油的分离。

（4）酿酒行业的应用　低度酒澄清处理、超滤作为啤酒的冷杀菌手段、回收酵母等。

（5）在饮料工业中的应用　水质处理、果蔬饮料、澄清豆乳蛋白质浓缩回收、天然物质的提取。

据统计，膜分离技术在食品工业中的应用占各工业应用总数的68%，其中乳品业占37%，果汁加工业占18%，盐水淡化占8%。膜技术在食品加工中应用得越来越多,已跨入了各生产领域与科技领域,取得了很好的经济效益和社会效益。

三、分子蒸馏技术

(一)概念

分子蒸馏也称短程蒸馏,是一种特殊的液－液分离技术,能在极高真空下操作,使液体在远低于其沸点的温度下将其分离,特别适用于高沸点、热敏性及易氧化物系的分离。

(二)分子蒸馏技术特点

由于分子蒸馏技术具有蒸馏温度低于物料的沸点、蒸馏压强低、受热时间短、分离程度高等特点,因而能大大降低高沸点物料的分离难度,极好地保护了热敏性物料的品质。

(三)分子蒸馏技术的应用

分子蒸馏可广泛地应用于国民经济的各个方面,特别适用于高沸点和热敏性及易氧化物料的分离。目前可应用分子蒸馏技术生产的产品在数百种以上,现已成功应用于:

(1)分离混合油脂,可获纯度达90%以上的单甘油酯,如硬脂酸单甘酯、月桂酸单甘酯、丙二醇酯等;

(2)提取脂肪酸及其衍生物,生产二聚脂肪酸,从动植物中提取天然产物如鱼油、米糠油、小麦胚芽油等;

(3)处理天然香料,脱臭、脱色、提高纯度,使天然香料的品位大大提高;

(4)分子蒸馏技术还可应用于其他食品加工过程,如天然维生素E的浓缩精制、高碳脂肪醇的精制、牛乳内酯的获取、二聚脂肪酸的制取、米糠中有效成分的分离等。

四、超微粉碎技术

(一)超微粉碎的概念和特点

(1)超微粉碎的概念　①粉碎:利用机械或流体动力的方法克服固体内部凝聚力使之破碎的单元操作。②微粉碎:原料粒度5～10mm,成品粒度100μm以下。③超微粉碎:原料粒度0.5～5mm,成品粒度10～25μm。

(2)超微粉碎的特点　①速度快可低温粉碎;②粒径细且分布均匀;③节省原

料，提高利用率；④减少污染。

(二)超微粉碎的原理

通过对物料的冲击、碰撞、剪切、研磨等手段，施于冲击力、剪切力或几种力的复合作用，达到超细粉碎的目的。其工艺过程有一次粉碎和二次粉碎。一次粉碎就是在一台设备上同时完成粉碎、筛选、分离、再粉碎的过程。二次粉碎是先对物料进行粗粉碎，然后再采用超细粉碎机完成超细粉碎加工，其工艺流程大致为：原料→筛选→清选→干燥→粗粉碎→超细粉碎→风选分级→超细粉体产品。

(三)超微粉碎的方法

以压缩空气或过热蒸汽，通过喷嘴产生的超音速高湍流气作为颗粒的载体，颗粒与颗粒之间或颗粒与固定板之间发生冲击性积压、磨擦和剪切等作用从而达到粉碎的目的。借助与运动的研磨介质（磨介）所产生的冲击，以及非冲击式的弯折挤压和剪切等作用力，达到物料颗粒粉碎的过程。磨介式粉碎过程主要为研磨和摩擦，即挤压和剪切。其效果取决于磨介的大小、形状、配比、运动方式、物料的填充率、物料的粉碎力等特性。

(四)超微粉碎的应用

(1)通过对纤维的微粒化，能明显改善纤维食品的口感和吸收性，从而使食物资源得到了充分的利用，而且丰富了食品的营养。

(2)动物骨、壳、皮等通过超微粉碎后得到的微粉属有机钙，比无机钙容易被人体吸收、利用。

(3)蟹壳、虾壳、蛆等的超微粉末可用作保鲜剂、持水剂、抗氧化剂等，改性后还有许多其他功能特性。

此外，超微粉碎技术可开拓食用动物资源的范围，例如，可将其应用在蛇、蚂蚁、蚯蚓、蜂蛹、蚕蛹等营养保健食品的开发中。

五、微胶囊技术

(一)概述

(1)微胶囊及微胶囊技术　微胶囊是指一种具有聚合物壁壳的微型容器或包装物。微胶囊技术（micro encapsulation technology）是用可以形成胶囊壁或膜的物质对固体、液体或气体等核心物质进行包埋和固化的技术。

(2)微胶囊技术的原理　微胶囊技术的原理是根据物质的不同物理和化学性能，用一种性能较稳定的物质作为壁材，将性能不稳定的物质（心材）在一定的条件下包埋起来，当壁材溶解、溶化或破裂时，心材便从壁材中释放出来，被人体所充分利用。

被包埋的物质称为核心或芯材，胶囊化的材料称为壁材。微胶囊按直径的大小通常可分为超细胶囊（mm）、微胶囊（μm）、纳米胶囊（nm），它们的基本技术都与微胶囊技术有关。微胶囊的理想形状为球形，但受原有材料结构的影响，有时呈米粒状、块状、针状或折叠状等不规则形态。胶囊化后的微粒，由于内核外有保护层，可避免光、热、氧等外界环境的影响，最大限度地保持被包埋材料原有的色香味和生物活性，延长贮存期并方便应用。

（3）微胶囊技术的发展　微胶囊技术出现于20世纪30年代，最初主要应用于医药工业，最先申请专利的是1936年美国大西洋海岸渔业公司提出的用液体石蜡制作鱼肝油微胶囊。从20世纪50年代起，美国利用凝聚法微胶囊技术，成功地研制出无碳复写纸、微胶囊汽油，此后微胶囊技术的应用领域迅速扩展，成为当今用途广泛而又发展迅速的新技术，其理论和实践日趋成熟。食品工业的微胶囊技术应用主要是通过包埋一些风味物质、营养物质、色素、调味料、具生理活性物质等，有效提高食品的质量，解决食品加工领域中某些难题，促进了食品工业的发展。

（4）微胶囊技术的优点　①隔离活性成分，保护敏感物质，有效减少这类物质受外界环境因素（如光、氧气、水等）影响而失效的程度；②减少芯材向环境的扩散或蒸发；③控制芯材的释放；④掩蔽芯材的异味；⑤改变芯材的物理性质（如颜色、形状、密度、分散性能）、化学性质等；⑥对食品材料的质构有改善作用，可提高风味物质的利用率。

（二）微胶囊的壁材与芯材

微胶囊技术实质上是一种包装技术，包装效果的好坏与壁材的选择紧密相关，应用于食品微胶囊的理想壁材应具有以下几个方面的性能：①即使在高浓度下也具有良好的流动性，保证在微胶囊化过程中有良好的可操作性；②能够乳化芯材并能稳定所产生的乳化体系；③在加工过程以及贮藏过程中能够将芯材完整地包埋在其中；④易干燥、易脱落；⑤具有良好的溶解性；⑥安全性高、经济性好。

单独一种壁材很难同时具备以上的性能，因此在微胶囊技术中常常采用几种壁材复合使用。可作壁材的材料有无机和有机材料。但常用的壁材如表8－1所示，主要是一些天然高分子化合物、纤维素及其衍生物、合成高分子化合物。壁材的选择要根据芯材的性质，基本原则是：芯材是水溶性的，壁材就应是非水溶性的，反之亦然。

（1）碳水化合物　麦芽糊精、玉米淀粉糖浆虽然本身不具备乳化能力，成膜性较差但它们具有在高浓度时黏度也较低的特点，因此常和其他具乳化能力的壁材相配合，提高体系的固形物浓度，有利于降低干燥能耗，减少生产成本。环状糊精也不具备乳化能力，但其分子中的疏水空腔能与具一定大小、一定形状的疏水性分子形成稳定的非共价复合物,从而起到稳定芯材、掩盖芯材异味的作用。若单独以β-环状糊精为壁材,得到的微胶囊产品的溶解性不佳,环状糊精的改性增溶已成为微胶囊技术的研究热点之一。蔗糖具有溶解速度快、热稳定性高、价格低、来源广等特点,在微胶囊技术的挤压法、共结晶法中常被用来作为壁材。

表8-1　　微胶囊常用的壁材物质

碳水化合物	胶体物质	蛋白质	纤维素	合成高分子
麦芽糊精	阿拉伯胶	酪蛋白	CMC	聚乙二醇
环状糊精	刺槐树胶	氨基酸	甲基纤维素	聚乙烯醇
玉米淀粉糖浆	海藻胶	大豆蛋白	乙基纤维素	聚苯乙烯
单糖、双糖、多糖	海藻酸钠	明胶	硝酸纤维素	聚丙烯酰胺
改性物质	褐藻酸钠			

在作为壁材的碳水化合物中唯一具有乳化性能的是辛酰基琥珀酸化淀粉,它的分子结构中同时包含了亲水基团,还具有高固形物浓度时黏度低的特点,且已被美国FDA正式批准在食品和药品中使用,是一种较理想的碳水化合物类壁材,但目前的来源基本上是依靠进口。

(2)胶体物质　许多胶体物质可作为高脂食品、香料、汤料等的包埋剂。阿拉伯胶由于含有约1%具乳化性的蛋白质,能乳化芯材,而且溶解性好,因此在微胶囊技术中的用途最广泛,研究也较多。黄原胶虽然没有乳化能力,但具有在溶液中黏度较大、有利于改善乳化液的流变性、增加乳化体系的稳定性等特点,在微胶囊技术中可作为增稠剂,提高固形物的黏度,有利于在喷雾干燥过程中形成较大的雾滴,便于降低生产成本,是一种较为实用的微胶囊壁材辅料。海藻胶、瓜儿豆胶、卡拉胶等不具有乳化能力,对芯材的包埋能力有限,而且效率不高,使用时需要与其他具乳化性能的壁材物质复配。

(3)蛋白质　蛋白质具有较好的乳化性,能够在两相界面形成有良好黏弹性的界面膜,从而能有效地促进微胶囊过程。

明胶既是亲水胶体,又是一种重要的蛋白源。明胶具有乳化性、成膜性、易溶性等特点,符合作为胶囊壁材对蛋白质的要求,且来源广,价格低。因此是目前微胶囊技术中应用最为广泛的蛋白源,也是许多食品中的重要功能性成分。酪蛋白的乳化能力虽然较强,但溶解性不够好,不能单独作为壁材使用。大豆蛋白是一种分子量较大的球状蛋白,在制备O/W乳状液时能定向吸附到O/W界面形成较强的界面膜,但是在形成乳化油滴过程中,其球状结构会因受热而展开,使大量憎水基团暴露,导致在水相的溶解性降低。因此作为主要壁材使用时,产品的溶解性欠佳。采用酶法对大豆蛋白进行改性处理,可有效地提高大豆蛋白的溶解性。即通过酶水解,打断大豆蛋白质分子的主链,在减小分子的同时,肽键也发生断裂,体系内的亲水基团大大增加,从而使分子的亲水性增加,达到改善溶解性的目的。

(4)纤维素　纤维素及其衍生物主要作为水溶性食品添加剂(如甜味剂、酸味剂)以及酶或细胞的包埋剂。

(三)微胶囊化技术方法

微胶囊化技术大致可分为化学法、物理法、机械法等三大类,具体方法有20多种。现简单介绍几种常用的方法。

1. 化学法

(1)界面聚合法　又称为界面反应法,界面聚合发生在两种不同的聚合物溶液之间。即将两种活性单体如油溶性单体和水溶性单体分别溶解在不同的溶剂里,使其中之一单基物变成乳化液滴而分散,然后在乳化体系里(W/O型或O/W型)加入另一种的单体,使之在表面重合并造膜,通过加热、减压、搅拌、溶剂萃取、冷冻、干燥等方法将壁材中的溶剂去除,形成囊壁,再与介质分离得到微胶囊产品。

常见的反应过程为:在水不相溶有机体系中加入单体A,组成油相→将油相分散至水相中,使其成微小油滴状→加入可溶于水的单体B→搅拌整个体系→水相与油相界面处发生聚合反应→在油滴表面形成聚合物薄膜→去除油相溶剂,使油相聚合物的芯材表面硬化成壁→油被包埋在薄膜中,得到含油的微胶囊。

反之,如果将含有单体B的水溶液分散到油相中,使其分散成非常小的水滴,再将单体A加入到油相中,则可得到含水的微胶囊。即利用界面聚合法可以使疏水材料的溶液或分散液微胶囊化,也可以使亲水材料的水溶液分散液微胶囊化。界面聚合法在整个过程中,没有激烈的反应、急剧的pH变化、干燥条件的急剧变化等,比较适合对环境变化、条件变化敏感的物质胶囊化,该法已成为一种较新型的微胶囊化技术。

(2)分子包埋法　主要是利用具有特殊分子结构的β-环状糊精(β-CD)做壁材,包埋其他物质的一种分子水平的微胶囊技术。β-CD是由7个葡萄糖分子以α-1,4糖苷键结合而成具有环状结构的麦芽低聚糖,其独特的环状结构形成了中间部位疏水,外表亲水的特性,当被埋物质的分子尺寸和理化性质与空腔匹配时,在范德华力和氢键的作用下形成稳定的包含物。分子包埋法加工的微胶囊产品,在干燥状态下稳定,温度达200℃也不会分解;在湿润状态下,芯材容易释放出来,适用于食品的加香,如包埋香精、香料等。

2. 物理法

(1)相分离法(凝聚法)　其主要原理是:将作为壁材的液相从连续相中分离,包裹于芯材表面,形成囊壁结构。根据芯材物质的水溶性,可分为水相分离法和非水相分离法。水相分离法的原理是两种带相反电荷的胶体彼此中和而引起相分离。由于微胶囊化是在水溶液中进行,故芯材必须是非水溶性的固体粉末或液体。明胶是水相分离法常用的壁材,当水溶液的 pH 大于明胶的等电点时,明胶为聚阴离子;而当水溶液的 pH 小于其等电点时,明胶则为聚阳离子。当溶液体系中存在其他电解质时,阿拉伯胶、海藻酸钠、琼脂、甲基纤维素等一般为聚阴离子。两种带相反电荷的胶体发生相互作用,在芯材表面形成凝聚相,从而实现微胶囊化;非水相分离法(有机溶液体系相分离法)主要是把壁膜物质的高分子溶解在较好的溶媒中,添加芯材物质使其充分分散,然后再添加高分子非溶媒化合物或者添加一种相当于非溶媒、能诱起相分离的液体高分子,如乙醇、液体石蜡、硅胶油、己二醇等,使体系产生相分离后胶囊化。也可以通过改变体系温度,调节高分子的溶解度,使其发生相分离。在非水相分离法中,壁膜高分子物质的形成大体要经过:加入高分子非溶媒→加入与形成高分子壁膜不相溶的第二高分子→变化温度→蒸发溶媒等几个步骤。利用该法的关键是选择合适的溶媒,以取得较好的微胶囊化效果。

(2)粉床法(粉体造膜法、熔融体·液体表面被覆法)　粉床法的一般步骤为:用溶剂湿润芯物质的粉体→加入壁材充分混合→筛分分离多余的壁材→膜的强化→胶囊化,该法在食品加工中利用较多。疏水性粉体有淀粉加工品、乳糖加工品等,形成微胶囊时一般是往处于干燥状态的粉体上滴入水滴或其他液滴,使液滴的表面被粉体所包围形成膜状物。

3. 机械法

(1)喷雾干燥法　该法较早应用于微胶囊技术,目前使用比较普遍。其工艺方法是先将芯材物质分散在已经液化的壁材溶液中,使之充分混合,然后将混合液送入干燥室,经高压喷嘴被雾化,雾化液滴与热空气接触,使溶解芯材的溶剂被迅速蒸发,壁材凝固形成微胶囊。尽管喷雾干燥时的温度较高(180~400℃),但核心温度低于100℃,故在包埋风味剂时,仅是部分低沸点风味成分受若干损失,大部分风味成分可较好保留,因此比较适于热敏物质的微胶囊化。

喷雾干燥法的工艺过程简单,成本较低,处理量大,比较适合于大规模工业化生产,缺点是因微胶囊产品的颗粒较小而导致溶解度下降,需喷入湿蒸汽进行二次附聚。

(2)喷雾冷冻法　又称为喷雾造粒法或喷雾凝固法,其原理与喷雾干燥法相似,即都是先将芯材物质分散在已经液化的壁材溶液中,使之充分混合,不同之处是溶剂的去除采用喷雾冷冻的方式。该法的工艺特点在于使用远低于壁材凝固点的低温空气,雾化液滴与低温空气接触后凝固,水分以升华的方式被除去。喷雾冷冻法既可用于水溶性芯材如酶、水溶性维生素、酸味剂等的微胶囊化,也可用于固体芯材,如硫酸亚铁、固体风味料等的微胶囊化,还可用于难溶于一般溶剂的生理活性物质的微胶囊化。此法的主要优点是能包埋保护一些热敏性物质和易挥发物质。

(3)挤压法　将芯材物质分散于熔化的糖类物质中,再将其挤压成细丝状放入脱水溶液中,使糖类物质被凝固,芯材被包埋于其中,然后经破碎、分离、干燥即得成品。挤压法属低温微胶囊化技术,对风味物质的损害较小,特别适合于对热不稳定物质的包埋,如香精、香料、维生素 C、色素等,但产品的得率低于喷雾法,只有 70%。

4. 注意事项

选择具体的微胶囊化方法时,要特别注意以下几点:

(1)芯材的可润湿性和分散性　采用凝聚法时,芯材的可润湿性可以说是决定微胶囊化成败的关键,如果液体芯材在凝聚液中很难溶解,即润湿性很差,这样包埋率就很低;又如喷雾干燥包埋时,如果芯材不能很好地均匀分散在水溶性的聚合物溶液中的话,也会影响包埋率。

(2)壁材的渗透性、弹性和可溶性　聚合物的渗透性决定芯材能否释放及释放的速率;弹性与产品的形状保持有较大关系,制成的微胶囊产品必须具有一定的强度,能经受一定的外力作用。

(3)芯材的释放方式　在微胶囊化之前就必须考虑芯材的释放方式,根据芯材的释放方式选择适宜的壁材。芯材的释放方式有溶解、熔融、研磨、扩散、光解等。

(4)安全与成本问题　用于食品微胶囊的壁材,首先要考虑安全性,必须选用无毒、无害的物质作为壁材;在保证微胶囊品质的前提下,尽可能选用成本较低的壁材,壁材的厚度、颗粒密度、包埋率等因素都会影响到成本。

(四)微胶囊技术在食品加工中的应用

微胶囊技术在食品加工中的应用有的已达到工业化水平,主要产品有:

(1)微胶囊化风味剂　食品的风味和香气是食品的主要品质指标之一,又是在加工过程中极易损失的成分,通过微胶囊化,可以有效地保护风味成分和控制风味物质的挥发以及香味物质的释放速度。如液体香料微胶囊化转变成固态后,挥发性降低、抗氧化能力和水溶性提高,可以更好地分散到食品物料中。薄荷油、柠檬油、橘子油、茴香油、花椒油等许多液体香精制成的微胶囊风味剂在食品加工中已有应用,保香率可提高 50% ~95%。

(2)微胶囊化酸味剂和甜味剂　食品中常见的酸味剂有柠檬酸、苹果酸、酒石酸、乳酸和醋酸等。有的酸味剂具有一定的刺激性,直接在食品中使用会对风味有一定的影响。另外,结晶状柠檬酸等具有较强的吸湿性,易吸水结块而影响使用。某些甜味剂也很容易受温度和湿度的影响,结块或甜味丧失,如阿斯巴甜受热易分解而失去甜味、山梨糖醇和木糖醇等多元糖醇的吸湿性较大,易吸湿结块,这类问题给加工带来诸多不便。采用微胶囊技术使酸味剂和甜味剂微胶囊化后,使它们与外界环境隔离,在提高稳定性的同时,还可控制释放速度。美国目前已将微胶囊化酸味剂应用于焙烤食品、肉制品、固体饮料等产品中,产品的质量有了明显的提高。

(3)微胶囊化营养强化剂　食品中的一些营养物质在加工和贮藏过程中,易受加工条件和外界环境因素的影响而损失,如氨基酸、维生素、矿物质等,为提高食品的营养价值,往往需要进行强化处理。而微胶囊化不失为一种较好的强化办法,如经微胶囊化的碘制剂具有较高的稳定性,可用于碘盐、碘片和其他食品中,能有效防止因加热而挥发,且成本较低。

(4)微胶囊化防腐剂　食品中常用的防腐剂有苯甲酸钠和山梨酸钾,这两种防腐剂的防腐效果与介质 pH 有很大的关系,一般在酸性条件下的使用效果较好。但时常会因介质 pH 的下降而影响产品的品质。防腐剂微胶囊化后就可减轻彼此的相互影响,并可通过控制防腐剂的释放速度,保持长效。此外,还可将一些具有杀菌作用的挥发性物质微胶囊化后置于包装食品内,在贮藏过程中物质缓慢挥发产生的气体对包装内起到杀菌防腐的作用。如日本已研制开发出质量分数为 6% 的乙醇微胶囊,杀菌能力相当于 70% 的乙醇,将这种乙醇微胶囊装入密封的包装中,通过胶囊的缓慢释放作用,使包装内保持一定浓度的乙醇蒸气,可有效延长食品的保质期。

(5)微胶囊生理活性剂　许多具有生理活性物质的性质很不稳定,容易受光、热、氧气、pH 等因素的影响而失去生理活性,微胶囊技术的应用,使这类生理活性物质的稳定性明显改善,能更好地在食品加工和贮藏过程中保持其生理活性,从而更有效地发挥其生理活性作用和使用价值。在这方面已成功的例子有双歧杆菌微胶囊、螺旋藻微胶囊等。

六、挤压膨化技术

(一)概念与机理

挤压膨化技术是按照预先设计的目标,将调配均匀食品原料通过螺旋挤压机完成输送、混合、加热、质构重组、熟制、杀菌、成型等多种加工单元,从而取代传统食品加工方法。物料在挤压机内受到强烈挤压、剪切和磨擦作用,使温度和压力渐渐增大,当这些物料在机械作用下通过一个专门设计的模具时,压力骤降而发生喷爆,使之形成具有多孔海绵状态。

(二)特点及应用

挤压膨化技术自 20 世纪问世以来,在食品工业中得到广泛应用。它具有产品种类多、生产效率高、成本低、产量高、质量好、无废弃物、可实现生产全过程的自动化和连续化操作等特点,是膨化食品加工技术发展的一个方向。现在,国内外食品行业中多采用同向旋转的双螺杆挤压机。据报道,目前美国挤压膨化食品的销售额已超过10亿美元。我国在挤压技术方面,已研究开发出适应高蛋白、高油脂、高水分的挤压加工机械,用于生产各类工程肉、水产、谷物早餐等食品。

七、食品超高压加工技术

(一)概念与机理

(1)超高压　指在100~1000MPa之间的压力,某些国家称为"高压"。

(2)食品超高压加工技术　是指在常温或较低温度下将食品及食品物料包装后密封于超高压容器中,以水或其他液体介质作为传递压力的媒介物,在100~1000MPa的静高压下作用一段时间后,使食品中的酶、蛋白质和淀粉等生物高分子物质失去活性、变性或糊化,同时杀死微生物的过程,达到食品灭菌、加工和保藏的目的。

(二)特点及应用

高压处理技术是用对食品进行非热加工的处理技术,相对于热加工食品而言,可避免营养成分和重量的损失,对食品的风味物质、色素等各种小分子物质的天然结构及水解物质均无影响。该技术工艺简单、操作简便、节约能源。在日本已应用该技术处理大豆蛋白质和生理活性物质,形成蛋白质的可逆性作用,达到杀菌的目的。与其他食品加工技术相比,超高压处理可以促进或延缓一些化学及生化反应,从而改变生物聚合物的特性。

能应用于食品行业的高新技术还有很多,如超声技术、高压水切割技术、真空冷冻干燥技术、微波技术、纳米技术、真空包装技术、辐照杀菌技术等,这些技术也是世界范围内研究开发活跃的高新技术,有着十分广阔的应用前景,值得研究与开发。

项目二

现代生物技术在食品工业中的应用

一、现代生物技术

生物技术包括传统生物技术和现代生物技术。传统生物技术包括酿造、酶的使用、抗生素发酵、味精和氨基酸工业等,被广泛应用于生产多种食品如面包、乳酪、啤酒、葡萄酒以及酱油、米酒和发酵乳制品。现代生物技术是20世纪70年代初在分子生物学、生物化学、生化工程、微生物学、细胞生物学和电子计算机技术基础上形成的综合性技术，主要包括基因工程、细胞工程、发酵工程、蛋白质工程、酶工程。

(一)基因工程

基因工程又称基因拼接技术和DNA重组技术，是以分子遗传学为理论基础，以分子生物学和微生物学的现代方法为手段，将不同来源的基因按预先设计的蓝图，在体外构建杂种DNA分子，然后导入活细胞，以改变生物原有的遗传特性、获得新品种、生产新产品。基因工程技术为基因的结构和功能的研究提供了有力的手段。

生物技术在食品工业中的应用首先是基因工程的应用，即以DNA重组技术或克隆技术为手段，实现动植物、微生物等的基因转移或DNA重组，以改良食品原料或食品微生物。

1967年一种高淀粉含量的马铃薯新品种问世，标志基因工程食品首次出现在食品市场；

1979年，人们将重组的牛生长激素注射到乳牛体中，可提高其产乳量而不影响品质；

20世纪80年代，美国、西德、阿联酋的研究人员又发现使用病原菌生产转基因植物的方法，可借助这种病原菌将新的基因转入植物体中；20世纪90年代，基因工程胰凝乳酶应用于干酪的生产，这标志着第一例基因工程食品被人们所接受。

(二)细胞工程

细胞工程是指应用现代细胞生物学、发育生物学、遗传学和分子生物学的理论与方法，按照人们的需要和设计，在细胞水平上的遗传操作，重组细胞的结构和内含物，以改变生物的结构和功能，即通过细胞融合、核质移植、染色体或基因移植以及组织和细胞培养等方法，快速繁殖和培养出人们所需要的新物种的生物工程技术。

细胞工程的应用即以细胞生物学的方法，按照人们预定的设计，有计划地改造遗传物质和细胞培养技术，包括细胞融合技术及动植物大量控制性培养技术，以生产各种保健食品的有效成分、新型食品和独特的食品香味和风味的添加剂，并且通过杂种选育，培养的色素含量高，色调和稳定性好。如在育种实践上，培育出许多具备特殊抗性和耐性的优质新品种。

(三)蛋白质工程

随着蛋白质晶体学，计算机技术与基因工程手段相结合，便出现了蛋白质工程，又称为“第二代基因工程”，即按人们的意志改变蛋白质的结构和功能或创造出适合人类需求的，具有不同功能的蛋白质，创造出世界上原来不曾有过的新蛋白质及其众多的新产品。为获得的新蛋白具备有意义的新性质或新功能，常对已知的其他蛋白质进行模式分析或采取分子进化等手段。

实际上蛋白质工程包括蛋白质的分离纯化、蛋白质结构和功能的分析、设计和预测，通过基因重组或其他手段改造或创造蛋白质。

利用蛋白质工程将可以生产具有特定氨基酸顺序、高级结构、理化性质和生理功能的新型蛋白质，可以定向改造酶的性能，生产新型营养功能食品，以全新的思路发展食品工业。在工业用酶方面获得了良好的应用前景。①消除酶的被抑制特性；②引入二硫键，改善蛋白质的热稳定性；③转化氨基酸残基，改善蛋白质的热稳定性；④改善酶的最适 pH 条件；⑤提高酶的催化活性；⑥修饰酶的催化特异性。

(四)发酵工程

发酵工程是指采用现代工程技术手段，利用微生物的某些特定功能，为人类生产有用的产品，或直接把微生物应用于工业生产过程的一种技术。发酵工程的内容包括菌种选育、培养基的配置、灭菌、种子扩大培养和接种、发酵过程和产品的分离提纯(生物分离工程)等方面。

从广义上讲，发酵工程是由上游工程、中游工程和下游工程三部分组成。

(1)上游工程　包括优良种株的选育，最适发酵条件(pH、温度、溶氧和营养组成)的确定，营养物的准备等。

(2)中游工程　主要指在最适发酵条件下，发酵罐中大量培养细胞和生产代谢产物的工艺技术。这里要有严格的无菌生长环境，包括发酵开始前采用高温高压对发酵原料和发酵罐以及各种连接管道进行灭菌的技术；在发酵过程中不断向发酵罐中通入干燥无菌空气的空气过滤技术；在发酵过程中根据细胞生长要求控制加料速度的计算机控制技术；还有种子培养和生产培养的不同的工艺技术。此外，根据不同的需要，发酵工艺上还分类批量发酵：即一次投料发酵；流加批量发酵：即在一次投料发酵的基础上，流加一定量的营养，使细胞进一步的生长，或得到更多的代谢产物；连续发酵：不断地流加营养，并不断地取出发酵液。在进行任何大规模工业发酵前，必须在实验室规模的小发酵罐进行大量的实验，得到产物形成的动力学模型，并根据这个模型设计中试的发酵要求，最后从中试数据再设计更大规模生产的动力学模型。由于生物反应的复杂性，在从实验室到中试，从中试到大规模生产过程中会出现许多问题，这就是发酵工程工艺放大问题。

(3)下游工程　指从发酵液中分离和纯化产品的技术：包括固液分离技术(离心分离，过滤分离，沉淀分离等工艺)，细胞破壁技术(超声、高压剪切、渗透压、表面活性剂和溶壁酶等)，蛋白质纯化技术(沉淀法、色谱分离法和超滤法等)，最后还有产品的包装处理技术(真空干燥和冷冻干燥等)。

发酵工程的应用，即采用现代发酵设备，使经优选的细胞或经现代技术改造的菌株进行放大培养和控制性发酵，获得工业化生产预定的食品或食品的功能成分。用现代发酵工程改造传统发酵食品已有很多突破。例如：①用双醇法糖化工艺取代传统的酸法水解工艺，用于生产淀粉糖和其他发酵产品；②在啤酒生产中，国外采用固定化酵母的连续发酵工艺进行啤酒酿造，可以明显缩短发酵时间；③运用固定化醋酸菌酿制食醋，可缩短发酵延缓期，醋化能力提高 9 ~ 25 倍；④用酵母或细菌等微生物菌体发酵得到的单细胞蛋白（SCP），含有丰富的蛋白质、碳水化合物、维生素、矿物质等，营养价值极高。

（五）酶工程

酶工程就是将酶或者微生物细胞、动植物细胞、细胞器等在一定的生物反应装置中，利用酶所具有的生物催化功能，借助工程手段将相应的原料转化成有用物质并应用于社会生活的一门科学技术。酶工程的应用，主要集中于食品工业，轻工业以及医药工业中。

生物技术中对食品工业生产影响最大的还是酶工程。自从 1906 年人类发现了用于液化淀粉生产乙醇的细菌淀粉酶以来，经过几十年的发展，酶制剂已经广泛地应用于食品加工、纺织行业，给这些行业带来了新的生机和活力。酶是具有生物催化能力的蛋白质，是活细胞产生的具有高度催化活性和高度专一性的生物催化剂，可应用于食品生产过程中物质的转化。如纤维素酶在果汁生产、蔬菜汁生产、速溶茶生产、酱油酿造、制酒等食品工业中应用广泛；与此同时，酶工程产业也在快速发展，1998 年全世界工业酶制剂销售额高达 16 亿美元。预计到 2008 年，销售额将达到 30 亿美元。迄今为止，全世界已发现的酶有 3000 多种，而工业上生产的酶有 60 多种。

近年来随着海洋渔业资源的衰退，利用一些低值水产品来生产高附加值的产品已经显得越来越重要，酶技术为水产品加工业的发展开辟了一条新路。酶技术不仅可以提高水产品的质量，而且还可改善水产品的质构和营养价值。

（1）在鱼类加工中的应用　①利用酶技术可以缩短生产鱼露等鱼调味品的发酵时间；②利用酶技术脱鱼鳞。采用胶原酶或胃蛋白酶可以有效地避免鱼体受损，而且去鳞的速度也加快了；③利用酶技术脱卵膜。在生产鱼子酱的加工中，利用酶可以使鱼子快速从卵巢中释放出来，而且不会有任何机械损伤，产量也可提高 70% ~90%；④利用酶技术脱腥和去异味。从曲霉中分离的酶可以除去鱼肉中大部分的异味和腥味等。

（2）在虾蟹等加工中的应用　虾蟹壳中含有丰富的甲壳素，甲壳素及其衍生物具有许多的生理功能。以前提取甲壳素的方法主要是浓酸浓碱处理，产品品质不好，现在主要是酶技术处理。比如，用甲壳素脱乙酰酶（CDA）的方法对甲壳素进行脱乙酰基处理得到壳聚糖；用脂肪酶对壳聚糖进行降解，可以得到低聚壳聚糖；

此外，虾蟹等用酶对其进行水解加工可以得到鲜虾风味的调味品，如虾油、虾酱等。

(3)在水产品保鲜和贮藏中的应用　酶法保鲜的原理是利用酶的催化作用，防止或消除外界因素对食品的不良影响，从而保持食品原有的优良品质。目前，应用较多的是葡萄糖氧化酶和溶菌酶的酶法保鲜技术。如，葡萄糖氧化酶用在鱼类冷藏制品的保鲜，可防止虾仁变色；溶菌酶是一种专门作用于微生物细胞壁的水解酶，利用溶菌酶对水产品进行保鲜，只要把一定浓度的溶菌酶溶液喷洒在水产品上，即可起到防腐保鲜效果。

(4)在水产品检测中的应用　水产品的安全问题一直与水产品的出口贸易有着重要的联系。因此，对水产品的检测显得尤为重要，而酶联免疫吸附法(ELISA)是水产品安全检测的优选方法。酶联免疫吸附法就是把抗原和抗体的特异性免疫反应和酶的高效催化作用有机地结合起来的检测技术。酶联免疫吸附技术在产品检测中主要用于药物残留检测、抗生素检测、毒素检测、农药残留检测、微生物检测和转基因产品的检测等。

二、现代生物技术在食品工业中的应用

利用生物技术制造的食品产量与产值至今仍占生物技术的首位。到目前为止，现代生物技术在食品工业中的应用主要表现在以下四个方面。

(一)食品原料和食品微生物的改良，提高食品的营养价值及加工性能

利用基因工程、细胞工程改造动物、植物、微生物资源向人类提供各种转基因食品和食品添加剂，一方面提高了农作物产量、改善农作物抗虫、抗病、抗除草剂和抗寒能力，另一方面使食品的营养价值、风味品质得到改善，食品贮藏和保存时间有所延长。我国利用基因工程技术培育的转基因抗病番茄、抗病甜椒，目前累计种植3000多亩，耐贮番茄在室温下贮藏56d，好果率达70%以上。利用细胞工程技术培育出含水量大大降低的西红柿、洋葱、马铃薯新品种，培育出带咸味和奶味的适宜膨化加工的玉米新品种，获得了出油率高、不饱和脂肪酸含量较高的油料作物，以及我国已在田间试验中的超级水稻、转基因鲤鱼、高产乳量的转基因试管牛等。

采用常规的诱变、杂交方法与细胞融合、基因工程技术结合进行菌种改造和采用基因工程和蛋白质工程技术构建“基因工程菌”，改良食品微生物的生产性能。生物技术已应用于啤酒酵母的改造，如将α-乙酰乳酸脱羧酶基因克隆到啤酒酵母中进行表达，可降低啤酒双乙酰含量而改善啤酒风味，选育出分解β-葡萄糖和糊精的啤酒酵母，能够明显提高麦芽汁的分解率并改善啤酒质量；构建具有优良嗜杀其他菌类活性的嗜杀啤酒酵母已成为纯种发酵的重要措施。

（二）生产各种功能食品的有效成分、新型食品和食品添加剂

通过转基因技术制造有利于人类健康的食品或有效因子，如低胆固醇肉猪、低胆固醇蛋和高特种微量元素蛋、人类血液代用品、高异黄酮大豆、高胡萝卜素稻米等；利用细胞工程技术生产各种功能食品和功能成分，如对人参、西洋参、长春花、紫草和黄连等植物细胞进行培养生产活性细胞干粉、L－苏氨酸、免疫球蛋白、生长激素等；利用现代生物技术，特别是发酵工程技术生产食品添加剂。目前国内外重点研究开发的食品添加剂有甜味剂中的木糖醇、甘露糖醇、阿拉伯糖醇、甜味多肽等；酸味剂中的L－苹果酸、L－琥珀酸等；氨基酸中各种必需氨基酸；增稠剂中的黄原胶、普鱼兰、茁霉多糖、热凝性多糖等；风味剂中的多种核苷酸、琥珀酸钠、香茅醇、双乙酰、芳香剂中的脂肪酸酯、异丁醇等；色素中的类胡萝卜素、红曲色素、虾青素、番茄红素等；维生素中的维生素C、维生素B_{12}、核黄素、肉碱、生物活性添加剂中的各种保健活菌、活性多肽等；防腐剂中的乳链菌肽、杀菌肽、瓜蟾抗菌肽、防御素等。

（三）可直接应用于食品生产过程的物质转化

利用发酵技术、酶技术对农副产品进行加工，直接生产各种发酵食品如饮料、酒、酱、酱油、醋、乳酸、酸乳和啤酒；利用基因工程和酶工程，构建“生物工程菌”来生产酶制剂。近20年来，利用“基因工程菌”生产的食品酶制剂主要有凝乳酶、α－淀粉酶、葡萄糖氧化酶、葡萄糖异构酶、转化酶、脂肪酶、溶菌酶等。凝乳酶是制造干酪过程中起凝乳作用的关键酶；蛋白酶可改善蛋白质的溶解性。在食品加工过程中添加一些酶类可以改善产品的色泽、风味和质构。如用葡萄糖氧化酶可以除去蛋液中的葡萄糖，改善制品的色泽；用脂酶和蛋白酶可加速乳酪的成熟；葡萄糖苷酶可用于果汁和果酒的增香；木瓜蛋白酶可分解胶原蛋白，用于肉的嫩化。

现代生物技术在肉、乳、水产品加工中也有广泛的应用。肉的加工保鲜方面主要是提高肉的综合品质以及瘦肉、肥肉、嫩肉的综合利用，如肉的嫩化、发酵香肠的生产和增加畜产品的花色品种等；乳品方面有利用外源激素提高乳的产量、增强乳的免疫功能、改善乳的组成成分；利用酶工程技术开发乳蛋白生物活性肽、发酵乳制品、双歧杆菌发酵乳等；水产品如人工淡水鱼、内脏、鱼眼、精卵巢中分离提取有效成分，开发研制保健食品和药品。

利用发酵工程生产功能食品或功能性成分，如低聚糖、糖醇、单细胞蛋白、EPA、DHA、γ－亚麻酸、有益菌。利用酶工程制取高蛋白富含多种氨基酸和微量元素的功能食品，如以动植物、微生物蛋白为原料，利用酶技术将蛋白质分解成多肽和氨基酸，可作为功能食品或营养强化食品的原料。利用乳糖酶水解乳糖，加工出低乳糖食品作为乳糖缺乏者的保健饮品。

利用现代生物技术进行玉米的综合利用，为新型糖源、变性淀粉、玉米油、发酵

酒精、环状糊精等产品的开发提供充足的原料。如从玉米黄浆水中提取玉米黄色素,可用于人造黄油、人造奶油、糖果、冰淇淋等食品中取代人工合成色素;从玉米皮制取膳食纤维;用玉米淀粉制取高纯度低聚异麦芽糖900型第二代功能性保健食品生物糖。

(四)食品包装和食品检测方面的应用

现代生物技术在食品包装上的应用主要是制造一种有利于食品保质的环境,如葡萄糖氧化酶能除 O_2,延长食品的保鲜期,保持食品色、香、味的稳定性,被应用于茶叶、冰淇淋、乳粉、罐头等产品的除氧包装;溶菌酶能消除有害微生物的繁殖,而让某些有益菌得以繁殖,被广泛应用于清酒、乳制品、水产品、香肠、奶油、生面条等食品中以延长保鲜期。利用生物技术制造有特殊功能的包装材料如包装纸、包装膜中加入生物酶,使其具有抗氧化、杀菌、延长食品反应速度等。利用现代生物技术改变食物贮藏方式和贮藏期,如利用基因工程技术生产耐贮番茄等,延长货架期。

利用生物技术还可生产可降解的食品包装材料,建立食品的质量检测方法,处理食品工业废水等,如用固定化酶技术制备酶电极、酶试纸,可以快速简便地检测食品中的化学成分。利用基因工程的 DNA 指纹技术可以鉴定食品原料和终端产品是否掺假,检测谷物、坚果、牛乳中是否含有微量毒素;利用 PCR 技术可迅速检测是否为转基因食品,利用生物转化、厌氧发酵等方法处理食品工业废水,使 BOD、COD 大大降低,达标排放。

(五)应用前景展望

食品生物技术已成为食品工业的支柱,是未来发展最快的食品工业技术之一,具有广阔的发展前景和美好的未来。现代生物技术在食品工业中的应用将会呈现以下四个热点:

(1)大力开发食品添加剂新品种　根据国际上对食品添加剂的要求,今后要从两个方面加大开发的力度,一是用生物法代替化学合成的食品添加剂,迫切需要开发的有保鲜剂、香精香料、防腐剂、天然色素等;二是要大力开发功能性食品添加剂,如具有免疫调节、延缓衰老、抗疲劳、耐缺氧、抗辐射、调节血脂、调整肠胃功能性组分。

(2)发展微生物的保健食品　微生物食品有着悠久的历史,酱油、食醋、饮料、酒、蘑菇等属于这个领域,它们与双歧杆菌饮料、酵母片剂、发酵乳制品等微生物医疗保健品一样,有着巨大的发展潜力。利用微生物生产食品具有独特的特点,繁殖过程快,在一定条件下可大规模生产,要求营养物质简单。食用菌的投入与产出比高于其他经济作物,食用菌不仅营养丰富,还含有许多保健功能成分,应大力发展食用菌保健食品。

(3)螺旋藻食品　螺旋藻是世界上最早的海洋天然藻类生物,富含人体所需的18种氨基酸,54种微量元素,多种维生素及亚麻酸、亚油酸和多种天然藻类蛋白质,是人和动物理想的纯天然的优质蛋白质食品。联合国粮农组织已将螺旋藻列入为21世纪人类食品资源开发计划,我国也将螺旋藻的研发列为工作重点。

(4)开发某些虫类高蛋白食品　昆虫蛋白质也是优质的新食物源,如中华稻蝗的蛋白质含量占虫体干重的73.5%,其氨基酸组成与鸡蛋蛋白相似被称为完全蛋白。还有蟋蟀、蝉、蝴蝶、蚂蚁的蛋白质分别占干重的75%、72%、71%和67%,都具有食用价值,完全可以开发。苍蝇的幼虫(蛆)富含62%左右的蛋白质及各种氨基酸,从蛆壳中还可以提取纯度很高的几丁质。可以说,昆虫食物是人类较为理想的高营养食品,有望成为人类重要的保健食物来源,利用现代生物技术开发昆虫类高蛋白食品具有广阔的前景。

思考题

1. 简述超临界流体萃取的概念。
2. 简述超临界流体萃取的原理及其在食品工业中的应用。
3. 影响超临界流体萃取的因素是什么?
4. 如何选用微胶囊的芯材和壁材?
5. 简述微胶囊化技术之一的分子包埋法的原理。
6. 常用的膜分离技术及其原理是什么?
7. 简述超微粉碎技术、挤压膨化技术以及超高压加工技术的含义。
8. 简述现代生物技术的内涵及其在食品工业中的应用。

参考文献

1. 马长伟等编. 食品工艺学导论. 北京:中国农业大学出版社,2002
2. 周光宏. 畜产品加工学. 北京:中国农业出版社,2003
3. 孟宪军. 食品工艺学概论. 北京:中国农业出版社,2006
4. 朱珠等. 焙烤食品加工技术. 北京:中国轻工业出版社,2006
5. 周家春. 食品工艺学. 北京:化学工业出版社,2003
6. 顾国贤. 酿造酒工艺学. 北京:中国轻工业出版社,2005
7. 张水华等. 调味品生产工艺学. 广州:华南理工大学出版社,2006
8. 孙俊良. 发酵工艺. 北京:中国农业出版社,2002
9. 王福源. 现代食品发酵技术. 北京:中国轻工业出版社,1998
10. 程丽娟等. 发酵食品工艺. 杨陵:西北农林科技大学出版社,2002
11. 张德全. 艾启俊. 蔬菜深加工新技术. 北京:化学工业出版社,2003
12. 王文辉等. 果品采后处理及贮运保险. 北京:金盾出版社,2003
13. 冯志哲. 水产品冷冻工艺学. 北京:中国农业出版社,2002
14. 杨同周. 食品工程原理. 北京:中国农业出版社,2001
15. 赵晋府主编. 食品工艺学. 北京:中国轻工业出版社,2005
16. 董海周等. 农产品加工. 北京:中国农业科技出版社,1997
17. 李里特等主编. 焙烤食品工艺学. 北京:中国轻工业出版社,2002
18. 孙君社主编. 现代食品加工学. 北京:中国农业出版社,2001
19. 郭本恒. 干酪. 北京:化学工业出版社,2004.
20. 罗学刚. 农产品加工. 北京:经济科学出版社,1997
21. 张孔海等. 食品加工技术概论. 北京:中国轻工业出版社,2007
22. 赵丽芹. 果蔬加工工艺学. 北京:中国轻工业出版社 2008
23. 赵晨夏,祝战斌. 果蔬贮藏加工实验实训教程. 北京:科学出版社,2006
24. 陈学平. 果蔬产品加工工艺学. 北京:中国农业出版社,2000
25. 刘兴华,饶景萍. 果品蔬菜贮运学. 西安:陕西科学技术出版社 1998
26. 郝利平. 果品贮藏加工学. 太原:陕西高校联合出版社,1994
27. 余善鸣等. 果蔬保鲜与冷冻干燥技术. 哈尔滨:黑龙江科技出版社,1999
28. 章建浩. 食品包装学. 北京:中国农业出版社,2002
29. 朱珠. 软饮料生产技术. 北京:化学工业出版社,2006

30. 侯建平. 软饮料生产技术. 北京:科学出版社,2004

31. 张瑞菊,王林山. 软饮料生产技术. 北京:中国轻工业出版社,2007

32. 高愿军. 软饮料工艺学. 北京:中国轻工业出版社,2002

33. 胡小松,蒲彪,廖小军. 软饮料工艺学. 北京:中国农业大学出版社,2002

34. 艾志录,张欣. 软饮料工艺学. 北京:中国农业科技出版社,1996

35. 邵长富,赵晋府. 软饮料工艺学. 北京:中国轻工业出版社,2005

36. 朱蓓薇. 饮料生产工艺与设备选用手册. 北京:化学工业出版社,2003

37. 徐怀德. 新型饮料生产工艺与配方. 北京:中国农业出版社,2002

38. 黄来发主编. 蛋白饮料生产工艺与配方. 北京:中国轻工业出版社,1996

39. 胡小松,李积宏,崔雨林等. 现代果蔬汁加工工艺学[M]. 北京:中国轻工业出版社,1995

40. 杨桂馥. 软饮料工业手册[M]. 北京:中国轻工业出版社,2002

41. 田呈瑞,徐建国. 软饮料工艺学[M]. 北京:中国计量出版社,2005

42. 李勇. 现代软饮料生产技术[M]. 北京:化学工业出版社,2006

43. 叶敏. 饮料加工技术[M]. 北京:化学工业出版社,2008

44. 祝战斌,蔡健. 软饮料加工技术[M]. 北京:中国农业出版社,2008

45. 中国饮料工业协会. 饮料制作工国家职业资格培训教程[M]. 北京:中国轻工业出版社,2010

46. 朱珠. 软饮料加工技能综合实训[M]. 北京:化学工业出版社,2008

47. 赵晋府,史其禄,文剑等. GB10789 – 2007《饮料通则》[S]. 北京:标准出版社,2007

48. 贾碧霞,赵晋府,文剑等. QB/T2300 – 2006《植物蛋白饮料椰子汁及复原椰子汁》[S]. 北京:标准出版社,2006

49. 王淑欣. 发酵食品生产技术. 北京:中国轻工业出版社,2009

50. 何国庆. 食品发酵与酿造工艺学(第一版). 北京:中国农业出版社,2001

51. 张兰威. 发酵食品工艺学. 北京:中国轻工业出版社,2011

52. 韩春然. 传统发酵食品工艺学. 北京:化学工业出版社,2010

53. 陈月英,佘远国. 食品加工技术. 北京:中国农业大学出版社,2009

54. 李秀娟. 食品加工技术. 北京:化学工业出版社,2008

55. 翟玮玮. 食品加工原理. 北京:中国轻工业出版社,2011

56. 周桃英. 袁仲. 发酵工艺. 北京:中国农业大学出版社,2010

57. 宋安东. 调味品发酵工艺学. 北京:化学工业出版社,2009

58. 陈福生. 食品发酵设备与工艺. 北京:化学工业出版社,2011

59. 何敏. 饮料酒酿造工艺. 北京:化学工业出版社,2010

60. 马荣山,张广新. 白酒酿造及新型白酒工艺学. 沈阳:沈阳出版社,2005

61. 马兆瑞,秦立虎. 现代乳制品加工技术. 北京:中国轻工业出版社,2010

62. 蔡健,常峰. 乳品加工技术. 北京:化学轻工业出版社,2008
63. 张和平,张佳程. 乳品工艺学. 北京:中国轻工业出版社,2007
64. 李凤林,崔福顺. 乳及发酵乳制品工艺学. 北京:中国轻工业出版社,2007
65. 陈志. 乳品加工技术. 北京:化学工业出版社,2006
66. 郭本恒. 液态奶. 北京:化学工业出版社,2004